机械工程创新人才培养系列教材

仿生机械学

第2版

主编 张春林 赵自强
参编 张 颖 司丽娜 赵嘉珩

机 械 工 业 出 版 社

本书分为三篇。第一篇为仿生学综述，介绍了生物的分类与进化、植物及其运动特性、动物及其运动特性，并在此基础上介绍了仿生学的主要研究内容，如模仿动物运动特性的机械仿生，模仿生物感官与信息传递特性的信息与控制仿生，模仿生物特殊功能的化学仿生、电子仿生，模仿生物特殊结构的建筑仿生以及模仿人体器官的医学仿生等。第二篇为机械学基础，介绍了动物肢体结构的机械运动简图表示方法以及自由度计算，仿生机构的运动与动力分析等。第三篇为仿生机械设计与分析，介绍了动物在陆地步行、跳跃与爬行，空中飞行与水中游动的运动机理以及仿生设计理论与方法，还介绍了人体肢体运动的仿生及义肢，以及仿生机器人的感知系统，形成了从仿生学基础、机械学基础到仿生机械设计与分析的完整仿生机械学体系。

本书具有系统性、知识性、科普性、趣味性、启发性和应用性的特点，可供高等学校研究生和本科生使用，也可作为相关专业工程技术人员的参考用书。

图书在版编目（CIP）数据

仿生机械学/张春林，赵自强主编．—2版．—北京：机械工业出版社，2023.9（2025.1重印）

机械工程创新人才培养系列教材

ISBN 978-7-111-73298-3

Ⅰ.①仿…　Ⅱ.①张…　②赵…　Ⅲ.①仿生机构学-高等学校-教材　Ⅳ.①TH112

中国国家版本馆CIP数据核字（2023）第100018号

机械工业出版社（北京市百万庄大街22号　邮政编码100037）

策划编辑：余　皞　　责任编辑：余　皞　王　良

责任校对：潘　蕊　陈　越　　封面设计：王　旭

责任印制：郜　敏

中煤（北京）印务有限公司印刷

2025年1月第2版第2次印刷

184mm×260mm·19印张·468千字

标准书号：ISBN 978-7-111-73298-3

定价：65.00元

电话服务　　　　　　　网络服务

客服电话：010-88361066　　机　工　官　网：www.cmpbook.com

010-88379833　　机　工　官　博：weibo.com/cmp1952

010-68326294　　金　书　网：www.golden-book.com

封底无防伪标均为盗版　　机工教育服务网：www.cmpedu.com

前　言

创新是一个民族进步的灵魂，是国家兴旺发达的不竭动力。一个国家的创新能力决定了它在国际竞争和世界总格局中的地位。目前，我国正在为创建一个国家创新体系而努力。国家创新体系包括知识创新系统、技术创新系统、知识传播系统和知识应用系统。其中，知识创新系统的核心部分是国家科学研究机构和研究型的大学；技术创新系统的核心部分是企业；知识传播系统的核心部分是高等教育系统以及职业培训系统；知识应用系统的主体则是企业和社会，主要是知识和技术的应用。

仿生学是通往创新的重要途径，它可以为人类的创新活动提供创新思维的灵感和方法，长久以来已经为科学技术和人类社会的发展做出了重大贡献。

在全人类的文明史中，我国是最早涉及仿生学应用的。我们的汉字就是典型的仿生结果。汉字是象形文字，其实就是模仿事物各种形状的文字，经过多年的演化，形成了现在的汉字。因此，我们很早就留下了模仿自然界植物与动物特征的痕迹。我们的祖先有巢氏模仿鸟类在树上筑巢，以躲避凶猛动物的攻击；相传春秋战国时期的鲁班借鉴草叶的齿形边缘，制造出木锯，推动了木材加工及木质建筑的发展；据《墨子》记载，鲁班曾用竹木做鸟，“成而飞之，三日不下”。古人通过对水中鱼类的观察与模仿，伐木凿船，做成鱼形的船体，仿照鱼的胸鳍和尾鳍制成双桨和单橹，由此实现了水上自由航行，促进了水上交通的发展；我国河北省的赵州桥和西北地区的窑洞，采用了承受外力很强的拱形设计，这些都是典型的仿生学的具体应用。但人类早期的仿生研究是在长期生产实践活动中进行的，没有形成仿生学的基本理论与方法。

仿生学正式诞生是在 1960 年 9 月，在美国俄亥俄州的戴顿召开的第一次世界仿生学会议中，美国生物学家 J. E. 斯梯尔把仿生学定义为“模仿生物原理来建造技术系统，或者使人造技术系统具有或类似于生物特征的科学”，并将这一新兴的科学命名为“Bionics”。1963 年，我国学者将“Bionics”译为“仿生学”。通过研究生物体的结构、功能和性能机理，并将这些机理移植于工程技术之中，发明性能更加优越的仪器、装置或机器，设计新产品，是仿生学研究的主要目的。

随着生物科学技术的飞速发展，各领域的科技人员逐渐发现模仿自然界的生物可以提供许多更好的设计思想并能解决许多技术问题，因此在仿生学的基础上，分别在机械工程领域、建筑工程领域、医学领域、化学工程领域、电子工程领域、材料工程领域、信息工程领域、控制领域等许多学科开展了仿生的研究，促进了仿生学的迅速发展和与其他学科的交叉、渗透与融合，并形成了许多分支，仿生学已经成为推动科学技术发展的强大动力和连接生物科学与技术科学之间的桥梁。

作为一门独立的学科，仿生学就是模仿生物的科学。从生物学的角度来说，仿生学属于

“应用生物学”的一个分支；从工程技术方面来看，仿生学根据对生物系统的研究，为设计和建造新的技术设备提供了新原理、新方法和新途径。进入21世纪后，仿生学获得了快速发展，并形成了许多分支，如仿生化学、仿生电子学、仿生机械学、仿生建筑学、仿生信息学、仿生材料学、仿生医学等。其中，发展最迅速、影响力最大、应用最广泛的是仿生机械学，如仿生机器人已经成为世人皆知的智能化仿生机械。

为使科学技术的发展与时俱进，很多高等工科学校都为本科生或研究生开设了仿生机械学的课程，有些大学还将仿生机械学列入学科研究方向，还有的学校将仿生学列为新专业，各种仿生机器人的研究论文涉及面非常广泛，研究仿生学的学校和教师也非常多。但是，反映仿生机械学内容的相关书籍却很少，更缺少相应的教科书。主要原因是仿生机械学是21世纪新兴的学科，对该学科还没有形成广泛的共识。另外，仿生机械学涉及生物学、植物学、动物学、力学、化学、物理学、医学、机械学、材料学、计算机科学、传感器技术、电子技术、信息与控制学等多学科的知识，编写覆盖这样庞大知识体系的教材难度很大，且编写体系与内容的选择也是一个巨大的挑战，存在很大的难度。

考虑到社会的需求以及我们在从事仿生学、生物力学和机械学领域中的科研与教学经历，我们决定尝试编写“仿生机械学”。

1. 编写指导思想

系统性、知识性、趣味性、新颖性、科普性和应用性相结合是编写本书的指导思想，在形式上力求图文并茂。

(1) 系统性　本书力求从生物学基础知识、仿生学基础知识、机械学基础知识到各种仿生机械的设计与分析，形成一个完整的仿生机械学的新体系。

(2) 知识性　本书从生物进化、植物分类及其运动特性、动物分类及其运动特性开始，阐述人类模仿动、植物的这些特性对社会发展做出的贡献，进而论述仿生学的诞生及其分类，使读者获得一个完整的仿生学及仿生机械学的概念，最后讲述陆地上跑的、天上飞的、水中游的各类动物的运动机理以及仿生设计方法，具有系统、完整的知识结构。

(3) 趣味性　本书在知识性的基础上，加强了具有科普性的趣味内容。比如，步行动物分为爬行动物和走行动物，它们之间的异同点在哪里？如何区别它们的运动差别呢？本书不仅给予了详细说明，还对它们的运动机理进行了分析，具有知识性和趣味性。又比如，国外文献记载人体有206块骨骼，我国研究人员发现中国人只有204块骨骼，差异在何处呢？经过大量反复研究，发现中国人的小脚趾骨骼有两个关节，而欧美人有3个关节，正好相差两块骨骼。后来又发现日本人与中国人一样，同样有204块骨骼。又如本书中提到的仿生学遐想中人类冬眠问题，既是遐想，但又具有前瞻性和趣味性。总之，本书的趣味性内容与知识性、科学性内容相结合，同时又与课程内容密切相关，增强了本书的可读性。

(4) 新颖性　仿生机械学的内容极其复杂，涉及植物学、动物学、仿生学、医学、机械学、控制理论、信息科学等大量一级学科的交叉知识，且找不到类似文献，如何编排本书的体系与内容，成为最大挑战。本书提出了生物学基础、机械学基础和仿生机械设计与分析的总体结构体系，内容和体系都比较新颖完整，是我国第一部全面介绍仿生机械学的书籍。

(5) 科普性　本书略去了仿生机械的动力学设计以及计算机控制算法等比较复杂的课程内容，保留了动物运动形态的机械化描述以及运动分析与设计等仿生机械学的基本内容，内容编排涉及面宽，具有很好的仿生机械学的科学普及性，具有一定知识水平的人都能看懂，同时也具有可读性。

（6）应用性 学习就是为了用。本书突出各类动物运动特征的仿生设计，并给出了相应的仿生设计方法与实例，以适合仿生机械学的研究和实际应用。

2. 体系与内容

仿生机械学涉及仿生学和机械学，而仿生学又涉及生物学、植物学及动物学。因此，本书的体系是在介绍生物学、植物学以及动物学的基础上，再介绍仿生学基础知识，然后介绍机械学的基础知识，最后介绍仿生机械设计与分析，形成生物学、植物学、动物学、仿生学、机械学和仿生机械学的体系。

本书内容除去绪论外，分为三篇。第一篇为仿生学综述，主要介绍了仿生学的基础知识，包括生物分类与进化、植物及其运动特性、动物及其运动特性，还介绍仿生学的基本概念及分类，包括电子仿生、信息与控制仿生、机械仿生、化学仿生、建筑仿生、医学仿生，以及生物界的奇特现象与仿生等内容。本篇内容主要体现了知识的科普性和趣味性。第二篇为机械学基础，内容包括机械的基本知识、机构运动简图的绘制、机构自由度的计算、自由度与控制、机构运动分析、机构受力分析以及机构设计方法等内容，其目的是把动物结构用机构简图来表示，然后计算其自由度，进行运动与动力分析，便于用机械学的知识解决动物的组成与运动等问题。本篇内容主要介绍了仿生学向仿生机械学过渡中的基本知识。第三篇为仿生机械设计与分析，主要介绍了模仿动物步行的仿生机械步态分析、腿部结构与设计、步行的稳定性，模仿动物爬行的仿生机械运动原理及其设计、模仿鸟类及昆虫飞行的仿生机械运动原理及其设计，模仿鱼类和其他动物在水中游动的仿生机械运动原理及其设计，仿生机械关节以及仿生机械义肢的设计与分析，最后一章简单地介绍了仿生机器人的感知系统。本篇内容是本书的重点内容，涉及各类仿生机械的设计与分析。

3. 一些说明

1）本书在介绍生物学、植物学、动物学的基本知识时，没有严格按照它们的分类进行说明，而是按照与仿生学相关的内容进行大幅度的简化与归纳，目的是为介绍仿生学综述奠定基础。例如，本书中的爬行动物就没有按照动物学的分类去讨论，而是按照腿足特性将爬行动物分为三类：有腿爬行动物（蜥蜴、鳄鱼等具有典型的关节腿）、有足类爬行动物（尺蠖等蝶蛾幼虫，没有典型的关节腿，只有露出体外的足）和无足类爬行动物（蛇、蚯蚓等，没有腿和足）。其中有足类爬行动物是作者的命名，是否适合动物学家的分类尚待讨论，但这样的分类法从仿生机械学的观点看是清楚的。

2）在介绍机械学基础知识时，重点突出动物结构的机构简图绘制，自由度计算，按机构简图进行运动分析、受力分析，以及机构的尺度设计等内容，目的是为生物体的机械设计奠定理论与方法基础。由于仿生机械的运动主要是依靠连杆机构完成的，所以连杆机构（含闭链和开链机构）是机械学基础的主体内容。

3）第三篇仿生机械设计与分析是本书的重点内容，主要是模拟动物的运动特性进行仿生设计，如各类动物的陆地步行、爬行、空中飞行、水中游动的仿生设计及相应的仿生机械。

4）仿生研究不能照搬生物原型，主要是从中吸取设计思想和创新灵感，否则会走弯路，如扑翼结构的飞行器永远不如固定翼飞行器飞得快、飞得高、飞得远。因此，本书在用机构简图描述动物形体结构时，往往进行适度简化，以简化机械结构，便于进行控制。这是人类在进行仿生研究中得到的宝贵经验。

5）生物种类繁多，对应的仿生机械种类很多，本书不可能面面俱到，只能涉及典型生物的仿生设计及其仿生装置。

6）对于仿生学中的一些名词，本书给予了一定的说明。由于仿生学是一门新兴学科，涉及的内容极其广泛，故很多词语的表达会有很多的不同论述，容易引起误解，如力学仿生与仿生力学、医学仿生与仿生医学、电子仿生与仿生电子学、建筑仿生与仿生建筑学、机械仿生与仿生机械学等许多用语大都是混用的，极易引起误解。仿生机械与机械仿生也是混用的词汇，本书对这些术语做了界定，说明这些提法是有区别的。

7）本书在绪论中提了仿生遐想，虽然只是一点点遐想，但遐想有助于创新思维的培养与提高。这里提出遐想的目的仅仅是为了启发读者。遐想不是空想，而是通往创新之路的途径。

8）仿生机械学包含的知识面极其广泛，从植物学、动物学、生物学、仿生学、力学，再到机械学，很难把一些从表面上看互不相关的内容融合在一起，从而形成一个完整的仿生机械学新体系。虽然很多学校开设了仿生机械学课程，但没有教材，只有尚不完善的电子课件，且各个课件内容在围绕某一具体的仿生机械进行讨论时也是各说各话，难以发现它们的体系与普适内容。编者思考良久后，拟订出本书的编写体系。确定编写体系后，又遇到内容的编排问题，如严格按照植物学和动物学介绍它们的组成与分类，则对于非生物专业的人员来讲过于烦琐和专业，一般不易看懂。所以本书将这些内容按照仿生机械学认知规律进行了改编。同样，对机械学基础也进行了简化，以适合非机械专业的学生学习。

9）本书的编写过程是编者边写作、边研究、边提高的过程。在编写过程中，编者也明白了以前许多不明白、不清楚的地方。譬如说，吃了多年的鲤鱼，竟然不知道有多少鱼鳍！哪里是偶鳍？哪里是奇鳍？为何鱼尾附近的肉好吃？原来鱼的游动主要是靠摆动身体的后1/3 的部分来实现，当然肌肉发达就好吃。又例如，鸟类上下扇动翅膀则可前进飞行，而蜻蜓类的昆虫上下扇动翅膀则不能向前飞行，通过学习空气动力学才弄清楚其原因。为了弄清楚鱼类摆动尾鳍引起的反卡门涡街现象，需要研究流体力学的基本知识。这样类似边学习、边研究、边提高的例子很多，编者在书中都有论述。

10）在仿生机械设计与分析的内容中，有些内容是编者团队的研究与探索对象，仅供参考。

11）本书配有可编辑的 PPT 课件，用户可根据教学需要自行修改。课件中含有教材中对应图形的彩色静图与动图，可为教师的教学和学生的学习提供极大帮助。

12）为提高教学效果，本书提供了大量动图的二维码，用户只要用手机扫描二维码，就能观看相对应的图像动图或视频，增加了本书的可读性、趣味性。

13）为激励学生的科学热情和爱国主义精神，本书各章末尾增加了我国功勋科学家介绍，读者可通过扫描二维码阅读。

14）增加了一些新内容，如脑机接口与传感器等，反映了仿生学的最新进展与最前沿的知识，体现了教材建设要适应科技发展的需求。

参加本书修订的有：张春林（前言、绪论、第三章、第四章、第十一章）、张颖（第一章、第二章）、赵自强（第五章、第六章、第七章）、司丽娜（第八章、第九章）、赵嘉珩（第十章）。全书由张春林和赵自强任主编并负责统稿。

机械工业出版社为本书的构思、编写以及出版提供了大力帮助与支持，在此表示感谢。

本书由于编写难度大、编写时间长，且涉及多学科知识的融合，加之编者水平有限，难免存在错误、疏漏之处，敬请广大读者批评指正。

编　者

目录

绪论

Chapter

第一节　仿生学概述

一、仿生学的概念与诞生

自古以来，自然界的生物就是人类各种技术思想、工程设计及发明创造的源泉。种类繁多的生物在严酷的自然生存环境中，经过优胜劣汰和长期的不断进化，形体大小、身体颜色、体内器官、身体结构以及能力不断进化，逐渐适应生存环境的变化，从而能够生存和发展。人类不仅善于观察和认识生物，而且还运用人类所独有的思维和设计能力学会了模仿生物，并制作相应的工具。相传早在大禹治水时期，我国古代劳动人民观察鱼在水中通过鳍和尾巴的摆动而前进、倒退和转弯，他们就模仿鱼的身体形状凿木为船，在船边架桨，船尾置舵，增强了船的动力和灵活性，掌握了使船转弯的方法。这样，即使在波涛滚滚的江河中，人们也能驾驶船只自如航行。看到鸟儿展翅在空中自由飞翔，鲁班曾用竹木做鸟“成而飞之，三日不下”（据《墨子》记载），这是人类最早制作的扑翼机。15 世纪初，达·芬奇设计了世界上第一架符合技术规程的扑翼机；1878 年，英国伦敦博览会上首次展示了英国人哈尔格莱夫制作的带有发动机的扑翼机和德国人李林塔尔研制的带有小型发动机的扑翼机。这些模仿生物构造和功能的发明与尝试，是人类仿生学的先驱，也是仿生学的萌芽。

人类仿生的行为虽然早有雏形，但是在 20 世纪 40 年代以前，人们并没有自觉地把生物作为设计思想和发明创造的源泉。科学家对于生物学的研究也只停留在描述生物体精巧的结构和完美的功能上，而工程技术人员更多地依赖于他们的聪明才智、辛苦研究，进行着人工发明，很少有意识地向生物界学习。

在利奥那多·达·芬奇研究鸟类飞行造出第一个扑翼飞行器 400 年之后，人们经过长期反复的实践，终于在 1903 年发明了飞机，人类实现了飞上天空的梦想。通过不断改进，飞机不论在飞行速度、飞行高度和飞行距离上都超过了鸟类，显示了人类的智慧和才能。但是在继续研制飞行速度更快的飞机时，碰到了一个难题，就是机翼发生了空气动力学中的颤振。当飞机飞行时，机翼发生有害的振动，飞行越快，机翼的颤振越强烈，甚至使机翼折断，造成飞机坠毁和人员的伤亡。飞机设计师们为此花费了巨大的精力研究消除有害的颤振现象，经过长时间的努力才找到解决这一难题的方法，即在机翼前缘的远端上安放一个配重装置，这样就把有害的颤振消除了。可是，昆虫早在三亿年以前就飞翔在空中了，它们的翅膀也毫不例外地受到颤振的危害，经过长期的进化，昆虫早已成功地解决了翅膀颤振的问题。生物学家在研究蜻蜓翅膀时，发现在每只翅膀前缘的上方都有一块深色的角质加厚区，并称之为翼眼或翅痣。如果把翼眼去掉，蜻蜓的飞行就变得荡来荡去。实验证明，正是翼眼的角质组织使蜻蜓飞行的翅膀消除了颤振的危害。假如设计师们先向昆虫学习翼眼的功用，获得有益于解决颤振的设计思想，就可缩短解决颤振的时间，避免长期的探索和人员的牺牲了。而近期的研究表明，蜻蜓的翅膀处有大量血管分布，并通向翼眼，利用进出血量的多少来控制翼眼的质量大小，从而可以消除不同频率下的颤振现象，这为完全消除飞机机翼的颤振提供了很好的设计思想。

该事例发人深省，也使设计人员受到了很大的启发。早在地球上出现人类之前，各种生物已经在自然界中生活了亿万年，它们在为生存而斗争的长期进化中，获得了适应大自然的能力。生物在进化过程中形成的极其精确和完善的机体与特性，使它们具备了适应内外环境变化的能力。生物具有许多卓有成效的本领，如体内的生物合成、能量转换、信息的接收和传递、灵巧的运动、对外界的识别、导航、定向计算等，显示出许多机器所不可比拟的优越之处。

随着生产的需要和科学技术的发展，从 20 世纪 50 年代以来，人们已经认识到模仿生物系统是开辟新技术的重要途径之一，开始自觉地把生物作为各种技术思想、设计原理和发明创造的源泉。人们用化学、物理学、数学、机械学以及技术模型对生物系统开展着深入的研究，促进了生物学的极大发展，对生物体内功能机理的研究也取得了迅速的进展。此时模拟生物不再是引人入胜的幻想，而成为了可以做到的事实。生物学家和工程师们积极合作，开始将从生物界获得的知识用来改善旧的或创造新的工程技术产品。生物学开始跨入各行各业的技术革新和技术革命的行列，而且首先在军事部门的自动控制、航空、航海等领域取得了成功，于是生物学和工程技术学科结合在一起，互相交叉渗透，逐渐孕育出一门新生的学科——仿生学。

仿生学作为一门独立学科的诞生，一般以 1960 年全美第一届仿生学学术讨论会的召开为标志。

1960 年 9 月，美国空军航空局在俄亥俄州的戴顿召开了第一次世界仿生学会议，美国的斯梯尔为新兴的学科命名为“Bionics”，1963 年，我国将“Bionics”译为“仿生学”。斯梯尔把仿生学定义为“模仿生物原理来建造技术系统，或者使人造技术系统具有或类似于生物特征的科学”。简言之，仿生学就是模仿生物的科学。确切地说，仿生学是研究生物系统的结构、特质、功能、能量转换、信息控制等各种优异的特征，并把它们应用到技术系统，改善已有的技术设备，或创造出新的技术设备、建筑构型以及自动化装置等。从生物学的角度来说，仿生学属于应用生物学的一个分支；从工程技术方面来看，仿生学根据对生物系统的研究，为设计和建造新的技术设备提供了新原理、新方法和新途径。仿生学能为人类提供最可靠、最灵活、最高效、最经济的接近于生物系统的技术系统，为人类造福。仿生学的研究内容极其丰富，因为生物界本身就包含着成千上万的物种，它们具有各种优异的结构和功能供各个行业进行研究。

二、仿生学的分类

从广义角度出发，仿生学是研究自然界中各种生物系统的结构、特质、功能、能量转换、信息传递与控制等各种优异的特征，从而设计、创造出新型的技术系统，服务于人类社会的一门学科。

从狭义角度出发，由于仿生学研究内容很广泛，研究内容的分类方法很难统一，但大体上有如下分类方法。

第一种分类方法，把仿生学分为：力学仿生、分子仿生、能量仿生、信息与控制仿生等。

力学仿生：研究并模仿生物体总体结构与精细结构的静力学性质，以及生物体各组成部分在体内的相对运动和生物体在环境中运动的动力学性质。例如：建筑领域模仿贝壳修造的大跨度薄壳建筑及模仿股骨结构建造的立柱，既消除了应力集中区域，又可用最少的建筑材料承受最大的载荷。军事上模仿海豚皮肤的沟槽结构，把人工海豚皮包敷在船舰外壳上，可减小航行湍流和水流的摩擦阻力，提高航行速度。

分子仿生：研究与模拟生物体中酶的催化作用，生物膜的选择性、通透性，生物大分子或其类似物的分析和合成等。例如：在搞清森林害虫舞毒蛾性引诱激素的化学组成后，合成了一种类似有机化合物，在田间捕虫笼中用 $1\times10^{-7}\mu g$，便可诱杀雄虫。

能量仿生：研究与模仿生物器官的发光、发电现象，肌肉直接把化学能转换成机械能等生物体中的能量转换过程等。美国犹他大学的研究人员发现在人体的新陈代谢过程中，几乎所有的活体微生物都用葡萄糖来制造能量，于是研制出了一种用糖做燃料、用天生拥有能量转化属性的酶做催化剂的生物电池。

信息与控制仿生：研究与模拟生物的感觉器官、神经元与神经网络以及高级中枢的智能活动等生物体中的信息处理过程。例如：根据象鼻虫视动反应制成的自相关测速仪，可测定飞机着陆速度；根据鲎复眼视网膜的工作原理，研制成功可增强图像轮廓、提高反差，从而有助于模糊目标检测的一些装置。

在生物学界，把仿生学列入生物学的分支。因此上述分类方法侧重于生物科学，生物科技人员经常采用这种分类方法。

第二种分类方法，把仿生学分为：电子仿生、信息与控制仿生、机械仿生、化学仿生、建筑仿生、医学仿生等。这种分类方法侧重各学科门类，生物学界之外的工程技术人员容易接受这种分类方法。

关于仿生学的分类，目前没有统一的方法。有的文献把分子仿生与能量仿生的部分内容称为化学仿生，而把信息和控制仿生的部分内容称为神经仿生。

实际上，两大分类方法并无本质差别。例如：研究与模仿生物体的器官发光与发电现象，前者列入能量转换仿生，后者列入化学仿生或电子仿生；模仿生物体的运动，前者列入力学仿生，后者列入机械仿生；模仿壳状建筑，前者列入力学仿生，后者列入建筑仿生；模仿生物体的神经网络，前者列入神经仿生，后者列入医学仿生；仿生细胞学的内容前者列入分子仿生，后者列入化学仿生。不同的分类方法并不影响仿生学的研究与进展，所以仿生学的分类还处于仁者见仁、智者见智的阶段。由于编者的工程背景，本书采用了第二种分类方法安排仿生学的基本内容。

另外，关于仿生学分支的称呼问题也需要加以解释，如仿生细胞学与细胞仿生、仿生机械学与机械仿生、仿生医学与医学仿生、仿生电子学与电子仿生、仿生力学与力学仿生等。实际上，称呼的不同，其含义是不相同的。例如：植物仿生与仿生植物有本质不同，仿生植物是模仿自然界的植物，用聚酯、塑料等材料设计、制造出外形形似的无生命力的植物，如假花、假草之类，用于美化环境。植物仿生学是模仿自然界的植物特性，如茎干结构、根系特点、叶片功能等，探讨设计新产品的理论与方法。机械仿生是指用机械手段去模仿生物体的结构、功能以及运动特性等，其目的是设计出新颖的仿生机械产品。而仿生机械学则是指模仿生物体结构、特性以及运动相关的机械学的理论与方法，其目的是为设计具体的仿生机械提供理论与方法的指导，两者有很大的差别。该解释也适合其他仿生学的分支。

自从仿生学问世以来，仿生学的研究得到迅速发展，且取得了很多成果。例如：航海部门对水生动物运动的流体力学的研究，航空部门对鸟类、昆虫飞行的模拟，工程建筑部门对生物力学的模拟，无线电技术部门对于神经细胞、感觉器官和神经网络的模拟，计算机技术对于脑的模拟以及人工智能的研究等都取得了很大的成绩。近些年又出现了新的分支，如人体的仿生学、分子仿生学和宇宙仿生学等。

总之，从模拟微观世界的分子仿生学到宏观的宇宙仿生学，仿生学包括了更为广泛的内容。而当今的科学技术正处于各种不同的学科高度融合和互相交叉与渗透的新时代，对生物学的发展也起到了极大的促进作用。在其他学科的渗透和影响下，生物科学的研究在方法上发生了根本的转变；在内容上也从描述和分析的水平向着精确和定量的方向深化。而生物科学的发展又以仿生学为渠道向各自然科学和技术科学输送宝贵的资料和丰富的营养，加速了科学的发展。因此，仿生学的科研显示出无穷的生命力，这也是我国高等学校正在掀起对仿生学进行广泛研究的主要原因。

第二节 仿生机械学的研究内容、目的与意义

一、仿生机械学的内容

仿生机械学是仿生学中的一个分支，主要工作是研究用机械装置或机电装置模仿生物体的结构与运动特性，从而设计出类似生物的机电装置，服务于人类社会，促进人类社会的发展。本书的内容从生物学基础、仿生学综述和机械学基础出发，重点论述仿生机械设计的基本理论和基本方法，如仿动物步行的机械、仿动物爬行的机械、仿动物飞行的机械、仿动物在水中游动的机械、仿昆虫的微小机械等，为设计仿生机械开拓设计思路、提供创新思想，以及设计新型机械等奠定理论基础和技术基础。

主要内容有：

第一章的生物学基础中，介绍生物及其分类、生物的多样性、生物的进化、植物及其运动特性、动物及其运动特性的基本知识，目的是提供动植物的基本知识，为了解仿生学做预先准备工作。

第二章的仿生学简介中，介绍仿生学及其研究内容、电子仿生、信息与控制仿生、机械仿生、化学仿生、建筑仿生、医学仿生、动物界的奇特现象与仿生的基本概念，提供了仿生

学的基本知识。

第三章的机械结构学基础中，介绍机械的基本概念及组成、运动链与机构、机构运动简图、机构自由度的计算、机构的结构分析等基本知识，为动物肢体的机械化描述奠定理论基础。

第四章的机械运动学基础中，介绍机械运动学、平面连杆机构的基本类型及演化、平面连杆机构的基本特性、平面连杆机构的设计、平面连杆机构的运动分析、平面开链机构的设计与分析等基本知识，为设计仿生机械奠定理论基础。

第五章的机械力学基础中，介绍力分析的概念、平面闭链机构的力分析、平面开链机构的力分析，为分析仿生机械的力学性能奠定理论基础。

第三篇仿生机械设计与分析是本书重点内容，按动物运动形态进行分类描述。第六章内容为仿动物步行的机械及其设计，主要介绍步行机械腿、步态分析、步行机械系统的运动方程等内容；第七章内容为仿动物爬行的机械及其设计，主要介绍仿生机械尺蠖、仿生机械蚯蚓及仿生机械蛇的设计；第八章内容为仿动物飞行的机械及其设计，主要包括飞行机理介绍、昆虫的飞行与仿生设计以及鸟类的飞行与仿生设计等；第九章内容为仿动物水中游动的机械及其设计，主要包括游动机理分析、仿生机械鱼的设计与分析、仿生机械水母的设计与分析、仿生机械墨鱼的设计与分析等；第十章内容为仿人体组织结构的机械及其设计，主要内容有人体关节的仿生设计与分析、人体上肢的仿生设计与分析以及人体下肢的仿生设计与分析；第十一章内容为仿生机器人的感知系统，主要介绍仿生机器人的内部传感器和外部传感器的种类与选用。

仿生机械学的内容极其广泛，对于以骨骼或软组织（肌肉、皮肤等）作为研究对象，通过模型实验方法，测定其应力、变形特性，求出力的分布规律，对骨和肌肉的相互作用等进行分析研究，设计人工骨骼和人工肌肉，以及研究人体的血流动力学、分析治疗人类的心血管疾病等大量内容本书没有涉及。本书主要内容仅以动物的肢体结构运动形态出发，论述天上飞的、地上跑的、水里游的各种动物的运动机理、仿生设计方法等。

二、研究仿生机械学的目的与意义

人类要从生物系统中获得启示，首先需要研究生物和技术装置是否存在着共同的特性。1940年出现的调节理论，将生物与机器在一般意义上进行对比。到1944年，一些科学家已经明确了机器和生物体在通信、自动控制与统计力学等一系列的问题上都是一致的。生物体和机器之间确实有很明显的相似之处，这些相似之处可以表现在对生物体研究的不同水平上。由简单的单细胞到复杂的神经系统，都存在着各种调节和自动控制的生理过程。我们可以把生物体看成是一种具有特殊能力的机器，和其他机器的不同就在于生物体还有适应外界环境和自我繁殖的能力。也可以把生物体比作一个自动化的工厂，它的各项功能都遵循着力学的定律；它的各种结构协调地进行工作；它们能对一定的信号和刺激做出定量的反应，而且能像自动控制一样，借助于专门的反馈联系组织以自我控制的方式进行自我调节。例如：我们身体内恒定的体温、正常的血压、正常的血糖浓度等都是身体内复杂的自动控制系统进行调节的结果。控制论的产生和发展，为生物系统与技术系统的连接架起了桥梁，使许多工程人员自觉地向生物系统去寻求新的设计思想和原理。于是出现了这样一个趋势，工程师为了和生物学家在共同合作的工程技术领域中获得成果，去主动学习生物科学知识。

仿生学也被认为是与控制论有密切关系的一门学科，而控制论主要是将生命现象和机械原理加以比较，进行研究和解释的一门学科。

大家知道，机械是一个国家发展国民经济的命脉，机械发展水平代表了一个国家的强大程度，现代人的生活与工作已经离不开机械。设计、研制新机械是工程技术人员的永恒任务，借助生物的一些特性设计新机械逐渐成为设计人员寻求灵感与创新的重要途径，因此，20世纪70年代初期诞生了一门综合性的新兴边缘学科——仿生机械学，它是生命科学与工程技术科学相互渗透、相互结合而形成的，包含了对生物现象进行力学研究，对生物的运动、动作进行工程分析。几十年来，在仿生机械领域内的研究成果丰硕，产生了巨大的社会经济效益。

研究生物结构特性、运动特性以及特殊功能、能量转换和信息流动的过程，并利用电子、机械技术对这些过程进行模拟，从而创造出崭新的现代技术装置，是仿生机械学研究的主要目的。“生物原型”这一新词汇是探索新技术的钥匙，恰当地描述了现代创造发明的重要途径。仿生机械学已经成为机械创新设计的重要途径。

三、仿生学的诞生对工程技术人员的启迪

仿生学自诞生后，吸引了各学科的工程技术人员，越来越多的技术人员开始关注仿生设计，而且很多发明创造也都得益于仿生学的启迪，简单举例如下。

1. 蝙蝠与超声波

一切生物都生活在被声波包围的自然环境中，一些生物会利用声波觅食、逃避敌害和求偶繁殖，因此，声波是生物赖以生存的一种重要信息。意大利科学家斯帕拉捷很早以前就发现蝙蝠能在完全黑暗的环境中飞行，既能躲避障碍物，也能捕食飞行中的昆虫，但是塞住蝙蝠的双耳、封住它的嘴后，它们在黑暗的环境中就寸步难行了。1920年，意大利科学家哈台认为蝙蝠发出声音信号的频率超出人耳的听觉范围，并提出蝙蝠对目标的定位方法，与1916年法国物理学家保罗·郎之万（1872—1946）发明的用超声波回波定位的方法完全相同。遗憾的是，哈台的研究并未引起人们的重视，而工程师们对于蝙蝠具有“回声定位”的技术是难以相信的。直到1983年采用了电子测量仪器，才证实蝙蝠能用嘴发出超声波，用双耳接收用嘴发出的超声波在碰到障碍物后反射回来的超声波实现定位。但是，这一发现对于早期雷达和声呐的发明已经不能有所帮助了。如果早一点弄明白蝙蝠夜间捕食的机理，雷达的发明就会大大提前。郎之万成功利用超声波反射的性质来探测水下舰艇。用一个超声波发生器向水中发出超声波，超声波遇到目标便反射回来，由接收器接收，根据接收回波的时间间隔和方位，便可测出目标的方位和距离，这就是所谓的声呐系统。人造声呐系统的发明，以及在侦察敌方潜水艇方面获得的突出成果，曾使人们惊叹不已，岂不知远在地球上出现人类之前，蝙蝠、海豚早已对“回声定位”声呐系统应用自如了。

2. 鱼类与潜艇

当工程技术人员设计原始的潜艇时，先用石块或铅块装在潜艇上使它下沉，如果需要升至水面，就将携带的石块或铅块扔掉，使艇身回到水面来。之后经过改进，在潜艇上采用浮箱交替充水和排水来改变潜艇的重量。之后又改成压载水舱，在水舱的上部设放气阀，下面设注水阀，当水舱内灌满海水时，艇身重量增加而潜入水中。需要紧急下潜时，还有速潜水舱，待艇身潜入水中后，再把速潜水舱内的海水排出。如果一部分压载水舱充水，另一部分

空着，潜水艇可处于半潜状态。潜艇要浮起时，将压缩空气通入水舱排出海水，艇内海水重量减轻后潜艇就可以上浮，实现了潜艇的自由沉浮。但是后来发现鱼类的沉浮系统比人们的发明要简单得多，鱼的沉浮系统仅是充气的鱼鳔。鱼鳔不受肌肉的控制，而是依靠分泌氧气进入鱼鳔内或重新吸收鱼鳔内一部分氧气来调节鱼鳔中的气体含量，控制鱼体自由沉浮。然而鱼类如此巧妙的沉浮系统，对于潜艇设计师的启发和帮助已经为时已晚了。

3. 苍蝇与气体分析仪、振动陀螺仪以及蝇眼透镜

苍蝇声名狼藉，凡是腥臭污秽的地方，都有它们的踪迹。但苍蝇的嗅觉特别灵敏，远在几千米外的气味也能嗅到。然而苍蝇并没有“鼻子”，它靠什么来充当嗅觉的呢？原来，苍蝇的“鼻子”——嗅觉感受器分布在头部的一对触角上。每个“鼻子”只有一个“鼻孔”与外界相通，内部却含有上百个嗅觉神经细胞。若有气味进入“鼻孔”，这些神经立即把气味刺激转变成神经电脉冲信号，送往大脑。大脑根据不同气味物质所产生的神经电脉冲信号的不同，就可区别出不同气味的物质。因此，苍蝇的触角像是一台灵敏的气体分析仪。仿生学家由此得到启发，根据苍蝇嗅觉器官的结构和功能，仿制成一种十分奇特的小型气体分析仪。这种仪器已经被安装在宇宙飞船的座舱里，用来检测舱内气体的成分。这种小型气体分析仪，也可测量潜艇和矿井里的有害气体。

另外苍蝇的楫翅，又称平衡棒，是个“天然导航仪”，人们模仿它制成了“振动陀螺仪”。这种仪器已经应用在火箭和高速飞机上，实现了自动驾驶。

苍蝇的眼睛是一种“复眼”，由三千多只小眼组成，人们模仿它制成了“蝇眼透镜”。“蝇眼透镜”是一种新型光学元件，它的用途很多。“蝇眼透镜”是用几百或者几千块小透镜整齐排列组合而成的，用它做镜头可以制成“蝇眼照相机”，一次就能照出千百张相同的相片。这种照相机已经用于印刷制版和大量复制电子计算机的微小电路，大大提高了工效和质量。

4. 萤火虫与人工冷光

自从人类发明了电灯，生活变得方便、丰富多彩。但电灯只能将电能的很少一部分转变成可见光，其余大部分都以热能的形式浪费掉了，而且电灯的热射线有害于人眼。那么，有没有只发光不发热的光源呢？人类又把目光投向了大自然。在自然界中，有许多生物都能发光，如细菌、真菌、蠕虫、软体动物、甲壳动物、昆虫和鱼类等，而且这些动物发出的光都不产生热，所以又被称为“冷光”。在众多的发光动物中，萤火虫是其中的一类。萤火虫约有 2000 种，它们发出的冷光的颜色有黄绿色、橙色，光的亮度也各不相同。萤火虫发出冷光不仅具有很高的发光效率，而且发出的冷光一般都很柔和，很适合人类的眼睛，光的强度也比较高。因此，生物光是一种人类理想的光源。

早在 20 世纪 40 年代，人们根据对萤火虫的研究，发明了荧光灯，使人类的照明光源发生了很大变化。科学家先是从萤火虫的发光器中分离出了纯荧光素，后来又分离出了荧光酶，接着，又用化学方法人工合成了荧光素。

5. 长颈鹿与抗荷服

长颈鹿之所以能将血液通过长长的脖颈输送到头部，是由于长颈鹿的血压很高。据测定，长颈鹿的血压比人的正常血压高出两倍。这样高的血压为什么不会导致长颈鹿患脑溢血而死亡呢？这和长颈鹿身体的结构有关。首先，长颈鹿血管周围的肌肉非常发达，能压缩血管，控制血流量；同时长颈鹿腿部及全身的皮肤和筋膜绷得很紧，利于下肢的血液向上回

流。科学家由此受到启示，在训练宇航员时，设置一种特殊器械，让宇航员利用这种器械每天锻炼几小时，以防止宇航员血管周围肌肉退化；在宇宙飞船升空时，科学家根据长颈鹿利用紧绷的皮肤可控制血管压力的原理，研制出了飞行服——“抗荷服”。抗荷服上安有充气装置，随着飞船速度的增高，抗荷服可以充入一定量的气体，从而对血管产生一定的压力，使宇航员的血压保持正常。同时，宇航员腹部以下部位套入抽去空气的密封装置中，这样可以减小宇航员腿部的血压，利于身体上部的血液向下肢输送。

6. 蝴蝶与伪装以及温度调节

五彩缤纷的蝴蝶锦色粲然，如重月纹凤蝶、褐脉金斑蝶等，尤其是荧光翼凤蝶，其后翅在阳光下时而金黄，时而翠绿，有时还由紫变蓝。科学家通过对蝴蝶色彩的研究，极大地推动了军事防御迷彩的发展。在第二次世界大战期间，德军包围了列宁格勒（圣彼得堡），企图用轰炸机摧毁其军事目标和其他防御设施。苏联昆虫学家施万维奇根据当时人们对伪装缺乏认识的情况，提出利用蝴蝶的色彩在花丛中不易被发现的原理，在军事设施上覆盖蝴蝶花纹般的伪装。因此，尽管德军费尽心机，但列宁格勒（圣彼得堡）的军事基地仍安然无恙，为赢得最后的胜利奠定了坚实的基础。根据同样的原理，后来人们还生产出了迷彩服，大大减少了战斗中的伤亡。

人造卫星在太空中由于位置的不断变化可能引起温度的骤然变化，有时温差可高达两三百度，严重影响许多仪器的正常工作。科学家们受蝴蝶身上的鳞片会随阳光的照射方向自动变换角度而调节体温的启发，将人造卫星的控温系统制成了叶片正反两面辐射、散热能力相差很大的百叶窗样式，在每扇窗的转动位置安装有对温度敏感的金属丝，随温度变化可调节窗的开合，从而保持了人造卫星内部温度的恒定，解决了航天事业发展中的一大难题。

7. 气步甲炮虫与化学武器

气步甲炮虫遇见敌害时，尾部会发出爆响，喷射出具有恶臭的高温“炮弹”，同时产生黄色的毒气和烟雾，以迷惑、刺激和惊吓敌害。科学家将其解剖后发现甲炮虫体内有3个小室，分别储有二元酚溶液、双氧水和生物酶。二元酚和双氧水流到第三小室与生物酶混合发生化学反应，瞬间就成为100℃的毒液，并迅速喷出，这种原理已应用于军事技术中。

美国军事专家受气步甲炮虫喷射原理的启发研制出了先进的二元化武器。这种武器将两种或多种化学物质分装在两个隔开的容器中，炮弹发射后隔膜破裂，两种化学物质的中间体在弹体飞行的8~10s内混合并发生反应，在到达目标的瞬间产生爆炸或高热以杀伤敌人，其易于生产、储存、运输，安全且不易失效。

8. 蜘蛛与液压步行机

有足动物的行走，主要是靠腿部肌肉的收缩来控制腿的运动。但科学家研究蜘蛛时，发现蜘蛛的腿上没有肌肉。没有肌肉的腿为什么能走路呢？原来蜘蛛不是靠腿部肌肉的收缩，而是靠腿部的“液压”结构行走的，据此人们发明了液压步行机。这就是仿生学，这就是我们向自然界学习的结果。

9. 电鱼与伏特电池

自然界中有许多生物都能产生电，仅鱼类中就有500余种，人们将这些能放电的鱼，统称为“电鱼”。各种电鱼放电的本领各不相同，放电能力最强的是电鳐、电鲶和电鳗。中等大小的电鳐能产生70V左右的电压，而非洲电鳐能产生的电压高达220V；非洲电鲶能产生350V的电压；电鳗能产生500V的电压，有一种南美洲电鳗竟能产生高达880V的电压，称得上是电击冠军，据说它能击毙像马那样的大型动物。

经过对电鱼的解剖研究，发现在电鱼体内有一种奇特的发电器官。这些发电器官是由许多被称为电板或电盘的半透明的盘形细胞构成的。由于电鱼的种类不同，发电器官的形状、位置、电板数都不一样。电鳗的发电器官呈棱形，位于尾部脊椎两侧的肌肉中；电鳐的发电器官形似扁平的肾脏，排列在身体中线两侧，共有200万块电板；电鲶的发电器官起源于某种腺体，位于皮肤与肌肉之间，约有500万块电板。单个电板产生的电压很微弱，但由于电板很多，产生的电压就很高了。

19世纪初，意大利物理学家伏特，以电鱼发电器官为模型，设计出世界上最早的伏特电池。因为这种电池是根据电鱼的天然发电器官设计的，所以把它称为“人造电器官”。对电鱼的研究，还给人们这样的启示：如果能成功地模仿电鱼的发电器官，那么，船舶和潜水艇等的动力问题便能得到很好的解决。

10. 响尾蛇与导弹

响尾蛇的颊窝能感觉到0.001℃的温度变化，其舌上排列着一种类似照相机的天然红外线感知结构，据此原理，人类发明了跟踪热辐射追击目标的响尾蛇导弹。

11. 水母与海上风暴预测仪

生活在沿岸的水母成批地游向大海，就预示着风暴即将来临。原来，海洋上的空气和波浪摩擦产生的次声波（频率为每秒8~13次），是风暴来临的前奏曲。仿生学家发现，水母“耳朵”的共振腔里长着一个细柄，柄上的小球内有块小的听石，当风暴前的次声波冲击水母耳中的听石时，听石就刺激球壁上的神经感受器，于是水母就听到了正在来临的风暴的隆隆声。这种次声波人耳无法听到，小小的水母却很敏感。仿生学家仿照水母耳朵的结构和功能，模拟了水母感受次声波的器官，设计出了水母耳风暴预测仪。把这种仪器安装在舰船的前甲板上，能提前15h对风暴做出预报，对航海和渔业的安全都有重要意义。

12. 动物运动与仿生

自然界的动物中，无论是在陆地步行、爬行、跳跃，还是在空中飞行与水中游动，都具有各自的特点和利用价值。因此，模仿动物制造出具有利用价值的仿生机器人成为仿生机械学的重要任务。两足步行机器人、四足步行机器人、六足步行机器人、八足步行机器人、苍蝇机器人、蚊子机器人、仿蝴蝶机器人、仿蜻蜓机器人、仿鸟类飞行机器人、蚂蚁及蛇类爬行机器人、机器鱼等大量仿生机器人已经开始在军用与民用领域得到应用，并产生巨大影响。仿生机械学的主要研究内容就是模仿动物的运动状态设计新型机械。

13. 山羊爬树与四足机器人爬树

非洲的摩洛哥山羊会爬树，偶蹄类的四足动物会爬树令人不可思议。由此可以联想仿生四足机器人也应该能爬树，但到目前为止，还没有出现会爬树的仿生四足机器人。但受此启发，相信仿生学者也能很快设计出会爬树的四足机器人。

14. 两栖机器人

两栖动物能在水中和陆地生活，这给工程技术人员很大的启迪。水陆两栖坦克已经列装部队，水陆两栖飞机也已经研制成功；还有人研制成功水陆两栖自行车。将来也会出现水陆两栖的机器人。

15. 蝗虫与多功能机器人

蝗虫是一种具有多运动功能的节肢动物，可以爬行、跳行和飞行，这给机器人的运动设计提供了创新灵感。步行机器人如果能在普通地面缓慢步行前进，也可以快速跳跃前进，长途运动时可以飞行，则其在军事领域将有巨大的应用空间。

总之，从仿生学的诞生、发展，到现在的短短几十年的时间中，其研究成果已经非常可观。仿生学的问世，开辟了科技人员向生物界索取发明创造蓝图的道路，启迪了科技人员的创新思想，已经显示了极强的生命力。

第三节 仿生遐想

生物世界真奇妙，向自然界的生物索取创造灵感已经成为当代科技人员进行创新的一条重要途径，生物世界的奇妙颇有“引无数英雄竞折腰”之势。

一、研究动物的冬眠机理，为人类实现“冬眠”进行探索

地球上能在环境温度变化的情况下保持体温的相对稳定的动物，称为恒温动物。体温随环境温度的改变而改变的动物，称为变温动物，这些变温动物在冬天寒冷时，体温随之下降，而身体活动也跟着停止，此时身体对能量的消耗也随之减少，生命活动处于极度降低的状态。冬眠动物体温下降时，身体内的新陈代谢作用变得非常缓慢，所以在不吃食物的状态下也能维持生命，此种现象称为冬眠或冬蛰。处于冬眠状态的动物，其呼吸、循环和体温的调节活动仍然存在，其中枢视神经保持着积极活动。

在环境温度进一步降低或升高到一定程度，或受其他刺激时，冬眠动物的体温可迅速恢复到正常水平。

冬眠动物分为三种，第一种为蛇、青蛙等两栖类，其体温与周围环境配合，如环境温度下降则体温跟着下降而进入冬眠状态，并不进行调节。第二种以松鼠等动物为代表，其体温在平时保持恒温性，在进行冬眠时，可将自己的体温下降到接近环境周围的温度，但为了避免体液在0℃以下结冻，其体温维持在5℃左右。第三种为熊类，熊在冬眠时其体温只下降几摄氏度，但能长时间不进食而呈睡眠状态，在严谨的分类下应该是介于睡眠和冬眠之间。

归纳起来，哺乳纲的冬眠动物有啮齿目的极地松鼠、栗鼠、欧洲睡鼠、金仓鼠，食肉目的熊，翼手目的蝙蝠，猬形目的刺猬，非哺乳类的冬眠动物有两栖纲的青蛙和爬行纲的蛇和乌龟等。

冬眠的长短随动物而异，欧洲刺猬为3~4个月，冬眠鼠可睡上6~7个月。但不能简单认为，冬眠是一个长达数月不间断的过程，相反，更常见的冬眠是间歇性的，长的休止状态，低的新陈代谢中插有短暂的觉醒状态。但动物不能经常恢复到醒的状态，因为每次醒来都是要耗能的，醒的次数太多会导致脂肪储存过早耗尽，以致在来年春天的真正觉醒时无“脂”可用。

在最近几年里，研究人员一直在研究将动物转变为冬眠状态的各种方式。西雅图弗雷德·哈钦森癌症研究中心的马克·罗斯在2005年第一次通过硫化氢气体诱导实验室老鼠进入冬眠状态。麻省总医院的外科医生在对约克猪进行麻醉并且制造出严重的创伤后，医生们快速将猪的体温降低到10℃。随后外科医生对它们进行了手术并且修复了它们的伤口。当它们的体温恢复而且被注入温血后就再次活了过来。

虽然这些是非常惊人的突破，但是让人类简单、安全、可靠地进入冬眠还有很长一段路

要走。使用硫化氢诱导羊和猪冬眠的试验失败了，硫化氢或许不能对较大体型的动物起作用，其中也包括我们人类。从伦理上讲，对人类使用麻省总医院的测试方法也不可行。

冬眠的哺乳动物与人类身体构造、器官和组织没有大的差异，只不过冬眠的哺乳动物能够利用特殊因子来控制神经荷尔蒙系统调节器官的代谢状态，如果能找到这种控制的遗传因子，将来人类或其他动物进行冬眠也不无可能性。如果我们人类可以实现可控时间的冬眠，就可以飞向遥远的外星球，或者使一些濒危病人冬眠，等到医学水平发展到一定程度，再唤醒病人接受治疗。相信在不久的将来，人类会攻克冬眠技术，为提高危险疾病的治愈率做出贡献，为将来人类飞向距地球1000多光年的遥远的外星球提供条件。地球的寿命是有限的，人类要避免灭亡，就必须去其他星球生存下去，这就要求首先解决乘坐载运工具时的遥远路程所带来的长期旅行时间问题。可见，研究人类的冬眠技术也是解决未来人类生存的大问题。

二、研究仿生器官，实现器官移植

患心脏病、肺癌、肝癌、肾癌的病人，死亡率极高。据2022年统计，我国每年死于心脏病的人数约54.4万，每年死于癌症的病人约220.4万。如果能够研究成功仿生心脏、仿生肝脏、仿生肺、仿生肾脏等脏器，将对人类做出重大贡献。目前，仿生人工心脏已经问世，但其价格昂贵、寿命低，还不能进入临床；其他仿生脏器还处于探索之中。但全世界相关领域的科学家一直在努力，总有一天人们会解决人工脏器问题，造福于人类。

三、仿生智能宠物

所谓智能宠物是指仿生家庭豢养的猫、狗、鸟之类的小动物。这些智能宠物不仅具有原生动物的外形和构造，而且具有原生动物的一切特性，甚至更高的智慧；不会伤人和传染疾病，也不必费心喂养，将成为人类的最好动物朋友和家庭成员。

四、人与仿生智能机器人

人类正在模仿自己，力求创造出比自己更强的仿生机器人。目前，具有初步智慧的拟人机器人已经问世，可以进入家庭做家政服务。预期，具有高级智能的仿生智能机器人将会出现在各种工作岗位上。最后，人类可以应用人体细胞培育出人体所需的所有器官，包括躯体、大脑、脏器、血管、神经、肢体、皮肤、毛发等，组装成完全和人类一样的人，这种人已经脱离机器人的结构，而成为名副其实的有生命人，甚至可以结婚生育。仿生智能机器人的出现将引起人类伦理道德的争议，相信未来的科学家会限制仿生智能机器人的一些功能，让仿生智能机器人从事生产劳动、家庭服务以及军事领域内的一些工作。由于仿生智能机器人能代替人类的各种工作，人类社会的白领与蓝领的差别将会消失，人类将生活在高度发达的社会中。

五、机器人智能教师

随着仿生机器人的高级智能化和拟人化，最有可能首先进入人类视野的是机器人智能教师。把人类智慧与思维、教材内容、教师的教学内容、教案等教学文件录入机器人存储器，通过语音合成，在课堂上讲授出来，机器人的传感器随时观察学生表情与动作，随时可做重复、提示等交流互动。上课之时，学生只要用键盘输入课程名称、学时等，机器人即可开始讲课。一台机器人可同时录入多名教师的多门课程，机器人智能教师将来很有可能走进课堂进行教学。这样，一名好老师的教学可使全国受益，其授课要比网络课程精彩得多。

六、仿生学的发展与人类社会

向自然界索取是人类生存的需要，向自然界的生物学习是人类社会发展的需要。人类不断向自然界的生物学习，不断获得创新的灵感，不断创造与发明新的产品，特别是仿生医学与仿生机械学的发展正在影响人类的工作与生活。

人造器官的诞生，诸如人工关节、人工义肢、人造皮肤、人工眼、人工心脏等，正在改善患者的生活质量或挽救患者的生命，在不久的将来，会有大量的人工脏器挽救患者的生命。

总之，从模拟微观世界的分子仿生学到宏观的宇宙仿生学，仿生学包括了非常广泛的内容。当今的科学技术正处于一个多学科相互交叉、渗透与高度融合的新时代。在其他学科的渗透和影响下，生物科学的研究内容与方法发生了根本的转变，生物科学的发展又促进了各种自然科学和技术科学向仿生学方向的发展，促进了科学技术的发展。因此，仿生学的科研显示出无穷的生命力，它的发展和成就将为世界整体科学技术的发展做出巨大的贡献。

科学幻想与仿生遐想是通往创新的桥梁。

科学家精神

“两弹一星”功勋科学家：
最长的一天

第一篇

仿生学综述

第一章

Chapter

生物学基础

第一节　生物及其分类

生物学（Biology）是自然科学六大基础学科之一，是研究生物的结构、功能、发生和发展的规律以及生物与周围环境关系的科学。随着科学技术的发展，生物学与医学、化学、力学、信息科学、机械科学、控制科学、建筑科学等大量学科开始交叉、渗透、融合，形成许多新兴的边缘学科，使得生物学取得空前的大发展。近代生物学分为分子生物学、细胞生物学、微生物学等很多分支，本书立足于仿生机械学的内容，将从植物学和动物学领域来概述生物学的基本知识。

一、生物的概念

通常情况下，人们可以轻易地区分出什么物体是生物，什么物体不是生物，可是当真正用语言或文字来表达什么是生物时，事情就不再那么简单了。事实上，要给生物下一个科学的定义是极其困难的，人类对生物的定义还存在争议，一直都没有一个完全统一的定义。

自然界是由生物和非生物组成的，一切具有生命，能表现出各种生命现象，即新陈代谢、生长发育和繁殖、感应性和适应性、遗传变异的都是生物。一般说来，在自然界中，凡是有生命的机体均属于生物，如人类、各种动物、各种植物等都是生物。生物还可从广义和狭义两个方面来定义。

广义上的生物：一切具有新陈代谢（新陈代谢是指生物体内全部有序化学反应的总称）的物体，如动物、植物、微生物、病毒，甚至细胞、一片绿叶、一段枝条、活的心脏、生殖细胞等，都属生物。新陈代谢是生物与非生物之间的本质区别。

狭义上的生物：传统意义上的生物，包括动物、植物、微生物。

本书中的生物主要是指各类植物和动物。地球上的植物有 50 多万种，动物有 150 多万种。

二、生物的分类

1. 人为分类

这种分类主要凭借对生物的某些形态结构、功能、习性、生态或经济用途的认识对生物进行分类，而不考虑生物亲缘关系的远近和演化发展的本质联系，由此所建立的分类体系大都属于人为分类体系。例如：将生物分为陆生生物、水生生物，草本植物、木本植物，粮食作物、油料作物等。

我国明朝时期的医药学家李时珍（1518—1593）在《本草纲目》中，将植物分为 5 部：谷部、草部、菜部、果部、木部；动物也分为 5 部：虫部、鳞部（鱼类等）、介部（甲壳类）、禽部、兽部；人另属一部，即人部。这是我国早期的一个完整的生物分类系统。

2. 自然分类

我们知道，复杂的生物是由简单的生物始祖逐步进化而来的，按照进化的过程和物种间的亲缘关系进行分类，这样才是科学的。这种反映物种在进化上的亲缘关系的分类称为自然分类。例如：人类应该归类到哺乳动物类，或者说人类与黑猩猩应该归类到比较近或相同的种属中。

生物是动物、植物、真菌、细菌、病毒等的统称。人们按照生物的相似程度，包括形态结构和生理功能等，把生物划分为种和属等不同的等级，并对每一类群的形态结构和生理功能等特征进行科学的描述，以弄清楚不同类群之间的亲缘关系和进化关系。分类的依据是生物在形态结构和生理功能等方面的特征，不同时期的不同学者，对生物的分类有不同的看法。

1753 年，瑞典植物学家卡尔·林奈（C. Linnaeus，1707—1778）根据生物的运动性和吞食性，把生物分为动物界和植物界，这就是通常所说的生物分界的两界系统，这种分类系统被广泛采用，使用至今。

三、植物与动物的分类方法

1. 植物的分类方法

植物的自然分类方法是以植物的形态结构作为分类依据，以植物之间的亲缘关系作为分类标准。从生物进化的理论可知，种类繁多的植物实际上是大致同源的。物种之间相似程度的差别，能够显示出它们之间亲缘关系上的远近。判断植物之间亲缘关系的根据是植物之间相同点的多少。例如：菊花和向日葵在形态结构等方面有许多相同点，如它们都具有头状花序，花序下有总苞，雄蕊 5 枚，于是就认为它们的亲缘关系比较接近；而菊花与大豆相同的地方就比较少，如大豆花是大小和形状与菊花都不相同的蝶形花瓣，于是就认为它们的亲缘关系比较疏远。

随着科学的发展，植物的分类已经不是仅以形态结构为依据，而是密切结合了生理学、生物化学、遗传学和古植物学等学科。各国植物学家正在这方面继续展开深入的研究，以便使植物分类的方法更加完善。

2. 动物的分类方法

动物的自然分类方法更加复杂，主要是根据同源性进行分类。分类学家必须考虑多种多样的特征，这些特征包括：结构、功能、生物化学、行为、营养、胚胎发育、遗传、细胞和分子组成、进化历史及生态上的相互作用。特征越稳定，在确定分类时就越有价值。

3. 生物三界分类法

常用的生物三界分类法见表 1-1。

表 1-1 常用的生物三界分类法

三界		组成
植物	种子植物	被子植物：双子叶植物、单子叶植物
		裸子植物
	孢子植物	藻类植物
		菌类植物
		地衣植物
		苔藓类植物
		蕨类植物
动物	脊椎动物	鱼类、两栖类、爬行动物、鸟类、哺乳类
	无脊椎动物	原生动物、多孔动物、腔肠动物、扁形动物、线形动物、环节动物、软体动物、节肢动物、棘皮动物
微生物		真菌、细菌、支原体、衣原体、立克次体、螺旋体、放线菌、病毒

第二节 生物的多样性

自然界的生物色彩缤纷、种类极多，而且构成差异极大，其根本原因在于生物具有多样性。生物的多样性不仅是自然界的形成与进化的重要基础，也为人类的生存与发展提供了物质与环境方面的保证。然而直到 20 世纪中后期，生物多样性的问题才引起世界各国的广泛重视。1982 年联合国大会通过了 371 号决议，制定了《世界自然宪章》（The World Charter for Nature），标志着对生物的多样性在人类生存与发展过程中的作用的认识上达到了一个新的高度。

生物多样性即生物学多样性，可定义为多样化的生命实体群或级的特征。由于生命系统是可以分成等级的，即基因、细胞、个体、种群、群落和生态系统，那么，在从分子到生态系统的每个生命等级上都能表现出生物的多样性特征。生物多样性也可简单地理解为地球表面生物圈的各种生命形成的资源，包括植物、动物、微生物、各个物种拥有的基因和各种生物与环境相互作用所形成的生态系统，以及它们的生态过程。在生态学研究中，一般将生物多样性分为三个方面：遗传多样性、物种多样性和生态系统多样性。

一、遗传多样性

遗传多样性是指地球上所有生物所携带的遗传信息总和，也就是各种生物所拥有的多种多样的遗传信息。有人也将遗传多样性具体定义为物种个体之间或群体内的基因或基因型的多样性。遗传多样性是生物多样性中最基本的，因为生物体所携带的遗传信息的不同，会通过核酸、蛋白质分子或酶的结构与功能特性差异，反映到生物表型的多样性特征中。

目前，对遗传多样性的研究领域包括：突变和遗传多样性的起源，核酸的复制，突变效应，遗传多样性的保持与进化。对遗传多样性的研究已经密切联系于物种的形成、分化与进化方面。

二、物种多样性

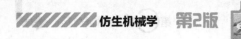

物种多样性是指生物物种的多样性或物种的丰富度。物种多样性的研究是大量而广泛

的，这些研究成果加深了对物种多样性意义的认识。对物种多样性的综合理解，包括三个方面的含义：物种的数量或丰富度、物种的均匀度以及物种的异质性。物种的数量或丰富度在自然界或地球生物圈中是直接可见的，地球生物圈中的动物、植物和微生物的物种数量，据估计有 500 万~3000 万种。我国是世界上生物物种十分丰富的国家之一，其物种总量占世界物种总量的 10%左右，见表 1-2。

表 1-2 世界和我国物种估计数和已知种数统计表

类群名称	我国已知种数	世界已知种数	我国占世界的百分比(%)	世界估计种数
哺乳动物	499	4181	11.9	5000
鸟类	1186	9040	13.1	11000
爬行类	376	6300	6.0	—
两栖类	274	4010	6.8	—
鱼类	2804	21400	13.1	28000
昆虫	40000	751000	5.3	1500000
高等植物	30000	285750	10.5	300000
真菌	8000	69000	11.6	1500000
细菌	500	3000	16.7	30000
病毒	400	5000	8.0	130000
蕨类	5000	40000	12.5	60000

生物物种的记录、发现和系统分类，虽然是生物学中的最经典的研究，但无论是温带、热带，还是海洋、陆地，尚有很多生物物体或生物物种还鲜为人知。例如，以前人们仍以为深海没有生命，可是现在我们知道深海也具有丰富的生物群落，有 800 多个已知物种，属于 12 个门 100 多个科。

三、生态系统多样性

生态系统多样性是指生物圈内生物群落、生物环境与生态过程的多样化。生态系统多样性与遗传多样性和物种多样性虽然都统称为生物多样性，但生态系统多样性与后两者是有很大区别的。其区别不仅在于生命系统的等级性不同，而且表明遗传多样性与物种多样性能够在更高、更复杂的层次中得到整体体现，生态系统多样性除了包含不同的物种、不同的生物群落，还密切联系于生物存在的生物环境和生态过程。

生物群落与生态系统的类型丰富多样。世界上主要生态系统类型有森林、草原、荒漠、湿地、海岸、海洋及农田生态系统。北半球森林生态系统由北向南有寒温针叶林、温带针阔叶混交林、暖温带落叶阔叶林、亚热带常绿阔叶林以及热带雨林等。草原生态系统可分为温带草原、高寒草原和山地草原。荒漠生态系统可分为小乔木荒漠、灌木荒漠和高寒荒漠。湿地生态系统主要包括湖泊、河流和沼泽。海岸与海洋可分为海岸滩涂生态系统、河口生态系统、海岸湿地生态系统、红树林生态系统、珊瑚礁生态系统、海岛生态系统和大洋生态系统。生态系统多样性的形成，一方面取决于构成各类生态系统的生物群落的千差万别，另一方面也与生态系统存在的环境因子的特异性相关。环境因子中，地形、降雨量、气候、土壤等条件的不同对生物群落的外貌、结构与功能等都有明显的影响。生态系统多样性奠定了人类生态环境的变化与差异。

第三节 生物的进化

一、达尔文的进化论

达尔文的进化论主要包括四部分内容：

1）所有生物都来自共同的祖先。分子生物学发现了所有生物都使用同一套遗传密码，生物化学揭示了所有生物在分子水平上有高度的一致性，最终证实了达尔文的学说。

2）物种是可变的。一个物种可以变成新的物种，现有的物种是从别的物种演变而来的。

3）生物的进化是渐进式的，即在自然选择作用下累积微小的优势变异，逐渐改进，不是跃变式的。

4）自然选择是进化的主要机制。

图 1-1a 所示为人类进化过程：人类通过制造工具、发现并学会利用火，由狩猎、畜牧到农耕劳动，最终由类人猿逐渐进化为现代人类；图 1-1b 所示为鸟类进化过程：随着环境的变化，有些恐龙进化为始祖鸟，再进化为现代的鸟类种群，这些进化已经从化石发掘上得到证明。图 1-1c 所示为长颈鹿进化过程。

a) b) c)

图 1-1 生物进化举例

a）人类进化过程 b）鸟类进化过程 c）长颈鹿进化过程

达尔文认为，生物之间存在着生存争斗，适应者生存下来，不适应者则被淘汰，这就是自然的选择。生物正是通过遗传、变异和自然选择，从低级到高级，从简单到复杂，种类由少到多地进化着、发展着。这就是“物竞天择，适者生存”。

在研究生物的进化过程中，化石是重要的证据，越古老的地层中，形成化石的生物越简单、越低等，其中水生生物较多；越晚近的地层中，形成化石的生物越复杂、越高等，其中陆生生物较多。因此证明生物进化的总体趋势是从简单到复杂，从低等到高等，从水生到陆生。

二、生物进化的大致历程

分析生物进化的证据可以确定，现在地球上的所有生物都是由古代的生物进化而来的。科学家根据亲缘关系的远近，用生物进化树形象而简明地说明了生物进化的历程，如图 1-2 所示。

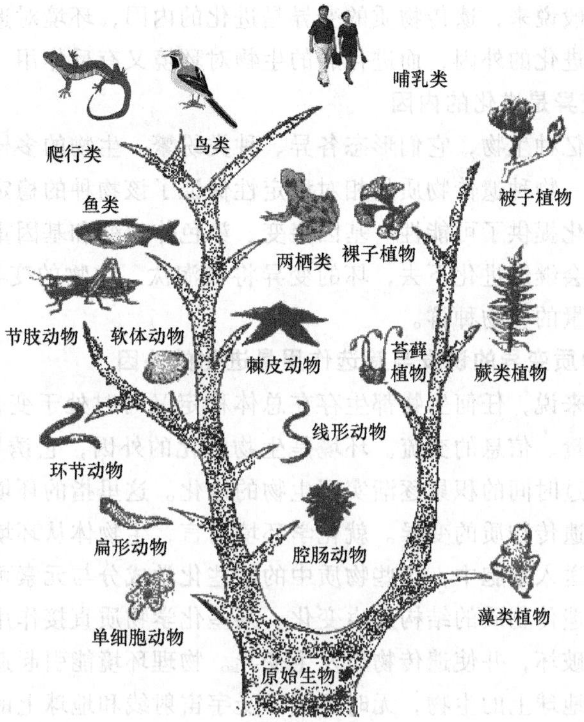

图 1-2 生物进化树

生物进化树清楚地表明了生物由原始生物向各种生物的进化过程。1861 年，在德国发现的始祖鸟化石清楚地表明鸟类是从爬行动物进化而来的典型证据。始祖鸟既有爬行动物的身体特征，又有鸟类的特征，是从爬行动物到鸟类的过渡群体，如图 1-1b 所示。图 1-3 所示为人类脊椎骨。由于人类进化为直立行走以后，脊椎骨的结构也逐渐适合直立行走，尾巴的平衡功能消失，尾骨逐渐退化，但退化后的尾椎骨仍然存在。图 1-4 所示为脊椎动物的上肢对比。

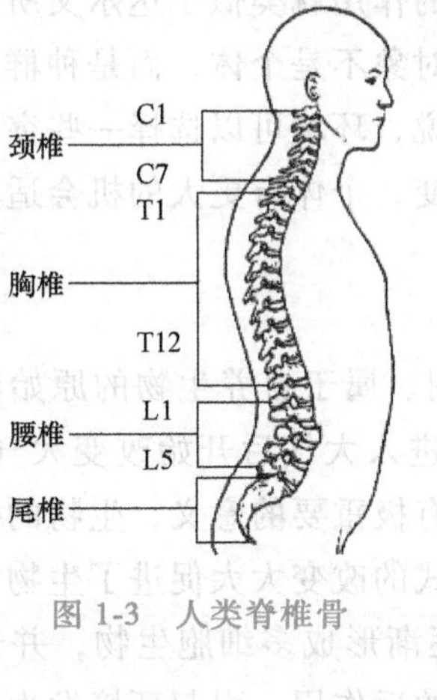

图 1-3 人类脊椎骨

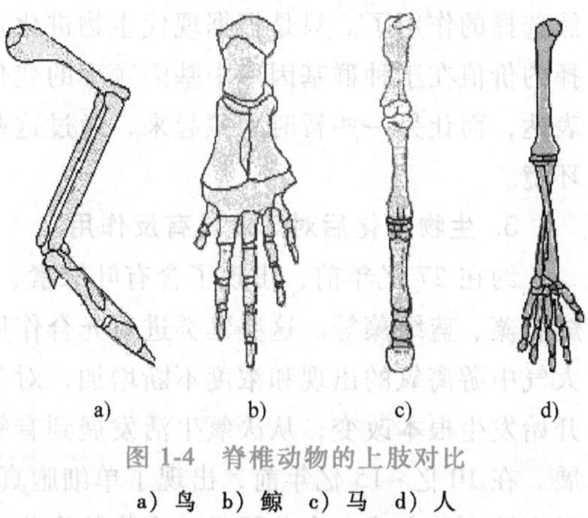

图 1-4 脊椎动物的上肢对比

a）鸟 b）鲸 c）马 d）人

三、生物进化的原因

自然界的生物经过漫长的进化，由低级逐渐进化为各种不同类型的生物种群。生物进化的原因是什么呢？一般说来，遗传物质的变异是进化的内因，环境对遗传物质的变异起到诱发与筛选的作用，是进化的外因，而进化后的生物对环境又有反作用。

1. 遗传物质的变异是进化的内因

自然界存在着数亿种生物，它们形态各异、种类纷繁。生物的多样性，主要就是遗传物质的不同造成的。同一物种遗传物质的相对稳定性保证了该物种的稳定性和连续性。而遗传物质的变异为生物进化提供了可能性。基因突变、染色体畸变和基因重组是生物发生变异的主要原因，好的变异会继续进化下去，坏的变异将被淘汰。生物的变异为进化奠定了基础，没有变异也就没有大量的生物种群。

2. 环境对遗传物质变异的诱发与筛选作用是进化的外因

从生态学的角度来说，任何生物都生存在总体稳定又时时处于变化之中的生态环境中。环境中存在物质、能量、信息的交流。环境是生物进化的外因，它诱导遗传物质发生变异，又对其进行筛选，经过时间的积累逐渐实现生物的进化。这里指的环境包括生物环境和非生物环境，环境能诱发遗传物质的变异。就化学环境而言，生物体从环境中摄入各种物质，经分解、吸收作用后，送入细胞中，这些物质中的某些化学成分与元素可能会与遗传物质的组成物发生反应，或使遗传物质的结构发生变化。某些化学物质直接作用于生物体的表面，也可能引起表面细胞的破坏，并使遗传物质发生变异。物理环境能引起遗传物质变异的最主要因素是射线。生活在地球上的生物，无时无刻不受宇宙射线和地球上的放射性物质发出的射线的照射。科学家做了统计，一个人一年平均受到的射线照射，可把大约十亿个人体中分子的化学键打开，若生物偶然接触到能量更大的射线，则引起突变的概率更大。如果生活的环境条件改变了，生活也就发生改变，那么，动植物将采取适应其生活的性态，并且在这种性态永存的情况下，遗传因子也与之相应发生变化，但是必须经过地质时代这样漫长的时间单位才可以实现。生物进化是许多因素共同作用的结果，归根到底都必须是遗传物质发生了改变，只有这样，变异才能一代一代地延续下去。所以，环境只能是进化的外因。

当遗传物质的变异最终体现在表型的差异上时，环境的作用就类似于达尔文所提出的自然选择的作用了。只是根据现代生物进化理论，自然选择对象不是个体，而是种群。自然选择的价值在于种群基因库中基因频率的变化状况。也就是说，环境可以选择一些突变，让其表达，而让另一些暂时隐藏起来，通过这些隐藏的后备突变，个体有更大的机会适应变化的环境。

3. 生物进化后对环境具有反作用

约在 27 亿年前，出现了含有叶绿素、能进行光合作用、属于自养生物的原始藻类，如燧石藻、蓝绿藻等。这些藻类进行光合作用所释放的氧，进入大气后开始改变大气的成分。大气中游离氧的出现和浓度不断增加，对于生物的生存具有极重要的意义，生物的代谢方式开始发生根本改变，从厌氧生活发展到有氧生活。代谢方式的改变大大促进了生物的进化发展。在 10 亿~15 亿年前，出现了单细胞真核植物，之后逐渐形成多细胞生物，并开始出现了有性生殖方式。由此可见，生物的进化对环境有着极强的反作用，引起环境发生改变。而改变了的环境条件对生物进化方向又有指导意义。人类有极强的改造自然和利用自然的能力。人类对自然环境的影响比任何一种生物都大。生物的灭绝也都是不适应环境，被环境所淘汰的结果。其实它们和进化都是同一回事，只不过是结果不同。

第四节 植物及其运动特性

一、植物的运动特性

在人们的印象中，植物与动物是“静”与“动”两种截然不同的生物大类。不少人认为，植物既没有神经和感觉，又不会跳跃或奔跑，相对于运动自如的动物来说，植物似乎是静止不动的；然而，实际情况并非如此，所有的植物一生都在生长，也就是说，它们一直都在运动中，只不过它们的生命运动十分缓慢，相对于动物来说，就好像是“静物”了。

在植物世界中，除了大多数相对静态的植物外，还有不少植物身体或个别部分能发生位置和方向的改变，带有较为明显的“运动”特征。由于这些植物对外界因素的感受力比较敏锐，因而产生了向性运动（向地性、向光性、向水性、向化性等）；若运动的方向与刺激方向无关，就称为感性运动（感夜性、感振性和感热性等）。

因此，植物运动可分为向性运动和感性运动。

向性运动是指植物因外界环境中的单方向刺激而引起的定向缓慢生长运动，感性运动是指植物在外界刺激下引起的快速反应运动。

1. 向性运动

(1) 向地性运动　种子在土壤中不论位置如何，幼苗的根总是向下生长，这种特性称为向地性。根的向地性能使根深入土壤，从土壤中吸收水分和养分，并使植物固接在土壤中。植物的茎向上生长，称为负向地性，叶子总是水平生长，称为横向地性。图 1-5a 所示为豆类植物发芽时的向地性生长示意图。

(2) 向光性运动　植物的向光性运动是指植物器官因单向光照而发生的定向弯曲能力。通常，幼苗或幼嫩的植株向光源一方弯曲，称正向光性；许多植物的根是背光生长的，称负向光性；而有些叶片是通过叶柄扭转，使自己处于对光线适合的位置，与光线通常呈垂直方向，即表现为横向光性。向光性是植物对外界环境的有利适应。若把植物放在窗台上，它就全部朝向光源，茎的这种向光生长的现象，称为正向光性。茎的向光性，可以使叶片充分接受日光，进行光合作用。大部分植物的向光运动表现得比较“含蓄”。当然，也有对阳光特别“依恋”的植物，它们无时无刻都紧紧地追随着阳光，因而呈现出了有趣的向光运动特征。图 1-5b 所示为蟹爪兰开花时的向光示意图。图 1-5c 所示为众所周知的向日葵，其顶端

图 1-5　向性运动

a) 豆类　b) 蟹爪兰　c) 向日葵　d) 树　e) 向化性根

（花盘）早晨向东弯曲，随着太阳在空中的移动，改变光照方向，向日葵顶端（花盘）也不断改变方向，中午直立，下午向西弯曲，即跟随着太阳的东升西落而做相应运动。

水生花卉睡莲就是天天跟随着太阳运动的。当太阳升起的时候，闭合的睡莲花瓣外侧因受到阳光的照射，生长变得缓慢，花瓣内侧因为背光，生长素异常活跃，使得花瓣内侧迅速伸展，于是睡莲那纤美的花瓣就开始徐徐张开；到了傍晚，太阳即将落山之时，内侧的生长变慢，外侧则开始活跃生长伸展，花儿又慢慢地自动闭合起来。这种奇异的生理特征，使睡莲养成了每天朝开暮合、追逐阳光的习性。向光性植物还有落叶乔木合欢、草本植物红车轴草（红三叶草）、咖啡黄葵（羊角豆）等许多植物。

（3）向水性运动　当土壤干燥而水分分布又不均匀时，植物根系总是向潮湿的地方生长，这种特性称为向水性。图 1-5d 所示为河边生长的大树根系的向水性生长示意图。

（4）向化性运动　根向肥料较多的地方生长的特性称为向化性。图 1-5e 所示为向化性生长的植物根系。根的生长有向化现象，总是向肥料较多的区域生长，农业生产上利用作物的这种特性，可以用施肥来影响根的生长。例如，水稻深层施肥可使根向土壤深层生长，分布广，对吸收水肥有利；又如种植香蕉时，可以采用以肥引芽的方法，把肥料施在希望长苗的空旷处，使植株分布均匀。

2. 感性运动

感性运动主要有感振性运动（受到外界机械刺激引起的植物运动）、感触性运动等。

（1）感振性运动　有种多年生的木本植物，各枝叶柄上长有 3 片清秀的叶片，当气温达 25℃以上并在 70dB 声音的刺激下，两枚小叶便绕中间大叶“自行起舞”，故名“舞草”。许多植物园都种植有舞草，作为会动的宠物舞草，又名跳舞草、无风自动草等，如图 1-6a 所示。

（2）感触性运动　植物受到外界物体的碰触时，其接触部分会迅速运动，这种现象称为感触性运动。

a)

b)

图 1-6　感性运动植物
a）跳舞草　b）含羞草

含羞草在受到外界触动时，小叶片合闭，叶柄下垂。此动作被人们理解为“害羞”，故称为含羞草。含羞草的这种特殊的本领是长期进化的结果。每当第一滴雨打着叶子时，它的叶片立即闭合，叶柄下垂，以躲避狂风暴雨对它的伤害，这是它对外界环境条件变化的一种适应。另外，含羞草的运动也可以看作是一种自卫方式，动物稍一碰它，它就合拢叶子，动物也就不敢再吃它了。这种奇特的运动缘于含羞草枝叶的特殊细胞结构，因为其叶片和叶枕上下部组织结构不同，上部细胞的细胞壁较厚，下部的细胞壁较薄，下部的细胞间隙比上部的大，所以当外界刺激传来时，下部细胞通透性迅速增大，水分流入细胞间隙，使下部细胞膨压下降，组织就呈现出疲软下垂的态势。当外部刺激消失后，下部细胞间隙中的水分又会回流，使枝叶重新舒展。只要外界有反复的刺激，它就会开开闭闭，反复运动。图 1-6b 所示为含羞草。

感性运动的植物其实还有很多，如猪笼草、捕蝇草等食虫草叶子的运动，也是一种感振性运动，它们的叶子进化为精巧的捕虫器，当小动物侵入捕虫器时，即触发感振性运动，叶子迅即合拢，将入侵的小动物捕获，图 1-7 所示为食虫草。当然，这些小草的运动越频繁，它们的收获也就越丰盛了。

图 1-7 食虫草

3. 整体运动的植物

有些植物每当干旱季节来临时，就会从土地里将根收起来，把自己卷成一团，随风四处滚动。如果遇到水分充足的地方，干枯的植物球就会展开，恢复成原状，在土壤中扎根生长，人们称这类植物的运动为跑路。在南美洲的沙漠上，有一种称为卷柏的多年生直立草本蕨类植物就会跑路，它不仅拥有了“九死还魂草”的美名，还被誉为“旅行植物”。图 1-8a 所示为生长状态的卷柏，图 1-8b 所示为跑路状态的卷柏。类似的跟着风跑路的植物还有很多，如分布在亚欧各地的防风（图 1-8c）和刺藜、美国的苏醒树、秘鲁的步行仙人掌等，它们多生长在戈壁、沙漠、荒野之中，起风的时候，经常可以看见它们在随风滚动，因此，这些植物被十分形象地称为“风滚草”。为了在恶劣的环境中生存下来，它们通过长期的进化逐渐形成了这种依靠运动来适应环境的本领。我国北方广泛生长的猪毛菜（图 1-8d）也是典型的“跑路植物”。

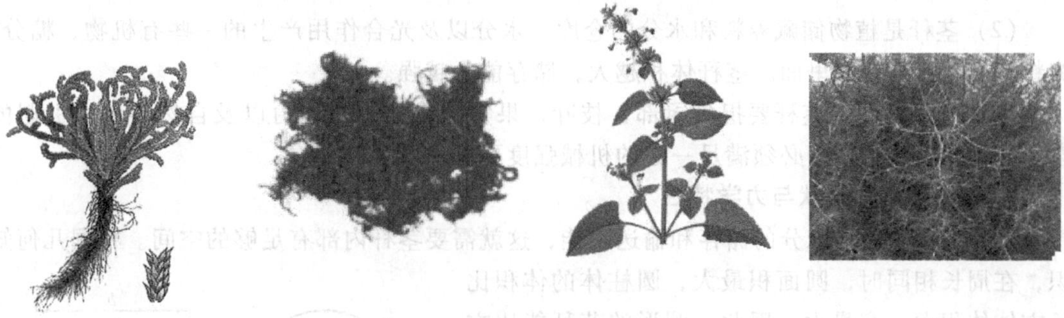

a) b) c) d)

图 1-8 会跑路的植物

a）生长状态的卷柏 b）跑路状态的卷柏 c）防风 d）猪毛菜

二、植物的结构与力学特性

1. 植物的根系

无论是木本植物还是草本植物，都具有根、茎、叶、花或种子。植物的根具有相同的生长方式，即向下呈发散性生长，其目的是从土壤中吸收水分和营养，支承自身重力和抵抗外力的作用，且根系越发达，从土壤中吸收水分和养分的能力越强，抵抗重力和外力作用的能力越强。图 1-9a 所示为木本植物的根系，图 1-9b 所示为禾本植物的根系，图 1-9c、d 所示为草本植物的根系，图 1-9e 所示为玉米的根系。

2. 植物的茎秆功能

世界上所有的生物为了生存，总是朝着最能适应环境的方面发展，如植物的茎秆一般呈圆柱形或圆锥形正是根据自身生长繁衍的需要逐渐进化的结果。

a) b) c) d) e)

图 1-9 植物的根系

a）木本植物的根系 b）禾本植物的根系 c）、d）草本植物的根系 e）玉米的根系

植物的茎秆有以下功能：

（1）担负着重要的运输功能 茎秆中一些细胞组成了许许多多的管道，这些管道分导管和筛管两种：从下往上把根吸收的水和养分运送到地面上的叶子、花朵和果实中的管道，称为导管；从上往下把叶子制造的有机物送到根上去的管道，称为筛管。导管和筛管是植物输送营养和水分的通道。

（2）茎秆是植物储藏养料和水分的仓库 水分以及光合作用产生的一些有机物、糖分、淀粉等都储存在茎秆里面。茎秆体积越大，储存能力越强。

（3）支承作用 茎秆要担负冠部、枝叶、果实的重力和弯曲力以及自然界风力引起的弯曲和扭转力等，茎秆必须满足一定的机械强度要求。

3. 植物茎秆的形状与力学特性

茎秆具有养料、水分的储存和输送功能，这就需要茎秆内部有足够的空间。根据几何知识，在周长相同时，圆面积最大，圆柱体的体积比长方体体积大、容量大。因此，圆形的茎秆能比方形茎秆容纳更多的导管和筛管，能输送和储存更多的养料和水分。

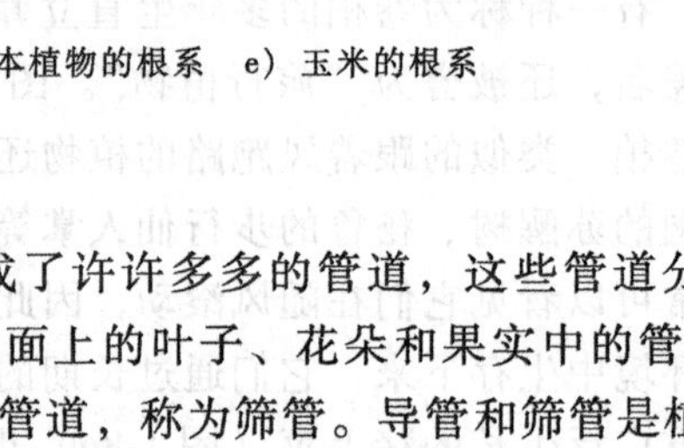

a) b)

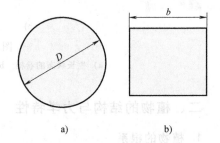

图 1-10 不同截面形状的茎秆

如图 1-10 所示，设圆形截面直径为 D，周长为 L_1，正方形截面边长为 b，周长为 L_2，若它们具有相同的周长，则有

$$L_1=\pi D, L_2=4b, L_1=L_2$$

故 $$b=\frac{\pi D}{4}$$

设圆形截面面积为 A_1，方形截面面积为 A_2，则

$$A_1=\frac{\pi D^2}{4}=0.78D^2>A_2=b^2=\frac{\pi^2 D^2}{16}=0.616D^2$$

计算结果表明，在周长相等的条件下，圆形截面具有更大的面积，这是植物进化为圆形截面茎秆的原因之一。

其次，圆形的茎秆在抵御风力作用方面也具有优势。风是植物遭受破坏的主要因素，风向在一年四季中是不断改变的，面对经常变换的风向，植物没有办法躲避，但圆形截面可减小风的阻力。图 1-11a 所示为方形截面受力图，图 1-11b 所示为圆形截面受力图。根据力学知识，风的作用力 F_w 为

$$F_w = KpA$$

式中　K 为风载的体型系数，对于圆形截面 $K=0.8$，对于方形截面 $K=1.5$；p 为风的单位面积作用力（N/mm^2）；A 为风的作用面积（mm^2）。

图 1-11 中方形边长等于圆形的直径，两者具有相同的过风面积。在相同的风压力（单位面积作用力）情况下，方形截面和圆形截面的受力分别为

方形截面：　$F_w = 1.5pA$

圆形截面：　$F_w = 0.8pA$

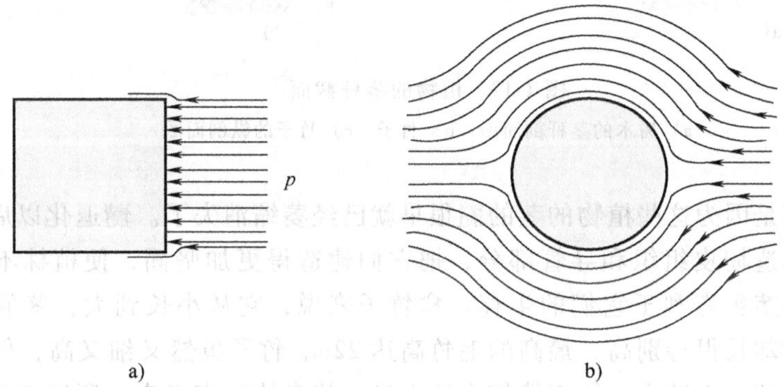

图 1-11　抵抗风压力示意图

a）方形截面受力图　b）圆形截面受力图

显然，圆形截面比方形截面承受的风压力要小得多。圆形截面植物抵抗风压力造成的弯曲破坏能力更好。

在风压力的作用下，茎秆将发生弯曲；由于风向的经常变化，也会使植物受到扭转产生的剪切力作用。圆形截面比方形截面的扭转刚度大，抗剪切能力也高。因此，植物的茎秆长成圆形比方形更能抵抗外力。这也是植物进化为圆形截面的重要原因。类似形态的建筑物随处可见，如电视塔、电线杆等。

另外，从植物保护的角度，圆形可减少病害侵袭的面积。在体积相同时，圆柱体的表面积比四棱柱体小。因此，圆形的茎秆露在外面的越少，受病虫危害的机会也就越少。明白了植物茎秆的奥秘之后，人们还把这种力学原理应用到农作物育种上，充分考虑圆形的特点，培育具有抗倒伏能力的农作物新品种。

植物的茎大都为实心的。把植物的茎切断来观察，最外层的是表皮，经常会长一些毛或刺；表皮里面是皮层，皮层中有一些薄壁组织和比较坚固的机械组织。这两层都比较薄，从皮层再往里面看，就是中柱部分。中柱部分含有一个个的维管束，这是植物茎中最重要的部分，用来输送养分和水分的组织。中柱部分的正中心称为髓，面积很大，是很大的薄壁细胞，功用是储存养料。图 1-12a 所示为树木的茎秆剖面图。有些植物中间髓的部分已经萎缩消失，变成空心状态，这是植物进化时所做的选择。植物茎中的机械组织和维管束就好像钢

筋混凝土建筑物中的梁架，而髓就好像建筑物中的填充物。有了这些，植物就可直立起来。如果没有髓，只是拿掉了填充物，就好像建筑采用的工字形结构，它的支撑力大，又省材料，所以茎秆中空的植物还不容易折断或伏倒，非常坚实。图 1-12b 所示的竹子就是典型的中空茎秆植物，图 1-12c 所示为其纵剖面图。为增加竹子的抗扭强度，竹子在中空内部进化出节，把长形圆管分解为多节短圆管，提高了竹子的扭转刚度。

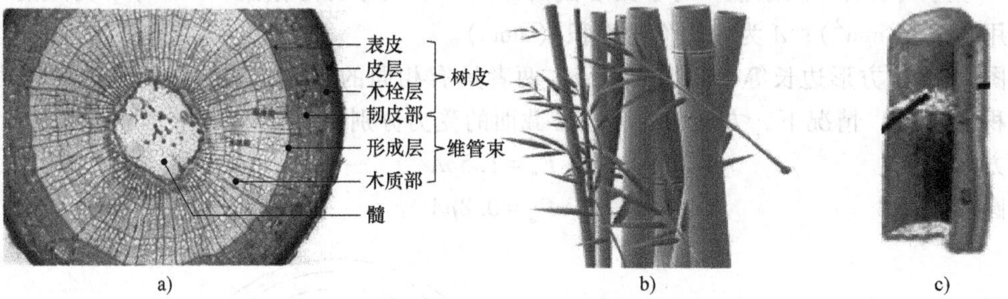

图 1-12　植物的茎秆截面

a）树木的茎秆剖面图　b）竹子　c）竹子的纵剖面图

植物的空心茎是因为这些植物的茎的髓很早就已经萎缩消失了。髓退化以后，这些植物可用更多的养料建造韧皮组织和导管部分，把它们建造得更加坚固，使植株不易折断或倒伏。空心茎比实心茎更有利于它们的生存。拿竹子来说，它从小长到大，茎的粗细变化较小，但是到成熟后却长得特别高，最高的毛竹高达 22m。竹子虽然又细又高，但是由于它的茎变成了有很多节的空心结构，能支撑较大的力量，使身体坚实挺直，所以不容易折断。再如水稻、小麦、芦苇和芹菜等也是一样，茎的中心是空的。最初这些植物也和别的植物一样是实心的，后来在长期的进化过程中，它们发生了变化，茎秆渐渐变成了空心的。

4. 植物的叶

植物的叶是制造养分的重要器官。从外观上看，叶主要由叶片、叶柄、托叶三部分组成。同时具备这三个部分的叶称为完全叶，如图 1-13a 所示。缺乏其中任意一部分或两部分的叶称为不完全叶，如图 1-13b 所示的白菜叶。叶片通常为片状，叶柄上端支撑叶片，下端与茎节相连，托叶则生于叶柄基部两侧或叶腋，在叶片幼小时，有保护叶片的作用。

图 1-13　植物的叶

a）完全叶　b）不完全叶

（1）叶片的颜色　叶片中含有叶绿素和类胡萝卜素等，它们的比例和对光的选择性吸收决定了叶片的颜色。大多数植物的叶片含叶绿素多，因此它们是绿色的。但也有些植物的叶片是其他颜色，如天麻、秋海棠的叶片是红色的，这是因为它们的叶片中除含叶绿素外，还有类胡萝卜素或藻红素。此外，大多数绿叶到了秋天会改变颜色。这是因为随着气温的下降，叶绿素在叶片中分解后消失得很快，而胡萝卜素和叶黄素则比较稳定，叶子变黄就是这个原因。黄栌和枫树等的叶片则另有独特的本领：在气温下降，叶绿素分解、消失的时候，叶片中的糖分大量转变成红色的花青素，花青素能使叶片变红，于是叶片就变成了红色。图 1-14 所示为各种不同颜色的叶片。

图 1-14 各种不同颜色的叶子

（2）叶片的形状 叶片的形状（即叶形）样式极多，寒带、温带、热带、干旱、潮湿、陆生、水生等植物的叶片在形状、大小与颜色等方面都有很大的差别。此外，还有单叶和复叶之分。叶柄上只生一个叶片的称为单叶，叶柄上生着多个叶片的称为复叶。还有一些叶片发生了变异，进化为变态叶，如刺状叶：整个叶片变态为棘刺状，如仙人掌类植物的刺；捕虫叶的叶片进化成掌状或瓶状等的捕虫结构，有感应性，遇昆虫触动，能自动闭合，表面能分泌消化液来消化捕获的昆虫以增加营养。图 1-15 所示为各种植物的叶，最后三种为捕虫叶。

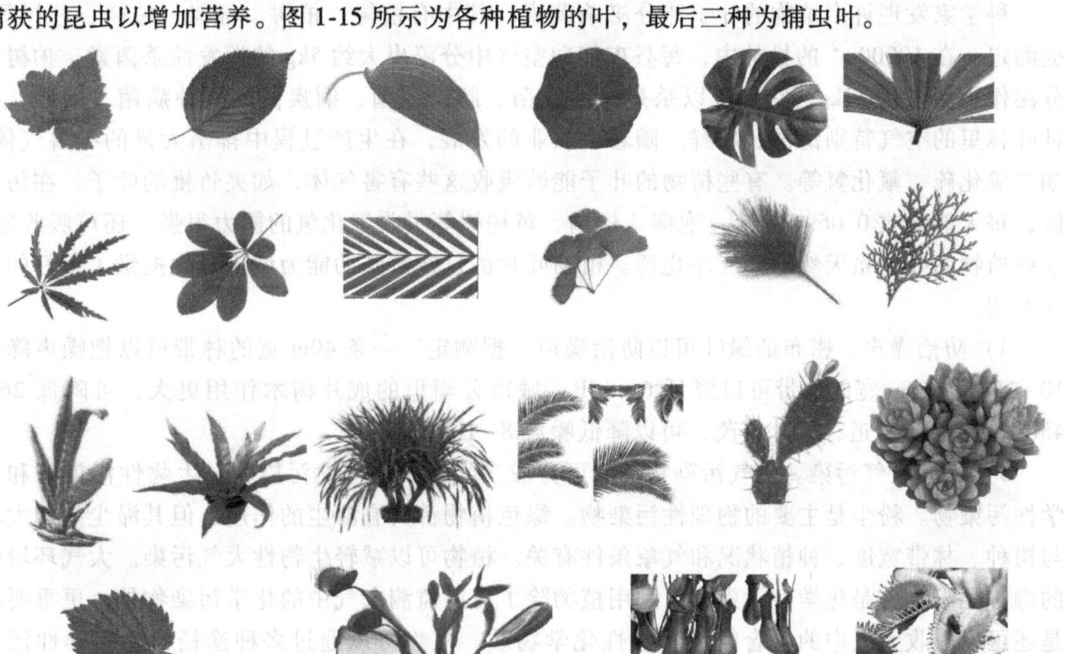

图 1-15 各种植物的叶

（3）叶片的作用

1）光合作用。植物在阳光照射下，将外界吸收来的二氧化碳和水分利用光能在叶绿体内制造出以碳水化合物为主的有机物，并释放氧气。同时光能转化为化学能储存在制造成的有机物中，这个过程称为光合作用。光合作用生成的碳水化合物首先是葡萄糖，但葡萄糖很快就变成了淀粉，暂时储存在叶绿体中，以后又运送到植物体的各个部分。植物体内除含有光合作用产生的碳水化合物外，还含有蛋白质和脂肪等有机物。光合作用制造的有机物，除一部分用来构建植物体和呼吸消耗外，大部分被输送到植物体的储存器官储存起来，我们吃的粮食和蔬菜就是这些被储存起来的有机物。所以，光合作用的产物不仅是植物体自身生命活动所必需的物质，还直接或间接地服务于其他生物（包括人类在内）。光合作用所产生的氧气也是大气中氧气的来源之一。

2）蒸腾作用。根从土壤里吸收到的植物体内所需要的水分，除一小部分供给植物生活和光合作用制造有机物外，大部分都变成水蒸气，通过叶片上的气孔蒸发到空气中，这种现象称为蒸腾作用。叶片蒸腾水分和植物体的生活有着密切的联系。每株植物都有很多叶，叶片的总面积很大，吸收阳光很多，这对光合作用有利。但是，植物吸收大量的阳光，会使植物体的体温不断升高，如果这些热量大量积累，就会使植物受到灼伤。在进行蒸腾作用时，叶片里的大量水分不断变化为水蒸气，这样就带走了大量的热，从而降低了植物的体温，保证了植物的正常生活。此外，叶片内水分的蒸腾还有促进植物体内水分流动和溶解水中的无机盐的作用。

3）调节气候，净化空气。植物叶子的蒸腾作用增加了空气中的湿度，造成多云、多雾，增加了降雨量，改变了环境小气候，有利于防止旱灾发生。绿色植物的蒸腾作用能够吐雾播雨、降伏旱魔，对人类和动物的生存有巨大作用。

科学家发现许多植物的叶子能分泌杀菌素，其中有松树、柏树、栎树、桉树、杉树等。据测定，在10000m^2 的松林中，每昼夜能向空气中分泌出大约5kg的挥发性杀菌素，柏树的分泌作用更强达30kg，它们可以杀死像白喉菌、肺结核菌、痢疾菌等多种病菌。因此，在针叶林里的空气特别清洁、新鲜。随着工农业的发展，在生产过程中排出大量的有害气体，如二氧化硫、氟化氢等。有些植物的叶子能够吸收这些有害气体，如夹竹桃的叶子，在污染区，每天能吸收0.069g的硫；泡桐、梧桐、黄杨树等吸收氟化氢的能力很强，还可吸收氯。这些植物的叶子是天然的空气净化器。植物叶片的这些特殊功能为城市绿化提供了很好的指导作用。

4）防治噪声。密布的绿叶可以防治噪声。据测定，一条40m宽的林带可以把噪声降低10~15dB，30m宽的林带可以降低6~8dB，城市公园里的成片树木作用更大，可降低26~43dB。绿化的街道，枝叶繁茂，可以降低噪声8~10dB。

5）检验大气污染。大气污染物一般可分成3大类：物理性污染物、生物性污染物和化学性污染物。粉尘是主要的物理性污染物。绿色植物都具有滞尘的作用，但其滞尘量的大小与树种、林带宽度、种植状况和气象条件有关。植物可以减轻生物性大气污染。大气环境中的毒害化学物质是化学性污染物。利用植物除了可以监测大气中的化学污染物外，更重要的是还可以吸收大气中的化合物或毒害性化学物质。植物可以通过多种途径净化化学性污染物，植物净化化学性污染物的主要过程是持留和去除。持留过程涉及植物截获、吸附、滞留等，去除过程包括植物吸收、降解、转化、同化等。在很大程度上，吸附是一种物理性过程，其与植物表面的结构有关，如叶片形态、粗糙程度以及叶片表面的分泌物。已有实验证明植物表面可以吸附亲脂性的有机污染物，其中包括多氯联苯（PCBs）和多环芳烃（PAHs），其吸附效率取决于污染物的辛醇-水分配系数。植物可以吸附大气中的多种化学物质，包括CO_2、SO_2、Cl_2、HF、重金属（如Pb）等。植物吸收大气中污染物主要是通过气孔，并经由植物维管系统进行运输和分布。对于可溶性的污染物（包括SO_2、Cl_2和HF）等，随着污染物在水中溶解性增加，植物对其吸收的速率也会相应增加。湿润的植物表面可以显著增加对水溶解性污染物的吸收。

6）建筑学上的仿生利用。植物叶片的形状可为建筑物的设计提供灵感。例如：意大利都灵展览馆的巨形拱顶就是仿叶脉原理建造起来的，法国蒙彼利埃的集合住宅就是仿大树开枝散叶形状设计的，取得了很好的效果。

7）预报气象，预报地震。滴水观音花在下雨之前会滴水，这就是预报气象。地震前，树叶会不寻常地掉落，这就是预报地震。

第五节　动物及其运动特性

一、动物的分类

根据自然界动物的形态、身体内部构造、胚胎发育的特点、生理习性以及生活的地理环境等特征，按动物身体中有无脊椎，动物分为脊椎动物和无脊椎动物两大主要门类，如图 1-16 所示。

无脊椎动物：无脊椎动物是指没有脊椎骨的比较低等的动物类群，无论种类还是数量都非常庞大，现存约 100 余万种，占世界上所有动物的 90%以上。无脊椎动物在形态上差别也很大，小至原生动物，大至巨型鱿鱼，所以其分类方法也很复杂。按其进化顺序，分原生动物、腔肠动物、扁形动物、线形动物、环节动物、软体动物、节肢动物和棘皮动物等类群，这里仅介绍几种与仿生机械相关的无脊椎动物。脊椎动物：脊椎动物包括鱼类、两栖类、爬行类、鸟类及哺乳类五大类。动物分类情况如图 1-16 所示。

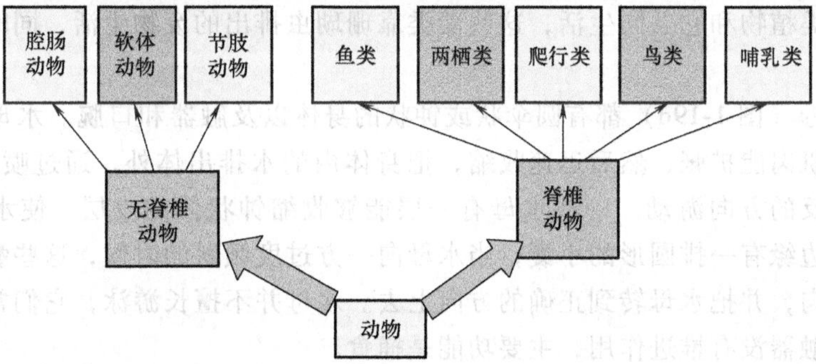

图 1-16　动物分类

1. 腔肠动物

腔肠动物是构造比较简单的多细胞动物，身体由内胚层和外胚层组成，因其由内胚层围成的空腔具有消化和水流循环的功能而得名，如图 1-17 所示。其身体呈辐射状对称，体内有原始消化循环腔，食物从消化道进入腹部，消化后的残渣从口排出，有口，无肛门。腔肠动物都生活在水中，有 1 万多种，有再生能力。一般将腔肠动物分为水螅、水母和珊瑚纲，如图 1-18 所示。

水螅（图 1-19a）切成几段后，每段都能长成一个小水螅，再生能力很强。水螅的运动很特别，不仅身体能伸长、缩短，还会做全身运动，移动位置。水螅的运动有尺蠖式的屈伸前进和翻筋斗两种方式，用放大镜对准吸附着水螅的水草，耐心地观察，能看到水螅的运动。有时，它用触手和基盘相互交替着附着在水草上，像翻筋斗那样运动；有时，它弯着身体，用触手附着在水草上，然后基盘向触手的方向移动，接着触手固定在新的位置，基盘再向前移动，就这样一屈一伸地向前运动。

珊瑚虫（图 1-19b）身体微小，呈圆筒状，有多个触手，触手中央有口，用来捕获海洋中的微小生物，多群居，组合成一个群体（图 1-19c）。

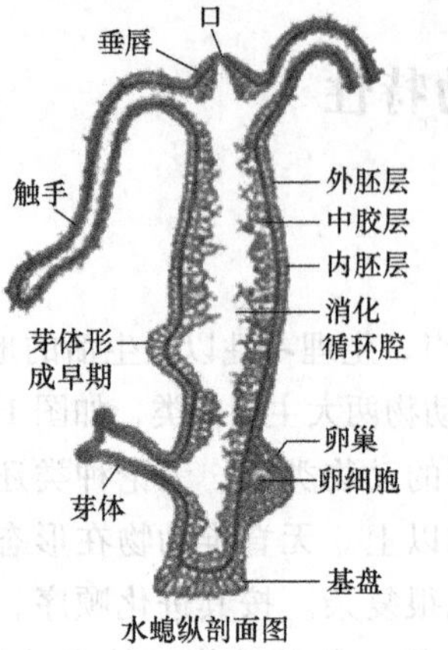

图 1-17 腔肠动物结构

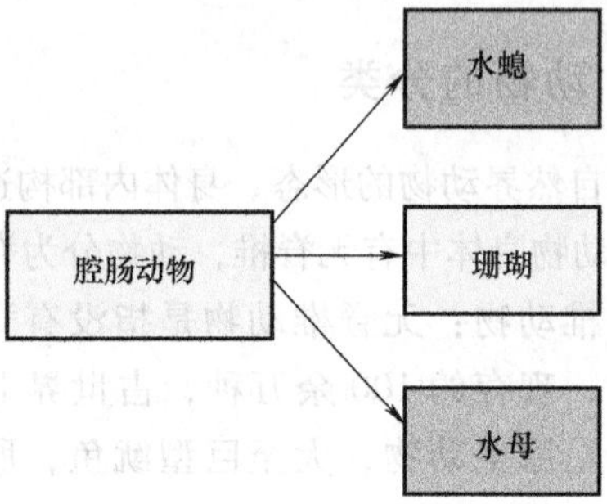

图 1-18 腔肠动物分类

珊瑚虫群体死去后，它们分泌的外壳慢慢形成千姿百态的珊瑚，进而形成珊瑚礁。珊瑚虫群体内有藻类植物和它共同生活，这些藻类靠珊瑚虫排出的废物生活，同时给珊瑚虫提供氧气。

大部分水母（图 1-19d）都有圆伞状或钟状的身体以及触器和口腕。水母钟状身体下面有一些特殊的肌肉能扩张，然后迅速收缩，把身体内的水排出体外，通过喷水推进的方法，水母便能向相反的方向游动。一些水母有一层能够收缩钟状体的皮层，使水母能够快速移动。钟状体的边缘有一排圆形的小囊，当水母向一方过度倾斜的时候，这些囊就会刺激神经末梢来收缩肌肉，并把水母转到正确的方向上去。水母并不擅长游泳，它们常要借助水流来移动。水母的触器没有推进作用，主要功能是捕食。

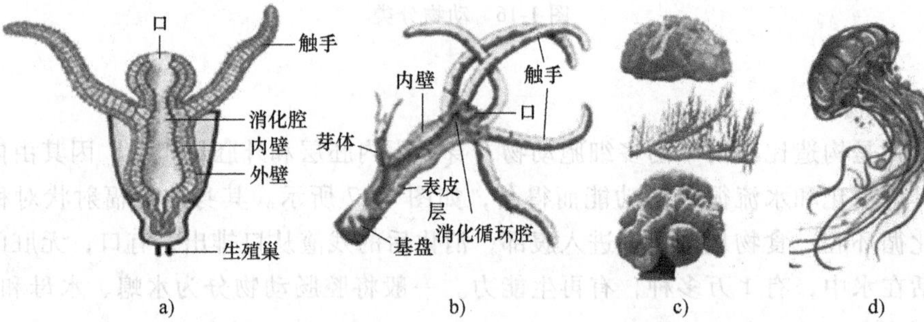

图 1-19 腔肠动物

a）水螅 b）珊瑚虫 c）珊瑚虫群体 d）水母

水螅的再生能力和水母的喷射推进机理已经引起仿生学者的密切注意。

2. 软体动物

软体动物之间的差异很大，但有共同的特征：身体柔软而不分节，一般由头、足、内脏囊和外套膜组成。外层皮肤从背部折皱成一层皮膜，称为外套。外套把身体包围起来，并分泌出石灰质。软体动物的贝壳就是由外套分泌的石灰质所形成的。软体动物是动物界的第二大门类，种的数量仅次于节肢动物，世界上的软体动物现在有 8 万多种，常见的软体动物有蜗牛、螺类、蚌类、乌贼、章鱼等，如图 1-20 所示。软体动物的运动形式与生活环境密切相关，主要通过肌肉伸缩和内空腔压力的变化完成自身的运动。

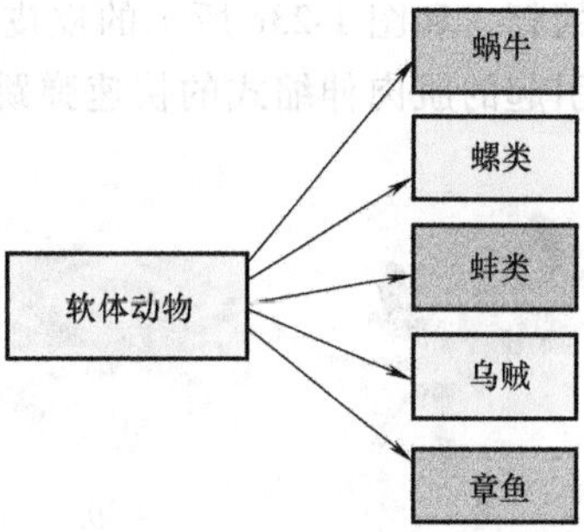

图 1-20 软体动物的分类

图 1-21a 所示为螺类动物解剖图，图 1-21b 所示为蜗牛和蚌类，图 1-21c 所示为乌贼和章鱼。

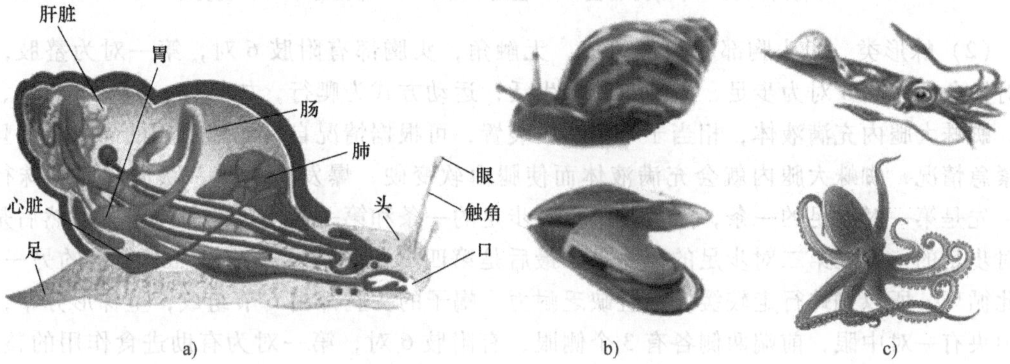

图 1-21 软体动物

a）螺类动物解剖图 b）蜗牛和蚌类 c）乌贼和章鱼

3. 节肢动物

节肢动物由头、胸、腹三部分组成，或头与胸部合为头胸部，或胸部与腹部合为躯干部，体外覆盖几丁质（甲壳质）外骨骼，又称表皮或角质层。身体两侧对称，且身体和足分节，每一体节上有一对附肢。附肢的关节可活动，生长过程中要定期蜕皮。水生种类的呼吸器官为鳃或书鳃，陆生种类为气管或书肺或兼有，有各种感觉器官。生活环境的范围极其广泛，全世界约有 100 余万种，占整个现有生物种数的 80%。海水、淡水、土壤、空中都有它们的踪迹，它们是分布范围最广与种类最多的一种动物，也是仿生学者感兴趣的仿生研究对象。节肢动物分类如图 1-22 所示。

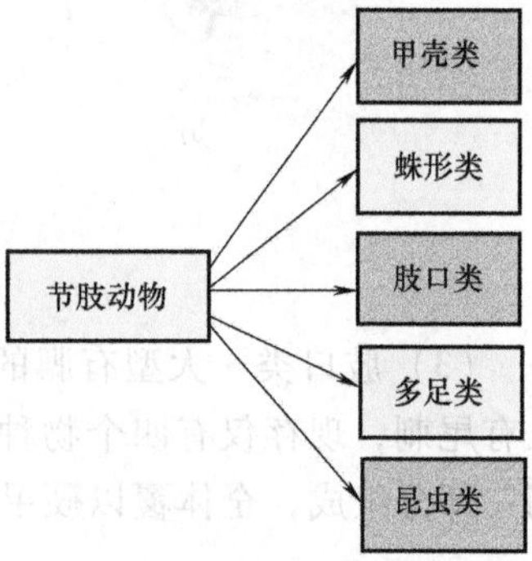

图 1-22 节肢动物的分类

（1）甲壳类 胸部与体节愈合，有坚硬的头胸甲，大多水生，用鳃呼吸，有 2 对触角。头胸部具有发达的甲壳，称头胸甲，高等甲壳类如虾蟹等，都有 5 对步足，故称十足类，是甲壳类中最高等的一类。虾类的头胸甲较柔软，腹部发达，具有 5 对游泳足，触角细长如鞭。蟹类头胸甲坚硬，腹部退化，折在头胸部腹侧。

图 1-23a 所示为淡水河蟹；图 1-23b 所示为咸水海蟹，具有八足加两螯，运动方式以横行为主；图 1-23c 所示为湿地小龙虾，也是八足加两螯，运动方式为直行；图 1-23d 所示为

常见的虾，和图 1-23e 所示的皮皮虾均为水生动物，运动方式以在水中行走和靠身体的弯曲变形引起的肌肉伸缩式的快速弹跳式运动为主。

a) b) c) d) e)

图 1-23 甲壳类

a）淡水河蟹 b）咸水海蟹 c）湿地小龙虾 d）常见的虾 e）皮皮虾

（2）蛛形类 由头胸部和腹部组成，无触角，头胸部有附肢 6 对，第一对为螯肢，第二对为角须，后 4 对为步足，大多在陆上生活，运动方式为爬行，如蜘蛛、蝎子、蜱虫、螨虫。蜘蛛大腿内充满液体，相当于一个液压装置，可根据情况自行调节液压的高低。一旦遇到紧急情况，蜘蛛大腿内就会充满液体而使腿由软变硬，爆发出力量一跃而起。蜘蛛行走时，先是第一对步足的一条，然后是第二对步足的一条和第一对步足的另一条，再然后是第三对步足的一条和第二对步足的另一条，最后是第四对步足的一条和第三对步足的另一条，如此循环，所以蜘蛛行走较缓慢，且缺乏耐力。蝎子的头胸部由 6 节组成，呈梯形分布，背部中央有一对中眼，前端两侧各有 3 个侧眼，有附肢 6 对，第一对为有助进食作用的螯肢，第二对为长而粗的形似蟹螯的角须，司捕食、触觉及防御功能，其余四对为步足。

图 1-24a 所示为蜘蛛，图 1-24b 所示为蝎子，图 1-24c 所示为螨虫，图 1-24d 所示为蜱虫。

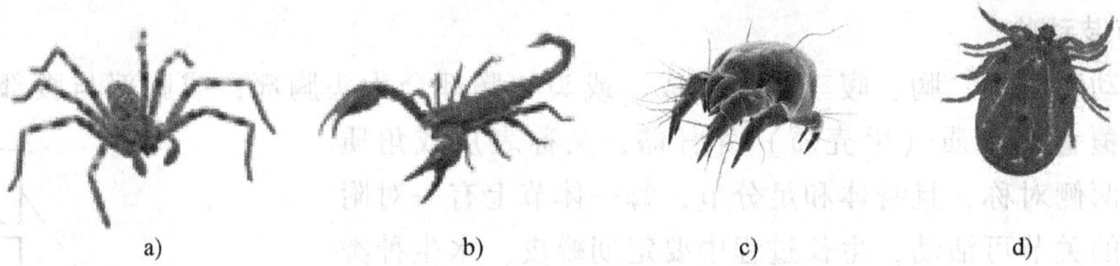
a) b) c) d)

图 1-24 蛛形类

a）蜘蛛 b）蝎子 c）螨虫 d）蜱虫

（3）肢口类 大型有腮的水生节肢动物，分头胸部和腹部，头胸部长有头胸甲，腹部长有尾刺，现存仅有四个物种，如鲎。如图 1-25 所示，鲎体似瓢形，由头胸部、腹部和尾剑三部分组成，全体覆以硬甲，背面圆突，腹面凹陷。中央有一纵脊，其前端有单眼 1 对，

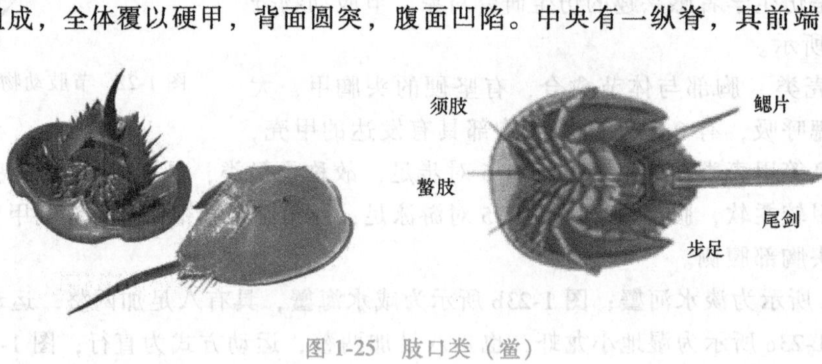

图 1-25 肢口类（鲎）

两侧各有纵脊 1 条，其上各有复眼 1 对，有口,有附肢 6 对，前面 2 对为头部的附肢，第 1 对短小，由 3 节组成，称为螯肢；第 2 对长大，由 6 节组成，称为脚须；另 4 对称为胸肢，位于口两侧，基节常有倒刺，用以帮助摄食，又称颚肢，前 3 对末 2 节也呈钳状，而后 1 对适于在沙土上挖洞及爬行。腹部末端有 1 条呈三角棱锥形的尾剑，上棱角及下侧两棱角基部均有锯齿状小刺，尾剑长度与背甲大致相等。

（4）多足类　身体分头和躯干两部分，触角 1 对，单眼数个，躯干较长，由多个体节组成，如马陆、蜈蚣。图 1-26a 所示为马陆，约 10000 种，生活于腐败植物上并以其为食，也危害植物，少数为掠食性或食腐肉。特征为体节两两愈合（双体节），除头节无足，头节后每节有 2 对足，足的总数可多至 200 对。头节含触角、单眼及大、小颚各一对。体节数各异，从 11 节至 100 多节，有钙质背板。自卫时马陆并不咬噬，多将身体蜷曲，头卷在里面，外骨骼在外侧，可分泌一种刺激性的毒液或毒气以防御敌害。行走较缓慢，左右两侧足同时行动，前后足依次前进，密接成波浪式运动，它虽然足很多，但行动却很迟缓。

图 1-26b 所示为蜈蚣，共发现蜈蚣 3000 余种，有 1 对颚足，步足数从 15 对到 191 对不等。但奇怪的是，在此之前发现的蜈蚣无论足的对数多少，都是奇数对，很少有偶数对足。它是有剧毒的猎食者，触觉和视觉很敏锐，捕食快如闪电，它的“化学武器”就是毒牙和毒腺。它有 2 只弯曲空心的毒牙与毒腺相通。它捕获猎物后，很快便把毒牙插入体内，注射毒液，先麻痹后使猎物死亡。蜈蚣还经常放出一种特殊的气味，以划定它的势力范围。蜈蚣的足虽然多，但是它们的运动由腹神经索调节，能够相互协调地运动。体节的出现使动物的运动更加灵活。

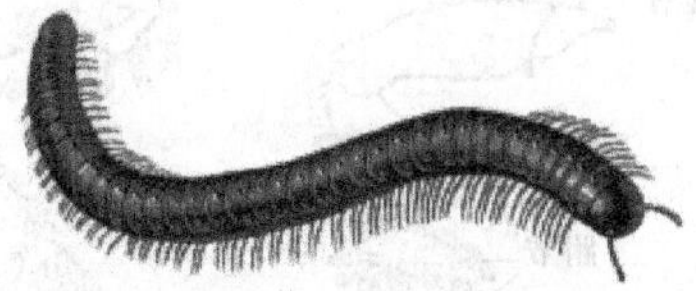

a)

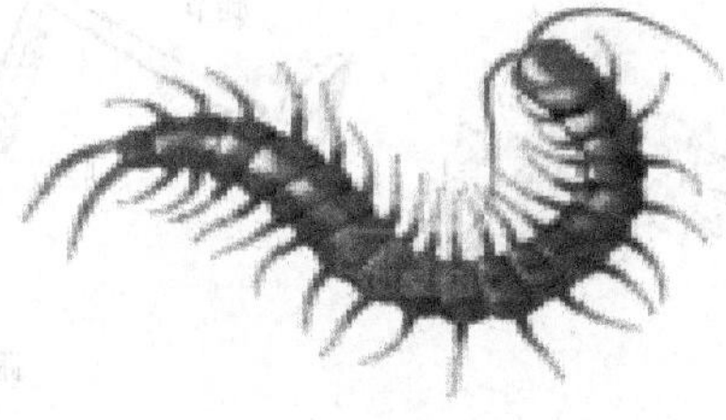

b)

图 1-26　多足类

a）马陆　b）蜈蚣

（5）昆虫类　成虫分头、胸、腹三部分，有口器，触角 1 对，胸部有足 3 对，腹部无足，体表有几丁质的外骨骼。种类很多，近 1000 万种，占所有动物的 3/4。图 1-27 所示为典型的昆虫，如蜻蜓、蝴蝶、蚊子、苍蝇、螳螂、蚂蚁、蝗虫、蝉、甲虫、蟋蟀、蜜蜂等。

昆虫大都为六足，足由基节、腿节、胫节和跗节组成。但各足的功用有很大的不同，一般分为步行足、跳跃足、捕获足、挖掘足、游泳足、抱握足和携粉足。图 1-28 所示为昆虫足的类型。

图 1-28a 所示为蝗虫步行足；图 1-28b 所示为蝗虫跳跃足；图 1-28c 所示为螳螂的捕获足；图 1-28d 所示为蝼蛄的挖掘足；图 1-28e 所示为水中昆虫的游泳足；图 1-28f 所示为虱类昆虫的抱握足；图 1-28g 所示为蜜蜂类昆虫的携粉足，方便携带大量花粉。

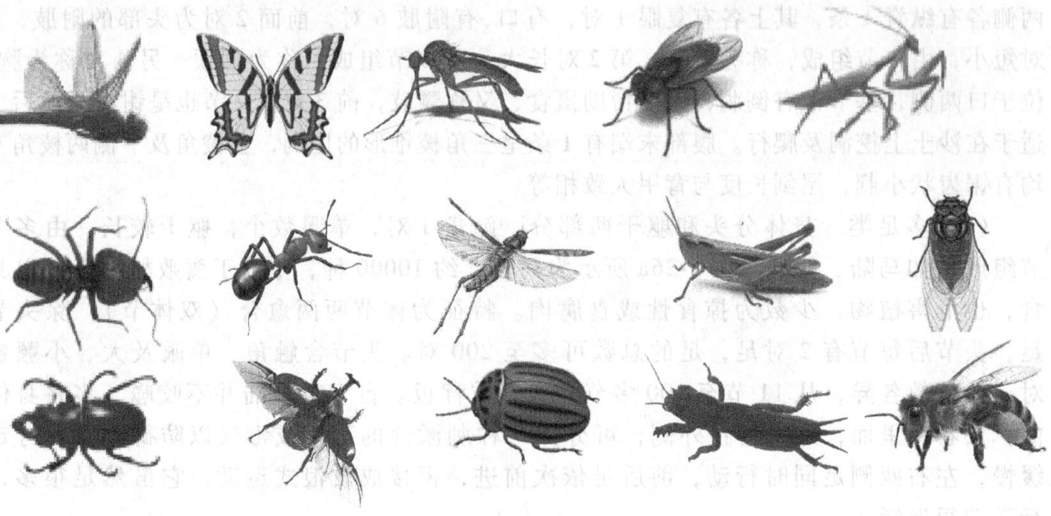

图 1-27　典型的昆虫

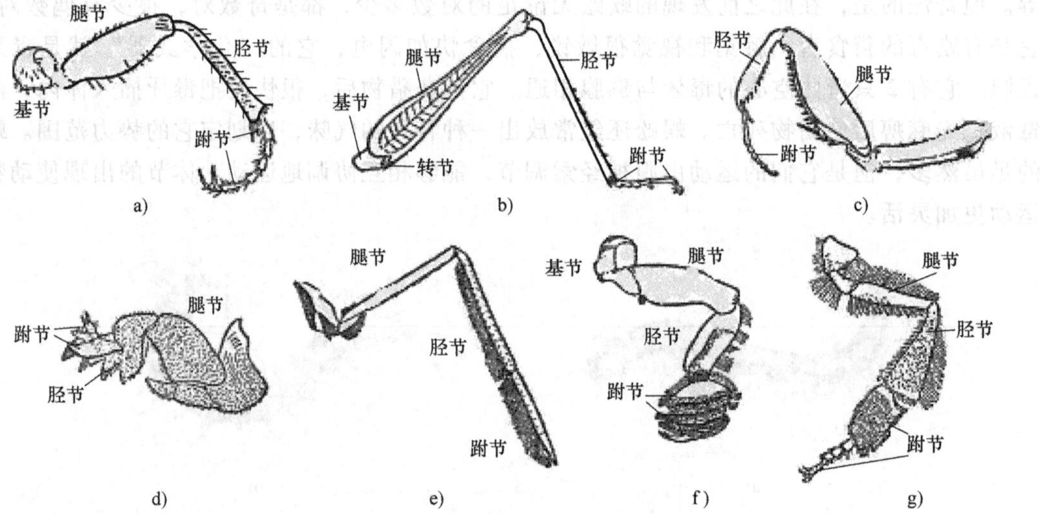

图 1-28　昆虫足的类型

a）步行足　b）跳跃足　c）捕获足　d）挖掘足　e）游泳足　f）抱握足　g）携粉足

昆虫类生物可以步行，大部分可以飞行，有些还可跳跃。仿生昆虫是研究仿生机械的重要基础，世界各国都在研究。目前，仿生蚂蚁、仿生苍蝇、仿生蚊子、仿生蜻蜓等许多仿生机械已经问世，并在军事情报领域发挥了巨大作用。

4. 鱼类

鱼类几乎栖居于地球上所有的水生环境，从淡水湖泊、河流到咸水的大海和大洋。鱼类终年生活在水中，用鳃呼吸，用鳍辅助身体平衡与运动，是变温脊椎动物。目前全球已命名的鱼种有 32100 余种，是脊椎动物亚门中最原始、最常见的一群。鱼类分为软骨类和硬骨类，如图 1-29 所示。

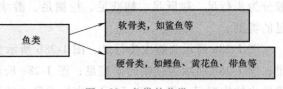

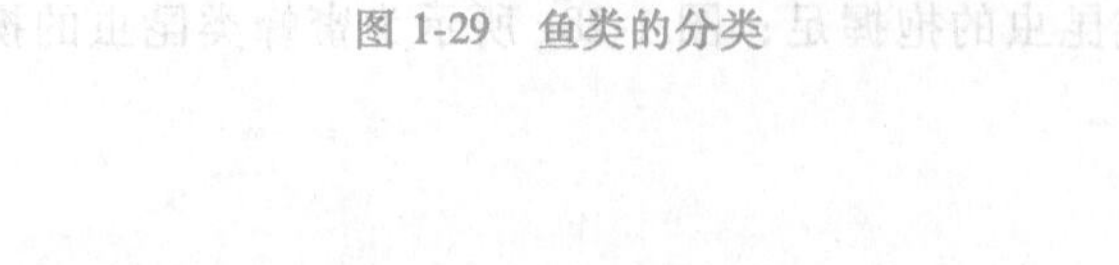

图 1-29　鱼类的分类

（1）软骨鱼类　此类鱼全身骨骼均为软骨，无硬骨，鳞片为细小盾鳞，歪型尾鳍，几乎都是生活在海洋中，如鲨鱼、鳐鱼、蝠鲼等。

（2）硬骨鱼类　骨骼不同程度地硬化。体表披硬鳞、圆鳞或栉鳞，少数种类退化无鳞。鱼尾常呈正型尾，也有原尾或歪尾，如鲤鱼、鳙鱼、黄花鱼等。

（3）体型　鱼类体型主要有纺锤型、平扁型、侧扁型、棍棒型和长侧扁型。

1）纺锤型：也称为流线型，是最常见的鱼类体型。流线型是一般鱼类的体形，适于在水中游动，整个身体呈纺锤形而稍扁。在三个体轴中，头尾轴最长，背腹轴次之，左右轴最短，使整个身体呈流线型或稍侧扁，如图 1-30a、b 所示。

2）平扁型：这类鱼的三个体轴中，左右轴特别长，背腹轴很短，使体型呈上下扁平，如图 1-30c 所示的鳐鱼。

3）侧扁型：这类鱼的三个体轴中，左右轴最短，头尾轴和背腹轴的比例很相近，形成左右两侧对称的扁平形，使整个体型显得扁宽，如图 1-30d 所示。

4）棍棒型：又称鳗鱼型。这类鱼头尾轴特别长，而左右轴和背腹轴几乎相等，都很短，使整个体型呈棍棒状，如图 1-30e 所示的鳗鱼。

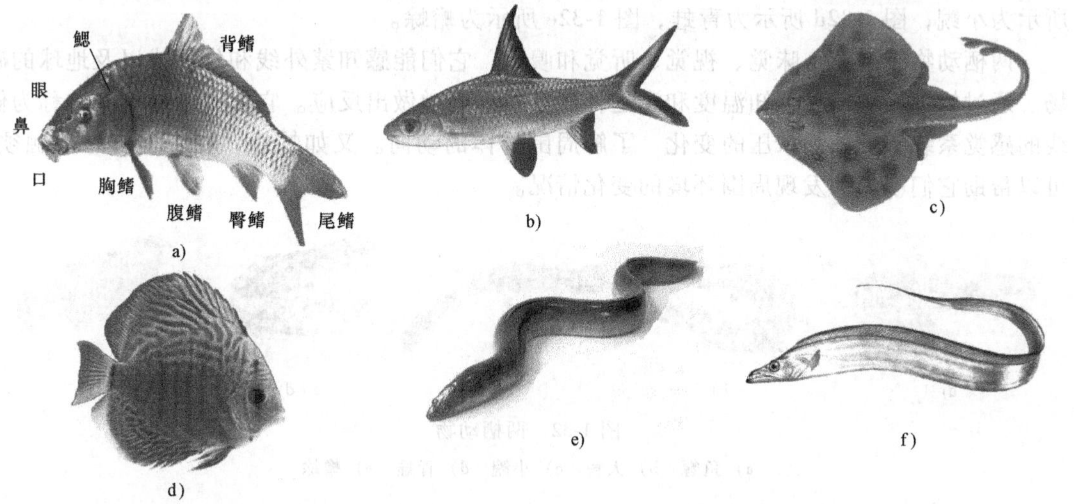

图 1-30　鱼类

5）长侧扁型：类似棍棒型，这类鱼头尾轴也特别长，左右轴最短，背腹轴大于左右轴，使整个体形呈长条状，如图 1-30f 所示的带鱼。

（4）鱼鳍　鳍由支鳍骨和鳍条组成，是在水中游动的重要器官。鱼鳍分为奇鳍和偶鳍两类。偶鳍为成对的鳍，包括胸鳍和腹鳍各 1 对，相当于陆生脊椎动物的前后肢；奇鳍为不成对的鳍，包括背鳍、尾鳍、臀鳍，如图 1-30a 所示鲤鱼的鳍。不同类型的鱼，鳍的差别很大，如图 1-30 所示不同的鱼鳍对比。鱼的身体摆动和鱼鳍摆动相配合，使鱼在水中完成游动速度和方向的变换。

鱼类具有发达的中轴与附肢骨骼，对于保护中枢神经、感觉器官与内脏、支持躯体以及整个身体的活动都有重要作用。鱼的体内有鱼鳔，利用改变鱼鳔的储气多少，可使鱼类完成在水中的上浮与下潜动作。研究鱼类的体型和鱼鳍的运动是重要的仿生设计手段，是研究水下仿生机器人的理论基础。

5. 两栖动物

两栖动物既能活跃在陆地上，又能游动于水中，但是一生不能离水。两栖动物是脊椎动物从水栖到陆栖的过渡类型。地球上现存的两栖动物的物种较少，目前正式被确认的种类约有 4350 种，两栖动物的幼体生活在水中，用鳃呼吸，长大后的成体用肺呼吸，皮肤辅助呼吸，水陆两栖。

两栖动物分类如图 1-31 所示。

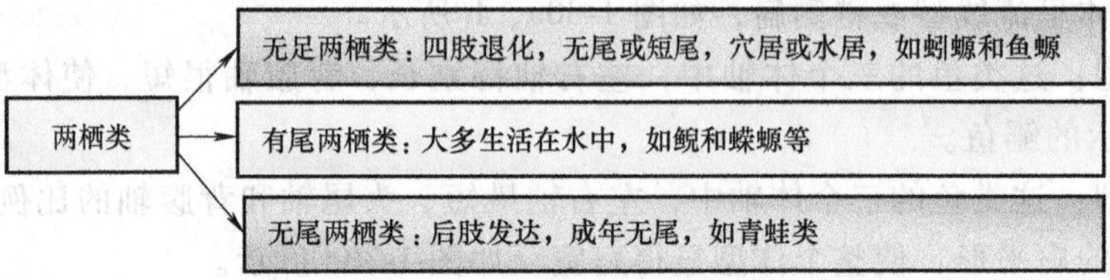

图 1-31 两栖动物的分类

两栖动物主要有蛙类和蝾螈类。图 1-32a 所示为鱼螈，图 1-32b 所示为大鲵，图 1-32c 所示为小鲵，图 1-32d 所示为青蛙，图 1-32e 所示为蟾蜍。

两栖动物有触觉、味觉、视觉、听觉和嗅觉，它们能感知紫外线和红外线以及地球的磁场。通过触觉，它们能感知温度和痛楚，能对外界刺激做出反应。它们可以通过一种称为侧线的感觉系统感觉外界水压的变化，了解周围物体的动向。又如蝾螈，在头上有感觉触须，可以帮助它们嗅出和发现周围环境的变化情况。

a) b) c) d) e)

图 1-32 两栖动物

a）鱼螈 b）大鲵 c）小鲵 d）青蛙 e）蟾蜍

目前，利用两栖动物的特性进行仿生设计的实例不多。但是，研究蛙类动物的冬眠机理对人类具有重要意义。

6. 爬行动物

身体明显分为头、颈、躯干、四肢和尾部。颈部较发达，可以灵活转动，能更充分发挥头部、眼等感觉器官的功能。骨骼发达，有益于支撑身体的重量；四肢从体侧横出（蛇的四肢已经退化），不便直立；体腹常接触地面，行动是典型的爬行；只有少数体型轻捷的爬行动物能疾速行走。爬行类动物约 6000 余种，常见的主要有蜥蜴类、龟类、蛇类以及鳄鱼等。爬行动物的分类如图 1-33 所示。

图 1-34a 所示为壁虎，图 1-34b 所示为变色龙，图 1-34c 所示为鳄鱼，图 1-34d 所示为乌龟，图 1-34e 所示为常见的眼镜蛇。爬行动物（蛇除外）虽有四肢，但其肢体横生，爬行时腹部触地，故速度慢，奔跑时虽能腹部离地，但横生的四肢不能长期支撑其体重，持续时间较短。爬行动物是重要的仿生研究对象。如壁虎可在光滑且竖直的墙面行动自如，研究其足

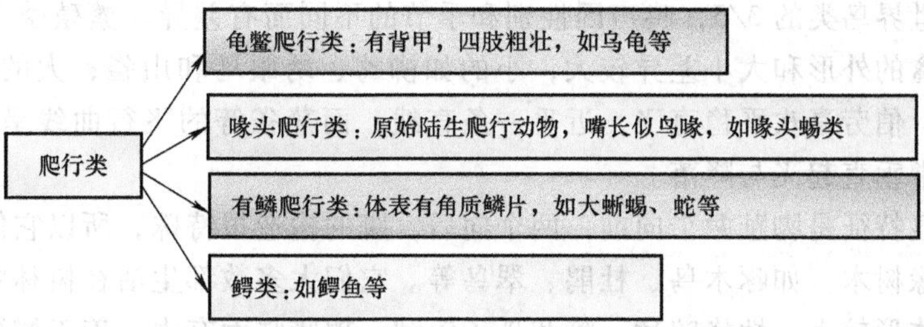

图 1-33　爬行动物的分类

部的抓取或吸附原理，为研究在竖直面走行的机器人奠定了基础；蛇尽管没有足，但能在复杂的陆地环境中爬行，蛇形机器人也是人类研究重点之一；变色龙能随着周围环境的变化改变身体的颜色，也启发人类研究能变换颜色的伪装服，提高战场的生存能力。

图 1-34　爬行动物

a）壁虎　b）变色龙　c）鳄鱼　d）乌龟　e）眼镜蛇

7. 鸟类动物

鸟类是由爬行动物进化而来的，全身长有羽毛，前肢进化为翅膀，后肢有 4 趾，前 3 后 1，便于抓握。尾羽在飞行过程中起着舵的作用。骨骼薄而轻，可以减轻体重，便于飞翔。鸟类动物的分类如图 1-35 所示。

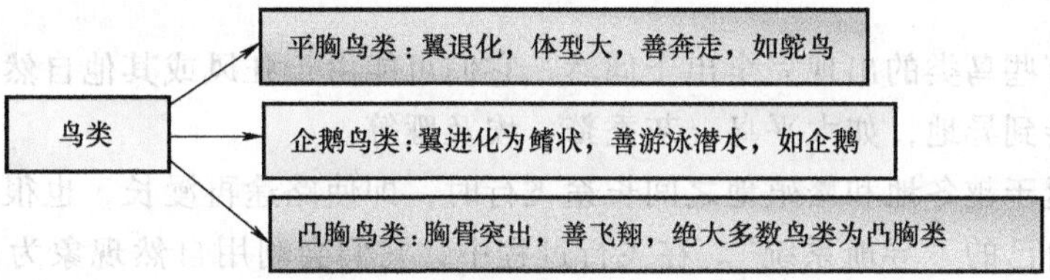

图 1-35　鸟类动物的分类

地球上的鸟类分为游禽、涉禽、陆禽、鸣禽、攀禽、猛禽、走禽七大类，此七类统称为鸟类的七大生态类群。目前，已经发现有 9000 多种鸟类。

游禽是在水中取食和栖息的鸟类总称，其嘴大多数宽阔而扁平，腿短，趾间有蹼，善于游泳和潜水，如天鹅、大雁、鸳鸯、鹈鹕、海鸥等。飞行时，脚向身体的后方伸出，飞翔速度很快。

涉禽是指那些适应在沼泽和水边生活的鸟类，腿细长，颈和脚趾也较长，适于涉水行走，不适合游泳。鹭类、鹳类、鹤类和鹬类等都属于这一类。

陆禽主要在陆地上栖息，体格健壮，翅膀尖，形似圆形，不适于远距离飞行；嘴短钝而坚硬，腿和脚强壮而有力，爪为钩状。松鸡、马鸡、孔雀等都属于这一类。

鸣禽约占世界鸟类的3/5，鸣声因性别和季节的不同而有差异。繁殖季节的鸣声最为婉转和响亮。鸣禽的外形和大小差异较大，小的如柳莺、绣眼鸟和山雀；大的如乌鸦、喜鹊、黄鹂等。其中，伯劳喜欢平稳直飞，近乎一条直线；而燕雀等的飞行曲线呈规律的波浪状；百灵和云雀等常垂直起飞与降落。

攀禽的明显特征是脚趾两个向前，两个向后，脚的构造很特殊，所以它们能有效地进行抓握，利于攀缘树木，如啄木鸟、杜鹃、翠鸟等。它们大多数都生活在树林中。

猛禽一般体形较大，性格凶猛；嘴和爪子锐利，翅膀强大有力，善于捕捉动物。猛禽主要有鹰隼类和鸮形类。前者如金雕、苍鹰、雀鹰等；后者如各类猫头鹰等。

走禽是指善于行走或快速奔跑，而不能飞翔的一类鸟类，如鸵鸟等。

鸟类在不同季节更换栖息地区，或是从繁殖地移至越冬地，或是从越冬地返回繁殖地，这种季节性长距离飞行现象称为迁徙。因迁徙习性的不同，可分为留鸟、夏候鸟、冬候鸟、旅鸟、迷鸟等几个类型。鸟类的迁徙通常在春秋两季进行。秋季迁徙为离开繁殖地，速度缓慢；春季迁徙为离开越冬地，由于急于繁殖，飞行速度较快。

留鸟：终年栖息于同一地域的鸟类称为留鸟，如喜鹊、麻雀等。

漂鸟：有些留鸟有逐饵漂泊的习性，如啄木鸟、山斑鸠等，夏天居住在山林间，冬季迁到平野上，这种鸟称为漂鸟。

候鸟是指随季节的不同，应气候的寒暖而改变它们栖息地域的鸟类，可分为三类：

夏候鸟：春夏季飞来当地营巢繁殖的鸟，称为夏候鸟。这些鸟类在秋冬季则全部离开营巢地区，它们过冬的地点通常是距离营巢地相当远的南方，但翌年春暖会返回到营巢地，如家燕，白鹭等。

冬候鸟：和夏候鸟恰恰相反，它们在北方繁殖，每年秋冬南飞过冬避寒，如雁、鸭等。

旅鸟是指一些繁殖在北方、越冬在南方，而仅在南迁北徙的旅程中，路过某地的鸟类。在某地逗留几天或几十天，时间是非常短暂的，所以也称过路鸟，如鹬等在黄河、长江流域就是旅鸟。

迷鸟是指有些鸟类的出现完全出于偶然，它们可能由于狂风或其他自然因素，偏离正常的迁徙途径而转到异地，如太平鸟、灰秃鹫、埃及雁等。

鸟类在往返于越冬地和繁殖地之间长途飞行时，即使路途再漫长，也很少会迷路，原因就在于它们有自己的“导航系统”。在飞行过程中，它们会利用自然现象为自己导航，如地标、太阳的角度、星星，甚至还有地磁场等。研究鸟类迁徙不迷失方向的导航问题，一直是仿生学研究的重点之一。

人类有感于鸟类在天空中自由翱翔，从简单的模仿，经过不懈努力，终于发明了飞机。飞机的发明，是对仿生学研究的最大贡献。它揭示了不能机械地模仿生物，而应在生物特性和机理的启发下，进行高级仿生研究，这也是仿生学诞生的实践基础。

研究鸟类的生活习性，对仿鸟机器人的应用很有帮助。如仿燕子飞行的机器人在冬季出现在北方，有经验的人马上能判断出可能是间谍机器人。

图1-36所示为典型的鸟类，读者可从图中分辨各种鸟类的生活特性、迁徙特性及飞行特性。

8. 哺乳动物

哺乳动物是一种恒温、有脊椎、身体有毛发、四肢发达、大部分都是胎生、用乳腺哺育

图 1-36 典型的鸟类

后代的动物；身体结构与大脑结构复杂，具有恒温系统和循环系统，有高度发达的神经系统和感官，能协调复杂的技能活动和适应多变的环境，具有快速运动的能力。哺乳动物是动物发展史上最高级的阶段，也是与人类关系最密切的一个类群，地球上大约生活有 4000 种哺乳动物，是仿生学研究中涉及最多的物种。

哺乳动物分类复杂，粗略分类如图 1-37 所示。本书仅从生活中常见的动物和与仿生学密切相关的角度对一些哺乳动物进行说明。哺乳动物按照生活习惯分为陆地哺乳动物和海洋哺乳动物；按照饮食习惯可分食肉类、食草类和杂食类；按照结构特征还可分为更多类型，这里不再说明。如各种猩猩类、猿猴类、猫类、犬类、牛马类、熊类、鼠类等都是常见的哺乳动物。典型的哺乳动物如图 1-38 所示。

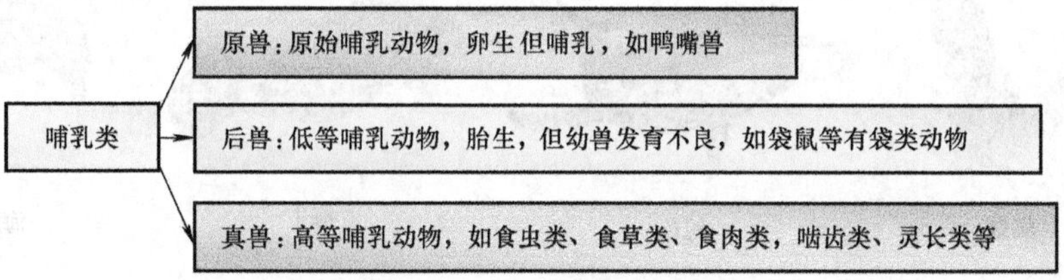

图 1-37 哺乳动物的分类

研究四足步行机器人，就是仿照四足步行动物的身体与肢体尺寸、关节类型、步态、行走稳定性、平衡能力等进行设计，目前人类已经设计出多种四足机器人，并应用于各种复杂环境中。

二、动物的运动形态

动物的种类非常多，其运动形式多种多样。从仿生机械学的角度出发，可把动物的运动归纳为以下几大类。

图 1-38 典型的哺乳动物

1. 步行动物

凡是依靠腿的交替摆动实现身体移动的动物，称为步行动物，各类两足动物、四足动物以及多足动物的运动形式都是步行运动。

（1）走行 如两足类的人、鸡鸭、鸟类及牛、马、羊、狮、虎、豹之类的四足动物，其腿都是向身体下方垂直伸出，可以支撑体重，足的蹬踏力方向与运动方向一致，步行速度快，运动灵活。这类动物的步行又称为走行。图 1-39a 所示的马的四肢由身体向下方伸出，且四足距马身体的纵轴面距离短，摆动力矩很小，蹬踏力基本转化为前进的动力。

(2) 爬行　有些步行动物，如蜥蜴类动物、蜘蛛类动物、蚂蚁类动物、蜈蚣等，它们的腿由身体两侧向外伸出，不能支撑其身体重量，在运动时腹部着地，以减轻腿的负重，这种运动方式称为爬行。由于这类爬行动物足的蹬踏力在身体外侧，同时产生身体前进的力和使身体摆动的力矩，影响前进速度。图 1-39b 所示壁虎的四足的着力点距离身体纵轴面较远，蹬踏力对身体产生力矩，不仅影响前进速度，而且还会使身体扭动前进。

还有一种特殊的爬行动物，它们的腿没有发育成关节，足部与身体的连接可以看作是关节，这就是尺蠖等蛾蝶的幼虫类，俗称毛毛虫。这类昆虫的幼虫的运动也是爬行运动。

(3) 跳动　跳动是步行运动的特例，是指动物在后腿的瞬间蹬踏力作用下，整个身体脱离地面在低空中短暂运动的过程，如青蛙的跳动、蝗虫的跳动，袋鼠的跳动等。

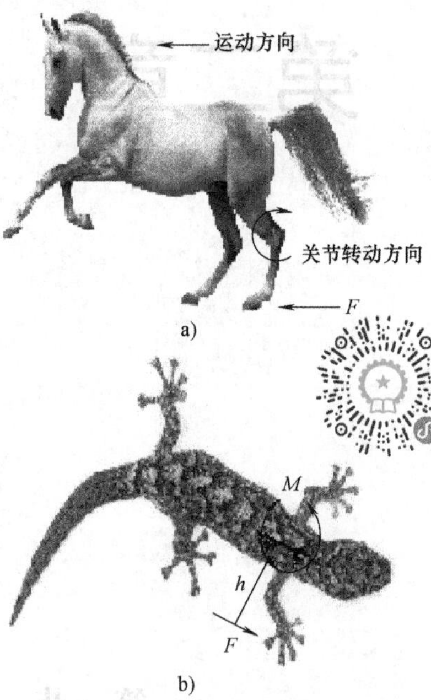

图 1-39　步行中的走行与爬行
a) 马　b) 壁虎

2. 无足类的爬行

蛇是无足类爬行动物，其动作灵活，可跋山涉水、穿洞爬树等，因此成为仿生机械学者进行仿生研究的青睐对象。

3. 游动

能在水中自由游动的动物很多，有脊椎动物，也有无脊椎动物，典型的水中游动动物有鱼类、水母、海豚与鲸等。鱼类和鲸主要靠身体和鳍的摆动产生反作用力实现各种运动；水母则是通过喷射水流产生反作用力实现运动的。鱼类通过摆动身体尾鳍运动时，一般只摆动身体后部的 1/3，头胸部一般不会摆动，这给设计仿生机器鱼提供了直接指导。

4. 飞行

依靠扇动翅膀在天空中运动，称为飞行运动。大多数鸟类都会飞行，一部分长有翅膀的昆虫也能飞行。鸟类有一对长有羽毛的翅膀，昆虫则有两对翅膀（部分昆虫后面一对翅膀退化，转为他用）。

设计小型扑翼机的基本原理是模仿鸟类的飞行。模仿昆虫的飞行，设计微型飞行机械也是当前研究仿生飞行器的热点之一。

以上是动物的主要运动形式，是仿生机械学的主要研究内容。

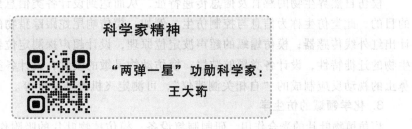

科学家精神

"两弹一星" 功勋科学家：
王大珩

第二章 仿生学简介

第一节 仿生学的内容与研究方法

一、仿生学的内容

仿生学是研究生物系统的特征、结构、功能，为工程技术提供新的设计思想及工作原理的科学，属于生物科学与技术科学之间的边缘学科。它涉及生物学、物理学、化学、力学、机械学、控制理论、信息科学、计算机科学以及工程学等多学科领域的知识。

一些生物体的结构与功能可给设计人员很大的启发。例如：海豚身体形状和皮肤结构可使海豚在游动时身体表面不产生湍流，该种现象已经应用到潜艇的外形设计中，提高了潜艇的运动速度。

自然界生物种类众多，结构与功能特性各异，所以仿生学涉及面甚广，很多学科领域都涉及仿生学。目前，主要的研究内容有：

1. 机械领域的仿生学

模仿自然界生物运动特征，从而达到设计仿生机械的目的，此类仿生称为机械仿生。例如：仿生机器鱼、仿生苍蝇、仿生飞鸟、仿生四足步行机器人、六足步行机器人、爬行机器人、两足步行机器人等都是机械仿生设计的典型产品。

2. 信息与控制领域的仿生学

模仿自然界生物的感官及信息传递特征，从而达到设计各类信息处理、传递与控制装置的目的，此类仿生称为信息与控制仿生。例如：模仿响尾蛇跟踪猎物的红外线探测机理，设计出红外线传感器；模仿蝙蝠的超声波定位原理，设计超声探测定位器；模仿鸟类、鱼类等生物的迁徙特性，设计各类导航装置；模仿动物灵敏的嗅觉，设计各类气味传感器；模仿象鼻虫的视动反应制成的“自相关测速仪”，可测定飞机着陆速度等。

3. 化学领域的仿生学

模仿植物叶片的光合作用，研制制氧设备；模仿植物叶片的吸附作用，设计空气净化器；

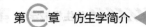

模仿萤火虫通过自身荧光素和荧光酶作用下发出冷光现象，研制节能冷光源灯泡；模仿有些植物（如洋槐树）能够通过叶、皮、根等分泌释放某些化学物质，对周围其他植物的生长产生抑制作用，研制绿色除草剂；模仿有些昆虫通过分泌、释放微量化学物质——性激素进行信息传递，实现觅偶、标迹、聚集等活动，研制出仿生农药。此类仿生称为化学仿生。

4. 电子领域的仿生学

模仿青蛙眼睛能快速识别飞虫的机理，设计出电子蛙眼；将电子蛙眼和雷达相结合，就可以像蛙眼一样，看运动中的东西很敏锐，对静止的东西却视而不见，可实现敏锐、迅速跟踪飞行中的真目标，为反导设计奠定了基础。模仿变色龙皮肤随周边环境改变肤色的机理，设计模仿变色龙的电子皮肤。模拟自然界光合作用中的一个重要环节，开发出一种仿生电子"继电器"，大大提高了人造树叶光合作用的反应速度，在廉价高效利用太阳能把水转化为氢气和氧气方面迈出了重要一步。此类仿生称为电子仿生。

5. 建筑领域的仿生学

模仿蜂巢结构，设计出六边形孔状建筑用梁、柱、板材，模仿植物的茎秆结构，设计出建筑用梁柱，减轻了重量，提高了强度；模仿体重达 30t 的巨大恐龙拱状身体与粗壮四肢，研究其受力状况，设计出拱形类建筑，省料、坚固耐压、外观美观大方。生物界的各种蛋壳、贝壳、乌龟壳、海螺壳以及人的头盖骨等都是一种曲度均匀、质地轻巧的"薄壳结构"。这种"薄壳结构"的表面虽然很薄，但非常耐压。壳体在外力作用下，内力沿着整个表面扩散和分布，没有集中力。薄壳形建筑物在建筑工程领域已经得到广泛应用。植物和动物的细胞内充满了液体或气体，这些液体或气体对细胞壁产生一定的压力，生物学家把这种压力称为液体静力压和气体静力压，统称为细胞的胀压。模拟细胞胀压原理，人们便设计出了各种新颖别致的充气、充液结构的体育建筑，如大型体育场馆、室内球场、网球场、充气游泳池、登山帐篷、野外餐厅等。车前子的叶子一般呈螺旋状排列，这样每片叶子都能得到最多的阳光。设计师们向车前子借鉴了调节日光辐射的原理，建造出一座呈螺旋状排列的 13 层楼房，每个房间都可以得到最充足的阳光。此类仿生称为建筑仿生。

6. 医学领域的仿生学

模仿人体的具体结构，研制人体的各种器官，治疗人类疾病。例如：用人造仿生皮肤治疗皮肤烧伤，用仿生关节代替损坏的关节，用仿生肌肉代替萎缩肌肉，将仿生人工手指、人工脚掌、人工上肢或下肢安装在失去肢体的部位，而且可受大脑意识控制；仿生耳廓、仿生眼皮、仿生心脏都已问世。医学领域仿生的快速发展，正在为治疗人类疾病发挥越来越大的作用。随着医学的发展，仿生医学也将得到快速发展，直接造福于人类。

7. 其他领域的仿生学

由于生物特性的多样性和复杂性，可模仿之处不可胜数，有些仿生内容还没有单独分类。例如：模仿动物皮毛中空特性，研制出保暖内衣；模仿蝴蝶的斑斓色彩，研制出各种迷彩伪装等。还有很多生物特性还没有被人类所认识，所以仿生学的发展才刚刚开始，大量的仿生工作等待人类去做。

二、仿生学的研究方法

1. 仿生设计的基本方法

仿生学的任务就是研究生物系统的优异能力及产生的原理，并把它模式化，然后应用这些原理去设计和制造新的技术设备。也就是说，仿生学的主要研究方法就是首先建立生物原型，去除与研究目标无关的非主要因素，进行简化，得到最终的生物原型。在生物原型的基础上，对其进行一系列变换，建立反映生物特征的生物模型（也称为物理模型或数学模型），由于生物模型具有多值性，对生物模型还需进行优化。通过分析与计算，制作出实物模型（也称物理样机或生物样机）。经过试验合格后，最终研制出新产品。上述过程即为仿生设计的一般过程，可以总结归纳为以下三个步骤：

1）建立生物原型。根据实际工程需要，提出具体的研究目标，以此目标为依据选择待模仿的生物（称之为生物原型）。将生物原型进行简化，保留对技术要求有益的内容，删除与技术要求无关的非主要因素，得到最终的生物原型。

2）建立生物模型。把生物原型进行一系列变换，保留模仿的特征性内容，去除与模仿特征无关的因素，得到对应的生物模型。生物模型是生物原型特征与本质的抽象和概括，可以是机构简图，也可以是图表或框图。不同仿生工程领域对生物模型的表述不同，有的学科称为物理模型，有的学科称为数学模型。生物模型的建立是一个创新过程，它决定了仿生产品的新颖性、实用性、可制造性、经济性以及使用寿命等多项指标。

3）建立实物模型。对生物模型进行工程设计与计算，将其转换为工程技术领域的实物模型，也称为物理样机。

以上为仿生设计的基本方法，对仿生创新设计具有普遍的指导意义。该方法为仿生设计奠定了清晰的技术基础。

需要说明的是所谓“模型”，就是模拟所要研究的生物原型的结构形态或运动形态，是生物原型的某些表征和体现，同时又是生物原型的抽象和概括。它不再包括原型的全部特征，但能描述原型的本质特征。生物模型一般可分为物理模型和数学模型两大类。物理模型就是根据相似原理，把真实事物按比例放大或缩小制成的模型，其状态变量和原实物基本相同，可以模拟客观实物的某些功能和性质。另一类是人们抽象出生物原型某方面的本质属性而构思出来的模型，例如，呼吸作用过程、光合作用过程等抽象的模型，称为数学模型。

以下通过设计实例来说明仿生设计的具体方法与步骤。

2. 仿生设计的实例 1

设计仿生四足步行机器人，要求行动灵活，能步行、快速奔跑和跳跃，有良好的自平衡能力，可适应复杂地面的负重运动。

设计步骤如下：

1）建立生物原型。四足步行动物的种类很多，凡具有四条腿的步行动物均可作为生物原型，如常见的狗、马、牛、羊、狮子、老虎等均可以作为四足步行动物的生物原型。

这里选择宠物狗为生物原型，由活体大狗转换到解剖大狗的骨骼系统（去掉皮毛、内脏等非主要因素），确定最后的生物原型。图 2-1a 所示为大狗的初始生物原型，图 2-1b 所示为去除与设计功能目标无关的非主要因素后的简化生物原型，图 2-1c 所示为大狗的最终生物原型。该原型可清晰地反映出大狗的肢体与关节组成，也可反映出大狗的运动机能。

2）建立生物模型。四足步行机器人的运动系统是一个典型的机械装置，而机械装置的特征表述是机构运动简图。所以该生物模型就是对应生物原型的机构运动简图，如图 2-1d 所示，其反映了大狗骨骼与关节的真实结构。为提高机构的可控性，必须减少机构的自由度和构件数量。一般情况下，单腿机构自由度应小于 4，工程中经常选择 3 个关节的单腿机构。因此，必须对图 2-1d 所示的机构运动简图进行工程简化，才具有实用性。图 2-1e 所示机构简图为仿生四足步行机器人的生物模型。在计算该机构自由度时，注意不考虑踝关节的转动副自由度。因为生物模型具有多值性，这里仅提供一种最常用的生物模型。

3）建立实物模型。对生物模型进行设计计算，诸如自由度计算与驱动方式选择、运动分析、动力分析、稳定性分析、结构设计、强度与刚度计算、控制方式选择等，最后制造实物模型，即物理样机。实物模型一般具有多值性，对实物模型进行可行性分析，最后确定为如图 2-1f、g 所示的定型产品。

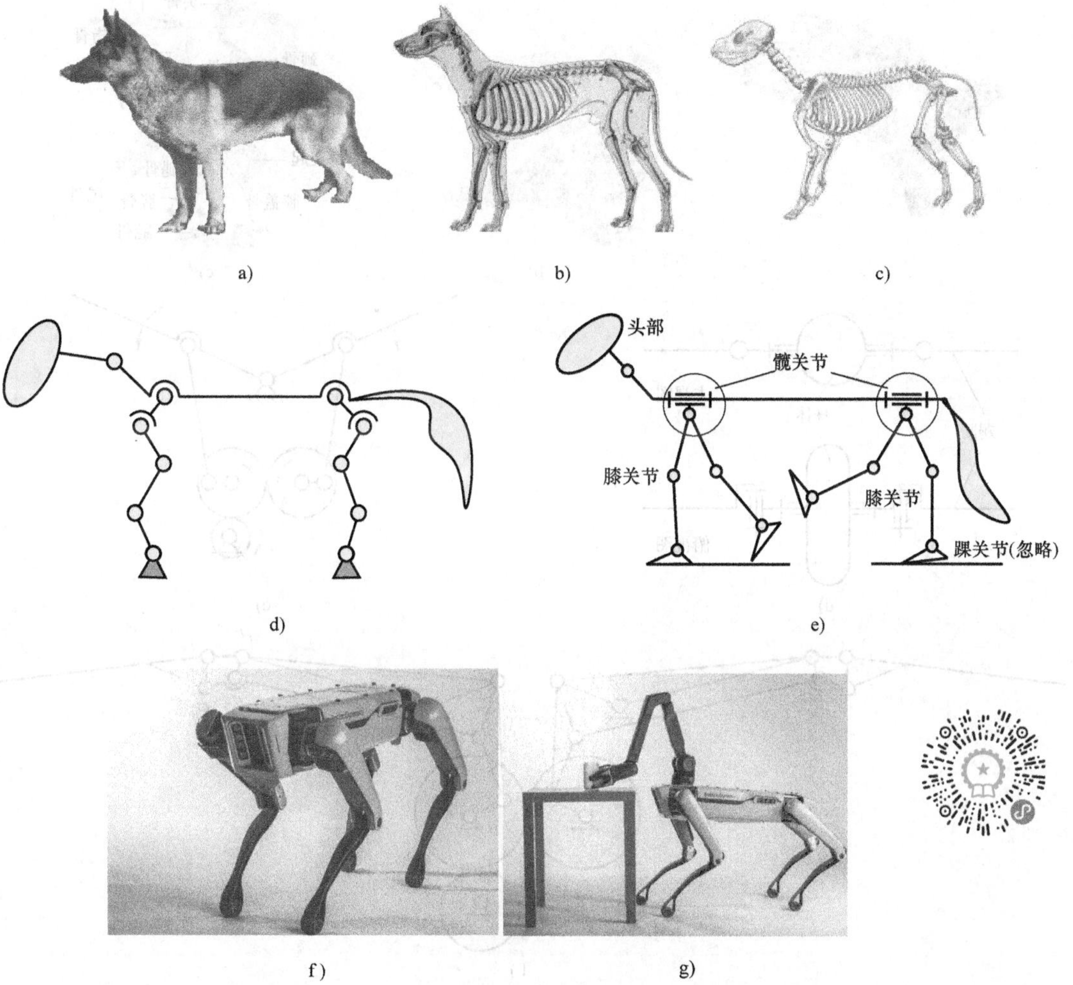

图 2-1 四足步行机器人的仿生设计过程

a）大狗的初始生物原型 b）简化生物原型 c）最终生物原型

d）机构运动简图 e）生物模型 f）定型产品一 g）定型产品二

3. 仿生设计的实例 2

设计仿生扑翼飞行的机器鸟，要求飞行灵活，动作逼真，可在飞行中拐弯、上升和下降，具有良好的可控性。

设计步骤如下：

1）建立生物原型。鸟的种类很多，但绝大多数飞鸟的飞行机理相同，只是外形差别较大，因此绝大部分鸟类都可以作为生物原型，如常见的鸽子、麻雀、大雁、鹰隼、信天翁等均可以作为仿生机器鸟的生物原型。

这里选择常见的宠物鸽为生物原型，由活体鸽子转换到解剖鸽子的骨骼系统（去掉羽毛、内脏等非主要因素），确定最后的生物原型。图 2-2a 所示为鸽子的生物原型，图 2-2b 所示为去除与设计功能目标无关的非主要因素后的生物原型的简化，图 2-2c 为鸽子的最终生物原型。

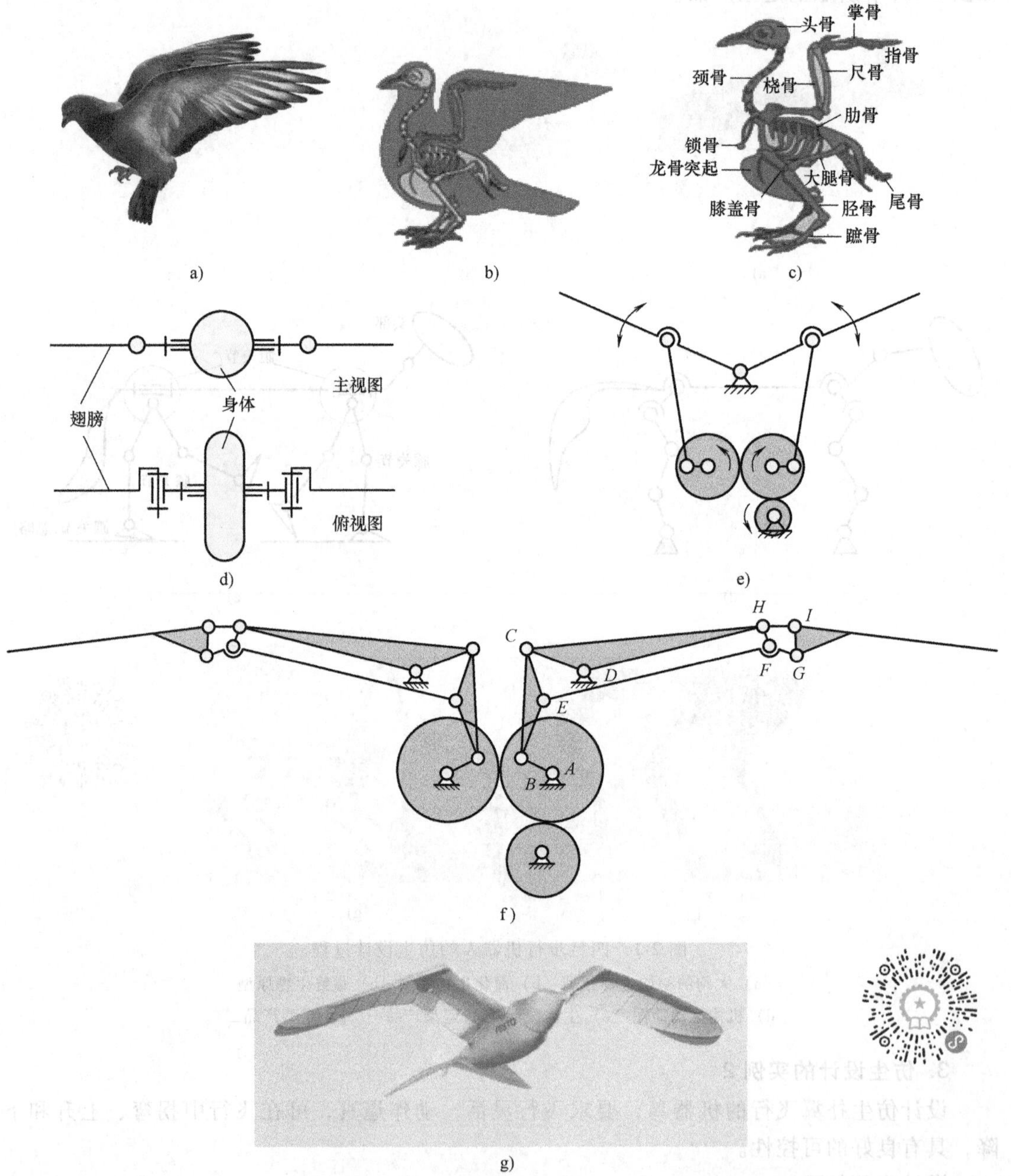

图 2-2　扑翼飞行机器鸟的仿生设计

2）建立生物模型。仿生机器鸟的飞行系统是一个典型的机械装置，表述该机械装置的特征通常使用机构运动简图。所以该生物模型是生物原型的机构运动简图。仿生机器鸟的生物模型种类很多，具有多值性，这里仅给出三种常用模型，如图 2-2d、e、f 所示。其中图 2-2d 所示为多自由度的关节型扑翼机构，可用关节电动机驱动；图 2-2e、f 所示为单自由度的连杆机构型扑翼机构。这里采用图 2-2f 为机器鸟的生物模型。

3）建立实物模型。对图 2-2f 所示生物模型进行设计计算、运动分析以及受力分析后，再进行结构设计，最后制作实物模型，即物理样机。实物模型如图 2-2g 所示。实验结果比较理想，飞行良好。

4. 仿生机械设计注意事项

1）建立生物原型时，要注意去掉不影响仿生功能的非主要因素。

2）根据生物原型的简化程度，生物原型具有多值性。

3）生物模型也具有多值性，如模仿四足步行的机构种类很多。

4）生物模型的建立过程是创新设计的主体，生物原型为创新提供灵感，但不能照抄。

5）要在满足功能的条件下，考虑新颖性、实用性、经济性、可靠性、可制造性、可控性、尺寸、重量与使用寿命等因素。

第二节 电子仿生

一、电子仿生的基本概念

研究生物的微观特性，采用电子学技术进行仿生设计的过程，称为电子仿生。

在仿生学中，生物的微观特性主要包括鼻子的灵敏嗅觉、眼睛的动态成像、耳朵的灵敏听觉、神经网络与神经元、导航与定位系统、奇特的感觉系统等（包括感受环境与温度、气压或水压、红外、超声），采用电子学的基本原理对这些微观特性进行仿生研究，是电子仿生的主要任务，对军用和民用都有巨大的应用价值。

由于电子在真空、气体、液体、固体和等离子体中运动时，会产生许多物理现象，电磁波在真空、气体、液体、固体和等离子体中传播时，也发生许多物理效应，所以电子学在仿生领域的研究主要包含以下两个方面内容：

1）研究生物体的电子学问题，包括生物分子的电子学特性、生物系统中信息收集、存储和信息传递，由此发展出基于生物信息处理原理的新型计算技术。

2）应用电子信息科学的理论和技术解决生物信息问题，包括生物信息获取、生物信息分析，也包括结合纳米技术发展生物医学检测技术及辅助治疗技术，开发微型检测仪器。

二、电子仿生实例

1. 电子眼的发明

（1）电子蛙眼　青蛙一定要等飞蛾运动或起飞才发动攻击，而且准确无误。仿生学家对青蛙捕食活物的特性进行了一系列实验研究，发现青蛙眼睛视网膜的神经细胞分成五类，一类对颜色起反应，另外四类对运动目标的某个特征起反应，并能把分解出的特征信号输送到大脑视觉中枢——视顶盖。视顶盖上有四层神经细胞，第一层对运动目标的反差起反应；

第二层能把目标的凸边抽取出来；第三层只看见目标的四周边缘；第四层则只管目标前缘的明暗变化。这四层特征就好像在四张透明纸上画图，叠在一起，就是一个完整的图像。因此，在迅速飞动的各种形状的昆虫里，青蛙可立即识别出它最喜欢吃的苍蝇和飞蛾，而对其他飞动着的东西和静止不动的景物都毫无反应。

图 2-3a 所示为青蛙眼睛定位昆虫运动示意图。据此原理，发明了电子蛙眼，如图 2-3b 所示。它的前部其实是一个摄像头，成像之后通过光缆传输到计算机进行显示和保存，摄像头探测范围呈扇状且能转动，类似蛙类的眼睛。在战场上发射的导弹以及飞机、坦克、舰艇发射的真假导弹都处于快速运动之中，要克敌制胜，必须及时把真假导弹区别开来，因此，电子蛙眼有重要用途。

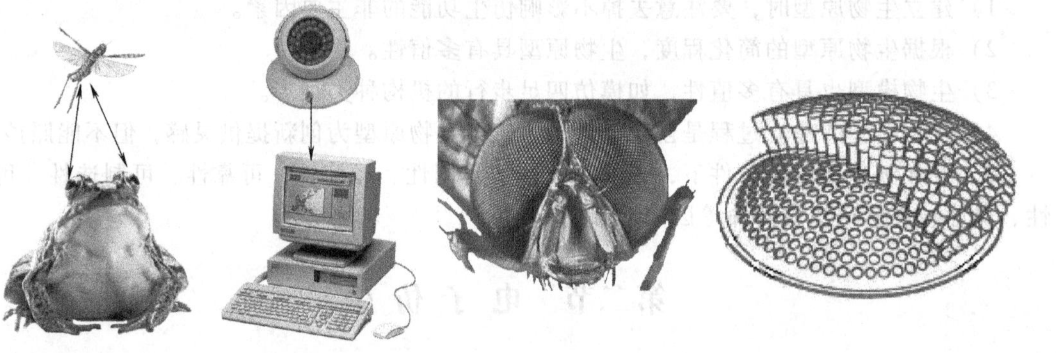

a) b) c) d)

图 2-3 仿生电子眼

a）青蛙眼睛定位昆虫运动示意图 b）电子蛙眼 c）蝇眼 d）电子蝇眼

（2）电子蝇眼 苍蝇的眼睛是一种“复眼”，由 3000 多只小眼组成，每只小眼能独立成像，小眼之间的相互抑制，使眼具有突出影像的边框、增大清晰度的功能，能迅速地分辨物体的形状和大小，如图 2-3c 所示。美国斯坦福大学的研究人员模仿苍蝇复眼制成了蝇眼透镜，蝇眼透镜是用 1329 块小透镜整齐排列组合而成的，如图 2-3d 所示。蝇眼透镜可以制成蝇眼照相机，一次就能照出 1329 张照片。这种照相机已经用于印刷制版和大量复制电子计算机的微小电路，大大提高了工效和质量。蝇眼透镜是一种新型光学元件，它的用途很多。

2. 电子皮肤

模仿变色龙皮肤随周边环境改变肤色的机理，设计出可以变色的弹性电子皮肤，用不同力度触摸这种电子皮肤，它会改变颜色，改变所施压力的大小和时间，就能很容易地控制电子皮肤的颜色，这种电子皮肤在交互式可穿戴设备、人造假肢、智能机器人等方面有着广泛应用。

3. 仿生电子继电器

科学家研究人造树叶的光合作用时，遇到了困难，其中有一个快速化学反应步骤与一种慢速的化学反应相配合，使化学反应变得效率低下。快速反应是将光能转化为化学能，而慢速反应是利用化学能把水转化成氢气和氧气。因此，科学家对植物在光合作用中如何把水分子氧化，产生氧气的过程进行了仔细研究，发现植物光合作用过程中有一个中间步骤，这个中间步骤涉及一种“继电器”，一半的“继电器”与快速反应相作用，并以最佳方式配合它，另一半“继电器”就有时间与慢速的水氧化反应相作用，形成一种有效的方式。美国亚利桑那州立大学科学家和阿尔贡国家实验室合作，模拟自然界光合作用中的这一重要环节，

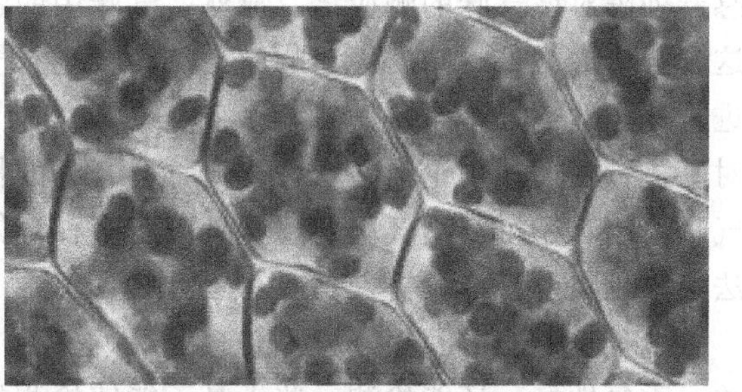

图 2-4 光合作用的仿生电子继电器

开发出一种仿生电子继电器（图 2-4），大大提高了人造树叶光合作用的反应速度，在廉价高效地利用太阳能把水转化为氢气和氧气的研究领域迈出了重要一步。

设计出廉价高效的人造树叶，把水转化为氢气和氧气，是生物燃料的目标之一。太阳能为人类提供了食物、燃料和纤维，但随着人类需求不断增长，通过发展人造树叶的方式来可持续地利用太阳能非常重要。利用仿生学向自然界索取答案绝对是一个好方法，甚至在模拟光合作用之前，树叶的排列方式就已为高效利用太阳能做出了贡献。

4. 仿生电子鼻

动物的鼻子前面分布着大量的嗅觉细胞，因而嗅觉灵敏。狗能嗅出 200 万种不同浓度的气味，其灵敏度是人鼻子的 100 万倍。因此，狗的这种奇特嗅觉功能便可为人们所利用，警察用狗来侦缉罪犯，海关人员用狗缉私、搜查毒品和危险品，地质人员用狗勘探硫铁矿、汞矿和砷矿，工兵用狗探地雷、发现陷阱。大象的视力很差，它全靠灵敏的嗅觉去寻找食物、发现敌害。而这种有选择的敏感性还在生命的繁衍中遗传给后代，使之天生就具有气味选择记忆能力。骆驼能在 80 千米外闻到雨水的气味；牛能嗅出质量分数（指溶液中溶质质量与溶液质量之比。也指化合物中某种物质质量占总质量的百分比。）低达 0.001%的氨液。秃鹫即使飞在上千米的高空，也能闻到地面上的腐肉气味。有趣的是，蜜蜂、蚂蚁等许多昆虫嗅觉十分灵敏，能利用气味区别敌友、寻找食物、传递信息等。有的飞蛾几乎能觉察到单个分子的气味，雄蛾能闻到 8 千米以外的气味。雄蝴蝶能在 11 千米之外嗅到雌蝴蝶所发出的性激素气味。水中的动物对气味也特别敏感，有的能超过狗的嗅觉。鲨鱼可以嗅出海水中质量分数为 0.0001%的血肉腥味。

通过研究鼻子的构造，模仿动物鼻子高度灵敏的嗅觉，人类研究出具有高度灵敏性的仿生电子鼻。电子鼻主要由气敏传感器列阵、信号预处理和模式识别三部分组成，工作原理如图 2-5a 所示。仿生电子鼻的组成如图 2-5b 所示。当某种气味呈现在一种含有活性材料的传感器面前时，传感器将化学输入信号转换成电信号，多个传感器对一种气味的响应构成了传

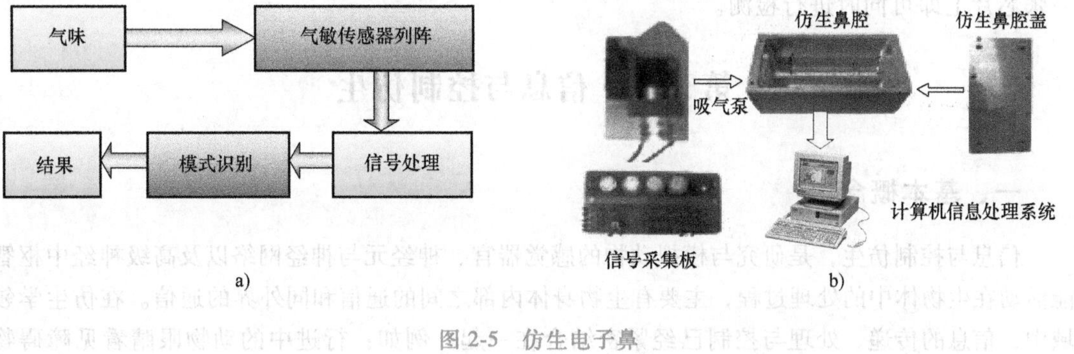

a) b)

图 2-5 仿生电子鼻

a）工作原理 b）组成

感器列阵对该气味的响应谱。显然，气味中的各种化学成分均会与敏感材料发生作用，所以这种响应谱为该气味的广谱响应谱。为实现对气味的定性或定量分析，必须对传感器的信号进行适当的预处理（消除噪声、特征提取、信号放大等）后采用合适的模式识别分析方法对其进行处理。理论上，每种气味都会有它的特征响应谱，根据其特征响应谱可区分不同的气味。同时还可利用气敏传感器列阵对多种气体的交叉敏感性进行测量，通过适当的分析方法，实现混合气体分析。

电子鼻响应时间短、检测速度快，可以检测各种不同种类的食品；并且能避免人为误差，重复性好；还能检测一些人鼻不能够检测的气体，如毒气或一些刺激性气体，它在许多领域尤其是食品行业发挥着越来越重要的作用。随着生物芯片、生物技术的发展和集成化技术的提高以及纳米材料的应用，电子鼻将会有更广阔的应用前景。

为了监测国际空间站和航天飞机内出现的微量渗漏气体成分，美国航天局喷气推进实验室研发了名为“Enose”的电子鼻。由神经外科、癌症以及航天领域专家组成的研究小组，在利用这种电子鼻研究大脑癌细胞转移时发现，电子鼻能够区分健康细胞和癌细胞的不同“味道”，从而使医务人员能准确判定癌细胞群的具体位置，避免其与周围健康细胞发生混淆。

以色列科学家研制的“电子鼻”（Electronic Nose），只要通过简单的呼吸测试，就可以查出罹患了肺、乳腺、肠和前列腺癌的病人。这种检测化学物质变化的传感器不仅能分辨出健康人和恶性肿瘤病患的呼吸，还能查出这四种常见的肿瘤。如果能通过大规模试验证实早期研究的成果，呼吸检测将和成像技术一样，变成早期癌症诊断的重要手段。

5. 生物信息采集与检测

生物信息采集与检测主要是指对带有生物结构和特征信息的生物量、化学量和物理量的采集与检测。检查身体是否患病的物理量主要是微弱的生物电信号，如心电信号、肌电信号、脑电信号和胃电信号等。近期已发展到运用超导仪器检测生物体内更微弱的磁信号，包括心磁信号、脑磁信号等，除此之外，利用生物信息采集与检测技术还可以检测生物体内发出的热波、光信号和声波振动信号，为动物行为、疾病诊断与治疗提供了美好的前景。

生物芯片是生物材料的集成。根据生物分子间特异相互作用的原理，将生化分析过程集成于芯片表面，从而实现对 DNA、RNA、多肽、蛋白质以及其他生物成分的高通量快速检测。

简单来说，生物芯片就是在一块玻璃片、硅片、尼龙膜等材料上放上生物样品，然后由一种仪器收集信号，用计算机分析数据结果。在生物芯片上检查血糖、蛋白、酶活性等，是基于同样的生物反应原理，原来需要在很大的实验室中进行很多个试管的反应，现在被移至一张芯片上即可同时进行检测。

第三节　信息与控制仿生

一、基本概念

信息与控制仿生，是研究与模拟动物的感觉器官、神经元与神经网络以及高级神经中枢智能活动在生物体中的处理过程，主要有生物身体内部之间的通信和同外界的通信。在仿生学领域中，信息的传递、处理与控制已经紧密结合在一起。例如：行进中的动物眼睛看见障碍物后，将此信息传递到大脑神经，经处理后立即指挥身体采取措施避障，改变行进路线。这是生物体内的信息传递、处理与体外环境之间的信息处理过程。信息与控制仿生的内容与电子仿生内容有很多重叠之处。信息与控制仿生还对研究人的大脑以及高级智能系统有重要作用。

二、信息与控制仿生实例

象鼻虫能对光亮强度不同的移动条纹做出迅速转动头部或身体的反应，称为视动反应。根据图 2-6a 所示象鼻虫的视动反应研制成的“自相关测速仪”可测定飞机的着陆速度。

鲎是在我国沿海一带生活的一种古老的节肢动物，每只复眼由 1000 多只小眼组成，每只小眼都有感光细胞。科学家发现鲎的小眼之间由侧向神经相互联系，当一个小眼受到光照而产生神经兴奋时，周围的小眼却受到抑制，称为复眼视网膜侧抑制，鲎眼靠这种特殊功能，把接收到的视觉信号加工后略去图像的轮廓，这样就大大加强了目标的清晰度，使鲎在昏暗的海底也能看清外界的景物。根据这一原理，人们研制出了鲎眼电子模拟机，用它来处理模糊的 X 光照片、航空摄影照片和太空卫星侦察照片，可得到清晰的图像，发现敌方伪装的导弹发射场、飞机基地等军事目标。

苍蝇的楫翅，又称平衡棒，是天然的导航仪，人们模仿它制成了振动陀螺仪，这种仪器目前已经应用在火箭和高速飞机上，实现了自动驾驶。

苍蝇的飞行本领相当高超，能一直不停地飞行几个小时，可以垂直上升、下降，急速掉头飞行，可以悬在空中位置不动。苍蝇的特技飞行是任何飞机都做不到的。小苍蝇之所以有这样的飞行本领，都得益于它翅膀下方的楫翅，如图 2-6b 所示。

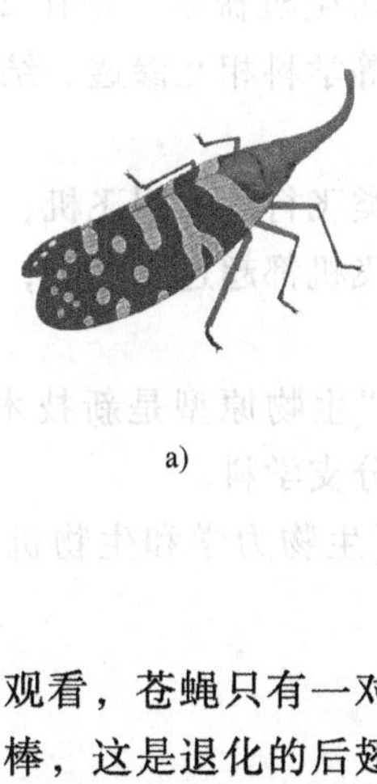
a)

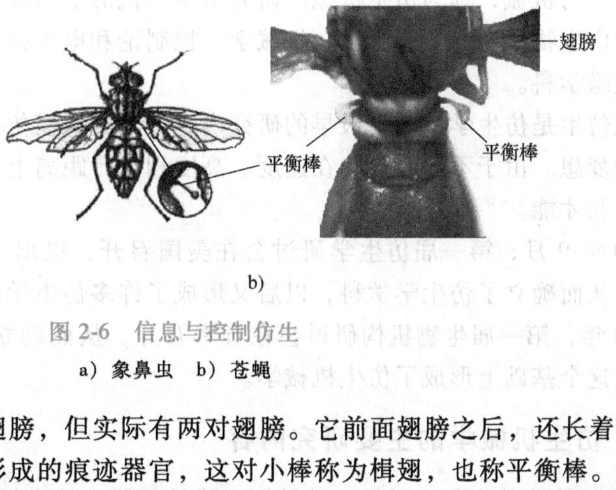

b)

图 2-6 信息与控制仿生
a）象鼻虫 b）苍蝇

从外观看，苍蝇只有一对翅膀，但实际有两对翅膀。它前面翅膀之后，还长着一对哑铃一样的小棒，这是退化的后翅形成的痕迹器官，这对小棒称为楫翅，也称平衡棒。它不但使苍蝇能直接起飞，而且是使苍蝇保持航向的导航器官。苍蝇飞行时，楫翅以每秒钟 330 次的频率振动，当苍蝇身体倾斜、俯仰或偏离航向时，楫翅振动频率的变化便被其基部的感受器所感觉，苍蝇的“大脑”分析了这一偏离的信号后，便向有关部位的肌肉组织发出纠正指令，并校正身体姿态和航向。因此，苍蝇的平衡棒是振动陀螺仪，是在飞行中保持正确航向的天然导航系统。

蝙蝠从口腔发出一种人类听不见的超声波，这种声波遇见物体时就会反射回来，由耳朵接收，如图 2-7a 所示。经大脑处理后，就能准确判别食物或障碍物的方位。图 2-7b 所示的雷达的工作就符合蝙蝠的这种特性。

信息与控制仿生是仿生学中的一个重要领域，并逐渐引领自动化向智能控制发展，促进

a)　　　　　b)

图 2-7　蝙蝠与雷达

a）蝙蝠　b）雷达

了人工智能和智能机器人研究领域中的生物模式识别技术的发展。

第四节　机械仿生

一、机械仿生概念

模仿生物的形态、结构、运动状态以及控制原理设计制造出功能更集中、效率更高并具有生物特征的机械，称为仿生机械。研究仿生机械的学科称为仿生机械学，是在 20 世纪 60 年代末期由生物学、力学、医学、机械学、控制论和电子技术等学科相互渗透、结合而形成的一门边缘学科。

机械仿生是仿生学中起步最早的研究内容。人类从模仿鸟类飞行到发明飞机，实现了飞上天空的梦想。由于不断改进，在速度、高度和飞行距离上，飞机都超过了鸟类，显示了人类的智慧和才能。

1960 年 9 月，第一届仿生学研讨会在美国召开，提出了“生物原型是新技术的关键”的论题，从而确立了仿生学学科，以后又形成了许多仿生学的分支学科。

1970 年，第一届生物机构研讨会在日本召开，从而确立了生物力学和生物机构学两个学科，在这个基础上形成了仿生机械学。

二、仿生机械学的主要研究内容

1. 模仿动物的步行运动及运动控制，设计机器人的步行系统

为了提高移动机械对环境的适应性，扩大人类在海底、两极、矿区、外星球和沼泽等崎岖不平地面的活动空间，需要研究模拟动物的步行机构。动物的运动多是通过多关节腿来实现的。因此，动物腿足的形态、步态、运动速度和稳定控制等是研究步行仿生机械的关键。人和鸟类靠两腿步行，青蛙、蜥蜴、乌龟靠四条腿爬行，犬、马、牛、羊以及猫科动物也靠四条腿步行，昆虫有六条腿，而蟹和蜘蛛有八条腿，蜈蚣有多条腿。腿的数量直接影响步行姿态、身体稳定性和运动速度。六条腿以上的动物着地至少用三足。由于身体重心通过落地足的三点构成支承平面，静态是稳定的。四足动物慢走时三足同时着地，快跑时两足着地，靠身体姿态调节动态平衡。两足动物在步行时是一足着地，是不稳定系统，所以控制很困

难。目前，两足、三足、四足、六足、八足的步行机械都已经问世。但最有应用前景的还是两足和四足仿生机械。图 2-8 所示为典型的步行机器人。图 2-8a、b 所示为两足步行机器人；图 2-8c、d 所示为四足步行机器人；其余为六足步行机器人。步行机器人的腿分为关节型腿和连杆机构型腿。六足以上的机器人列入仿爬行机器人范畴。

图 2-8 典型的步行机器人

a)、b) 两足步行机器人 c)、d) 四足步行机器人 e) ~ h) 六足步行机器人

2. 模仿动物的爬行运动及运动控制，设计机器人的爬行系统

爬行动物可分为三类，有腿类爬行动物，如壁虎、蜥蜴、乌龟类；六条腿以上的爬行动物称为多腿类爬行动物，如蚂蚁、蜘蛛、螃蟹、马陆、蜈蚣类；无足类爬行动物，如蛇、蚯蚓等。还有一种爬行动物，如蛾、蝶的幼虫，腿没有发育成熟，腿足合一，弓起身体爬行，称为尺蠖运动。不同的爬行，运动机理有很大的差别，研究它们的运动机理，可有针对性地设计爬行仿生机械系统。

壁虎是四足爬行动物，其运动特点是可在光滑的垂直墙面上爬行或捕食。研究发现，壁虎每只脚上约有 50 万根细刚毛，粗细从几十纳米到几微米不等，只相当于头发直径的千分之一。在每根毛发的末梢，还有上千根更加细小的毛发分枝，它们与接触面之间会产生一种奇异的分子弱电磁引力，也称范德华力（是指中性分子或原子之间的一种吸引力）。这种力大约可使刚毛提起一只蚂蚁，但是数百万根毛发产生的这种吸力能够产生惊人的力量。仿生壁虎种类很多，如图 2-9a 所示。

根据仿生学原理，仿生壁虎是一种具有黏性足的仿壁虎机器人，足底有数百万根由人造橡胶制造的毛发，每根毛发通过范德华分子引力吸附在墙壁上，$2mm^2$ 范围内的 100 万根这样的毛发就能够提起 20kg 重量。要让机器人能够附着在直壁上，吸力手爪只需要增大分子接触面，从而令足底粘在墙壁上面。当壁虎想要迈步的时候，它是怎么从物体表面上脱附的呢？其秘诀也在于它们脚趾上长有带角度的微小刚毛，通过改变足底刚毛的角度，可以轻松地从物体表面脱附。刚毛不只是有角度，而且还是弯曲的，这样便让壁虎可以储存大量的力，并快速地改变方向，弯曲的刚毛的原理就像是一个“弹簧脱离机制”。壁虎刚毛倾斜的

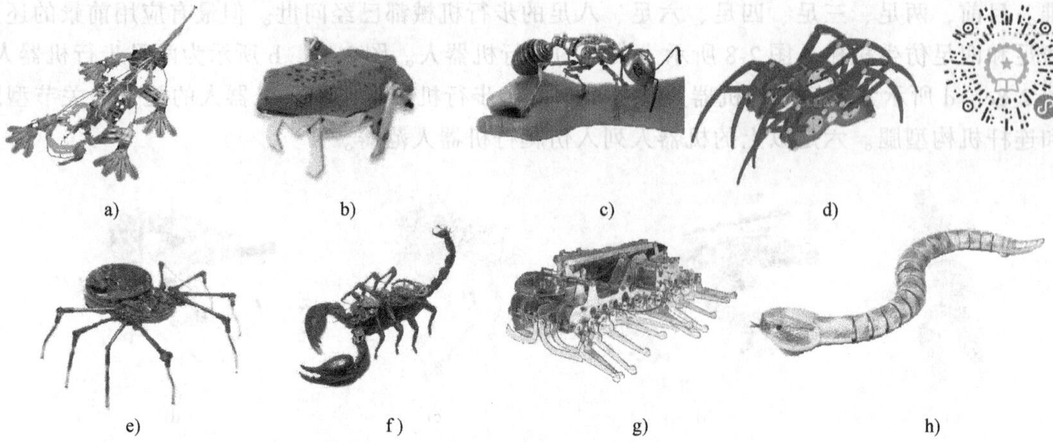

图 2-9 仿爬行机器人

a）仿生壁虎 b）仿四足青蛙 c）仿六足蚂蚁 d）仿八足螃蟹 e）仿八足蜘蛛 f）仿八足蝎子 g）机器蜈蚣 h）仿生机器蛇

角度，加上刚毛的韧性，是整个黏附、脱附过程的关键。这一整套系统非常平衡，而且协调性非常好。对壁虎足底刚毛的发现，有巨大应用前景，如应用到机器人的抓取机构中，可增加手指的黏附力，还可以作为一种与众不同的黏结剂。如果不是壁虎先发明，工程师们很难想到这个办法。

图 2-9b 所示为仿四足青蛙；图 2-9c 所示为仿六足蚂蚁；图 2-9d、e、f 所示分别为仿八足螃蟹、蜘蛛和蝎子；图 2-9g 所示为机器蜈蚣；图 2-9h 所示为仿生机器蛇。

蜈蚣是一种多足类节肢动物，多只脚在地面爬行对灵活行动本应该是一种障碍，但实际上蜈蚣爬行却非常敏捷。长期以来，对蜈蚣这种多足敏捷爬行的机制研究不多，人们也不清楚其中奥秘。研究人员借助数学模型分析机器蜈蚣的运动，认为蜈蚣在运动中通过牺牲直线前行的稳定性来获得急回旋这样的敏捷活动能力，这反映了蜈蚣的一种极佳的行动策略。

无足爬行动物的代表是蛇，蛇类依靠腹部与地面摩擦产生的摩擦力，通过波浪式移动，可在复杂地面、隧道、洞穴内任意穿行，行动灵巧。仿生机器蛇在军事和民用领域具有巨大的应用前景，除此之外，它足够柔韧，能够抵达其他机械装置无法抵达的区域，可在灾后搜索援救中发挥重要作用。

仿生机器蛇还可通过穿越洞穴、隧道、裂缝等障碍物，秘密地到达目的地，同时发送图像和声音给操作人员，操作人员通过计算机控制的装置接收其发回的信息。仿生机器蛇拥有完美的弯曲关节，这使得它易于通过狭小的空间，并且在遇到障碍物时，它可以拱起身子，跃过障碍物进行拍摄工作。

3. 仿昆虫机器人

昆虫个体小，种类和数量庞大，占已知动物数量的 75% 以上，遍布全世界。爬行是昆虫的共同运动特征，几乎所有的昆虫都能爬行。但有些昆虫还会跳，而且跳得很高、很远；有些昆虫还会飞，而且能飞很长时间。所以，模仿昆虫的爬行、跳跃和飞行一直是仿生昆虫机器人的研究重点。仿昆虫机器人的研究涉及材料科学、机构学、运动学、动力学、控制学、神经网络、昆虫形态学、生命体系统等领域的多方面知识，早期研究进展缓慢，但随着新型材料技术、传感技术和能源等难题的解决，仿生昆虫的研究有了很大的进展。

1989 年，世界上第一台仿生六足步行机械昆虫 Genghis 研制成功，主要用于研究行为控制。

进入 21 世纪后，世界各国开始重视研究以昆虫为灵感的仿生机器人。

2006 年，美国哈佛大学研制的仿昆虫无人机，能够在预定程序控制下持续飞行，可以做出悬停、空中机动等动作，这款飞行机器人被命名为“机器蜜蜂”。

2011 年，德国 Festo 公司开发人员对蜻蜓进行了技术建模。不久研制出一款先进的机器蜻蜓（Bionicopter），不仅形态逼真，而且能够做出各种犹如杂耍般的复杂飞行动作，同时能够使用手机进行控制。它在空中飞行时的灵敏程度并不亚于真正的蜻蜓，能够朝着任何方向飞行，甚至能够盘旋，就像真正的蜻蜓一样。该蜻蜓的 4 个翅膀采用碳纤维和箔材料，翼展达到 63cm，每秒可振翅 20 次，体长 44cm，重 175g。该蜻蜓具有独立扇动每个翼翅的能力，可以使其减速或突然转弯，快速加速甚至向后飞行。可以在任意方向飞行并执行复杂的飞行操作。

2015 年，Festo 公司又研制成功仿生机械蚂蚁和仿生机械蝴蝶。其中仿生机械蝴蝶看上去就像真的蝴蝶一样轻盈，在通信技术、传感器技术和 GPS 技术的配合下，许多机械蝴蝶在同一片空间中慢速飞行。每一个仿生机械蝴蝶都能独立操作，通过控制翅膀的摆动来调整飞行位姿与方向，并能按照预编程的路线飞行。它们身上装配了红外传感器，避免飞行过程中互相碰撞。机械蝴蝶翼展长有 50cm，身体质量仅为 32g，翅膀每秒摆动 1~2 次，速度可达 2.5m/s，每次充电后可持续飞行 3~4min。翅膀本身使用的是碳纤维骨架，并覆盖更薄的弹性电容膜。

仿生机械蚂蚁的主体材料是塑料，其身体采用 3D 打印制造，头部有 3D 立体摄像头，它们的触角是一个充电装置。仿生机械蚂蚁的可运动部件，如腿和下颚等，有 20 个三角压电陶瓷弯曲传感器，能够快速高效地运动，且消耗能量很小，并且可以进入很小的空间。仿生机械蚂蚁底部还设有光学传感器，可以使用地面的红外线标记进行导航。

每只仿生机械蚂蚁具有独立决策能力，但是它们的行为总是遵循于共同目标，从而使它们能够共同协力完成任务。传感器可以确保仿生机械蚂蚁知晓周围环境，同时，仿生机械蚂蚁可以通过一个无线网络进行通信，这些仿生机械蚂蚁能够协同完成不同任务。

2018 年，科研人员根据跳蛛、蜜蜂的生物特性设计了微型仿生机器人。这种机器人能模仿一种北美东部较常见跳蛛的强悍弹跳能力。

总之，仿生昆虫机器人的研究取得很大进展，蚂蚁机器人、蜘蛛机器人、蜻蜓机器人、蝴蝶机器人、蜜蜂机器人等已经开始技术应用，仿蝗虫机器人的研究也取得一定进展，如图 2-10 所示。

昆虫在亿万年的进化过程中，随着环境的变迁而逐渐进化，都在不同程度地发展着各自的生存本领。随着仿生科学与技术的发展，人们对昆虫的各种生命活动掌握得越来越多，越来越意识到昆虫对仿生学的重要性，如模拟昆虫的感应能力而研制出检测物质种类和浓度的生物传感器。随着仿生昆虫机器人研究范围的不断扩大，昆虫将会为人类做出更大的贡献。

4. 模仿水中动物的游泳运动及其运动控制，设计水中游动仿生机械装置

鲸、海豚和各种鱼类经过亿万年的进化，形成了适应于水中生活的多姿体形。其中有适应于快速航行的纺锤形、适应于水底缓慢运动的平扁形、适应于穿入泥土或石洞间的圆筒形。脊鳍阔大的剑鱼速度可达 110km/h，并能在几秒之内达到全速，这是现代快艇所不及

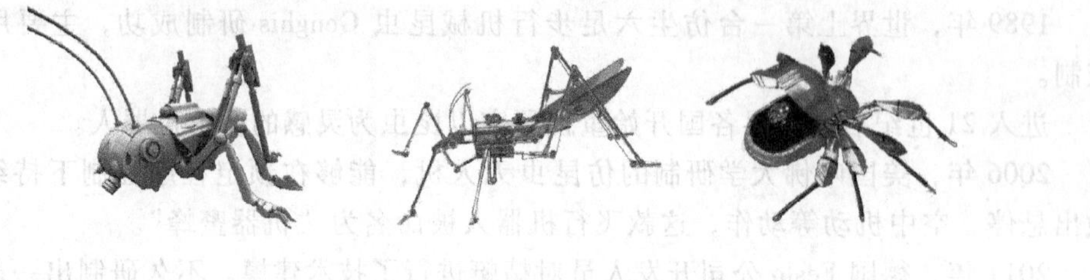

a)　　b)　　c)

d)　　e)　　f)　　g)

图 2-10　昆虫与仿生昆虫

a) 仿生蝗虫　b) 仿生螳螂　c) 可以飞行的仿生甲虫　d) 不能飞行的仿生甲虫　e) 仿生蜜蜂　f) 仿生苍蝇　g) 跳蚤

的。鱼类除了有适于航行的形体外，同时还有特殊的推进和沉浮机能。人类根据水生动物尾鳍摆动式推进系统的生物力学原理，设计出一种摆动板推进系统。它不仅可以使船只十分灵活地转弯和避开障碍，还可以顺利地通过浅水域或沙洲而不搁浅。僧帽水母用感觉细胞控制浮鳔内的气体使身体沉浮。金枪鱼靠控制体内一种生理化学反应而沉浮。人类根据这些原理研制成潜水艇的沉浮系统。乌贼的体型虽然和鱼不太相同，但运动器官十分完善，它靠收缩腹肌把外套膜中的水从喷嘴迅速射出，借此推进身体前进。人类根据这个原理设计出喷水船。人类还模仿海豚皮肤可减小水阻的特点，制成了“人工海豚皮”。

鱼类的鳍相当于船的桨，鱼尾相当于船的舵，桨舵的配合使鱼类在水中行动自如。根据仿生学原理设计制造的机器鲤鱼，游动起来酷似真正的鲤鱼，身体在发动机的推动下来回摆动，并用鳍和尾来改变它们的游动方向，其游动速度可达 0.5m/s。这种机器鱼分别配备不同的传感器，来探测不同的水中污染物，充电一次就能在水中持续游动 24h。

图 2-11a 所示为仿生海龟；图 2-11b 所示为仿生海豚；图 2-11c 所示为仿生鲤鱼；图 2-11d 所示为仿生鱼结构图；图 2-11e 所示为仿生水母结构图；图 2-11f 所示为仿生金枪鱼机器人。

机器鱼在水中游动时，就像真鱼一样依靠鳍游泳。随着尾鳍摆动，机器鱼可以上浮和下潜。还有一条竖直的背鳍，用来保证平稳。机器鱼的动力来自鱼尾。鱼尾可由一只机械臂驱动。

真实状态下的水母是依靠身体钟状结构收缩变形喷射水流形成推进力的。仿生水母可采用充气式、充水式或机械式推动，实现钟状身体运动，图 2-11e 所示为依靠记忆合金变形的收缩推进式的仿生水母结构图。美国海军最新研制的仿生机械水母由生物感应记忆合金制成的细线连接，当这些金属细线被加热时，就会像肌肉组织一样收缩。它可用于监测水面舰船和潜艇，探测化学溢出物，以及监控回游鱼类的动向。

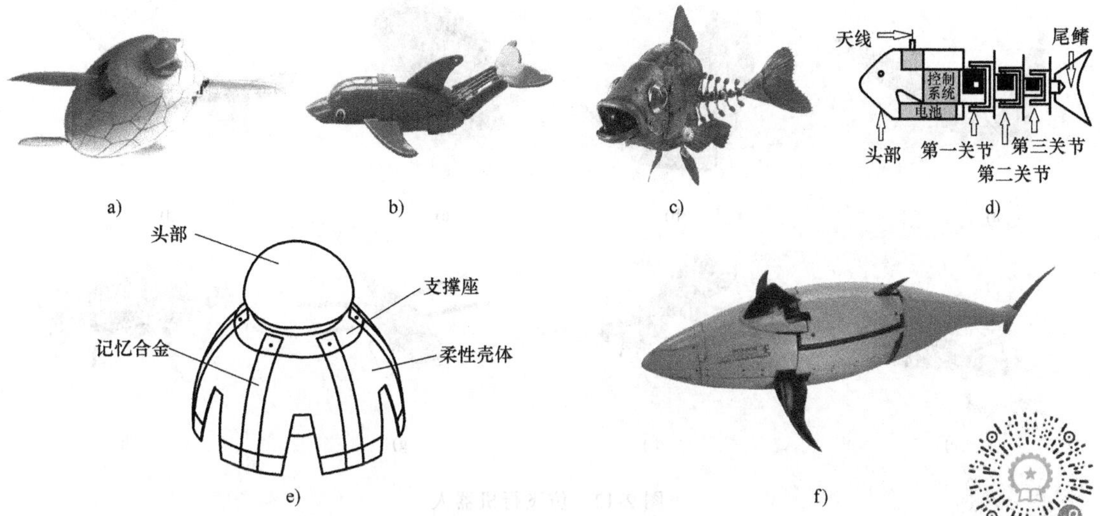

图 2-11 仿水中游动的生物

a）仿生海龟 b）仿生海豚 c）仿生鲤鱼 d）仿生鱼结构图 e）仿生水母结构图 f）仿生金枪鱼机器人

5. 模仿鸟类、昆虫的形态构造特点，研制各种适宜在空中飞行的机械系统

自然界能飞的动物种类接近全部动物种类的 3/4，其中占主要地位的有 600 多种鸟类和 35 万多种昆虫。这些飞行动物为人类改进飞机性能和制造新型飞行器提供了天然的设计原型。鸟类和昆虫的某些特殊机能，如蚊蝇和蜜蜂等昆虫灵活机动地陡然起飞、翻转翅翼的高频振动和空中悬停等，都是现代飞机所做不到的。蜻蜓不仅飞得快，而且飞得高、飞得远，是因为它有柔软单薄的翅膀，飞行速度可达 50km/h。此外，沙漠蝗、金色鹬的节能飞行等，都是飞行器设计中可资借鉴的。

空中飞翔的鸟类会阻挡飞机的飞行路线，吃掉农作物，而且由于经常在垃圾场内觅食也容易传播疾病。人们尝试过使用噪声或猛禽叫声来驱赶鸟类，但效果不理想。荷兰的设计师开发出了一款仿生机械猛禽 Robirds，外形和飞翔姿态都和真的猛禽相近。当鸟儿看见这款人造猛禽在上空飞行时，就会选择离开。操作人员站在地面上进行远程控制，由人工操作把鸟类驱赶出特定的区域。据透露，这套系统非常实用，因为鸟类如果发现某一区域内有天敌存在，就会主动避免再次进入该区域。有数据显示，在 Robirds 的活动范围内，鸟类数量减少了 50%以上。

图 2-12a、b 所示为仿猛禽鸟类飞行机器人；图 2-12c 所示为仿生蝴蝶；图 2-12d 所示为仿生蜻蜓。图 2-12e 所示为仿生蝗虫；图 2-12f 所示为仿生大黄蜂；图 2-12g 所示为仿生蜻蜓无人机；图 2-12h 所示为仿生苍蝇无人机。

6. 拟人仿生机械手

各种动物的前肢从外形和功能上看虽然不尽相同，但它们的内部构造却基本一致。两栖类、爬行类、鸟类和哺乳类动物的前肢骨骼都是由肱骨、尺骨、桡骨、腕骨和指骨组成的。人的上肢具有较高的操作性、灵活性和适应性，机械手正朝着与人上肢功能接近的方向发展。肩和肘关节共有 4 个自由度，以确定手心的位置。腕关节有 3 个自由度，以确定手心的姿态。手由肩、肘、腕确定位置和姿态后，各种精巧、复杂的动作，还要靠多关节的五指和

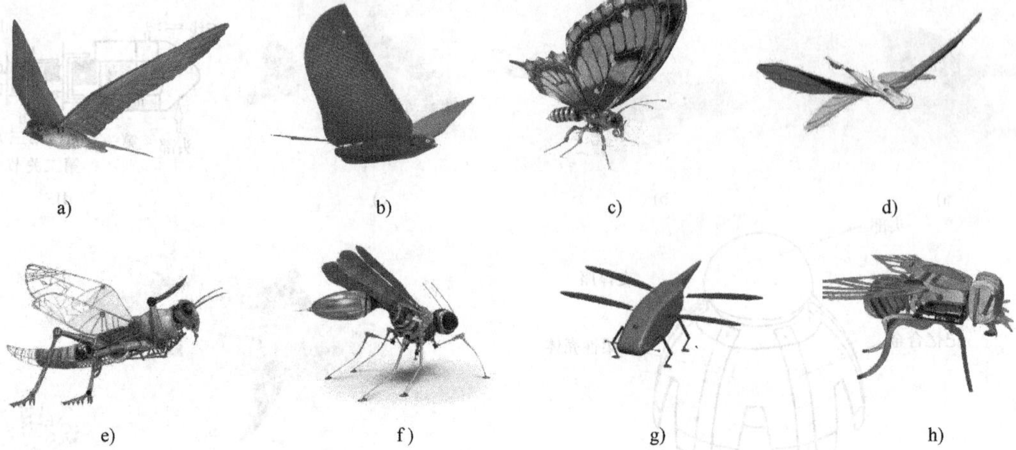

图 2-12 仿飞行机器人

a)、b) 仿猛禽鸟类飞行机器人 c) 仿生蝴蝶 d) 仿生蜻蜓 e) 仿生蝗虫
f) 仿生大黄蜂 g) 仿生蜻蜓无人机 h) 仿生苍蝇无人机

柔软的手掌完成。一只手由 27 块骨骼组成，五指共有 20 个自由度，因此手可进行各种精巧操作。在这么多自由度的协调配合下，肌肉在瞬间运动下可发出很大的力量，最大出力与自重之比较人类制造的任何机器都高得多。肌肉具有多重自动控制机构和安全机构，从脑部来的指令可以到达手的各个部分。从工程技术上实现这样的机能特征和信息处理系统是很困难的。一般研制的多关节机械手还只限 7 个自由度的手臂和 1 个自由度的 2 指手爪，目前，3 指手爪和 5 指手爪已得到广泛应用。此外还有模仿象鼻子等机能的柔性机械手，其特点是具有较高的自适应能力。图 2-13 所示为几种仿生机械手。

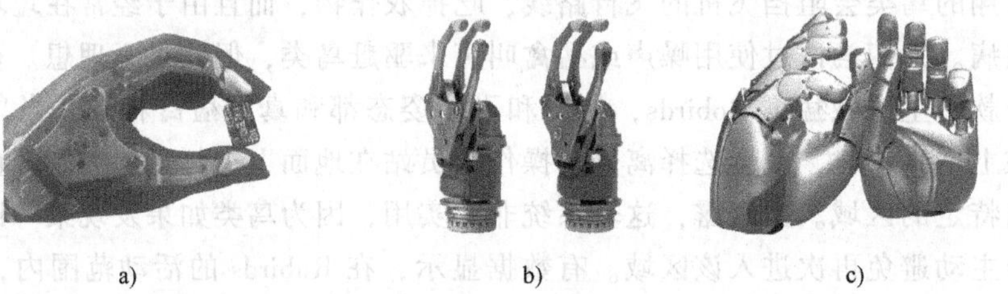

图 2-13 仿生机械手

7. 仿生机械义肢

义肢分为上肢义肢和下肢义肢。上肢比下肢精巧灵活，结构也较复杂，一般要求义肢的外形、构造与人相近。随着电子技术、生物医学工程的发展，义肢已由装饰义肢、机械牵引义肢发展到肌电义肢。肌电义肢是大脑通过脊髓和神经系统向有关肌肉发出一组生物电脉冲，利用装在手臂皮肤表面的电极接收指令从而驱动义肢运动。这种义肢受人的意志控制，能实现多功能的、与人相似的动作。图 2-14a 所示为机电上义肢。

下肢的主要功能在于负重行走，既要有稳定性，又要有适应性和灵活性。下肢包括髋关节、膝关节、踝关节和足部关节，它在结构上要比较坚实、稳定，以适合下肢生理功能的需要。身体的重量经髋关节和股骨头传到双脚。膝关节保证大腿和小腿之间具有一定的相对运动，以保证人体的稳定。图 2-14b 所示为机电下义肢。

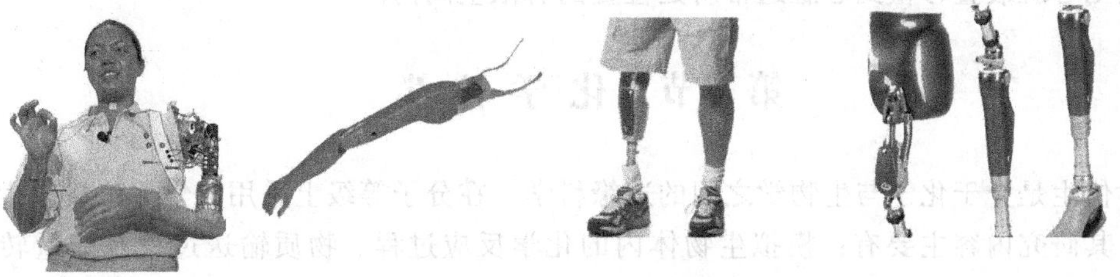

a)　　b)

图 2-14　仿生机械义肢

a）机电上义肢　b）机电下义肢

8. 仿生心脏

人的心脏有四个腔：左心室、右心室、左心房和右心房，如图 2-15a 所示。低氧的静脉血由上腔静脉和下腔静脉回流到右心房，经三尖瓣到右心室，然后进入肺动脉到达肺中；血液由肺部获得氧气后经过肺静脉进入左心房，经二尖瓣进入左心室，再流经主动脉送往全身的器官和组织。心脏以固定的频率收缩和舒张，引起循环血液的往复运动，完成心脏的泵血。

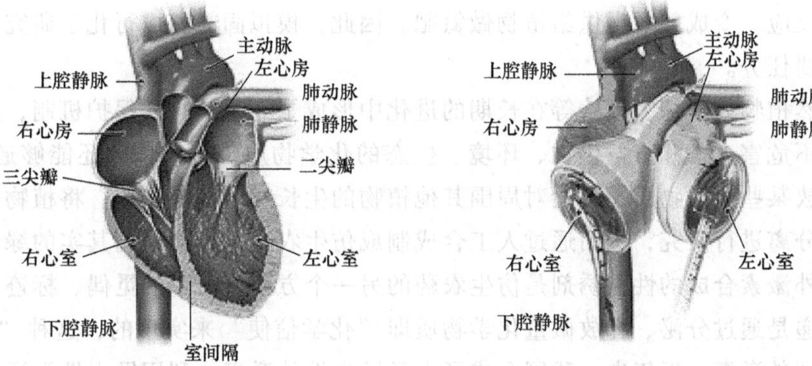

a)　　b)

图 2-15　仿生心脏

a）心脏的结构　b）人工心脏

心脏实际上就是一个动力泵，不断泵出新鲜血液并通过动脉血管到达身体的各个部分，通过静脉回收的血液经肺循环补充氧气后再由心脏动脉流出。据此道理，可以仿制图 2-15b 所示的人工心脏。

通过一个内置涡轮，将人体血液从左心室通过动力泵输送到主动脉，之后凭借安装在腹部的电源提供的动力，向身体各个部位不间断供血，持续不断的血流不会产生脉动。机械心脏内部的磁场，使得涡轮在悬浮的状态下运转，因而不会产生任何摩擦，也不会有任何零件磨损，动力泵的使用寿命可达 10 年。

人工心脏是一种能全面模仿人类心脏的仿生机械装置，由血液室、心室、阀、瓣膜以及能把血液吸入肺动脉和主动脉的特殊原动装置组成。科学家面临的最大挑战是要把包括电源在内的人工心脏装置移植到心脏通常所处位置的有限空间内。

第五节 化学仿生

化学仿生是介于化学与生物学之间的边缘科学，在分子等级上采用化学方法模拟生物体的功能。其研究内容主要有：模拟生物体内的化学反应过程、物质输送过程及能量转换过程等。

一、模拟生物体内的化学反应

生物体内的各种化学反应是在酶的催化下，有条不紊、高效进行的。生物体内天然酶的催化效果要比人工合成的无机催化剂的效果好得多，如把过氧化氢分解为水和氧气，过氧化氢酶的催化效率比一般无机催化剂高一千万倍。化学仿生的任务之一就是仿照天然酶合成出人工酶。从生物体内分离出某种酶之后，研究清楚其化学结构和催化机理，再人工合成这种酶或其类似物，用以实现相应的酶催化反应而制得相应的产品。目前，已经研究出合成氨基酸的酶、消化蛋白质用的常见酶等。

固氮酶是豆科植物根部产生的一种酶，它在常温常压下就可以使空气中的氮气与某些含氢物质发生反应，变成氨后提供给植物做氮肥。因此，模拟固氮酶进行化学研究，是化学仿生的一个重要任务。

许多天然植物如苦楝、臭椿等在长期的进化中形成了完善的自我保护机制，产生能够杀灭病虫害而不危害人畜和有益生物、环境、生态的化学物质。有些植物还能够通过叶、皮、根等分泌释放某些化学物质，其会对周围其他植物的生长产生抑制作用。将植物中的这些成分进行提取分离进行研究，进而通过人工合成制成仿生农药，就是名副其实的绿色农药。利用昆虫的性外激素合成的性引诱剂是仿生农药的另一个方面。昆虫的觅偶、标迹、聚集等活动的信息传递是通过分泌、释放微量化学物质即“化学信使”来实现的，这种“化学信使”就是昆虫的性外激素。近年来，我国合成了大量昆虫性外激素，利用昆虫性引诱剂来诱杀害虫和进行虫情测报，使害虫自投罗网。科学家还发展了许多控制昆虫生长发育的药剂，即昆虫生长调节剂，如利用蜕皮素或类似物使昆虫过早或过迟蜕皮而死亡，或利用保幼素使幼虫不能发育成为成虫。这也是灭杀害虫的一个手段。

二、模拟生物体内的物质输送

生物在物质输送、浓缩、分离方面的能力也是惊人的，如海带能从海水中收集碘，使海带的含碘量比海水中碘的浓度提高千倍以上；大肠杆菌体内外钾离子浓度差达 3000 倍等，这些生物都是通过细胞膜来进行调节控制的。如能模拟生物膜的这种输送、分离功能，合成一种高效、选择性强的分离膜，将会为物质的分离、提纯提供一种全新的途径，这会使人类在开发利用海洋资源、微量元素的提取、特殊的化学分离以及污染控制等方面的研究产生质的飞跃。

三、能量转换

普通的电灯，有 90%以上的电能转换为热能而浪费掉，即便是节能灯也要浪费 65%以上的电能。而生物体内进行的光能、电能、化学能等各种能量间的转换，其效率之高令人惊奇。

在自然界中，有许多生物都能发光，如细菌、真菌、蠕虫、软体动物、甲壳动物、昆虫和鱼类等，而且这些动物发出的光都不产生热，所以又称为“冷光”。在众多的发光动物中，萤火虫是其中的一类。萤火虫约有 2000 种，它们发出的冷光的颜色有黄绿色、橙色，光的亮度也各不相同。萤火虫不仅具有很高的发光效率，而且发出的冷光一般都很柔和，很适合人类的眼睛，光的强度也比较高。因此，生物光是一种人类理想的光。图 2-16a 所示的萤火虫通过自身荧光素和荧光酶的作用发光，发光率竟达 100%。

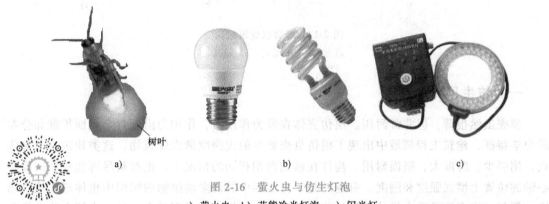

a) b) c)

图 2-16 萤火虫与仿生灯泡

a）萤火虫 b）节能冷光灯泡 c）闪光灯

萤火虫的发光器位于腹部。这个发光器由发光层、透明层和反射层三部分组成。发光层拥有几千个发光细胞，它们都含有荧光素和荧光酶两种物质。在荧光酶的作用下，荧光素在细胞内水分的参与下与氧化合便发出荧光。萤火虫的发光，实质上是把化学能转变成光能的过程。人们根据对萤火虫的研究，首先发明了荧光灯。图 2-16b 所示为节能冷光灯泡。从萤火虫的发光器中分离出了纯荧光素、荧光酶；又用化学方法人工合成了荧光素。由荧光素、荧光酶、ATP（三磷腺苷）和水混合而成的生物光源，可在充满爆炸性瓦斯的矿井中当闪光灯用，如图 2-16c 所示。由于这种光没有电源，不会产生磁场，因而可以在其照明下，做清除磁性水雷等工作。

生物体利用食物氧化释放能量的效率是 70%~90%，而人类通过燃烧煤或石油获取能量的效率通常只有 20%~40%。在能源日趋短缺的今天，模仿生物高效利用能量的技能已成为节能研究的新型课题，同时对开发新能源有重大的指导意义。

第六节 建筑仿生

以生物界某些生物体的组织功能以及构成规律为研究对象，探寻自然界中科学合理的建造规律，并以此来完善建筑的构思与设计，改良建筑形体结构以及建筑功能布局设计，是建筑仿生的主要内容。

自然界中生物形态与生态多种多样，各有特色。如蜂巢由一个个排列整齐的六棱柱形小蜂房组成，每个小蜂房的底部由 3 个相同的菱形组成，这些结构与近代数学家精确计算出来的菱形——钝角 109°28′、锐角 70°32′完全相同，是最节省材料的结构，且容量大、坚固。人们仿其构造，用各种材料制成蜂巢式夹层结构板，强度大、重量轻、隔热、隔声，是建筑及制造航天飞机、宇宙飞船、人造卫星等的理想材料。图 2-17a～c 所示分别为典型的板材、管材和轮毂的蜂巢结构。

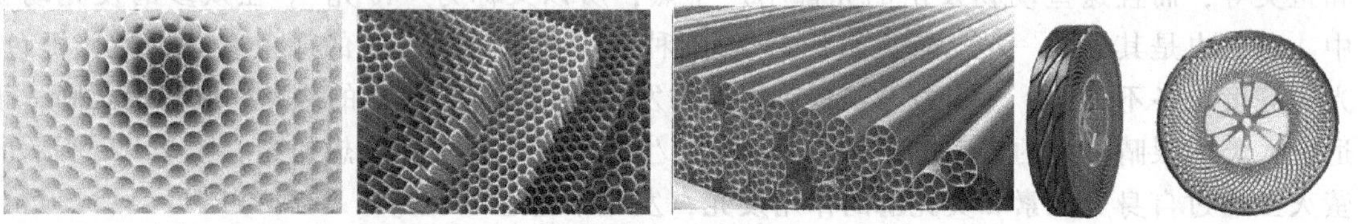

a) b) c)

图 2-17 蜂窝状建筑结构

a）板材 b）管材 c）轮毂

一、仿生贝壳建筑

薄壳虽然很薄，但非常耐压。模仿壳体在外力作用下，作用力沿着整个表面扩散和分布的力学特征，建筑工程领域中出现了模仿贝壳修造的大跨度薄壳建筑物。这类建筑有许多优点，用料少、跨度大、坚固耐用。构件在截面面积相同的情况下，把材料尽可能放到远离中心轴的位置上增加强度和刚度。有趣的是，自然界中的许多动植物的组织中也体现了这个结论。例如：许多能承受大风的植物的茎部是维管状结构，其截面是空心的；支持人体重量和运动的骨骼，其截面上密实的骨质分布在四周，而较柔软的松质骨分布在内圈，骨髓充满中间内腔；在建筑结构中常采用空心楼板、箱形大梁、工字形截面板梁等结构。图 2-18 所示为典型的仿生贝壳建筑。

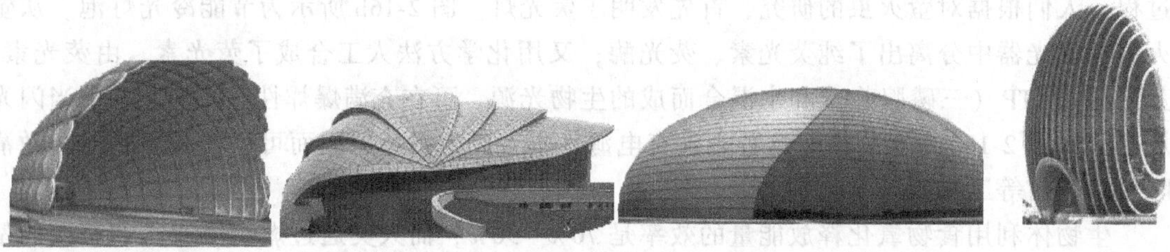

图 2-18 仿生贝壳建筑

二、拱形建筑

图 2-19a 所示的拱形受压时，压力向两端传递，一直传递到拱形的基础上。所以拱形建筑能承受较大的重量。从力学角度来看，拱形的确是一种承受巨大负荷的理想结构造型。

我国由著名匠师李春设计建造的赵州桥（图 2-19b）至今仍屹立在河北省的赵县，

距今已有1400多年的历史，桥体全部用石料建成，是保存最好的石拱桥，比欧洲要早700年。

拱形建筑主要用在屋顶、门、窗、大厅以及回廊等建筑中。如今，拱形建筑无处不在，工厂厂房的顶部、隧道的顶部几乎全部采用拱形建筑，连拱大桥也有很多拱形，我国西北地区的窑洞也都是拱形建筑。拱形建筑不仅受力状况好，而且有优美的外形，因此成为很普遍的建筑形式。图2-19c所示为连拱桥，图2-19d所示为拱形门，图2-19e所示为采用拱形门窗的楼房。

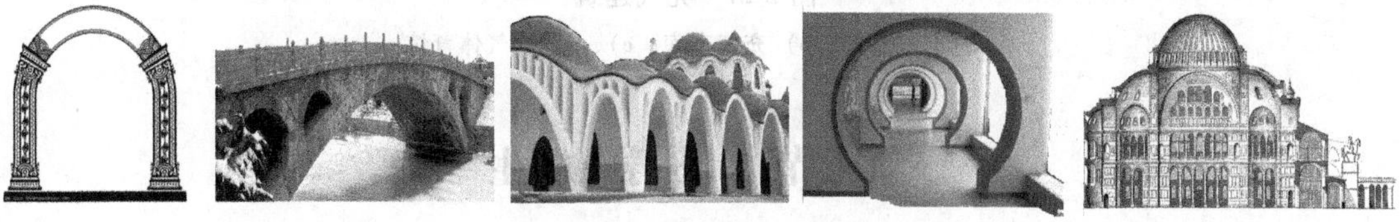

a)　b)　c)　d)　e)

图2-19　拱形仿生建筑

a）拱形　b）赵州桥　c）连拱桥　d）拱形门　e）采用拱形门窗的楼房

三、螺旋形建筑

图2-20a所示的车前子的叶子呈螺旋状排列，夹角为137°30′30″。只有这样，每片叶子才能得到最多的阳光。设计师们向车前子借鉴了调节日光辐射的原理，匠心独具地建造出呈螺旋状排列的螺旋楼梯以及高层螺旋楼房，每个房间都可以得到最充足的阳光。

图2-20b所示为螺旋楼梯，图2-20c、d所示为螺旋状楼房。

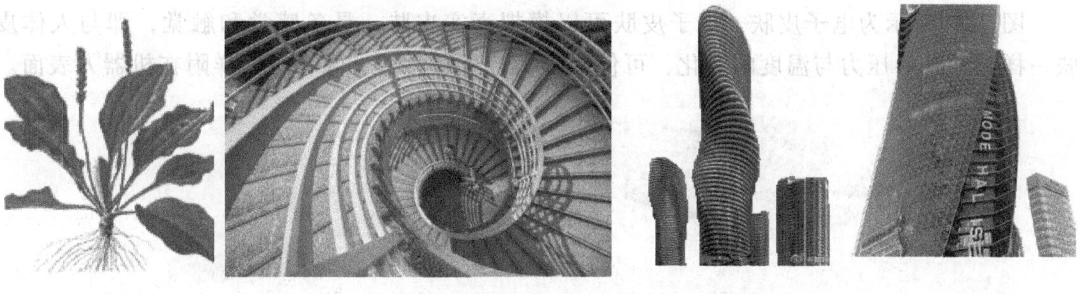

a)　b)　c)　d)

图2-20　螺旋仿生建筑

a）车前子　b）螺旋楼梯　c）、d）螺旋状楼房

四、充气建筑

植物和动物的细胞内充满了液体或气体，这些液体或气体对细胞壁产生一定的压力。生物学家把这种压力称为液体静压力和气体静压力，统称为细胞的胀压。根据细胞胀压原理，人们便设计出各种新颖别致的充气、充液结构的建筑，如大型体育场馆、室内球场、网球场、充气游泳池、登山帐篷、野外餐厅、工厂厂房等。充气建筑具有造型优美、光彩悦目的时代魅力。

图2-21a所示为常见的充气拱门，图2-21b所示为充气车库，图2-21c、d所示为充气体育馆。

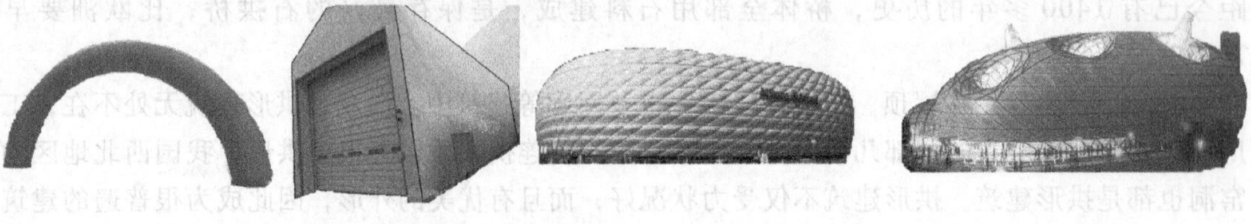

a) b) c) d)

图 2-21 充气建筑

a）充气拱门 b）充气车库 c）、d）充气体育馆

第七节 医 学 仿 生

医学仿生是指模仿生物生命特性与其组织结构特性，研制出具有生物组织器官功能结构装置的学科，是在20世纪中期才出现的一门新的边缘学科。研究生物体的结构、功能和工作原理，并将这些原理移植于医学技术之中，发明性能优越的仪器、装置，创造新技术。医学仿生的问世开辟了独特的医学技术发展道路，也是向生物索取创新设计方法的道路，不但开阔了人们的眼界，也显示了极强的生命力。随着医学仿生的深入研究，诞生了医用仿生学，使我们的医疗措施更加贴近生态本质，促进了传统医学与现代医学的有机结合和医疗事业的快速发展。

一、仿生皮肤

图 2-22 所示为电子皮肤，电子皮肤可以模拟真实皮肤，具备感觉和触觉，即与人体皮肤一样感知外界压力与温度的变化，可使机器人产生触觉，可像衣服一样附在机器人表面。

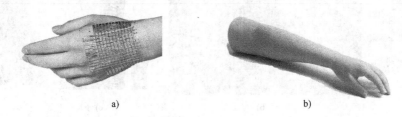

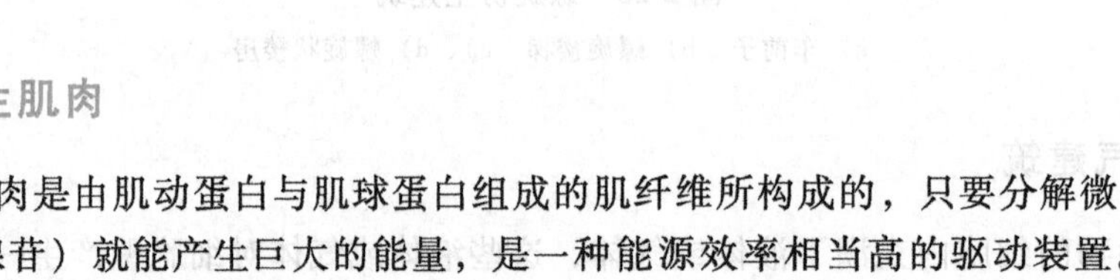

a) b)

图 2-22 仿生电子皮肤

二、仿生肌肉

人类的肌肉是由肌动蛋白与肌球蛋白组成的肌纤维所构成的，只要分解微量的化学物质（ATP，三磷腺苷）就能产生巨大的能量，是一种能源效率相当高的驱动装置。由于多种新材料的问世，如形状记忆合金、形状记忆树脂、高分子凝胶的应用发展，人的肌肉仿生在功能与力量上接近了常人，可以说，未来人工肌肉必有广泛的前景。

电驱动聚合物随着电位大小的变化，会产生不同程度的形状改变。通电时，电驱动聚合物内部分子受到电位的影响，使分子排列从原本的结构变成偏往某一端聚集，外部看起来就像整条电驱动聚合物弯曲，或伸长、缩短，如同人类肌肉纤维一般，因此称为人工肌肉。目前利用一种特殊的柔性硅橡胶材料，已经成功制造出非凡的人造肌肉。科学家测试了人造肌肉在机器人制造方面的多种应用环境，在这些实验中，人造肌肉表现出了超强的伸缩能力。通过电力加热，随温度的调节会有较大的弹性，它可以膨胀到自身体积的 9 倍，单位质量人造肌肉中储存的能量是天然肌肉的 15 倍。计算机可以控制自动元件完成几乎所有设定的动作，使之像真正的人类肌肉一样，完成推、拉、弯曲、扭转以及托举等动作。图 2-23a 所示为肩部仿生肌肉示意图，图 2-23b 所示为仿生肌肉单元示意图。

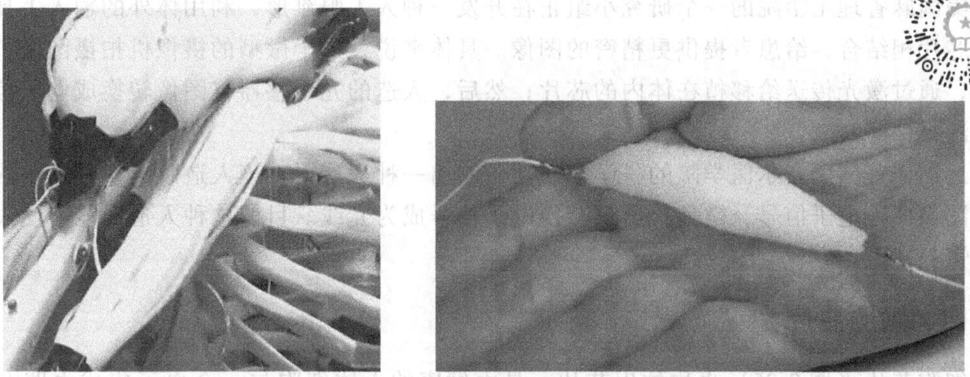

a)　　b)

图 2-23　机械仿生肌肉

目前，日本工业技术院计划把对肌肉活动的研究提升至分子级别的水平，希望通过对肌肉分子的研究促进对人工肌肉活动的研究。若能通过对肌肉分子的研究，进而了解肌肉的结构，做出人工肌肉的话，就可以全新的原理做出驱动装置。仿生肌肉不仅可用于残疾人义肢，也可装在机器人上。

三、仿生眼与仿生视网膜

视网膜疾病，如黄斑退化，是致盲的一大原因。一般来说，患者的角膜、晶体、视神经都是完好的，阻挡视觉信号进入大脑的是受损的视网膜感光细胞。因此，如果能够人工“架桥”，将完好的部分连接起来，就可以使患者恢复一定的光感和视力。图 2-24a 、b 所示为眼和仿生眼示意图。

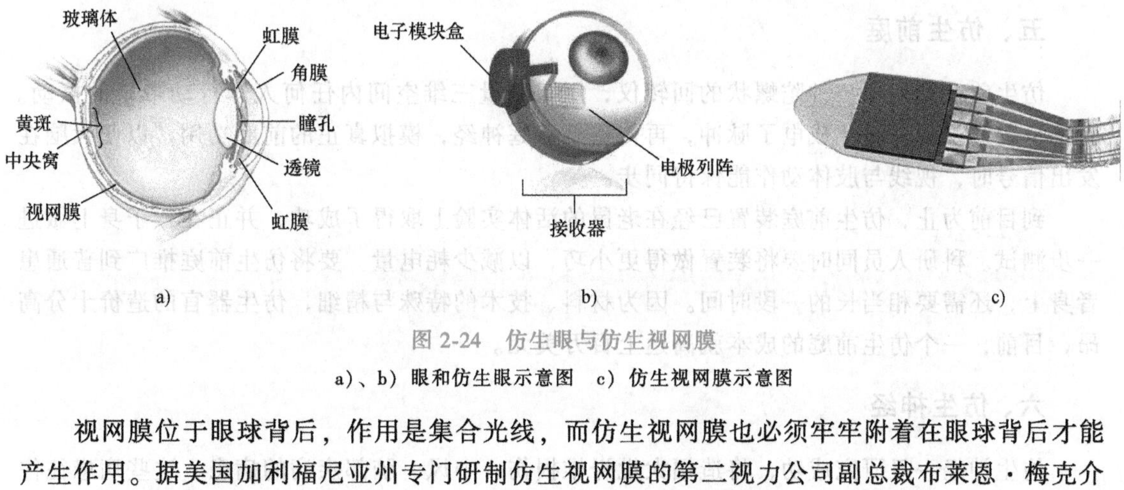

a)　　b)　　c)

图 2-24　仿生眼与仿生视网膜

a)、b）眼和仿生眼示意图　c）仿生视网膜示意图

视网膜位于眼球背后，作用是集合光线，而仿生视网膜也必须牢牢附着在眼球背后才能产生作用。据美国加利福尼亚州专门研制仿生视网膜的第二视力公司副总裁布莱恩 · 梅克介

绍，第一代仿生视网膜拥有16个电极，电极就像显示的像素一样，第一代仿生视网膜只能让患者看到较大的字样。目前，该公司正在将拥有60个电极的第二代仿生视网膜应用于临床实验，据悉，已有30名病患率先尝试使用。该公司还致力于开发第三代仿生视网膜，这种拥有超过200个电极的仿生视网膜将极大限度地接近天然视网膜。图2-24c所示为仿生视网膜示意图。

美国麻省理工学院的一个研究小组正在开发一种人工眼雏形，利用体外的输入工具和体内的芯片相结合，给患者提供更精密的图像。具体来说，一个微型的摄像机拍摄图像，将其编码，通过激光传送给移植在体内的芯片；然后，人造的光传感器将图像转换成电子信号用以刺激视神经。

近期，美国康奈尔医学院的科学家成功研制出一种人造眼，该人造眼的视网膜中的芯片转换图像成为电子信号，微型投影仪转换电子信号成为光线。目前这种人造眼能够使失明的老鼠恢复视力。

四、细胞芯片

细胞芯片（图2-25）也称仿生芯片，是由健康的人体细胞与一个电子集成电路芯片经特殊方法结合起来的微型装置，它比头发丝还要细微。它的原理是当细胞承受一定的电压时，细胞膜微孔就会张开，具有渗透性。通过计算机控制微型装置中的芯片，即可达到控制该健康细胞活动的目的。由于细胞芯片装置能够精确地控制细胞膜微孔开启与关闭，从而能够借此更好地掌握原本比较难以把握的基因疗法。具体地说，可以在根本不影响周围细胞的情况下，对目标基因或细胞进行基因导入、蛋白质提取等研究。

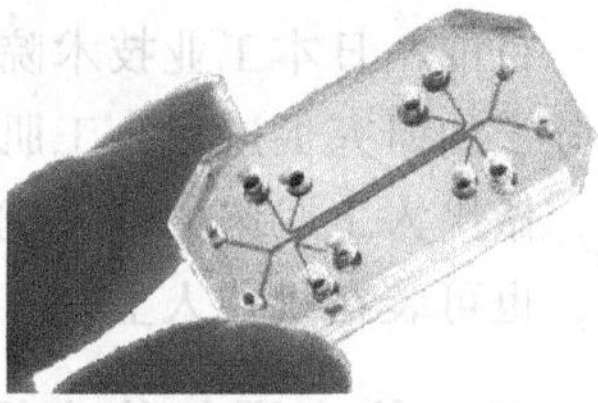

图2-25　细胞芯片

未来的细胞芯片将有望具有下列功能：

1）能够精确调节电压，以便激活不同的人体组织细胞，包括从肌肉、骨骼到人脑的细胞。

2）能够批量生产，植入人体后，取代或修补人体病变细胞组织，解决数千种人类疾病难题。

五、仿生前庭

仿生前庭使用了一种陀螺状的回转仪，用于测量三维空间内任何人体行动带来的振动。而测量的结果要先转化成电子脉冲，再传送至前庭神经，模拟真正的前庭功用，以便大脑在发出信号时，视线与肢体动作能保持同步。

到目前为止，仿生前庭装置已经在老鼠的活体实验上取得了成功，并正在猴子身上做进一步测试。科研人员同时要将装置做得更小巧，以减少耗电量。要将仿生前庭推广到普通患者身上，还需要相当长的一段时间。因为材料、技术的特殊与精细，仿生器官的造价十分高昂，目前，一个仿生前庭的成本就高达上百万美元。

六、仿生神经

仿生神经一旦研究成功，将造福大批脊椎损伤、中风、脑部疾病的病患，这些病患往往神志正常、思维清晰，但却无法移动肢体或与人交流，十分痛苦。科学家希望仿生神经能代替那些已经无法向肢体肌肉传送大脑信号的受损神经。早先研究中，科学家使用活体肌肉神经来充当代替品，但随着现代医疗与大脑神经技术的发展，科学家已经开始尝试在脑部与肢体内植入电极，让大脑“无线”遥控肢体活动。

最近有项突破性的技术进展，即目标肌肉神经重置，是一种神经肌肉的接口技术，接入之后，截肢的人们能通过仅存的神经和肌肉来控制义肢，并反馈真实的感觉，接口已提供接近大脑自然控制的效果，而且安装过程入侵人体的程度很小，可以在未来几年内普及到修复手术中。

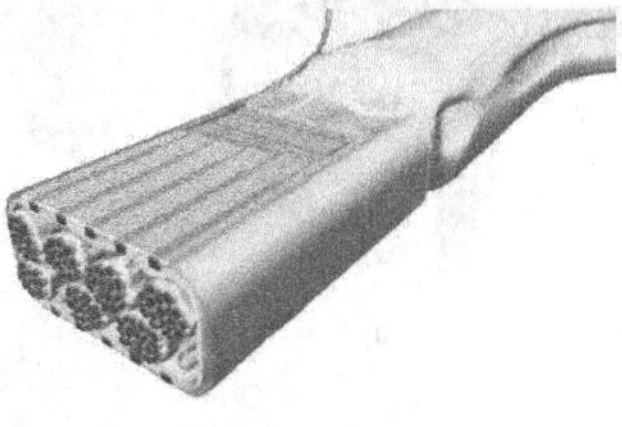
图 2-26　仿生神经控制的手指

图 2-26 所示为仿生神经控制的手指。

七、仿生耳蜗

基于 3D 打印技术，科学家能够快速打印出结构逼真的 3D 耳朵，如图 2-27 所示，采用来自老鼠和牛的细胞能使人造耳朵更加灵活、真实，而胶原凝胶可以制造出任何尺寸和外形的耳朵。

仿生耳蜗是为耳蜗受伤而失去听觉的患者研发的。它分为两部分，一部分是一个被放置在病患耳朵外的麦克风，用于捕捉声音，并将声音转化为电子脉冲，输入被植入耳内另一部分的电极中，直接刺激病患者的听觉神经，从而恢复部分听觉。

仿生耳蜗是目前研制最成功的仿生器官，但凭当前的技术水平，仿生耳蜗并不能完全恢复听觉，科学家正试图通过增加内置电极等方法让它变得更为灵敏。

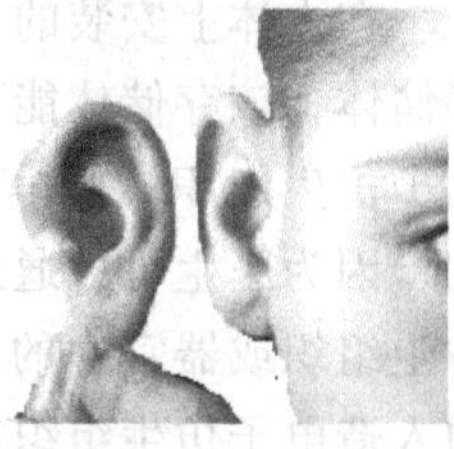
图 2-27　仿生耳蜗

八、仿生心脏

人造心脏一直存在容易造成血凝块，堵塞血管的问题。法国心脏外科医师埃兰·卡朋提尔发明了一种能够解决这一问题的仿生心脏，它拥有两个微型泵，用于模拟真实心脏的两个心室，内置反应器与处理器调整血液流量，防止出现血凝。目前，已经在人体上展开测试。

九、仿生关节

关节损伤是人类常见疾病，尤其是膝关节和髋关节的损伤最多，给人们带来极大痛苦。有些关节损伤无法修复，只能更换，因此人工关节应运而生。图 2-28a 所示为膝关节，图 2-28b 所示为髋关节，图 2-28c 所示为各类人工关节。人工关节使用者动作僵硬且不便，科学家研究出更加智能化的人造关节，也就是仿生关节，大量使用了感应器、回转仪、微型驱动器与计算机处理器等高科技技术，帮助病患在不费力的情况下以更加自然的姿态重新站立与步行。

十、仿生电子人

图 2-29 所示的仿生电子人是由一些人造电子仿生组织或器官组装而成的，具有脉搏，

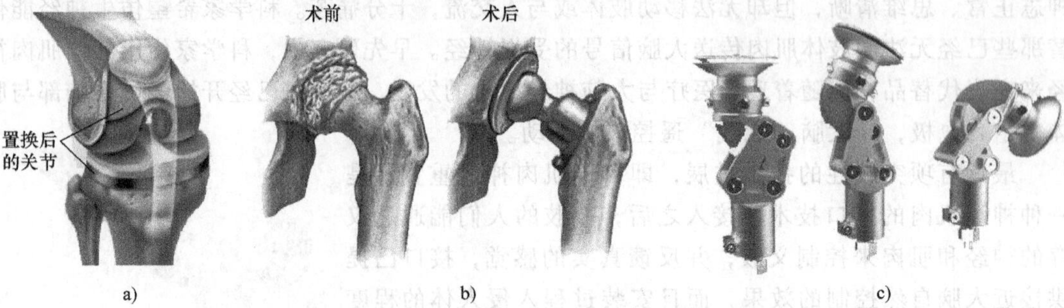

图 2-28 仿生关节

a）膝关节 b）髋关节 c）各类人工关节

可用来检测人造电子仿生组织或器官的功能。随着科学技术的发展，将会有越来越多的人造电子仿生组织或器官代替人体上已丧失功能的膝关节、髋关节、踝关节、肘关节、心脏、耳朵和皮肤等组织或器官。估计在不远的将来，科学家们将会研制出人造电子仿生肺、人造电子仿生肝和人造电子仿生胰脏等人造电子仿生器官。

在人体上安装的人造电子仿生组织或器官中包含有存储体，该存储体能下载无线电信号。所以，如果人造电子仿生组织或器官出了问题，被安装者也不必去医院，因为医生可以通过发送无线电信号来改变人造电子仿生组织或器官中的程序，从而远程“医治”“有病”的人造电子仿生组织或器官。

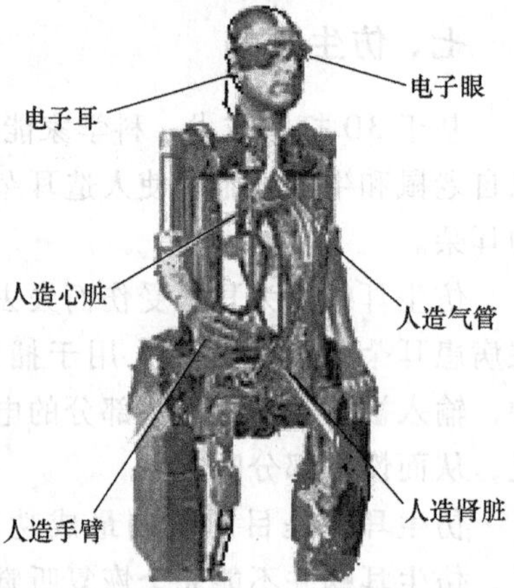

图 2-29 仿生电子人

第八节 动物界的奇特现象与仿生

动物种类众多，特性各异，可供仿生研究的对象也很多，因此很难准确进行仿生分类。如人工心脏、人工关节等属于典型的机械仿生，但也是医学仿生的研究对象；有些电子仿生和化学仿生也相互交叉。还有些仿生研究也很难列入上述仿生类别中，如毛发仿生，其实属于材料仿生内容，但也可列入化学仿生内容之中。所以本书对仿生不做过分详细和严格的分类。

一、动物界的奇特现象

自然界有很多奇特的现象，有种生活在雨林里的蜥蜴可以在树林之间滑翔，其腹部两侧的皮肤舒展，像翅膀一样在林间滑翔，如图 2-30a 所示。还有一种蜥蜴可以在水上奔跑，如图 2-30b 所示。而我们人类却不能像这种蜥蜴一样在水面快速奔跑。

山羊会上树，听起来有些荒谬，但摩洛哥的山羊的确会爬树。这种山羊爬树现象在摩洛哥地区很普遍。它们会爬树是因为这里的山羊喜欢吃树上的类似橄榄的坚果，农夫会将一群山羊赶到坚果树林，让它们爬到树枝上，并在树枝之间来回跳跃。图 2-31 所示为山羊爬树示意图。

a) b)

图 2-30 蜥蜴滑翔与在水面奔跑

a）滑翔 b）在水面奔跑

图 2-32a 所示的跳蚤，外壳坚实，具有对身体的保护能力，可以承受比体重大 90 倍的重量；后腿发达，跳跃本领十分高强，可以跳出高于其身高 350 倍的高度，相当于一个人跳过一个足球场的距离。其后腿的结构必有特殊之处。

图 2-32b 所示的蚂蚁，细腰、六条腿，但力大无穷。据力学家测定，一只蚂蚁能够举起超过自身体重 400 倍的东西，还能够拖运超过自身体重 1700 倍的物体。蚂蚁肢体上的骨头长在肌肉外面，它的肌肉纤维里含有特殊的酶和激素蛋白，稍加活动就能释放出巨大的能量，而且几乎没有损耗，这是其他动物所不能相比的。科研人员发现，蚂蚁的腿部肌肉纤维有几千条，而且它有 6 条腿，负重时背部受力，将重力平均地分到各条腿上，所以承重力强。

图 2-31 山羊爬树示意图

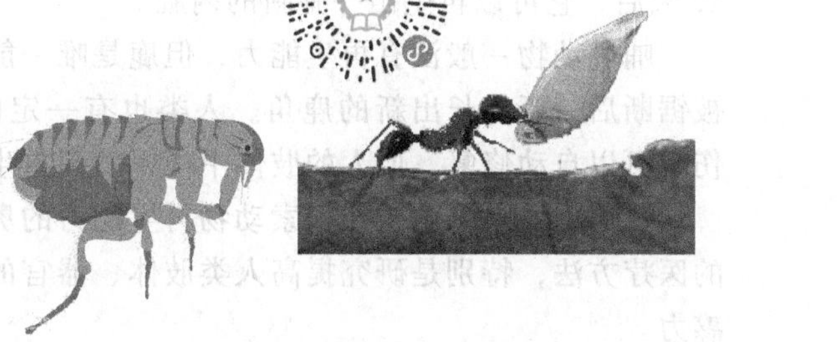

a) b)

图 2-32 奇趣动物

a）跳蚤 b）蚂蚁

蚂蚁腿部肌肉是一部高效率的发动机，这个“肌肉发动机”又由几十亿台微妙的小发动机组成。蚂蚁的“肌肉发动机”使用的是一种特殊的燃料，是一种结构非常复杂的含磷化合物，称为三磷腺苷，即 ATP。只要肌肉在活动时产生一点酸性物质，就能引起这种燃料的剧烈变化，这种变化能使肌肉蛋白的长形分子在刹那间收缩起来，产生巨大的力量。这种特殊的“燃料”不经过燃烧就能把潜藏的能量直接释放出来，转变为机械能，加之不存在机械摩擦，所以几乎没有能量的损失。正因为如此，蚂蚁的“肌肉发动机”的效率非常高，这就是“蚂蚁大力士”力大无穷的奥秘。

白蚁不仅使用黏结剂建造它们的巢穴，还可以通过头部的小管向敌人喷射黏结剂。于是人们按照同样的原理制造出了干胶炮弹。

科研人员通过研究变色龙的变色本领，研制出了不少军事伪装装备。

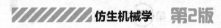

生物学家通过对蛛丝的研究，制造出高级丝线、抗撕裂的降落伞与临时吊桥用的高强度缆索。

纺织科技人员利用仿生学原理，借鉴陆地动物的皮毛结构，设计出一种 KEG 保温面料，并具有防风和导湿的功能。模仿动物皮毛的中空现象设计的保暖内衣受到人们的普遍欢迎。

蟑螂的生命力异常顽强，在没有食物的情况下，能活上一个月，而在没有水供应的情况下，也能生存一个星期，甚至没有了头颅，也能活上九天，并可以继续产卵。这是因为蟑螂的活动受下腹、胸部及头部三个神经系统所操控，头颅不保，身体依旧运作。因为蟑螂不需依靠脑部来维持呼吸和血压，它们也不是通过血液来运送氧气到身体各处，它们的身体有一个气管系统，靠身体上的气孔来呼吸，气孔连接管道把氧气带到细胞，也靠气孔排出二氧化碳，失了头颅也不受影响；同时它们没有血压，即使头部消失了，也不致流血不止。深入研究蟑螂，对研究特种仿生智能机械有特殊意义。

在动物世界中，有些动物具有再生能力，壁虎、蜥蜴的尾巴断了可以重新生长出来；蝾螈的四肢缺损了也可以失而复生；具有再生能力的动物还有水蛭、海星、螃蟹等。越是低等的动物，再生能力越强。像蚯蚓被切成两段后，各段都重新长出失去的部分，而变为两条蚯蚓了。水螅身上每一块碎片，都能摇身一变，再生成为完整的个体。若把海星撕成几块抛入海中，每一碎块会很快重新长出失去的部分，从而长成几个完整的新海星。

章鱼也有再生能力。一到冬天，就潜入海底，为了生存，它开始吃自己的脚爪。直到把八只脚爪都吃完为止，然后就闭眼不动了，等到第二年春天，它又长出八条新的脚爪。海参遇到敌害时，可以把自己的内脏全部抛出，以转移敌害的注意力，自己趁机逃之夭夭，大约 50 天后，它可以再生出一副新的内脏。

哺乳动物一般没有再生能力，但鹿是唯一能再生完整的身体零部件的哺乳动物，如鹿角被锯断后，还能长出新的鹿角。人类也有一定的再生能力，如人体皮肤受到一定程度的损伤，可以自动修复，但人的肢体中尚未发现再生能力。

目前，科学家们正在探索动物再生能力的奥秘，以便从中得到启示，为人类寻求一种新的医疗方法，特别是研究提高人类肢体、器官的再生能力，比研究仿生肢体与器官更具有诱惑力。

袋鼠跳着行走，而且又远又快，人们总是对袋鼠为什么能跳着行走迷惑不解。美国哈佛大学动物生理学家查·泰勒经过多年的研究发现：袋鼠在慢步移动的时候，简直像一只软腿动物，步履蹒跚，相当费劲，而当它快速跳跃的时候，却显得异常灵活。研究发现，袋鼠以 5km/h 的速度跳动时，所消耗的能量要比同等大小的四足动物多 4 倍。当袋鼠跳速加快时，能量消耗反而降低。当袋鼠飞奔时，它那长而有力的尾巴像根有力的弹簧，撑着地面后，立即快速地弹起，刹那间把整个身体弹向前方。袋鼠高超的弹跳本领启发澳大利亚人发明了一种袋鼠汽车。这种汽车下面没有轮子，却有四条腿，可以像袋鼠那样跳跃前进，在崇山峻岭之中崎岖的路上，每小时能跑 40km，也可以在沙漠中代替骆驼运东西。

海洋中有种长相奇特的鱼，流线型的身体，胸鳍特别发达，像鸟类的翅膀一样，如图 2-33 所示。飞鱼在水下以 10m/s 速度游向水面时，鳍紧贴着流线型身体，一旦冲破水面就把双鳍张开，尚在水中的尾部快速拍击，从而获得加速推力，等力量足够时，尾部完全出水，于是身体腾空水面十余米的高度，以 10m/s 的速度在空中滑翔，单次飞行的最远距离可达 180m。飞鱼可做连续滑翔，每次落回水中时，尾部又把身体推起来，连续滑翔的时间

图 2-33 飞鱼

长达 40s，距离可达 400m。

如果科学家对飞鱼的结构和运动机理进行研究，则可研制出在水下和水上都能进行高速运动的鱼雷或导弹，而这样忽而水下、忽而水上运动的鱼雷是很难进行拦截的，在军事领域会有重大应用前景。

二、对动物界奇特现象的思考

动物界奇特现象非常多，这里仅列举了一些，通过对各种动物的不断观察与分析，还将会有更多的发现。由于动物进化的多样性，这些奇特现象的奥秘终究会被人类所发现与利用，造福于人类。如动物的行走主要是靠腿部肌肉的收缩作为动力，但蜘蛛的腿上没有肌肉，没有肌肉为什么会行走？昆虫学家经研究发现蜘蛛不是靠肌肉的收缩行走的，而是靠其腿中的液压结构行走的，据此人们发明了液压步行机。总之，从自然界得到启迪，进行发明创造，这才是仿生学的真谛。要把动物界的奇趣现象当作我们向自然界学习、索取设计灵感的重要途径，才是我们学习仿生学的初衷。

由于生物系统的复杂性，搞清某种生物系统的特性或奇趣，需要相当长的研究周期，而且解决实际问题需要多学科的长时间密切协作，因此仿生学尽管有趣、有用，但发展速度较慢。随着拓宽专业基础和加强素质教育的深入发展，必将促进仿生学领域研究的进一步深入，促进仿生学的发展。

科学家精神

“两弹一星”功勋科学家：王希季

第二篇

机械学基础

第三章

机械结构学基础

第一节　机械的基本概念及组成

一、机器、机构与机械

1. 机器的概念

机器是执行机械运动的装置，用来变换或传递能量、物料或信息。机器的重要特征是执行机械运动，同时完成能量的转换、物料或信息的传递。机器人、汽车、坦克、导弹、飞机、轮船、车床、起重机、织布机、印刷机、包装机等大量具有不同外形、不同性能和不同用途的装置都是具体的机器。电视机不是机器，因其功能与机械运动无关。

图 3-1a 所示为单缸四冲程内燃机，是一个把热能转换为机械能的机器。该内燃机中，活塞 1 的往复移动通过连杆 2 推动曲轴 3 连续旋转。这种把活塞移动转化为曲轴连续转动的机械运动装置称为连杆机构。凸轮 7、7′转动，驱动推杆 8、8′往复移动，这种运动变换装置称为凸轮机构。再通过杠杆 9，驱动气门 10 的开启，控制进、排气阀的运动，保证缸体 11 内按顺序吸进燃气和排出废气。四冲程内燃机中，活塞往复运动四次，曲轴转动两周，进气阀和排气阀各启闭一次，所以凸轮的转数是曲轴的转数的一半。也就是说，在曲轴和凸轮轴之间要设置减速齿轮 4、5、6，称之为齿轮机构。齿轮机构实现了转动到转动的运动变换。

2. 机构的概念

机器的重要特征是执行机械运动，工程中把机器中执行机械运动的装置称作机构。上述内燃机中的齿轮机构、连杆机构、凸轮机构都是机构。为研究方便，常用简单的符号和线条表示机构的组成情况和运动情况，并称之为机构运动简图。

综上所述，机构是组成机器的主体。为表明机器的组成和运动情况，常用机构运动简图来表示。

图 3-1b 所示为该内燃机的机构运动简图。为表达清楚，另一套凸轮机构单独画出。使

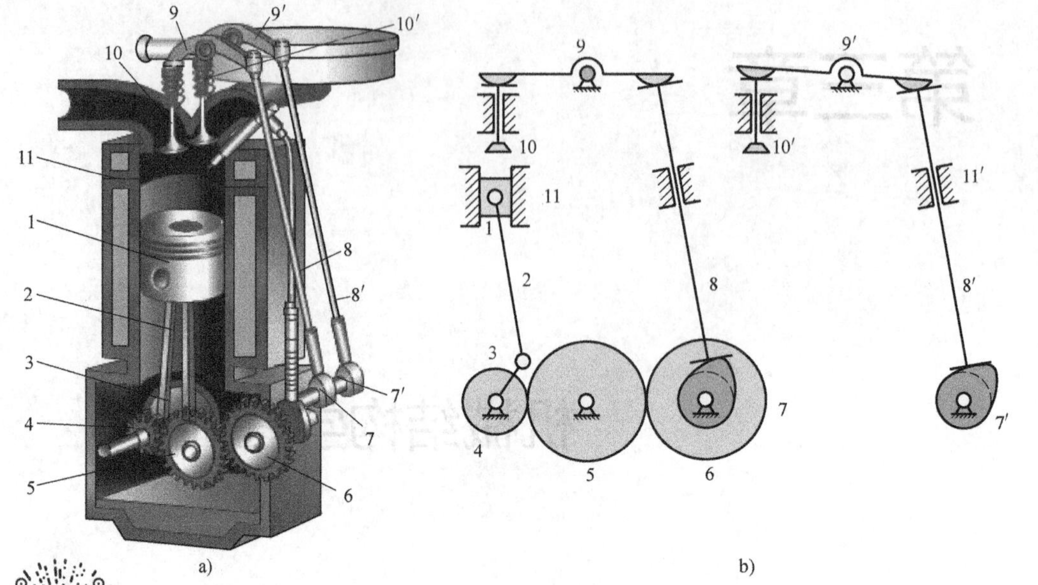

图 3-1　内燃机及其机构运动简图

1—活塞　2—连杆　3—曲轴　4、5、6—减速齿轮　7、7′—凸轮　8、8′—推杆　9、9′—杠杆　10、10′—气门　11、11′—缸体

用机构运动简图对内燃机进行分析和设计，简化了设计工作。由于缸体中进气、压缩、燃烧、排气的交替进行，导致曲轴运动速度不均匀，所以在曲轴的另一端还要安装调速飞轮。上述各机构协调动作，才能实现内燃机的工作要求。

尽管机器的种类很多，其功能、形状、结构、尺寸等也各不相同。但组成不同机器的机构种类却是有限的，仅有 10 余种。因此，要用有限的机构组成无限的机器，就必须掌握机构的种类、工作原理及设计方法。

3. 机械的概念

机构与机器的共同点都是实现机械运动的装置，所以从运动学的观点看，两者是一样的。不同点是机构没有能量的转换和信息的传递。例如：机械表是机构，不是机器，因为弹簧的能量没有转换为机械能输出，其作用仅为克服各运动件的摩擦阻力。

从机械运动的观点看问题，机构与机器没有本质区别，工程中将机构与机器统称为机械。

二、机器的组成

根据机器的定义，机器中要有动力源，一般称为原动机；机器中还要有机械运动的传递装置或机械运动形态的变换装置，常将它们称为机械传动系统和工作执行系统，统称机械运动系统；现代机器还有控制系统。图 3-2 所示为常见机器的组成示意图。

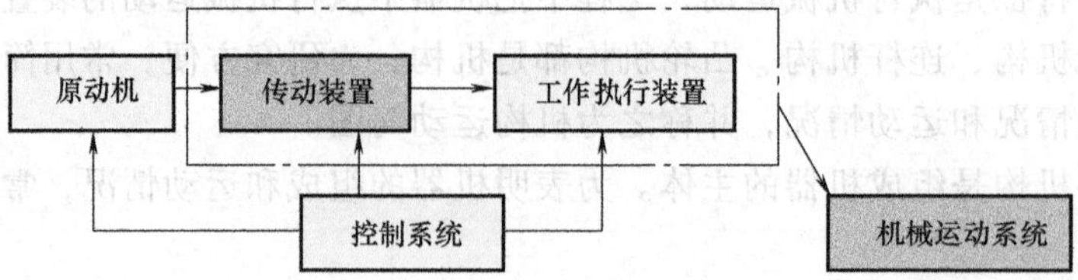

图 3-2　常见机器的组成示意图

在仿生机械中，很少有单原动机的机器，大都具有多个原动机。图 3-3a 所示的工业机器人中，腰关节、肩关节、肘关节各有一个驱动电动机，腕关节有两个驱动电动机，每个驱动电动机还要连接齿轮减速传动系统后再驱动机械臂运动，末端执行器为工作系统。该机器人有专门的控制柜，通过程序控制各关节电动机，实现手指的复杂操作。图 3-3b 所示为四足步行机器人，原动机（发动机）、控制器、传感器位于机身内部，关节电动机（驱动器）与齿轮减速传动系统（减速器）连接在一起，驱动四肢的机械运动。该四足步行机器人的四肢的运动协调性通过计算机控制，陀螺仪控制身体的平衡，是典型的机电一体化智能机械。

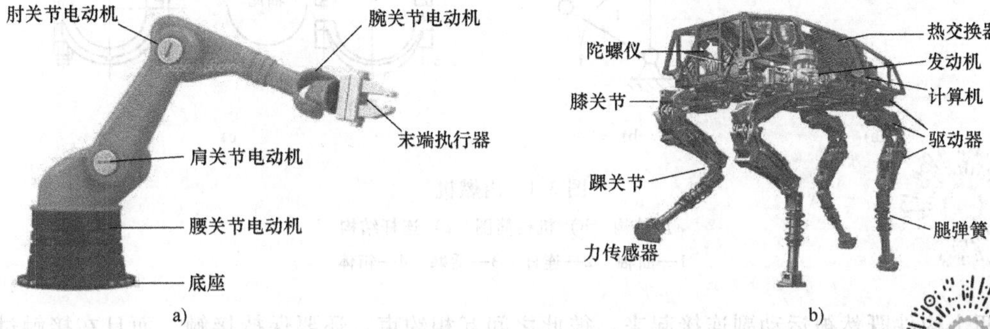

图 3-3 机器组成

a）工业机器人 b）四足步行机器人

现代机械中，有时可以没有传动装置，直接使用伺服电动机控制工作执行系统的运动，这种方式在小型机械装置中应用更加广泛。

第二节 运动链与机构

一、零件与构件

零件是指组成机器的最小制造单元，如一个齿轮、螺钉、螺母等。它们都是通过机械加工制造出来的，所以都是零件。

构件是指组成机器的最小运动单元。图 3-4a 所示为内燃机的主体结构，其机构简图如图 3-4b 所示。其中箱体 4、活塞 3、连杆 2 和曲轴 1 都是构件。构件可能是一个零件，也可能是几个零件的刚性组合。内燃机中的连杆结构如图 3-4c 所示，该构件就是由连杆体、连杆头、螺栓、螺母、垫圈、轴瓦等几个零件刚性地组合在一起的。

当不考虑构件的自身弹性变形时，则视该构件为刚性构件。本书在不做特殊说明时，均指刚性构件。

在机构简图中，常用简单直线或曲线表示构件。图 3-4b 中的曲柄、连杆是简单直线，活塞用方形滑块表示。

二、运动副

两个构件之间具有相对运动的连接称为运动副。

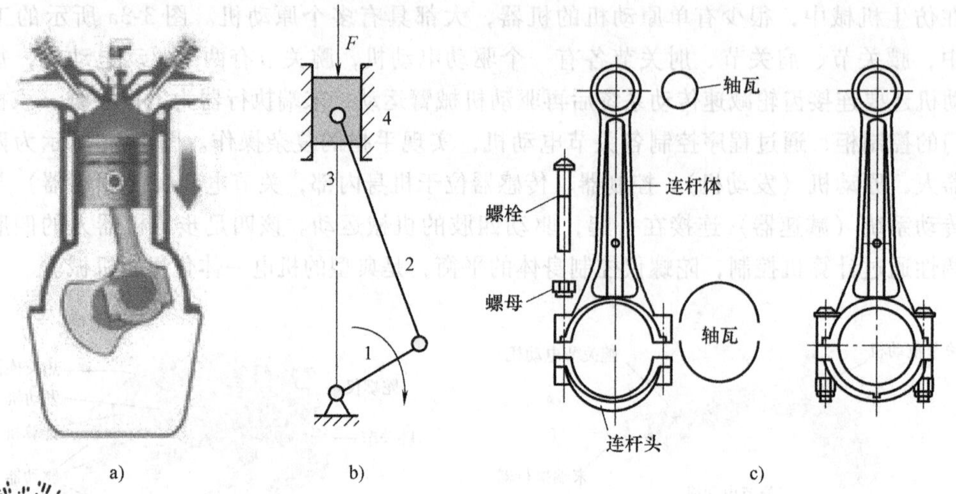

图 3-4 内燃机

a）结构 b）机构简图 c）连杆结构

1—曲轴 2—连杆 3—活塞 4—箱体

两个构件既然被运动副连接起来，彼此之间互相约束，还要保持接触，而且在接触过程中还要能够产生相对运动，因此可以按两个构件的相对运动方式、接触方式及约束方式对运动副进行分类。

1. 按两构件之间的相对运动方式分类

两个构件之间的相对运动只有转动和移动，其他运动形式可以看作为转动和移动的合成运动。

（1）转动副　两个构件之间的相对运动为转动的运动副称为转动副。

图 3-5a 所示为构件 2 固定，构件 1 在平面内转动的转动副，对应的符号如图 3-5b 所示；图 3-5c 所示为连接两个做平面运动构件的转动副，对应的符号如图 3-5d 所示；图 3-5e 所示为连接两个做空间运动构件的转动副，由于构件 1 相对构件 2 绕 x、y、z 三个坐标轴转动，其运动为球面空间运动，因此，该类运动副称为球面副，对应的符号如图 3-5f 所示。球面副是空间转动副。

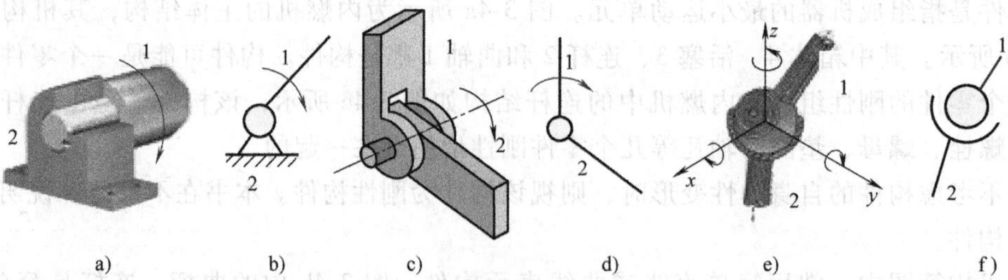

图 3-5 转动副

（2）移动副　两个构件之间的相对运动为移动的运动副称为移动副。

图 3-6a、b 所示是构件 1 相对构件 2 的移动副。若两个构件均是运动构件，则其运动副简图如图 3-6c 所示；若其中某一构件固定，如构件 2 固定，则其运动副简图如图 3-6d 所示。

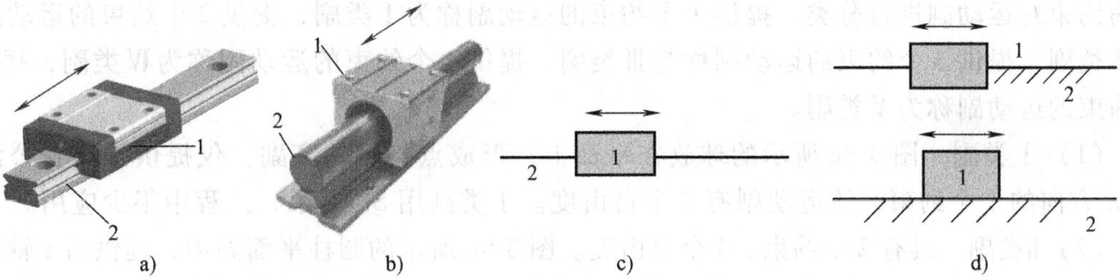

图 3-6 移动副

(3) 圆柱副 两个构件之间的运动既有转动又有移动的运动副，称为圆柱副。图 3-7a 所示为圆柱副，图 3-7b 所示为圆柱副的符号。圆柱副也是空间运动副。

2. 按两个构件的接触形式分类

按两个构件的接触形式，可将运动副分为高副和低副。

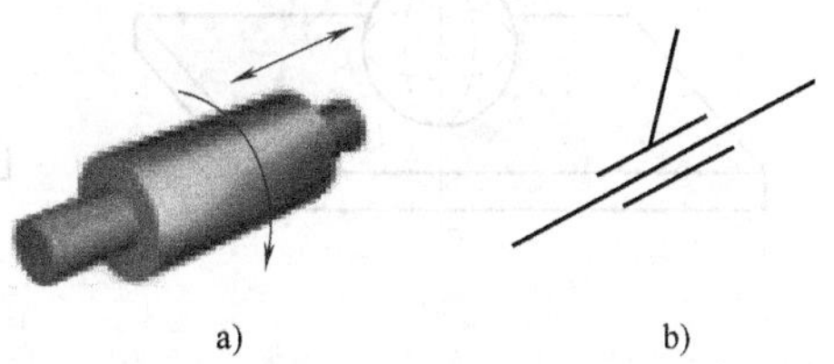

图 3-7 圆柱副

(1) 高副 两构件之间是点或线接触的运动副称为高副。

在承受同等作用力时，点或线接触的运动副中具有较大的压强，所以称之为高副。图 3-8a 所示轮齿 1 与轮齿 2 接触时，从端面看是点接触，从空间看是线接触，称之为齿轮高副。对应的运动副简图如图 3-8b 所示。图 3-8c 所示滚子 1 与凸轮 2 接触时，从端面看是点接触，从空间看是线接触，称之为凸轮高副，对应的运动副简图如图 3-8d 所示。图 3-8e 所示为一滚子在槽内移动，按相对运动是移动副，按其接触性质则为高副。也就是说，移动副有时是低副接触，有时是高副接触。一个圆球放在平面上，也形成高副。

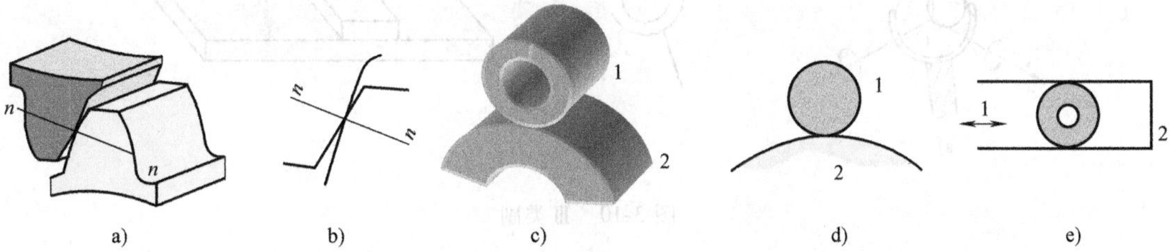

图 3-8 高副

(2) 低副 两构件以面接触的运动副称为低副。接触面可以是平面，如滑块在平面上移动；也可以是曲面，如圆柱轴在孔内转动或移动。

在承受同等作用力时，面接触的运动副中具有较低的压强，所以称之为低副。低副在机械中有广泛应用。图 3-5 所示的转动副和图 3-6 所示的移动副都是低副。

3. 按运动副提供的约束方式分类

在三维空间中，每个构件有 6 个自由度。当两个构件用运动副连接后，其运动会受到运动副的约束。运动副提供的约束数 C 和自由度数 F 之和为 6，即 $F+C=6$。若 $C=6$，则说明两构件之间为刚性连接而失去相对运动，失去运动副的意义；若 $C=0$，则说明两构件之间没有连接。因此两构件的运动副最多提供 5 个约束，最少提供 1 个约束。因此可按运动副提供的约束对运动副进行分类。提供 1 个约束的运动副称为Ⅰ类副，提供 2 个约束的运动副称为Ⅱ类副，提供 3 个约束的运动副称为Ⅲ类副，提供 4 个约束的运动副称为Ⅳ类副，提供 5 个约束的运动副称为Ⅴ类副。

（1）Ⅰ类副　图 3-9a 所示的球放在平面上，形成点接触的高副，仅提供沿两者公法线 $n—n$ 方向的 1 个约束，该运动副有 5 个自由度。Ⅰ类副用 SE 表示，工程中很少应用。

（2）Ⅱ类副　具有 2 个约束、4 个自由度。图 3-9b 所示的圆柱平面副中，提供沿 z 轴移动和绕 x 轴转动的 2 个约束，用 CE 表示圆柱平面副。图 3-9c 所示的球槽副中，提供沿 z 轴移动和沿 x 轴移动的 2 个约束，用 SG 表示球槽副。它们是典型的Ⅱ类副。Ⅱ类副也很少应用。

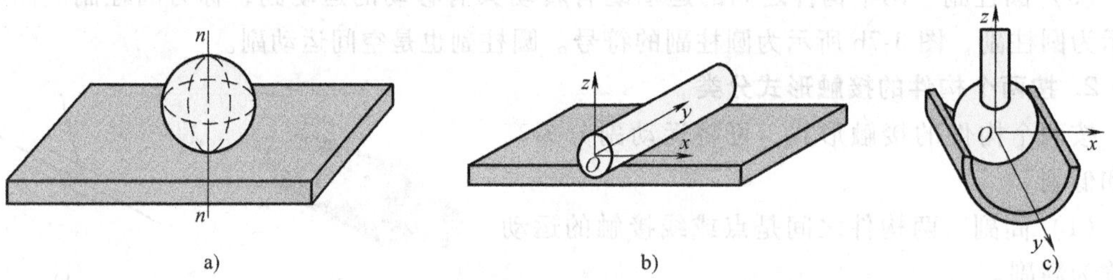

图 3-9　Ⅰ类副和Ⅱ类副

（3）Ⅲ类副　具有 3 个约束和 3 个自由度的运动副。图 3-10a 中的球置于球面槽中，形成典型的球面副，用 S 表示球面副。球面副限制了沿 x、y、z 轴的移动，保留绕 3 个轴转动的自由度。球面副在空间机构中应用广泛。图 3-10b 所示为球面副的符号。

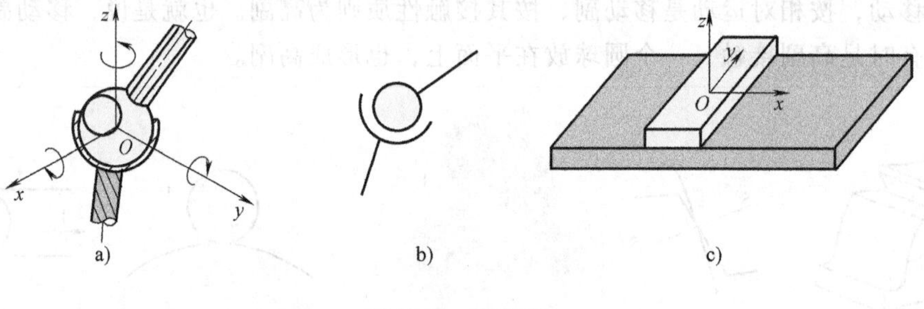

图 3-10　Ⅲ类副

图 3-10c 所示为两平面接触形成的平面副，用 E 表示，提供了沿 z 轴移动，绕 x、y 轴转动的 3 个约束。该运动副应用很少。

（4）Ⅳ类副　具有 4 个约束和 2 个自由度的运动副。图 3-11a 所示的球销副中，由于球

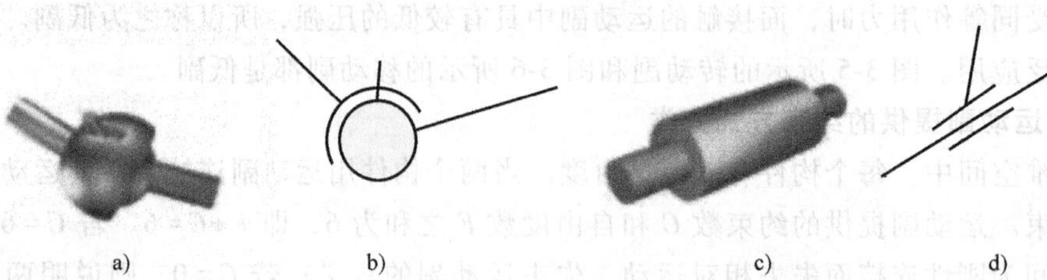

图 3-11　Ⅳ类副

销的约束，仅保留 2 个转动自由度。运动副符号如图 3-11b 所示，名称用 S′表示。图 3-11c 所示的圆柱副中，仅保留沿轴线的移动和绕轴线的转动自由度，运动副符号如图 3-11d 所示，名称用 C 表示。Ⅳ类运动副在空间机构中应用较广泛。

（5）Ⅴ类副　具有 5 个约束、1 个自由度的运动副。图 3-5a、b 所示的转动副中，仅有一个绕轴线的转动自由度，名称用 R 表示。图 3-6a、b 所示移动副中，仅有 1 个沿导路方向的移动自由度，名称用 P 表示。图 3-12a 所示的螺旋副中，沿轴线的移动和绕轴线的转动线性相关，所以只有 1 个移动自由度，名称用 H 表示。机构运动简图图形符号如图 3-12b、c 所示。

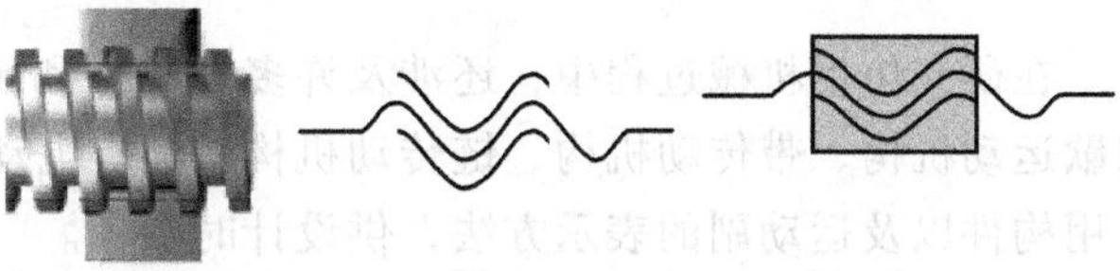
a)　b)　c)

图 3-12　螺旋运动副

按照约束分类的常见运动副及其图形符号见表 3-1。

表 3-1　常见运动副及其图形符号

运动副名称	表示	图形符号	约束	自由度
Ⅴ类副 转动副 （R）		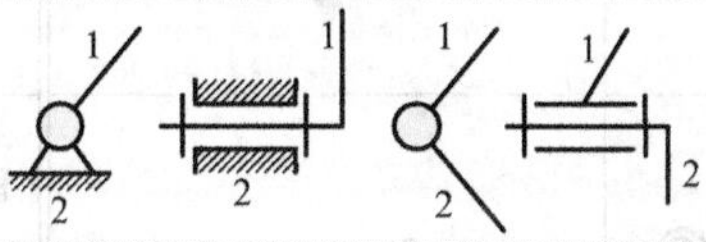	5	1
Ⅴ类副 移动副 （P）	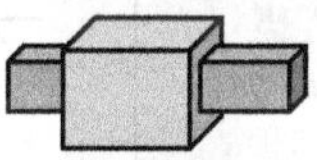	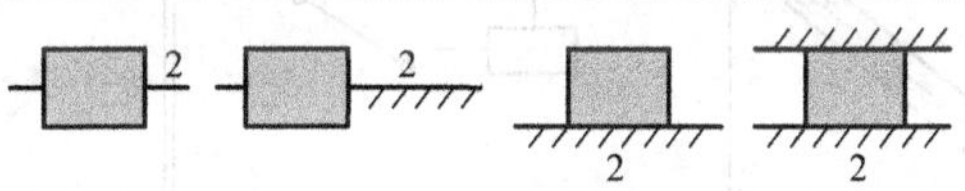	5	1
Ⅴ类副 螺旋副 （H）		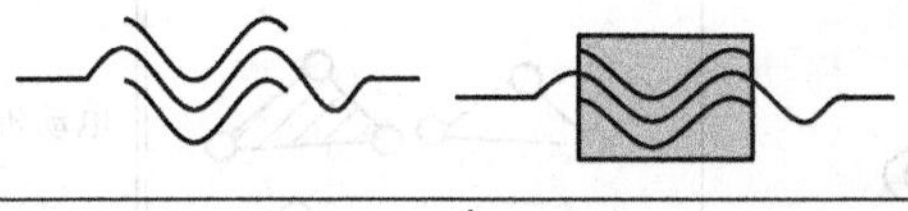	5	1
Ⅳ类副 圆柱副 （C）	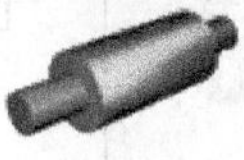	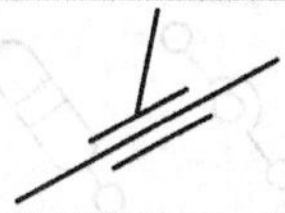	4	2
Ⅳ类副 球销副 （S′）		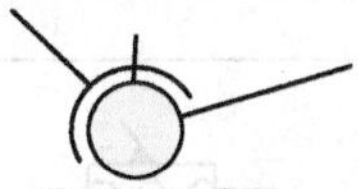	4	2
Ⅲ类副 球面副 （S）	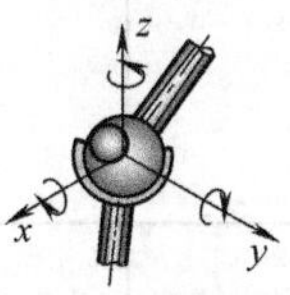	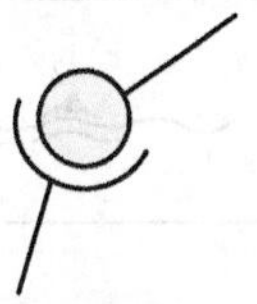	3	3
Ⅱ类副 圆柱平面副 （CE）	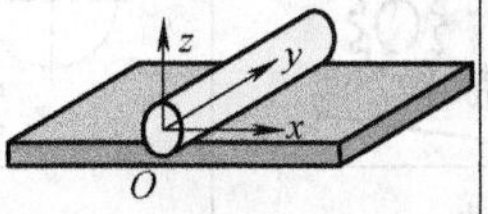	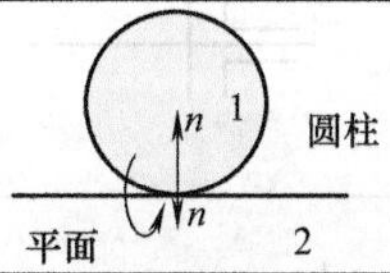	2	4
球槽副（SG）	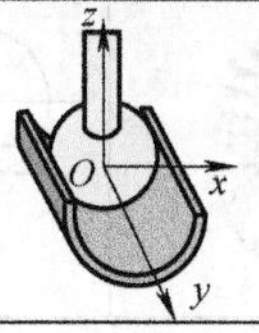	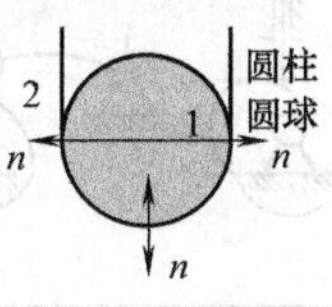		

（续）

运动副名称	表示	图形符号	约束	自由度
Ⅰ类副 球平面副 （SE）	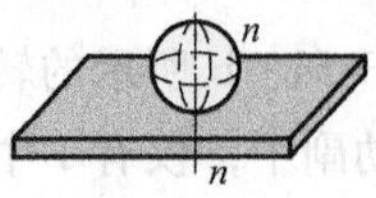	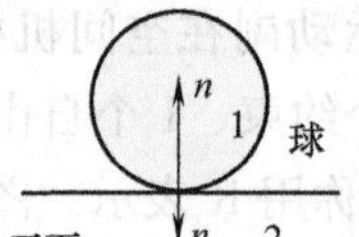	1	5

在研究仿生机械过程中，还涉及许多种构件和传动机构，如齿轮传动机构、凸轮机构、间歇运动机构、带传动机构、链传动机构，还有电动机、离合器、联轴器等。表3-2给出了常用构件以及运动副的表示方法，供设计时参考。

表 3-2 常用构件以及运动副的表示方法

名称	图形符号	名称	图形符号
杆的固定连接 		转动副 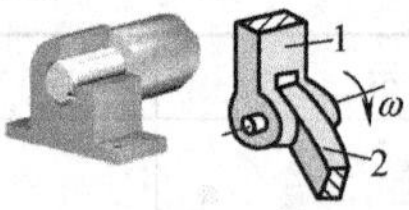	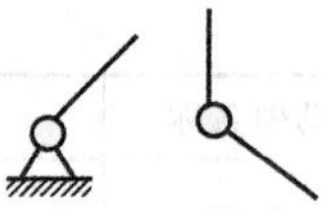
二副构件 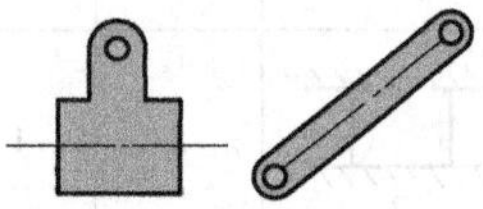	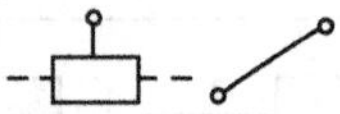	移动副 	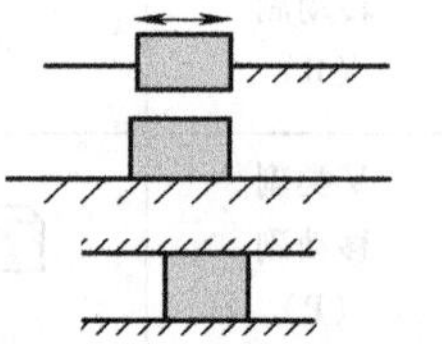
三副构件 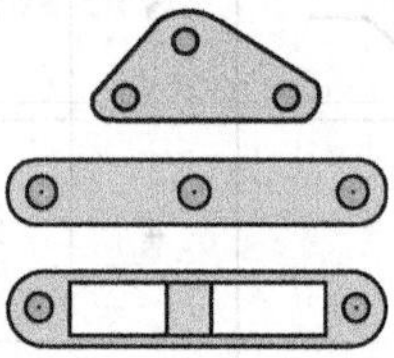	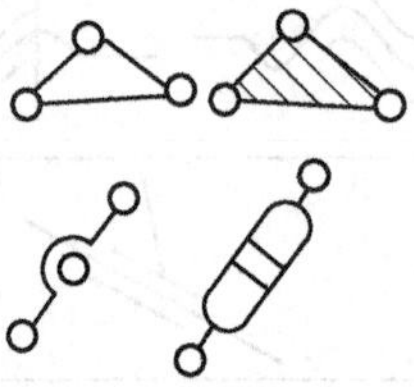	电动机 	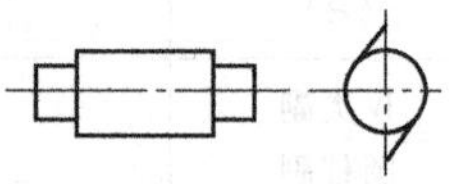
螺旋副 	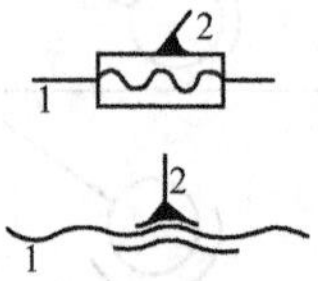	向心轴承 	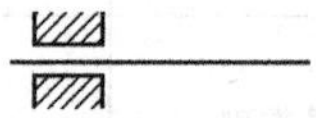
单向推力轴承 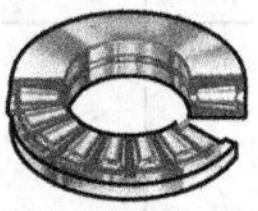	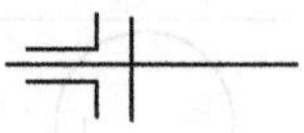	齿轮齿条机构 	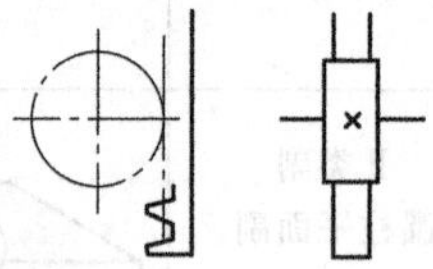
凸轮机构 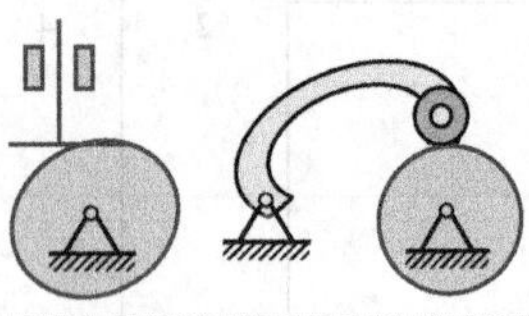	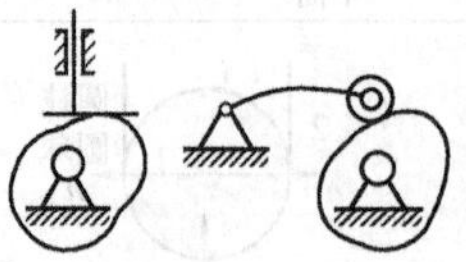	锥齿轮传动 	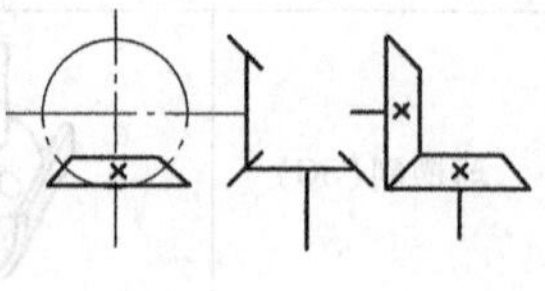

（续）

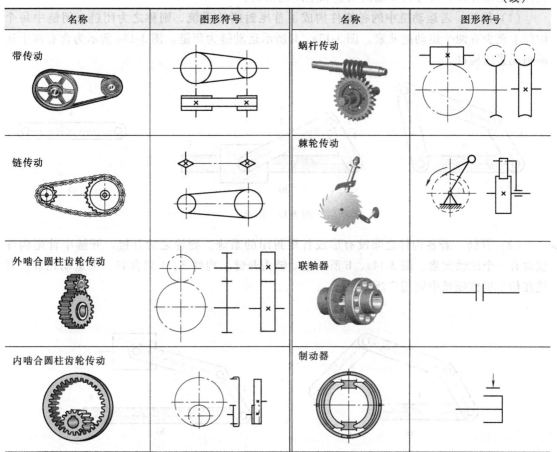

名称	图形符号	名称	图形符号
带传动 	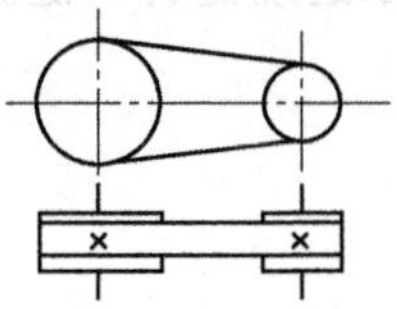	蜗杆传动 	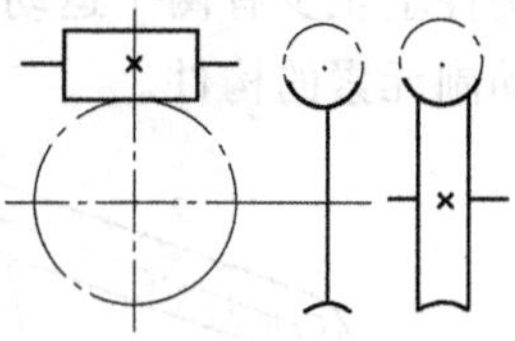
链传动 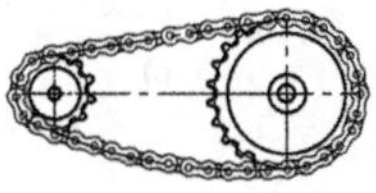	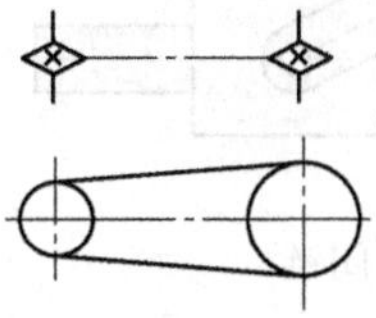	棘轮传动 	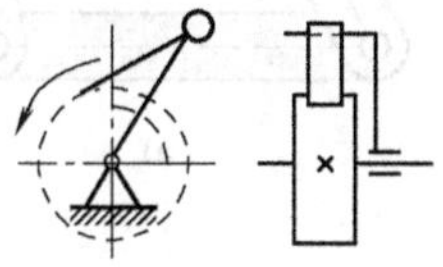
外啮合圆柱齿轮传动 	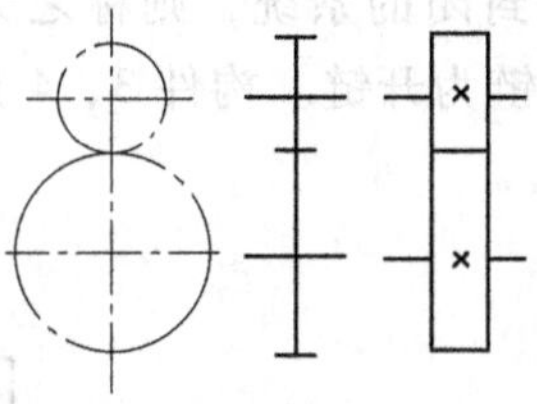	联轴器 	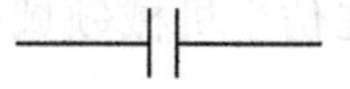
内啮合圆柱齿轮传动 	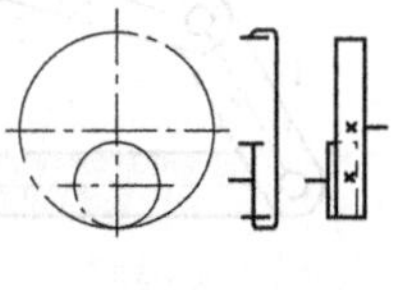	制动器 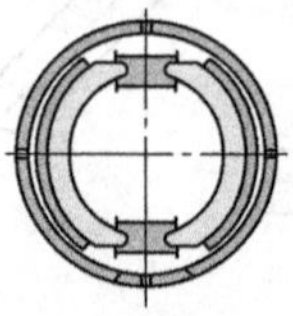	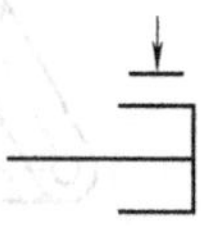

4. 运动副元素

在研究运动副时，经常涉及两个构件在运动副处的接触表面的形状。把两个构件在运动副处的点、线、面接触部分称为运动副的元素。

图 3-5a 所示转动副中，轴 1 的外圆柱面是轴 1 上的运动副元素，轴承座 2 的内圆柱面是轴承座 2 的运动副元素。图 3-5e 所示球面副中，轴 1 的外球面是构件 1 上的运动副元素，轴承座 2 的内球面是轴承座 2 的运动副元素；图 3-6a 所示移动副中，运动副元素为接触平面，图 3-6b 所示移动副中，运动副元素为圆柱面。图 3-8a 所示轮齿 1、2 形成的运动副中，各自的轮廓曲线是轮齿的运动副元素。图 3-8c 所示凸轮高副中，各自的轮廓线则是相应的运动副元素。因此。高副的运动简图一般用其对应的曲线表示。单一构件的运动副连接处经常使用运动副元素表示。

三、运动链

1. 运动链的概念

若干个构件通过运动副连接起来，组成的可做相对运动的构件系统称为运动链。

2. 运动链的分类

按组成运动链的各构件是否构成首尾封闭的系统，分为闭链和开链；按组成运动链的各构件的运动方式，可分为平面运动链和空间运动链。

（1）闭链　若运动链中的各构件构成了首尾封闭的系统，则称之为闭链。闭链中每个构件上至少有两个运动副元素。图 3-13a、b 所示运动链为闭链。图 3-13c 所示为含有两个运动副元素的构件。

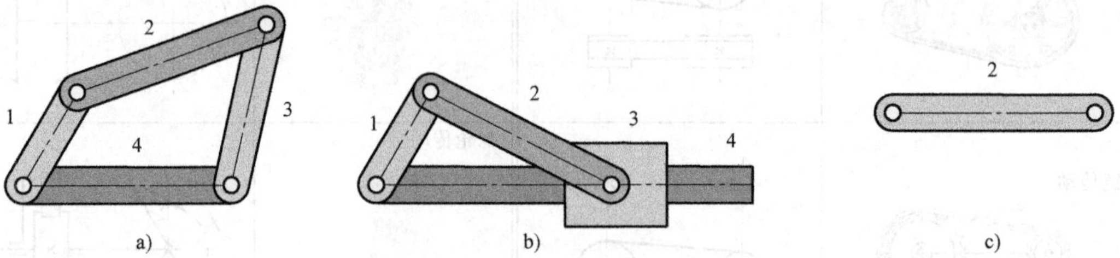

图 3-13　闭链

（2）开链　若各构件之间没有形成首尾封闭的系统，则称之为开链。开链中首尾构件仅含有一个运动元素。图 3-14a、b 所示运动链为开链。构件 3、4 只含有一个运动元素。开链在仿生机械领域中应用广泛。

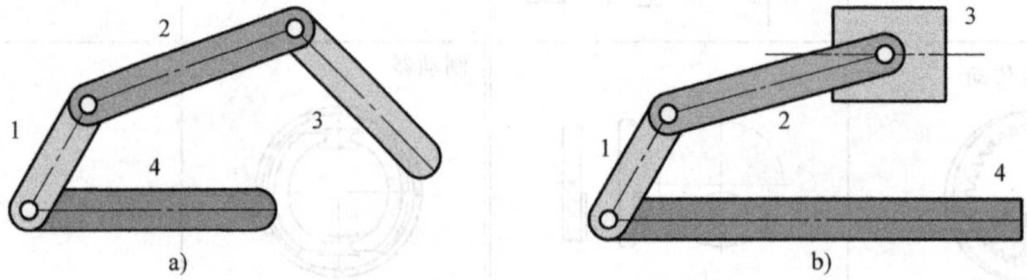

图 3-14　开链

图 3-15a、b 所示的构件系统中，各构件间均不能做相对运动。因此，它们不是运动链，而是桁架，该系统在运动中只相当于一个运动单元，即是一个构件。

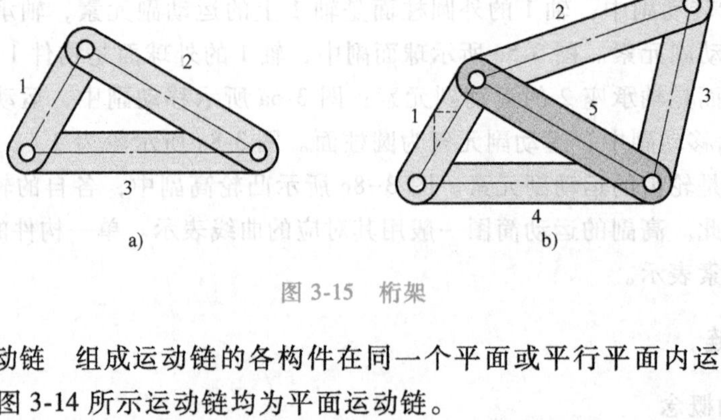

图 3-15　桁架

（3）平面运动链　组成运动链的各构件在同一个平面或平行平面内运动，称为平面运动链。图 3-13 和图 3-14 所示运动链均为平面运动链。

（4）空间运动链　组成运动链的各构件不在同一个平面内运动，称为空间运动链。图 3-16 所示运动链均为空间运动链。其中，图 3-16a、b 所示为空间闭链，图 3-16c 所示为空间开链。空间开链机构在仿生机械中也有广泛应用。

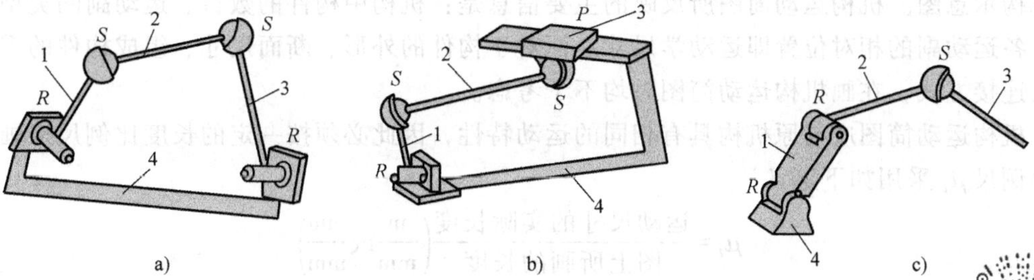

图 3-16 空间运动链

四、机构

在运动链中，若选定某个构件为机架，则该运动链成为机构。运动链和机构的本质差别在于是否具有机架。机架是固定不动的构件，如安装在车辆、船舶、飞机等运动物体上的机构，则机架相对于该运动物体是固定不动的。

机构中各构件的运动平面若互相平行，则称为平面机构；将图 3-13a、b 所示运动链的构件 4 固定不动，则成为图 3-17a、b 所示的平面闭链机构；将图 3-14a 所示开链的构件 4 固定不动，则成为图 3-17c 所示的平面开链机构。若机构中至少有一个构件不在相互平行的平面上运动，或至少有一个构件能在三维空间中运动，则称为空间机构。图 3-17d 所示开链机构中，构件 2 和 3 用圆柱副连接，则为空间开链机构。同理，将图 3-16a、b 所示空间运动链中的构件 4 固定不动作为机架，则成为 RSSR 和 RSP 空间四杆机构。

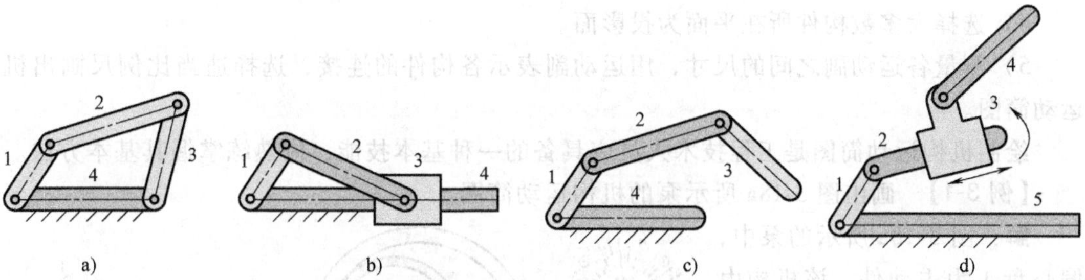

图 3-17 低副机构

开链机构广泛应用于机器人机构和仿生机构中。人的手臂结构是开链机构，人或动物的腿在处于抬腿状态时也是开链机构。因此设计仿生机械臂或步行动物的腿时，一般按开链机构进行设计。

第三节 机构运动简图

一、机构运动简图定义

机械设计与分析过程中，用简单的线条表示构件，用图形符号表示运动副，这样描述机构的组成和运动情况，概念清晰、简单实用。这种用简单的线条和运动副的图形符号表示机构的组成情况的简单图形，称为机构简图。如按比例尺画出，则称之为机构运动简图；否则为机构示意图。机构运动简图所反映的主要信息是：机构中构件的数目、运动副的类型和数目、各运动副的相对位置即运动学尺寸。而对于构件的外形、断面尺寸、组成构件的零件数目及连接方式，在画机构运动简图时均不予考虑。

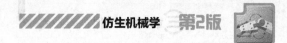

机构运动简图应与原机构具有相同的运动特性，因此必须按一定的长度比例尺来画。长度比例尺 μ_l 采用如下定义：

$$\mu_l=\frac{\text{运动尺寸的实际长度}}{\text{图上所画的长度}}\left(\frac{\mathrm{m}}{\mathrm{mm}}\text{或}\frac{\mathrm{mm}}{\mathrm{mm}}\right)$$

严格按照比例尺正确画出的机构运动简图，可作为图解法运动分析、受力分析与机构设计的依据。

二、机构运动简图的画法

1. 机构的基本术语

在图 3-17a、b 所示机构中，固定不动的构件 4 称为机架，与机架相连接的构件 1、3 称为连架杆，不与机架相连接的杆件 2 称为连杆。连杆是把一个连架杆的运动传递到另一个连架杆的传动构件，此类机构也称为连杆机构。在机构中，施加驱动力的构件，称为原动件或主动件。原动件是设计人员根据机构运动要求自行确定的。原动件确定后，其余构件均为从动件。

2. 机构运动简图的具体画法

1）找出主动件和从动件。

2）使机构缓缓运动，观察其组成和运动情况。

3）沿主动件到从动件的传递路线找出构件数目和运动副的数目与种类。

4）选择大多数构件所在平面为投影面。

5）测量各运动副之间的尺寸，用运动副表示各构件的连接，选择适当比例尺画出机构运动简图。

绘制机构运动简图是工程技术人员应具备的一种基本技能，应熟练掌握其基本方法。

【例 3-1】 画出图 3-18a 所示泵的机构运动简图。

解：图 3-18a 所示的泵中，偏心盘 1 为主动件。该机构由偏心盘 1、连杆 2、滑块 3 和机架 4 组成。各构件的连接关系如下：

偏心盘 1 与机架 4 在 A 点用转动副连接，偏心盘 1 与连杆 2 在 B 点用转动副连接，AB 为构件 1。构件 2 与构件 3 在 C 点用转动副连接，BC 为构件 2。构件 3 与机架 4 用移动副连接。选择合适的投影面（与偏心盘轴线垂直的平面）和比例尺，测量出 AB、BC 的尺寸，以及滑块运动方向偏离 AB 的转动中心 A 的距离，画出的机构运动简图如图 3-18b 所示。

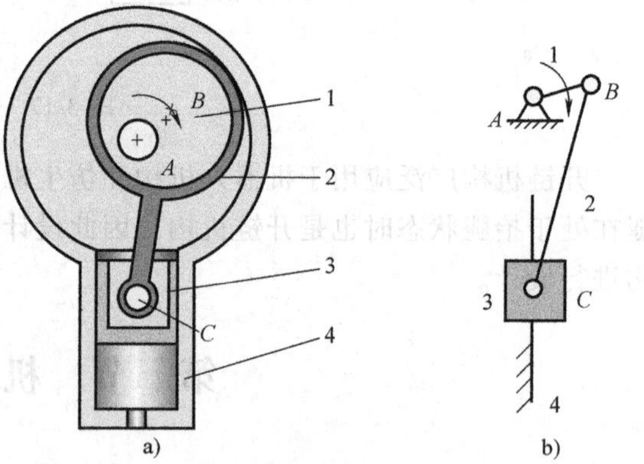

图 3-18 泵的机构运动简图

1—偏心盘 2—连杆 3—滑块 4—机架

【例 3-2】 画出图 3-19a 所示牛头刨的机构运动简图。

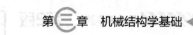

解： 图 3-19a 所示牛头刨由齿轮 1、齿轮 2、滑块 3、摆杆 4、连杆 5、滑枕 6 和机架 7 组成，各构件间的连接关系如下：

齿轮 1、2 与机架 7 在 O_1、O_2 处以转动副连接，两个齿轮以高副连接。齿轮 2 和滑块 3 在 A 处以转动副连接，滑块 3 与摆杆 4 以移动副连接，摆杆 4 分别与机架 7 和连杆 5 以转动副 B、C 连接，连杆 5 与滑枕 6 以转动副 D 连接，滑枕 6 与机架 7 在 E、E' 以移动副连接。分别测量齿轮节圆半径，距离 $\overline{O_1O_2}$、$\overline{O_2A}$、$\overline{O_2B}$、$\overline{BC}$、$\overline{CD}$ 以及滑枕导路方向与 B 点距离，选择投影面和比例尺，画出机构运动简图如图 3-19b 所示。

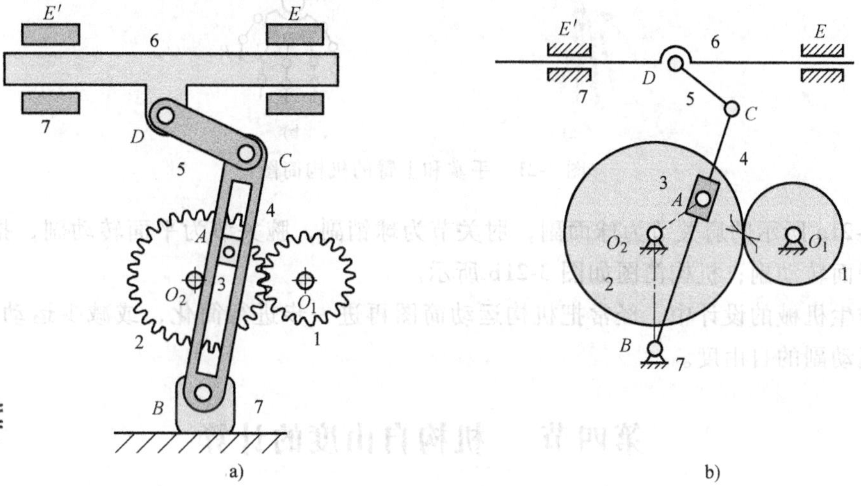

图 3-19　牛头刨及其机构运动简图

用机构运动简图表示机构的组成情况，简单、实用。后续内容将使用机构运动简图进行机构的分析与设计。

【例 3-3】　画出图 3-20 所示的狗和鸟的机构运动简图。

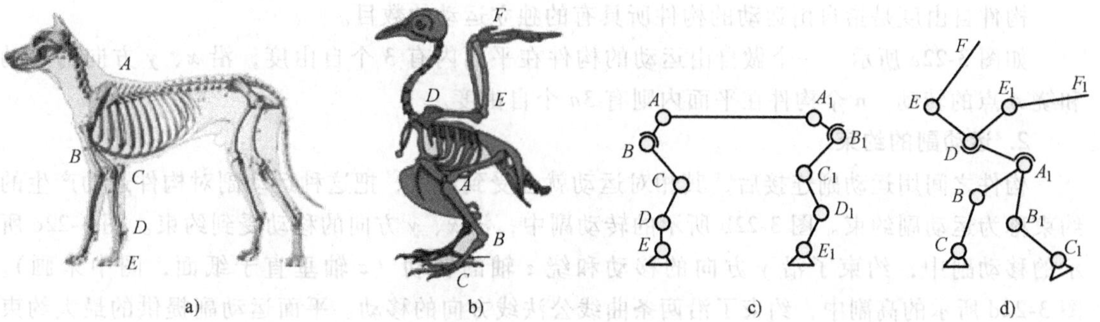

图 3-20　狗和鸟的机构运动简图

图 3-20a 所示狗的 B 处的运动副为球面转动副，即Ⅲ类副，其余为Ⅴ类副（转动副）；由于对称性，仅画出一侧结构的机构简图，如图 3-20c 所示；图 3-20b 所示鸟翅根部 D 以及腿根部 A 处运动副简化为球面转动副，余者为Ⅴ类副（转动副），其机构简图如图 3-20d 所示。

【例 3-4】　画出图 3-21 所示手掌和上臂的机构简图。

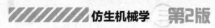

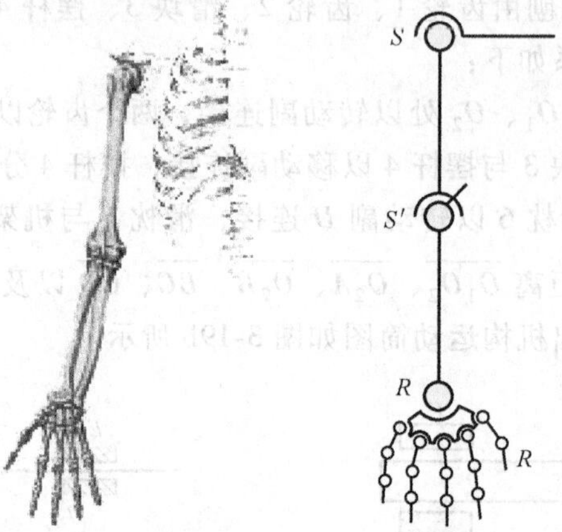

a) b)

图 3-21 手掌和上臂的机构简图

图 3-21a 所示的肩关节为球面副，肘关节为球销副，腕关节为平面转动副，指关节全部简化为平面转动副；机构简图如图 3-21b 所示。

在仿生机械的设计中，经常把机构运动简图再进一步进行简化，或减少运动副的数量，或减少运动副的自由度。

第四节 机构自由度的计算

机构分为平面机构和空间机构。平面机构可以看作为空间机构的特例，本书将平面机构和空间机构分开讨论自由度，以便使计算更简单和容易理解。

一、平面机构自由度的计算

1. 构件自由度

构件自由度是指自由运动的构件所具有的独立运动的数目。

如图 3-22a 所示，一个做自由运动的构件在平面内有 3 个自由度，沿 x、y 方向的移动和绕 A 点的转动。n 个构件在平面内则有 $3n$ 个自由度。

2. 运动副的约束

构件之间用运动副连接后，其相对运动就会受到约束，把这种运动副对构件运动产生的约束称为运动副约束。图 3-22b 所示的转动副中，沿 x、y 方向的移动受到约束。图 3-22c 所示的移动副中，约束了沿 y 方向的移动和绕 z 轴的转动（z 轴垂直于纸面，图中未画）。图 3-22d 所示的高副中，约束了沿两条曲线公法线方向的移动。平面运动副提供的最大约束数目为 2。

3. 运动副自由度

连接构件的运动副所具有的独立运动数目，称为运动副自由度。

设平面运动副提供的约束数目为 C，则该运动副的自由度数目为 $3-C$。图 3-22b 所示的转动副中，自由度为 1 个绕 Z 轴的转动的自由度；图 3-22c 所示的移动副中，自由度为 1 个沿 x 轴的移动的自由度；图 3-22d 所示的高副中，其自由度为 2，即沿公切线 $t—t$ 的移动和

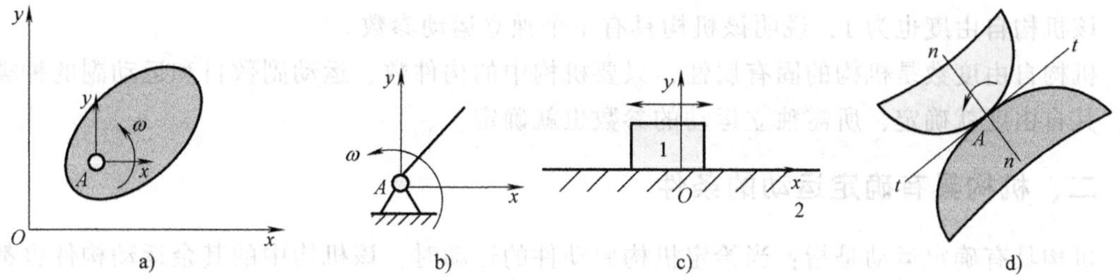

图 3-22 运动副的约束

绕切点 A 的转动的自由度。

4. 平面机构的自由度与计算

（1）机构的自由度 机构具有确定运动时，所具有的独立运动参数的数目，称为机构的自由度。机构只有实现确定的运动，才能满足特定的功能要求。

（2）机构自由度的计算 一个平面低副提供 2 个约束，设机构中有 P_L 个低副，则提供 $2P_L$ 个约束。一个平面高副提供 1 个约束，设机构中有 P_H 个高副，则提供 P_H 个约束。机构中各运动副提供的约束总数为 $2P_L+P_H$。

因此，机构的自由度 F 可用下式表示：

$$F=3n-2P_L-P_H \tag{3-1}$$

式中，n 为机构中活动构件的数目；P_L 为机构中低副的数目；P_H 为机构中高副的数目。该式即为计算平面机构自由度的一般公式。

【例 3-5】 计算图 3-23a 所示双曲线画规机构和图 3-23b 所示牛头刨床机构的自由度。

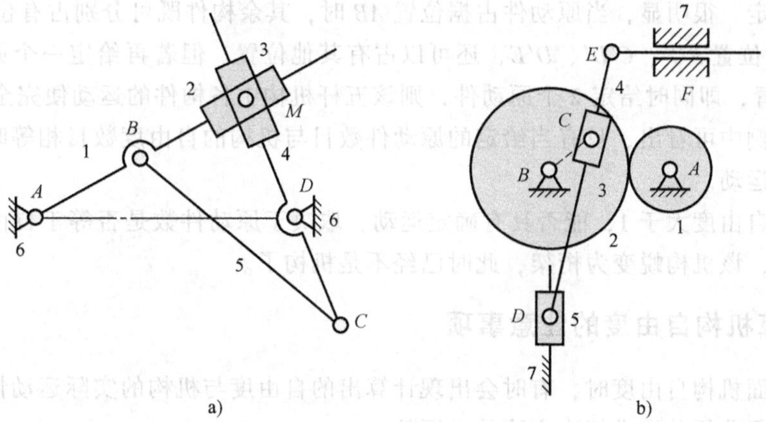

图 3-23 自由度计算例题

解：

图 3-23a：活动构件数 n=5，低副数 $P_L=7$，高副数 $P_H=0$，故

$$F=3n-2P_L-P_H=3\times5-2\times7-0=1$$

即该机构自由度为 1，说明该机构具有 1 个独立运动参数。

图 3-23b：活动构件数 n=6，低副数 $P_L=8$，高副数 $P_H=1$，故

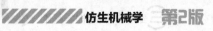

$$F=3n-2P_L-P_H=3\times6-2\times8-1=1$$

该机构自由度也为1，说明该机构具有1个独立运动参数。

机构自由度数是机构的固有属性，只要机构中的构件数、运动副数目和运动副的种类确定，其自由度就确定，所需独立运动的参数也就确定。

二、机构具有确定运动的条件

机构具有确定运动是指：当给定机构原动件的运动时，该机构中的其余运动构件也都随之做相应的确定运动。

如果机构中的自由度等于原动件的数目，则该机构具有确定运动。因此，机构是否具有确定的运动，与机构的自由度及给定的原动件数目有关。

图3-24a所示的四杆机构中，机构自由度为1，给定1个原动件，则该机构有确定运动。如给定构件1的角位移 φ，则其余构件的位置都是完全确定的，原动件 AB 运动到 AB'，则该机构由 $ABCD$ 位置运动到唯一的位置 $AB'C'D$。

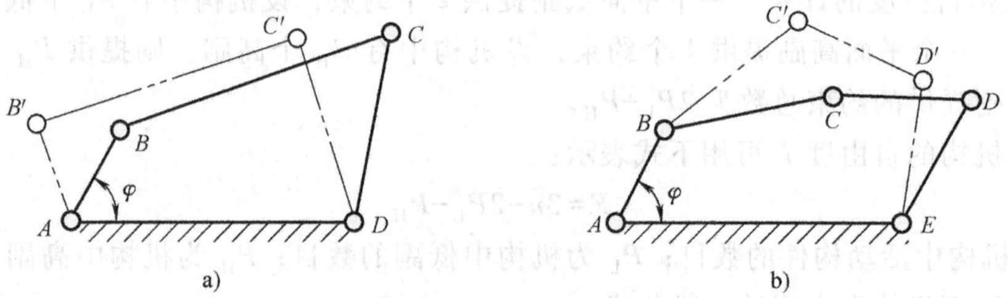

图3-24 机构具有确定运动的条件

图3-24b所示的五杆机构中，机构自由度为2。若 AB 为原动件的角位置，其余构件的位置并不能确定。很明显，当原动件占据位置 AB 时，其余构件既可分别占有位置 BC、CD、DE，也可占有位置 BC'、$C'D'$、$D'E$，还可以占有其他位置。但若再给定一个原动件，如构件 DE 的角位置，即同时给定2个原动件，则该五杆机构中各构件的运动便完全确定了。

从以上两例中可看出，只有当给定的原动件数目与机构的自由度数目相等时，才可使机构具有确定的运动。

如果机构自由度大于1，能否具有确定运动，取决于原动件数是否等于自由度数。当自由度小于1时，该机构蜕变为桁架，此时已经不是机构了。

三、计算机构自由度的注意事项

在计算平面机构自由度时，有时会出现计算出的自由度与机构的实际运动情况不一致的现象，对其进行分析并寻求解决方法是必要的。

1. 冗余自由度

在某些机构中，某个构件所产生的相对运动自由度并不影响其他构件的运动，把这种不影响其他构件运动的自由度称为冗余自由度（也称为局部自由度）。

图3-25a所示凸轮机构中，其自由度为

$$F=3n-2P_L-P_H=3\times3-2\times3-1=2$$

显然，该机构只需要一个主动件就有确定的运动，滚子绕自身轴线的转动自由度与推杆的运动规律无关，其作用仅是把滑动摩擦转换为滚动摩擦。滚子 2 绕自身轴线的转动不影响机构运动，为冗余自由度。处理方法是把滚子 2 固化在支承滚子的构件 3 上，消除冗余的自由度，如图 3-25b 所示。此时，其自由度为

$$F=3\times2-2\times2-1=1$$

从运动学的观点出发，冗余自由度是没有作用的，但从工程观点出发，冗余自由度有时是必要的。冗余自由度经常出现在用滚动摩擦代替滑动摩擦的场合，这样可减小机构的磨损。

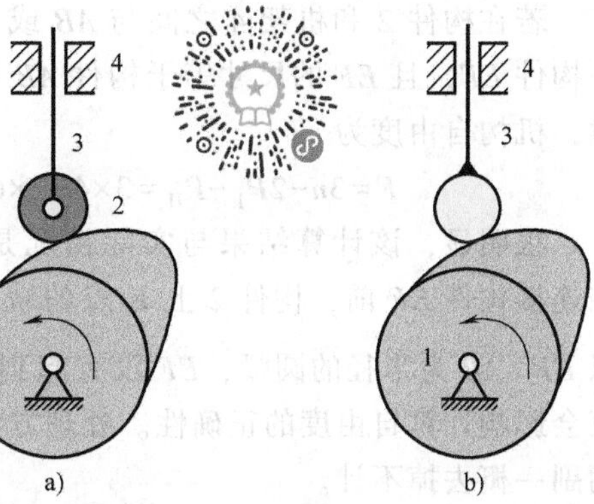

图 3-25 冗余自由度

1—凸轮 2—滚子 3—推杆 4—构件

2. 复合铰链

两个以上的构件在同一处以转动副连接，则形成复合铰链。

图 3-26a 所示的两个构件 1、2 在一处用转动副连接时，仅有一个转动副。当图 3-26b 所示的三个构件用转动副连接时，则有两个转动副。m 个构件在一起用转动副连接时，则有 $m-1$ 个转动副。

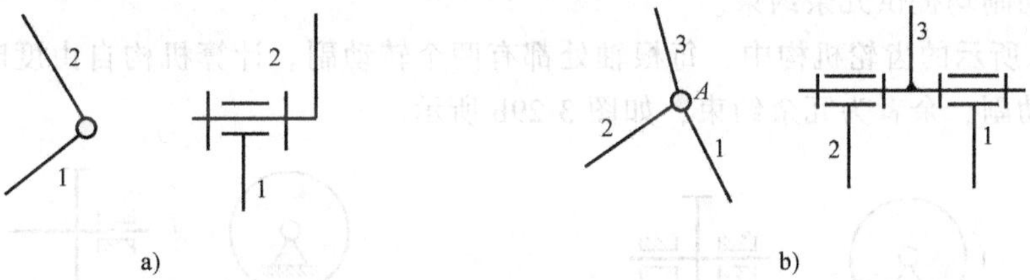

图 3-26 复合铰链

在计算机构自由度时，必须注意正确判别复合铰链，否则会发生计算错误。图 3-27 给出一些典型的 3 个构件连接的复合铰链示意图。图 3-27a 所示的转动连接，有两个转动副。图 3-27b 所示为两个活动构件 1、2 与另一个活动构件（滑块 3）的转动连接，有 2 个转动副；图 3-27c 所示为构件 1 与两个滑块 2、3 之间的转动副连接，也有 2 个转动副。

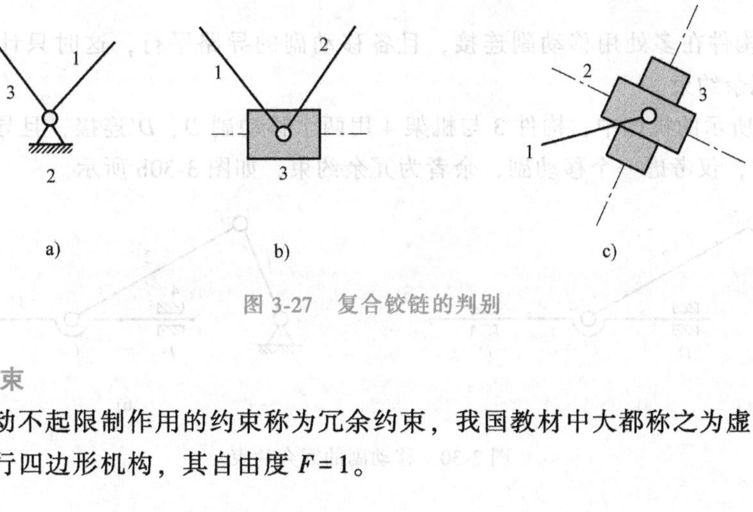

图 3-27 复合铰链的判别

3. 冗余约束

对机构运动不起限制作用的约束称为冗余约束，我国教材中大都称之为虚约束。图 3-28 实线所示的平行四边形机构，其自由度 $F=1$。

若在构件 2 和机架 4 之间与 AB 或 CD 平行地铰接另一构件 EF，且 EF 的尺寸等于构件 AB 和 CD 的尺寸，此时，机构自由度为

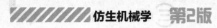

$$F=3n-2P_L-P_H=3\times4-2\times6=0$$

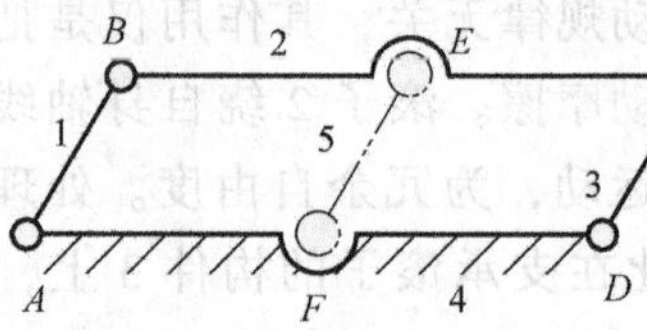

图 3-28 平行四边形的冗余约束

很明显，该计算结果与实际情况是不相符的。因为在连接构件 EF 前，构件 2 上 E 点的轨迹是以 F 为圆心、以 $\overline{EF}=\overline{AB}$ 为半径的圆弧，EF 没有起到对构件 2 的约束作用，是冗余约束。这说明冗余约束会影响计算自由度的正确性。处理方法是将机构中构成冗余约束的构件连同其所附带的运动副一概去掉不计。

机构中的冗余约束不会影响机构的运动情况，但却可以改善机构的受力情况并增加机构的刚度。从机构运动的角度看，冗余约束是多余的，但从机械结构的角度看，冗余约束又是必要的。

冗余约束类型较多，比较复杂，在自由度计算时要特别注意。为便于判断，将常见的几种冗余约束形式简述如下。

1）两个构件在多处用转动副连接，且各转动副的轴线重合，这时只有一处转动副起作用，其余转动副均提供冗余约束。

图 3-29a 所示的齿轮机构中，每根轴处都有两个转动副。计算机构自由度时，每根轴上仅计一个转动副，余者为冗余约束，如图 3-29b 所示。

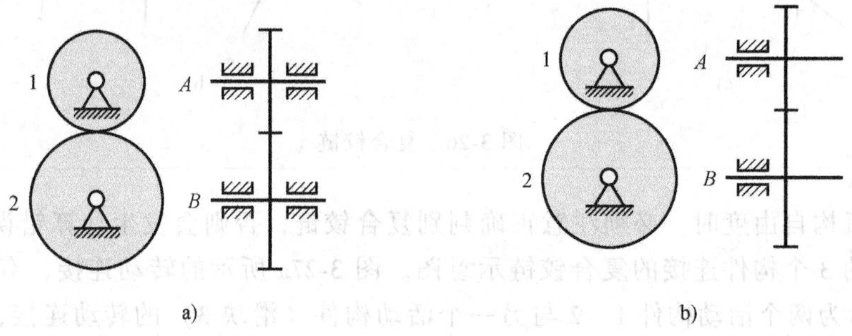

图 3-29 转动副的冗余约束

2）两个构件在多处用移动副连接，且各移动副的导路平行，这时只计入一处的移动副，其余为冗余约束。

图 3-30a 所示的机构中，构件 3 与机架 4 用两个移动副 D、D'连接，且导路平行，计算机构自由度时，仅考虑一个移动副，余者为冗余约束，如图 3-30b 所示。

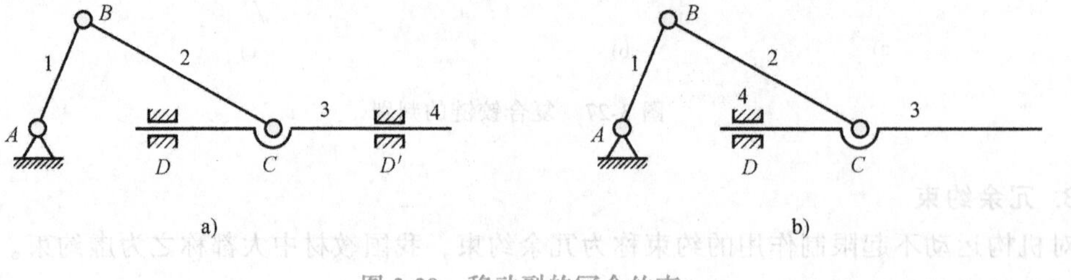

图 3-30 移动副的冗余约束

3）两构件在多处用高副连接，且各高副的公法线重合，这时只计一处高副约束，余者为冗余约束。

图 3-31 所示的机构中，圆形构件与框架在 A、B 两处形成两个高副，且各高副处的公法线重合，计算机构自由度时，仅考虑一个高副，余者为冗余约束。

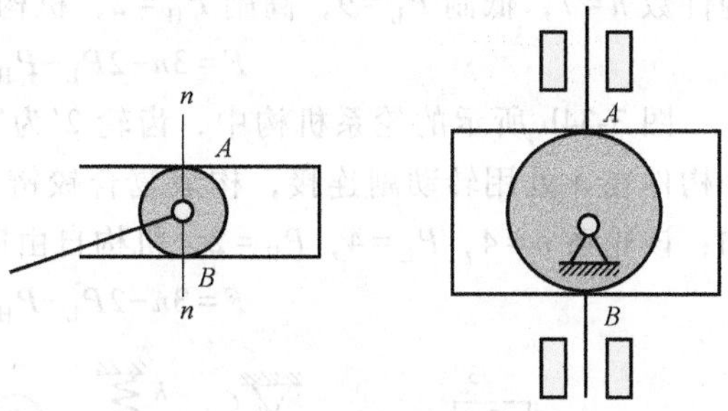

图 3-31　高副机构的冗余约束

4）不起约束作用的构件将导致冗余约束，在计算机构自由度时要去掉该构件。

图 3-32a 所示的轮系机构中，齿轮 Z_1、Z_2、Z_3、H 组成一个具有确定运动的轮系机构，为平衡行星齿轮 2 的惯性力，在其对称方向又安装一个行星轮，该行星轮连同支承该齿轮的转动副为冗余约束，计算自由度时应该去掉。

图 3-32b 所示机构中，$\overline{AB}=\overline{AC}=\overline{OA}$，没有 OA 之前，A 点的运动轨迹是以 O 为圆心、$\overline{OA}$ 为半径的圆。加装 OA 后，A 点的轨迹没改变，因此 OA 为冗余约束。在计算自由度时应该去掉带有两个转动副元素的构件 OA。这类约束的判断比较复杂，一般要经过几何证明。

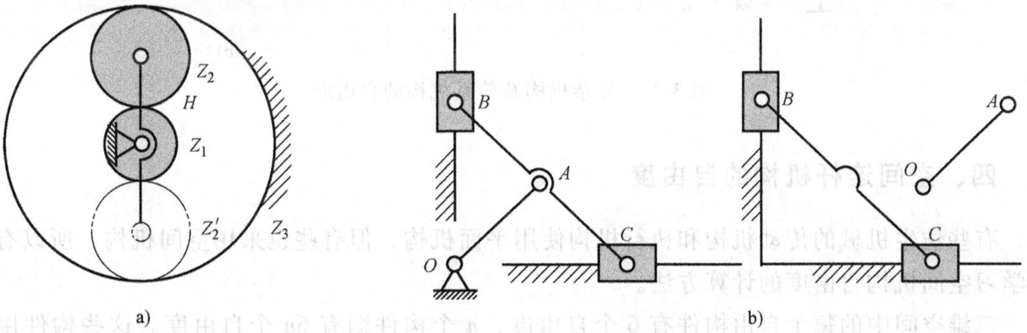

图 3-32　不起限制作用的冗余约束

5）若两构件上两点间距离在运动过程中始终保持不变，当用运动副和构件连接该两点时，构成冗余约束。例如：图 3-33a 所示机构中，B'、C'两点之间的距离不随机构的运动而改变，若 B、C 两点用杆件 $B'C'$连接，则形成了冗余约束。处理方法是将构件 $B'C'$连同转动副元素 B'、C'一起去掉，则消除了冗余约束。

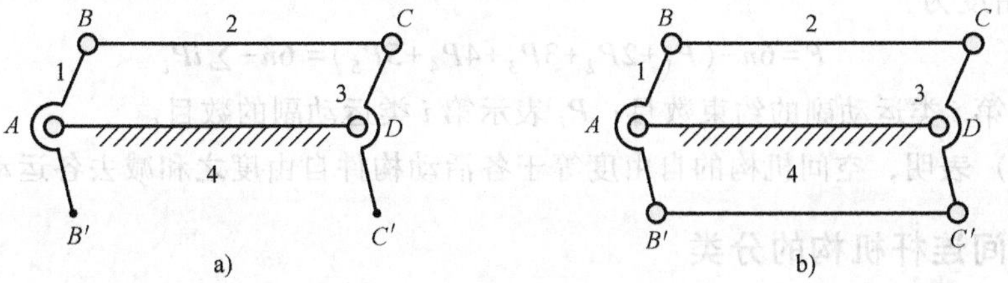

图 3-33　连接等距点产生的冗余约束

正确处理冗余约束是计算机构自由度的难点。

【例 3-6】　计算图 3-34 所示机构的自由度。

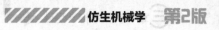

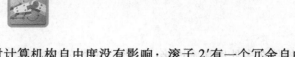

解：图 3-34a 中的弹簧 K 对计算机构自由度没有影响；滚子 2′有一个冗余自由度；构件 7 与机架 8 在平行的导路上有两处移动副连接，其中之一为冗余约束。通过分析可知，运动构件数 $n=7$，低副 $P_L=9$，高副 $P_H=2$，机构自由度为

$$F=3n-2P_L-P_H=3\times7-2\times9-2=1$$

图 3-34b 所示的轮系机构中，齿轮 2′为冗余约束；齿轮 1、3 和系杆 4 及机架 5 共有 4 个构件在 A 处用转动副连接，构成复合铰链。A 处的转动副实际数目为 3 个。通过分析可知：该轮系 $n=4$，$P_L=4$，$P_H=2$，机构自由度为

$$F=3n-2P_L-P_H=3\times4-2\times4-2=2$$

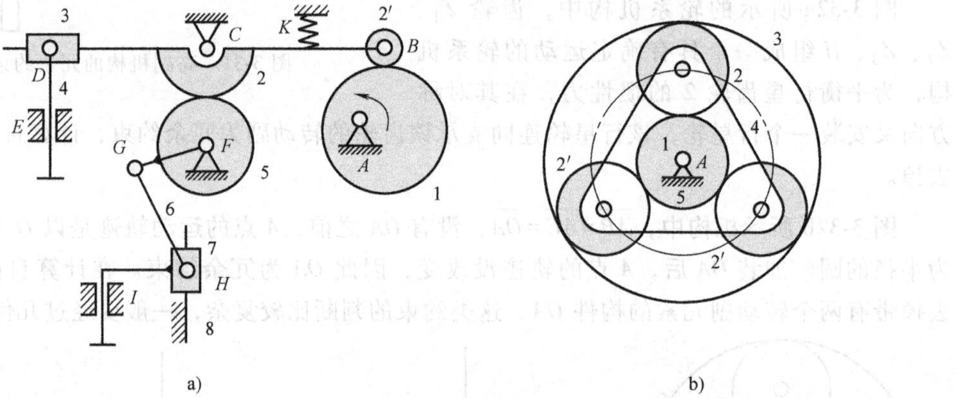

图 3-34 复杂机构及轮系机构的自由度

四、空间连杆机构的自由度

有些仿生机械的传动机构和执行机构使用平面机构，但有些也采用空间机构，所以有必要学习空间机构自由度的计算方法。

三维空间中的每个自由构件有 6 个自由度，n 个构件则有 $6n$ 个自由度。这些构件用运动副连接组成机构后，构件的运动就会受到运动副的约束。n 个构件的自由度总数 $6n$ 减去各运动副的约束总数，就是空间机构的自由度数。

设机构中的Ⅰ类副数目为 P_1，则其提供的约束为 $1P_1$；Ⅱ类副数目为 P_2 个，则其提供的约束为 $2P_2$ 个；Ⅲ类副的数目为 P_3，则其提供的约束为 $3P_3$ 个；Ⅳ类副的数目为 P_4，则其提供的约束为 $4P_4$；Ⅴ类副的数目为 P_5，则其提供的约束为 $5P_5$ 个。

机构自由度为

$$F=6n-(P_1+2P_2+3P_3+4P_4+5P_5)=6n-\sum iP_i \tag{3-2}$$

式中，i 表示第 i 类运动副的约束数目；P_i 表示第 i 类运动副的数目。

式（3-2）表明，空间机构的自由度等于各活动构件自由度之和减去各运动副约束之和。

五、空间连杆机构的分类

空间连杆机构是最常用的空间机构，也是仿生机械中最常用的机构。

1. 空间连杆机构的表示方法

平面连杆机构的名称是按其运动特性确定的，如曲柄摇杆机构、曲柄滑块机构、双曲柄

机构、平面齿轮机构等。空间连杆机构的名称则用运动副的名称排序表示。第一个字母一般是原动件与机架连接的运动副的名称，然后按顺序依次排列。图 3-35a 所示飞机起落架的机构运动简图如图 3-35b 所示。液压缸为主动件，可称之为 SPSR 空间连杆机构。

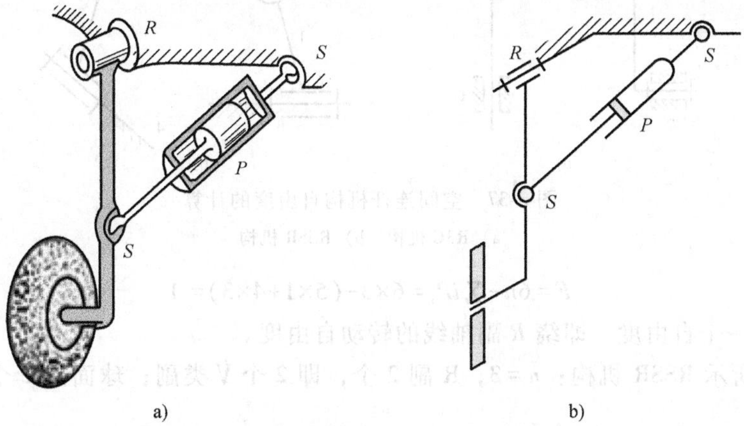

图 3-35 飞机起落架

2. 空间连杆机构的分类

按组成空间连杆机构的运动链是否封闭，空间连杆机构可分为空间闭链连杆机构和空间开链连杆机构。空间开链连杆机构在机器人领域应用广泛，仿生机械的步行腿大都采用空间开链连杆机构。图 3-36a 所示 RSSR 机构中，构件 1~4 通过转动副和球面副连接，形成一个空间闭链连杆机构，构件 4 为机架。图 3-36b 所示机构中，构件 1~5 通过转动副连接，形成一个不封闭的运动链，构件 1 为机架，则组成 4R 型空间开链连杆机构。该机构是典型的机器人机构。在研究开链机器人机构时，往往不计末端执行器处的铰链和抓取手指部分。

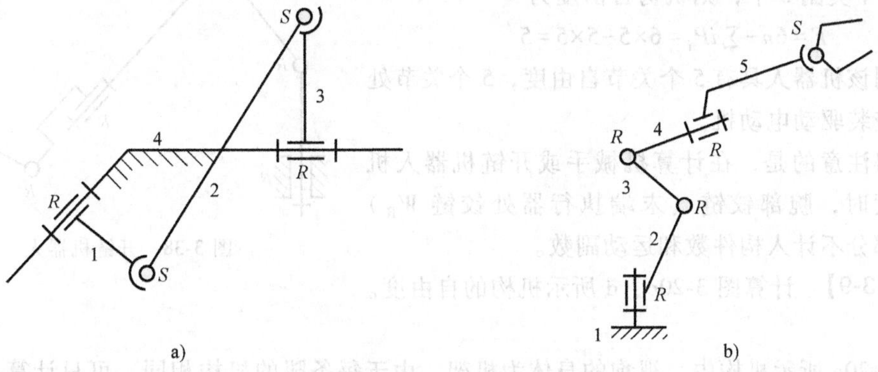

图 3-36 空间连杆机构的分类

六、空间连杆机构自由度的计算

空间连杆机构自由度的计算比较复杂，这里仅对一些简单的空间连杆机构进行自由度计算。

【例 3-7】 计算图 3-37 所示空间机构的自由度。

解：

图 3-37a 所示 R3C 机构：$n=3$，转动副（Ⅴ类副）1 个，圆柱副（Ⅳ类副）3 个。

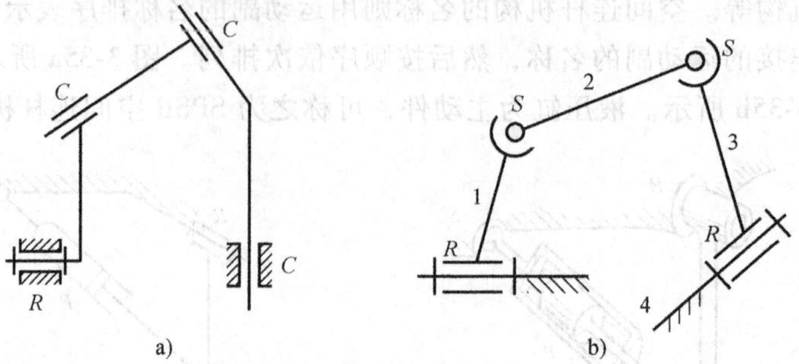

图 3-37 空间连杆机构自由度的计算

a）R3C 机构 b）RSSR 机构

$$F=6n-\sum iP_i=6\times3-(5\times1+4\times3)=1$$

即该机构仅有一个自由度，即绕 R 副轴线的转动自由度。

图 3-37b 所示 RSSR 机构：$n=3$，R 副 2 个，即 2 个Ⅴ类副；球面副 2 个，即Ⅲ类副 2 个。则：

$$F=6n-\sum iP_i=6\times3-(5\times2+3\times2)=2$$

实际上该机构只有 1 个自由度，出现自由度为 2 的情况是因为构件 2 绕自身轴线转动的自由度对机构运动没有影响，应视为冗余自由度除去。此时：

$$F=6\times3-(5\times2+3\times2)-1=1$$

空间连杆机构出现冗余自由度的情况很多，在计算其自由度时应加以注意。图 3-35 所示的飞机起落架机构中，就存在一个冗余自由度。

【例 3-8】 计算图 3-38 所示开链机器人机构的自由度。

解：该机构中，活动构件数目 $n=5$，转动副共 5 个，即Ⅴ类副 5 个，则机构自由度为

$$F=6n-\sum iP_i=6\times5-5\times5=5$$

说明该机器人具有 5 个关节自由度，5 个关节处都需要安装驱动电动机。

值得注意的是，在计算机械手或开链机器人机构自由度时，腕部铰链（末端执行器处铰链 W_R）及手指部分不计入构件数和运动副数。

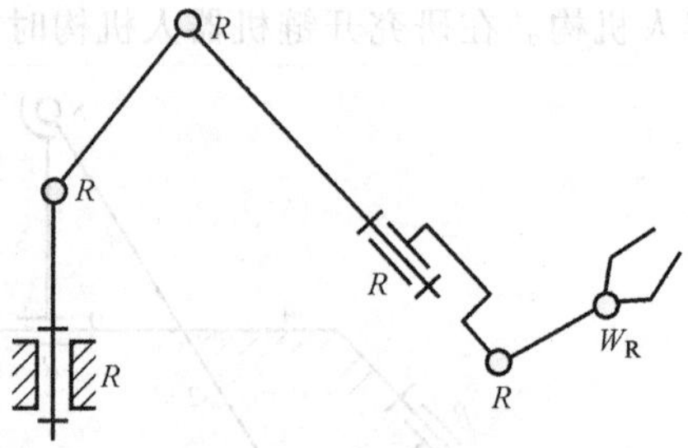

图 3-38 开链机器人

【例 3-9】 计算图 3-20c、d 所示机构的自由度。

解：

图 3-20c 所示机构中，视狗的身体为机架，由于每条腿的机构相同，可只计算一条腿的自由度。因为 $n=5$，$P_3=1$，$P_5=4$，所以

$$F=6n-\sum iP_i=6\times5-5\times4-3\times1=7$$

在仿生设计中，一般简化为 3 个自由度。

图 3-20d 中，可分别计算翅膀和腿的自由度。

因为 $n=2$，$P_3=1$，$P_5=1$，故翅膀自由度为

$$F=6\times2-5\times1-3\times1=4$$

在仿生设计中，一般将翅膀自由度简化为 1~2 个。因为 $n=3$，$P_5=3$，故鸟腿的自由

度为

$$F=6\times3-5\times3=3$$

【例 3-10】 计算图 3-21 所示人的手臂机构的自由度。

解：因为 $n=17$，$P_3=1$，$P_4=1$，$P_5=15$，故

$$F=6n-\sum iP_i=6\times17-5\times15-3\times1-4\times1=20$$

在计算仿生机构的自由度时，有时会出现相同的动物有不同的自由度的现象，这是因为在设计动物的机构简图时，人们对其进行了不同的简化。越是按照动物的真实结构模仿动物，机构简图就越是复杂，其自由度越多。自由度越多，设计难度和控制难度就越大，在满足运动条件的前提下，机构自由度越少越好。

计算空间连杆机构的自由度时，还有许多注意事项，可参阅相关文献。

第五节 机构的结构分析

研究机构的组成原理、杆组的基本概念以及机构的结构分析是创新设计新机构的重要途径。

一、杆组的概念

1. 原动件

具有独立运动参数的构件称为原动件或主动件。一般情况下，原动件与机架相连接。

一个原动构件和机架用运动副连接起来组成的开链系统，可称为原动件。平面机构原动件的自由度为 1。原动件常做定轴转动，如图 3-39a 所示；或做往复移动，如图 3-39b 所示。

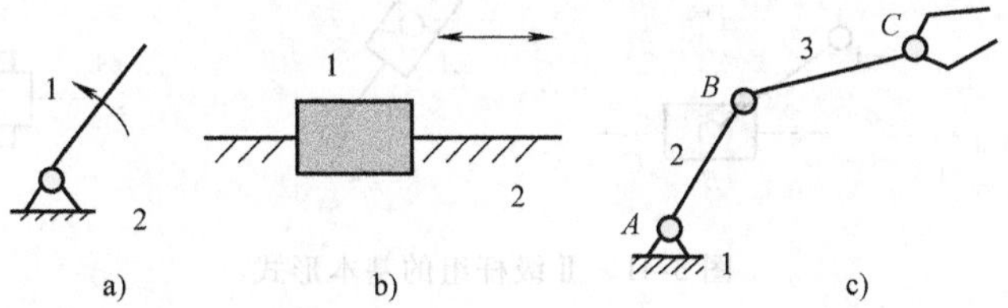

图 3-39 原动件

但是，原动件有时也不与机架相连接，特别是在具有多个自由度的串联机器人机构中，经常出现这种情况。图 3-39c 所示的 2 自由度串联机器人机构中，构件 2、3 都是原动件，靠关节电动机在铰链 A、B 处驱动构件 2、3。但构件 3 不与机架相连接，构件 2 只是构件 3 的相对机架。在机构结构分析中，原动件主要还是指与机架连接的构件。

2. 杆组

由前述已知，机构具有确定运动时，该机构的自由度等于原动件的数目。如果去掉原动件，则剩余部分杆件系统的自由度为零，并称之为杆组。本书仅考虑由低副连接组成的杆组。

把自由度为零且不能再分割的杆组称为基本杆组。

图 3-40a 所示机构的自由度为 1。去掉原动件 AB 和自由度为零的机架后，相当于减少一个自由度，则图 3-40b 所示的剩余杆件系统 $BCDEF$ 的自由度一定为零。自由度为零的杆件系统 $BCDEF$ 还可以进一步拆分为图 3-40c 所示的自由度为零的杆组 BCD 和 EF，这两个杆

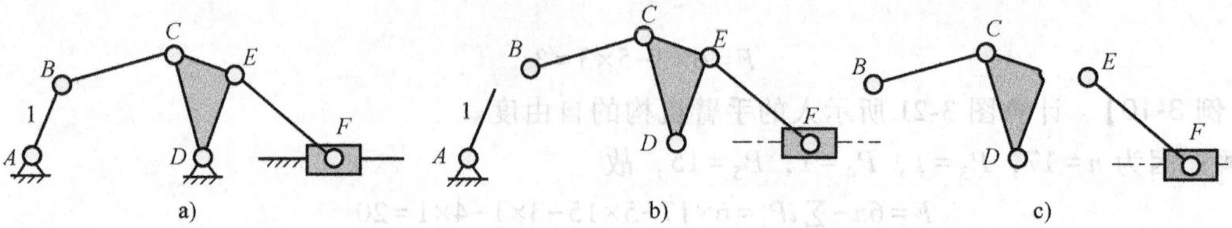

图 3-40　拆分杆组示意图

组都是由两个构件和三个低副组成的杆组，已不能再进行拆分。

由于杆组自由度为零，则有：

$$3n-2P_{\mathrm{L}}=0$$

其中构件数 n 和运动副数 P_{L} 都必须是整数。n 和 P_{L} 满足下列关系：

$$P_{\mathrm{L}}=\frac{3}{2}n$$

即当 $n=2$ 时，$P_{\mathrm{L}}=3$；当 $n=4$ 时，$P_{\mathrm{L}}=6$；当 $n=6$ 时，$P_{\mathrm{L}}=9$，……

把 $n=2$、$P_{\mathrm{L}}=3$ 的杆组称为Ⅱ级杆组。Ⅱ级杆组有一个内接副（连接杆组内部构件的运动副）和两个外接副（与杆组外部构件连接的运动副元素）。内接副和外接副可以是转动副，也可以是移动副。Ⅱ级杆组的基本形式如图 3-41 所示。

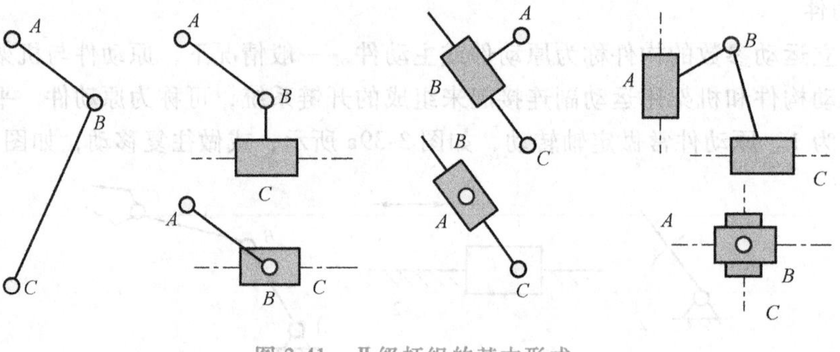

图 3-41　Ⅱ级杆组的基本形式

图 3-41 中运动副 B 为杆组的内接副，运动副 A、C 为外接副（运动副元素）。

$n=4$、$P_{\mathrm{L}}=6$ 时，如果杆组中含有三个内接副，则称之为Ⅲ级杆组；如有四个内接副，则称之为Ⅳ级杆组。

图 3-42 所示为Ⅲ级杆组的基本形式。

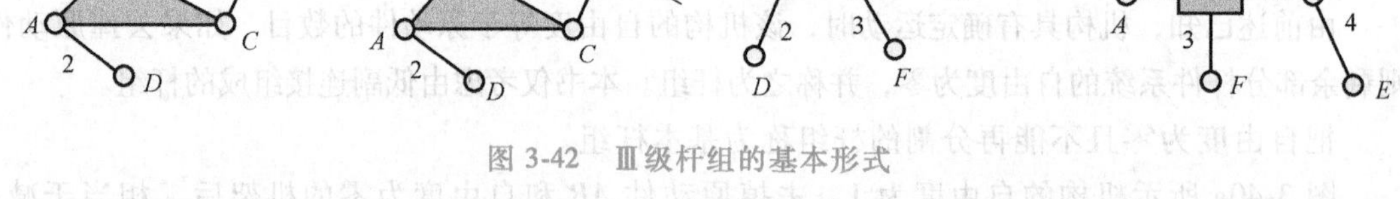

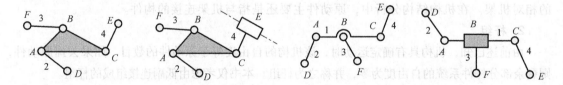

图 3-42　Ⅲ级杆组的基本形式

图 3-42 中的运动副 A、B、C 为内接副，运动副 D、E、F 为外接副（元素）。

图 3-43 所示为Ⅳ级杆组的基本形式。Ⅳ级杆组中有四个内接副和两个外接副（运动副

元素)。Ⅳ级杆组应用较少，本书不进行讨论。

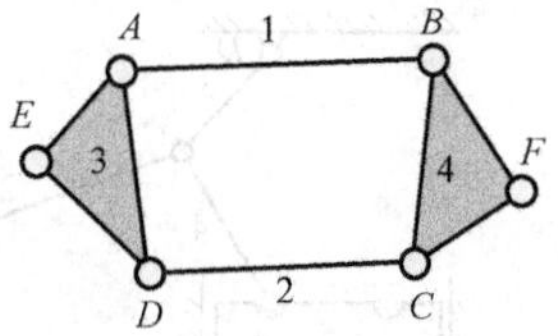

图 3-43　Ⅳ级杆组的基本形式

二、机构的组成原理

任何复杂的平面机构都可以看作是把基本杆组连接到原动件和机架上组成的，或者说，把基本杆组的外接副连接到原动件和机架上，可组成串联机构。

图 3-44e 所示的牛头刨床的主运动机构就是在图 3-44a 所示的原动件上连接不同Ⅱ级杆组（图 3-44b~d）所构成的。

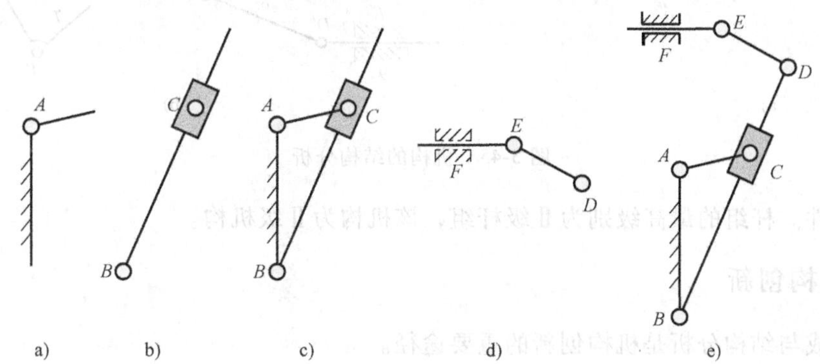

图 3-44　牛头刨床的组合过程

把图 3-44b 所示的Ⅱ级杆组 *BC* 的外接转动副 *C* 连接到原动件上，把另一个外接副 *B* 连接到机架上，组成图 3-44c 所示的四杆机构 *ABC*；把图 3-44d 所示的Ⅱ级杆组 *DEF* 的外接副 *D* 连接到机构 *ABC* 的摆杆 *BC* 上，另一个外接副 *F* 连接到机架上，则组成图 3-44e 所示的牛头刨床机构。

三、平面机构的结构分析

平面机构结构分析的主要任务是把机构分解为若干原动件和基本杆组，然后判定机构的级别。机构的级别是按照机构中所含基本杆组的最高级别来决定的。最高级别为Ⅱ级杆组组成的机构，称为Ⅱ级机构；最高级别为Ⅲ级杆组组成的机构，称为Ⅲ级机构。

把机构分解为原动件和基本杆组，并确定机构级别的过程称为机构的结构分析。机构的结构分析与机构的组成过程相反，两者对比，可加深对机构组成原理的理解。

机构结构分析的一般步骤如下：

1）计算机构的自由度并确定原动件。同一机构中，原动件不同，机构的级别可能不同。

2）去掉冗余自由度和冗余约束。

3）从远离原动件的部位开始拆分杆组，首先考虑Ⅱ级杆组，拆下的杆组是自由度为零的基本杆组，最后剩下的原动件数目与自由度数相等。

【例 3-11】　对图 3-45a 所示的剪床机构进行结构分析。

解：该机构的自由度为 1。

从远离原动件的位置处，开始拆分杆组。共拆下四个Ⅱ级杆组，没有Ⅲ级杆组。最后剩

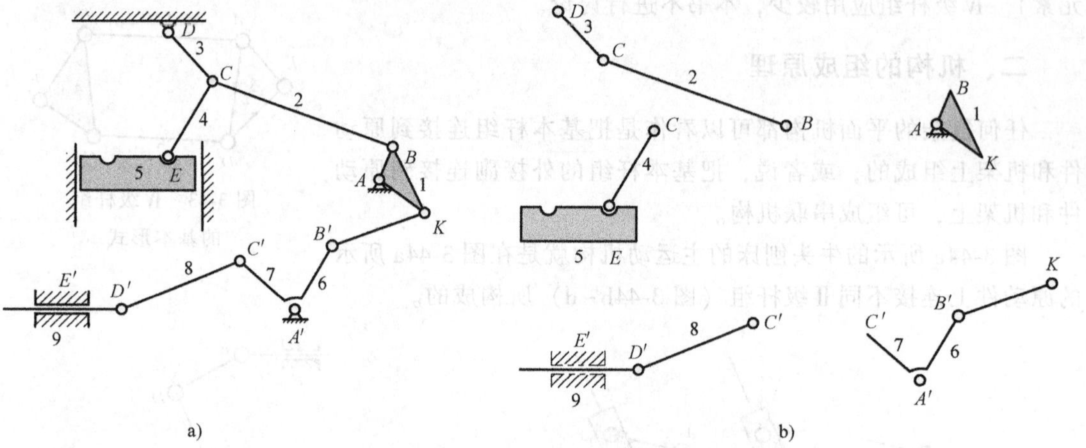

图 3-45 机构的结构分析

下 1 个原动件。杆组的最高级别为Ⅱ级杆组，该机构为Ⅱ级机构。

四、机构创新

机构组成与结构分析是机构创新的重要途径。

1. 设计串联机构

把杆组的外接副连接到原动件和机架上，可以组成串联机构，在此基础上，再把其他杆组的外接副连接到前述机构的运动构件和机架上，可组成更加复杂的串联机构。

如图 3-46 所示，把图 3-46b 所示的Ⅱ级杆组的外接副 B、C 连接到图 3-46a 所示的原动件和机架上，组成图 3-46c 所示的四杆机构。再把图 3-46d 所示的Ⅱ级杆组的外接副 E、F 分别连接到四杆机构的构件 CD 和机架上，又组成图 3-46e 所示的六杆机构。该机构可近似实现滑块的等速运动，在机械工程中有特殊应用。

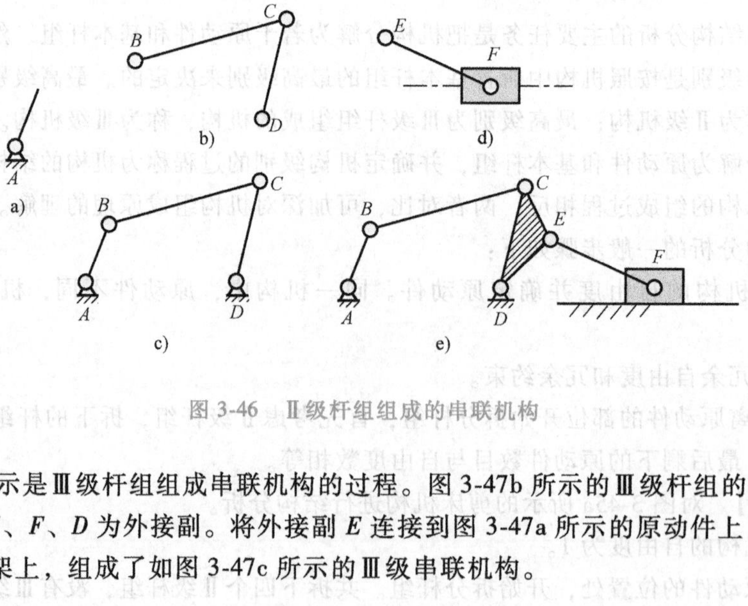

图 3-46 Ⅱ级杆组组成的串联机构

图 3-47 所示是Ⅲ级杆组组成串联机构的过程。图 3-47b 所示的Ⅲ级杆组的运动副 A、B、C 为内接副，E、F、D 为外接副。将外接副 E 连接到图 3-47a 所示的原动件上，其余两个外接副连接到机架上，组成了如图 3-47c 所示的Ⅲ级串联机构。

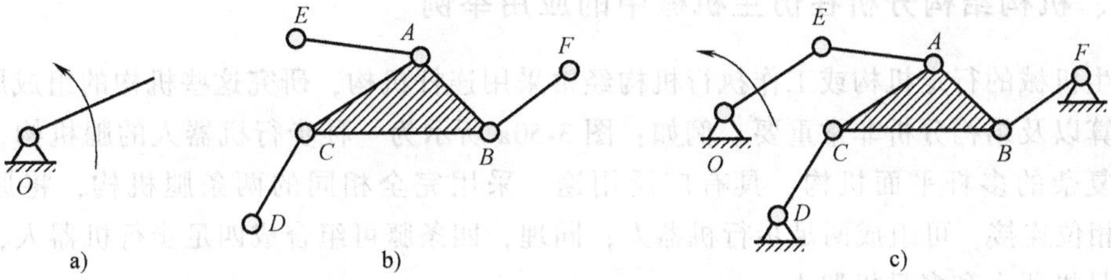

图 3-47 Ⅲ级杆组组成串联机构的过程

2. 设计并联机构

把杆组的外接副连接到原动件上，可以组成并联机构。并联机构在机器人领域有广泛应用。将图 3-48b 所示的Ⅱ级杆组的两个外接副 B、D 连接到图 3-48a 所示的两个原动件上，组成图 3-48c 所示的 2 自由的五杆并联机构。该机构可实现 C 点的复杂运动轨迹。

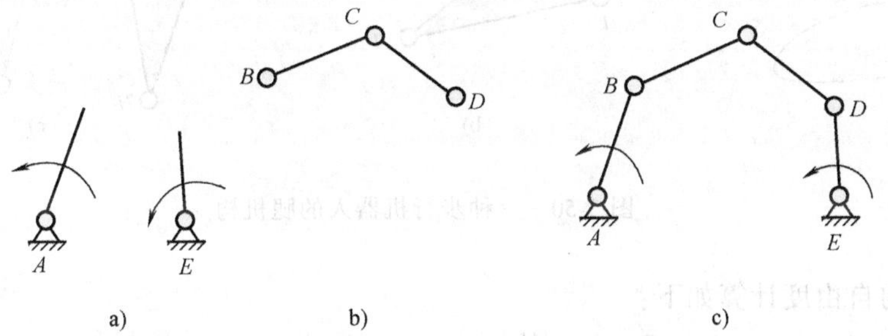

图 3-48 Ⅱ级杆组组成的并联机构

如图 3-49 所示，将Ⅲ级杆组（图 3-49b）的三个外接副 D、E、F 连接到三个原动件（图 3-49a）上，组成了 3 自由度并联机构（图 3-49c）。该机构可作为平面并联机器人，也可以应用到微机械中。

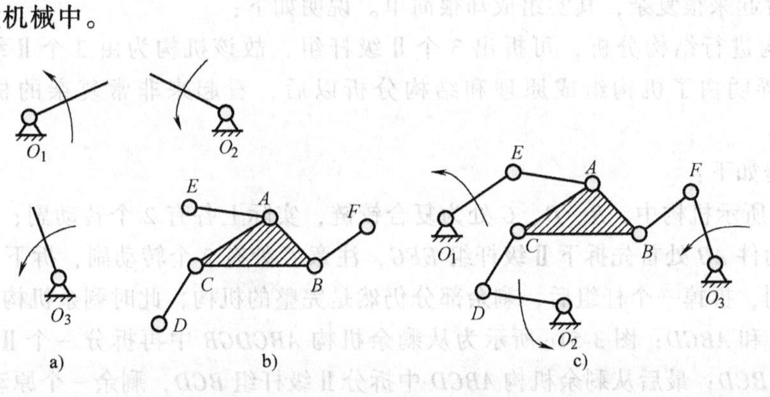

图 3-49 Ⅲ级杆组组成的并联机构

杆组的结构众多，利用上述方法可以设计出许多新机构。杆组组成原理是机械创新设计的有效途径。

五、机构结构分析在仿生机械中的应用举例

仿生机械的行走机构或工作执行机构经常采用连杆机构，研究这些机构的组成原理、自由度计算以及结构分析非常重要。例如：图 3-50a 所示为一种步行机器人的腿机构，该机构是一种复杂的多杆平面机构，具有广泛用途。采用完全相同的两条腿机构，将原动件以 180°的相位连接，可组成两足步行机器人；同理，四条腿可组合成四足步行机器人，还可以组成六足机器人和多足机器人。

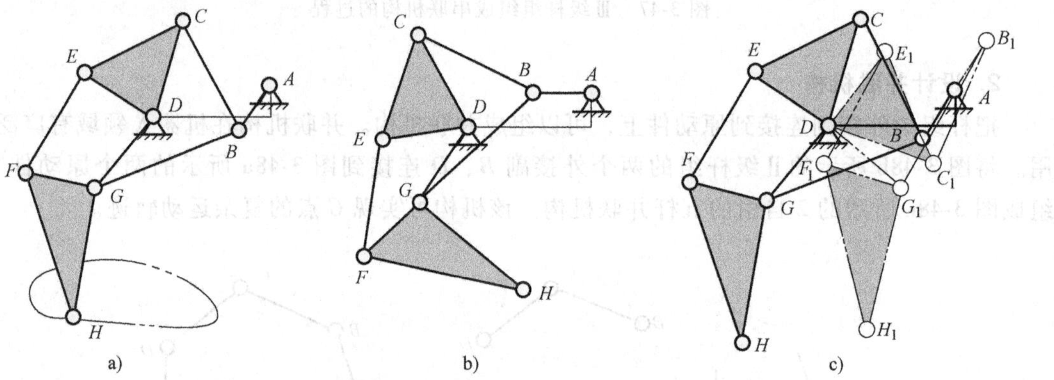

图 3-50　一种步行机器人的腿机构

该机构的自由度计算如下：

机构中：$n=7$，$P_L=10$，$P_H=0$，故

$$F=3n-2P_L-P_H=3\times7-2\times10=1$$

该机构仅需一个原动件即有确定的运动，图 3-50 中的构件 AB 为主动件。图 3-50b 所示为原动件处于水平状态的位置图。图 3-50c 所示为 AB 运动到 AB_1 的位置图。

该机构看起来很复杂，其实组成却很简单。说明如下：

对该机构进行结构分析，可拆出 3 个Ⅱ级杆组，故该机构为由 3 个Ⅱ级杆组组成的Ⅱ级机构。弄明白了机构组成原理和结构分析以后，看起来非常复杂的机构就变得比较简单了。

拆分过程如下：

图 3-51a 所示机构中，B、D、G 处为复合铰链，实际上各有 2 个转动副；图 3-51b 所示为从远离原动件 AB 处首先拆下Ⅱ级杆组 EFG，注意 G 处有 2 个转动副，拆下一个后，还剩余一个转动副，拆掉一个杆组后，剩余部分仍然是完整的机构，此时剩余机构为两个四杆机构，即 $ABCD$ 和 $ABGD$；图 3-51c 所示为从剩余机构 $ABCDGB$ 中再拆分一个Ⅱ级杆组 BGD，剩余机构为 $ABCD$；最后从剩余机构 $ABCD$ 中拆分Ⅱ级杆组 BCD，剩余一个原动件 AB，如图 3-51d 所示。

从该机构的拆分过程可以看出，该机构的步行足 FGH 由两个四杆机构驱动，即四杆机构 $ABCD$ 和 $ABGD$。所以动作十分灵活，是一种很好的步行机构。应用该机构作为步行机器人的腿，还可依靠风力驱动。

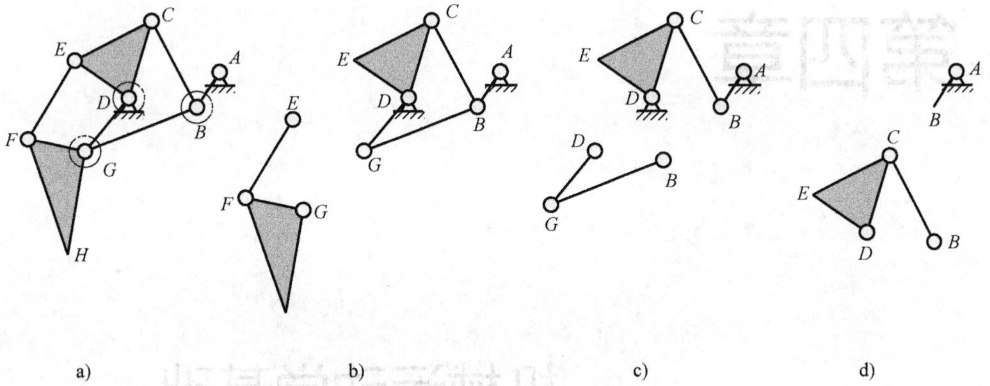

图 3-51 一种复杂机器人腿机构分析

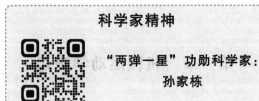

科学家精神

"两弹一星"功勋科学家：孙家栋

第四章 机械运动学基础

Chapter

第一节 机械运动学概述

一、仿生机械的常用机构

与前述的机器组成原理类似，仿生机械一般也由原动机、传动装置、工作执行装置和控制装置组成，也有的仿生机械没有传动装置，由原动机直接驱动工作执行装置。齿轮传动机构、链传动机构、带传动机构、液压或气压传动机构、电磁传动机构等都可以作为仿生机械的传动装置，但是应用最广泛的是齿轮传动机构和液压传动机构。

图 4-1a 所示的仿生水母由电动机、齿轮减速器和连杆机构组成；图 4-1b 所示的另一种仿生水母由电动机、液压泵（图中未画出）、液压缸和连杆机构组成，缸体与滑块固接，滑块的往复移动驱动弧形水母体张合运动。这两种仿生水母的工作执行机构都是闭链机构。图 4-1a 所示仿生水母的传动装置为齿轮机构，图 4-1b 所示仿生水母的传动机构为液压机构。

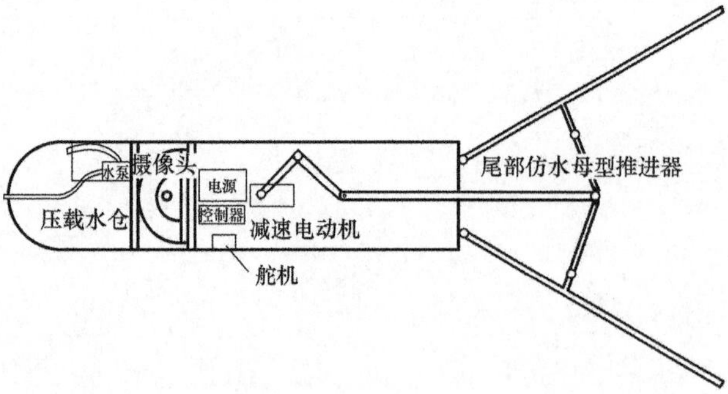

a)

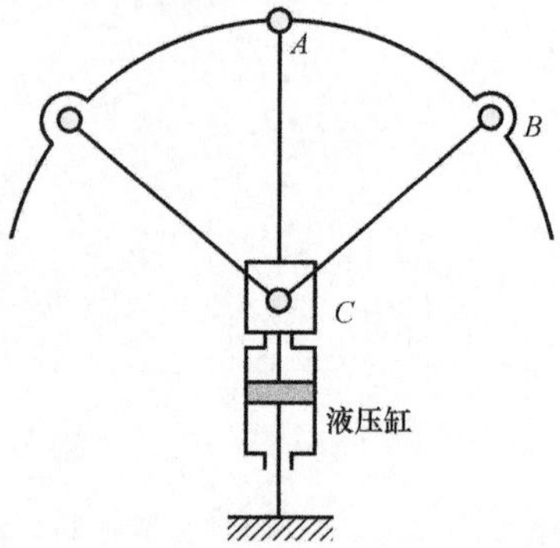

b)

图 4-1 仿生水母

在仿生机械研究中，传动装置的设计方法比较成熟，也比较简单，本书不做详细介绍。仿生机械的设计重点是执行机构的选型设计、尺度设计以及运动协调设计。执行机构主要是指仿生机械的操作系统（即仿生机械手臂）和走行系统（即仿生机械腿）。仿生机械的工作执行装置大都采用连杆机构，这是因为连杆机构可以实现复杂的运动规律和复杂的运动轨迹。本书重点介绍连杆机构的设计与分析。

图 4-2a 所示为步行机械的一条腿，它也是由电动机、齿轮减速器和连杆机构组成的。连杆机构 *ABCD* 中 *E* 点的运动轨迹按步行动物的走行曲线设计，该机构还能绕身体上的轴线 *O—O* 转动，实现腿部的侧摆运动。图 4-2b 所示为开链机构在四足步行仿生机械中的应用，每条腿均为开链机构，其中每个关节都是转动副，这类机械腿也称为关节腿。与机体连接的转动副 1、2、3、4 提供腿的侧摆运动。实际上，转动副 1 和 5、2 和 6、3 和 7、4 和 8 分别相当于 2 个自由度的球销副。每个运动副相当于一个关节，并由电动机驱动。按照四足动物的步态对电动机进行控制，可实现四足动物的步行运动。

由以上分析可以知道，连杆机构——无论是闭链机构还是开链机构，在仿生机械中的应用最为广泛，所以，也是仿生机械学中的重点学习内容。

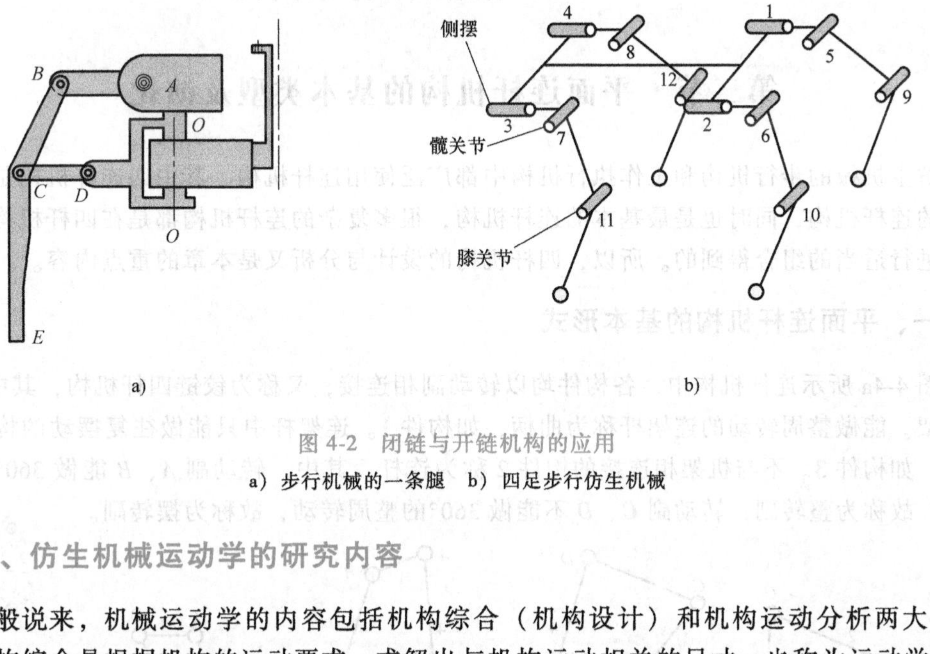

图 4-2 闭链与开链机构的应用

a）步行机械的一条腿 b）四足步行仿生机械

二、仿生机械运动学的研究内容

一般说来，机械运动学的内容包括机构综合（机构设计）和机构运动分析两大内容。所谓机构综合是根据机构的运动要求，求解出与机构运动相关的尺寸，也称为运动学尺寸。例如：图 4-2a 所示机械腿机构中，给定机械腿上 *E* 点的步行轨迹曲线，求解出闭链机构 *ABCD* 的各杆件尺寸。所谓运动分析是指机构尺寸设计完毕后，求解机构各构件的位置、速度和加速度，因为机构综合所求尺寸往往具有多值性，通过运动分析对综合结果进行分析、验证与修改，在机械设计过程中是非常有必要的。

由于仿生机械中大量使用各种连杆机构，而且是设计难点，所以本章主要介绍连杆机构。连杆机构分为平面连杆机构和空间连杆机构。仿生机械中的闭链机构大多采用平面连杆机构，若涉及空间运动，可使平面连杆机构整体运动，从而实现空间运动。图 4-2a 所示的机械腿 *ABCD* 为平面连杆机构，该机构的侧摆运动可通过绕 *O—O* 轴线转动实现。图 4-2b 所示的机械腿采用平面开链机构，该机构的侧摆运动可通过前述的转动副实现。图 4-3 所示为几种仿生机械的步行机构示意图，采用闭链机构作为步行机构时，其足端大都是连杆上的某个点。因此，本章主要介绍平面连杆机构的基本知识、设计与分析等内容，当然也涉及开链连杆机构的设计与分析。

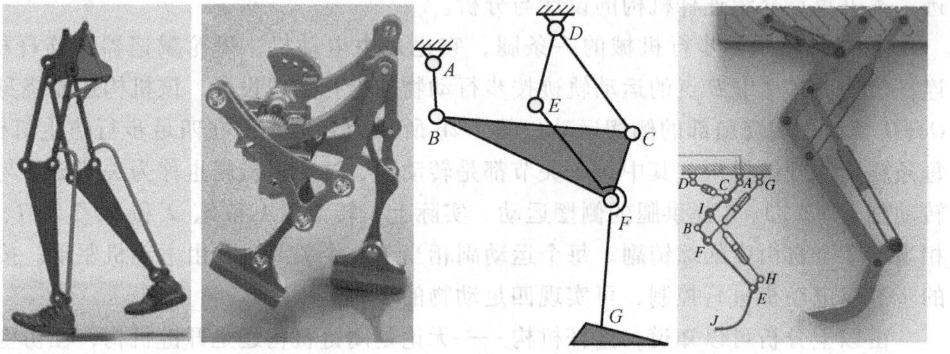

a) 8杆Jansen机构样机　　b) 6杆步行机样机　　c) 机构简图　　d) 液压驱动的连杆机构腿

图 4-3　仿生机械中的步行机构示意图

第二节　平面连杆机构的基本类型及演化

仿生机械的步行机构和工作执行机构中都广泛使用连杆机构。其中四连杆机构是应用最广泛的连杆机构，同时也是最基本的连杆机构，很多复杂的连杆机构都是在四杆机构的基础上，进行适当的组合得到的。所以，四杆机构的设计与分析又是本章的重点内容。

一、平面连杆机构的基本形式

图 4-4a 所示连杆机构中，各构件均以转动副相连接，又称为铰链四杆机构，其中构件 4 为机架。能做整周转动的连架杆称为曲柄，如构件 1。连架杆中只能做往复摆动的构件称为摇杆，如构件 3。不与机架相连接的构件 2 称为连杆。其中，转动副 A、B 能做 360° 的整周转动，故称为整转副；转动副 C、D 不能做 360° 的整周转动，故称为摆转副。

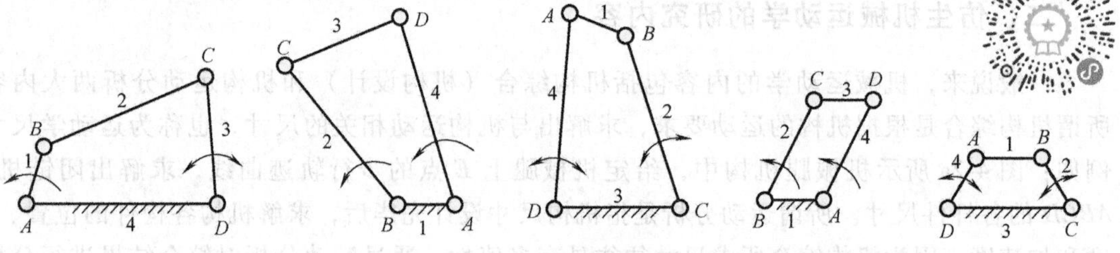

a)　　b)　　c)　　d)　　e)

图 4-4　铰链四杆机构的形式

四杆机构的基本形式如下。

1. 曲柄摇杆机构

若两个连架杆中一个为曲柄，一个为摇杆，则此类铰链四杆机构称为曲柄摇杆机构，如

图 4-4a 所示。

2. 双曲柄机构

若机构中的两个连架杆都能做 360 的整周转动，也就是说，两个连架杆均为曲柄，则该类机构称为双曲柄机构，如图 4-4b 所示。

3. 双摇杆机构

若机构中的两个连架杆都不能做 360 的整周转动，也就是说，两个连架杆均为摇杆，则该类机构称为双摇杆机构，如图 4-4c 所示。

4. 平行四边形机构

图 4-4b 所示的双曲柄机构中，若两曲柄平行且长度相等，则该机构演化为图 4-4d 所示的平行四边形机构。

5. 等腰梯形机构

图 4-4c 所示的双摇杆机构中，若两摇杆长度相等，则该类机构演化为图 4-4e 所示的等腰梯形机构。

6. 曲柄滑块机构

图 4-5a 所示的四杆机构中，一个连架杆为曲柄，另一个连架杆为滑块，则该机构称为曲柄滑块机构。其中，转动副 A、B 为整转副，转动副 C 为摆转副。

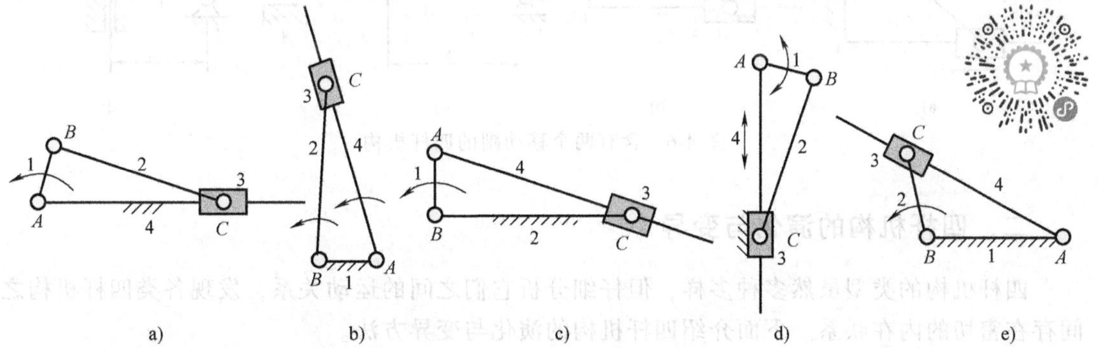

图 4-5 含有一个移动副的四杆机构

7. 转动导杆机构

若将图 4-5a 所示的曲柄滑块机构的曲柄 1 作为机架，转动副 A、B 为整转副，则连架杆 2、4 均为曲柄，滑块 3 沿连架杆 4 移动，且随连架杆 4 转动，该机构称为转动导杆机构，如图 4-5b 所示。

8. 曲柄摇块机构

若将图 4-5a 所示机构的构件 2 作为机架，转动副 A、B 仍为整转副，连架杆 1 仍为曲柄，另一连架杆（滑块 3）只能绕 C 点往复摆动，则该机构称为曲柄摇块机构，如图 4-5c 所示。

9. 移动导杆机构

若将图 4-5a 所示机构的滑块 3 作为机架，转动副 A、B 仍为整转副，连架杆 4 只能沿滑块往复移动，则该机构称为移动导杆机构，如图 4-5d 所示。

10. 摆动导杆机构

若将图 4-5b 所示的转动导杆机构的机架加长，使 $l_{BC}<l_{AB}$，转动副 A 演化为摆转副，连

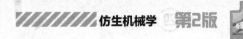

架杆 4 往复摆动，则该机构称为摆动导杆机构，如图 4-5e 所示。

11. 双滑块机构

在含有两个移动副的四杆机构中，若以构件 4 为机架，将两个连架杆制作成块状，且相对十字形机架做相对移动，则称之为双滑块机构，如图 4-6a 所示。

12. 双转块机构

若以构件 2 为机架，两个块状连架杆相对机架做定轴转动，此时连杆为十字形构件，则称之为双转块机构，如图 4-6b 所示。

13. 正弦机构

图 4-6c 中，曲柄 2 绕 A 点转动时，通过滑块 3 驱动构件 4 做水平移动，其位移 $s=l_2\sin\varphi$，与曲柄转角 φ 成正弦函数关系，该机构称为正弦机构。

14. 正切机构

图 4-6d 中，构件 2 摆动时，构件 4 竖直移动，其位移 $s=a\tan\varphi$，该机构称为正切机构。

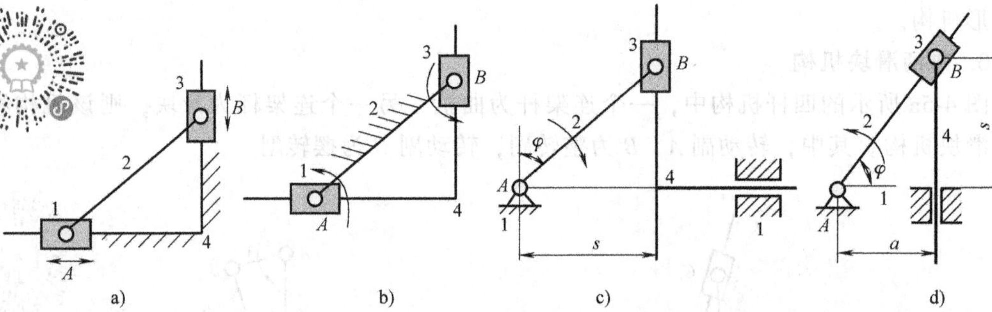

图 4-6　含有两个移动副的四杆机构

二、四杆机构的演化与变异

四杆机构的类型虽然多种多样，但仔细分析它们之间的运动关系，发现各类四杆机构之间存在密切的内在联系。下面介绍四杆机构的演化与变异方法。

1. 转换机架法

在一个运动链中，以不同构件为机架，可以得到性能不同的机构。其依据是低副运动具有可逆性。如两个构件用转动副连接后，两个构件之间的相对运动相同，都是转动；而高副则无此特性。如直线相对圆周做纯滚动，直线上点的轨迹为渐开线；反之，圆周相对直线做纯滚动，圆上点的轨迹则为摆线，故高副没有运动的可逆性。

图 4-4a 所示机构为曲柄摇杆机构，其中转动副 A、B 为能做 360°转动的整转副，转动副 C、D 为不能做 360°转动的摆传副；若以曲柄 1 为机架，则得到图 4-4b 所示的双曲柄机构；若以摇杆 3 为机架，则得到图 4-4c 所示的双摇杆机构。图 4-5a 所示机构为曲柄滑块机构，若以曲柄 1 为机架，则得到图 4-5b 所示的转动导杆机构；若以连杆 2 为机架，则得到图 4-5c 所示的曲柄摇块机构；若以滑块 3 为机架，则得到图 4-5d 所示的移动导杆机构。图 4-6 所示的双转块机构的演化也符合该方法。其基本原理是机构中各构件的相对运动关系与机架的选择无关，即低副运动具有可逆性。

2. 转动副向移动副的演化

图 4-7a 所示曲柄摇杆机构中，摇杆上 C 点的运动轨迹是以 D 为圆心、以 $\overline{DC}$ 为半径的圆

弧。将摇杆$\overline{DC}$做成图 4-7b 所示的块状构件，在以摇杆长度为半径的圆弧上滑动，则曲柄摇杆机构演化为曲柄曲线滑块机构，两者的运动完全等效。若曲线滑动导轨的曲率半径无穷大，则该曲线滑块机构演化为图 4-7c 所示的滑块机构。该滑块机构的导路方向线不通过曲柄的转动中心，偏移的距离 e 称为偏距。这种机构称为偏置曲柄滑块机构。如果偏置曲柄滑块机构的偏距 $e=0$，导路的方向线则通过曲柄的转动中心，这种曲柄滑块机构称为对心曲柄滑块机构，如图 4-7d 所示。转动副转化为移动副的过程说明了全转动副的四杆机构可以演化为含有移动副的四杆机构。

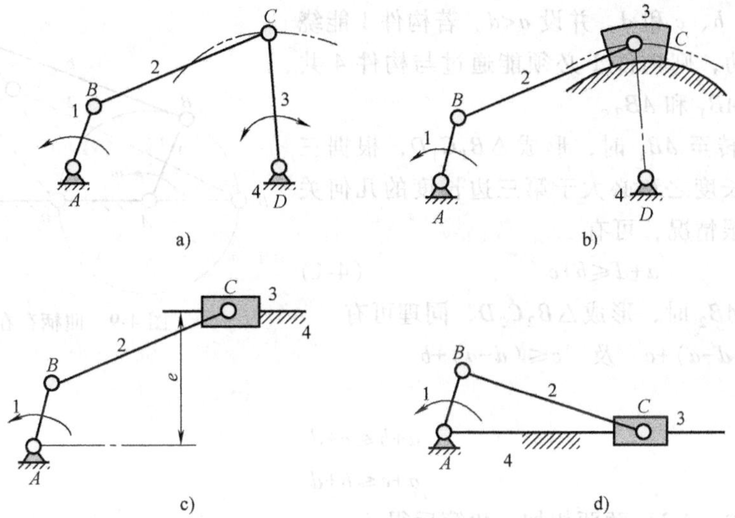

图 4-7 转动副向移动副的演化

3. 转动副的销钉扩大

图 4-8a 所示的曲柄滑块机构中，当曲柄 AB 的尺寸较小时，可将转动副 B 的销钉扩大，当销钉 B 的半径大于曲柄的长度时，该机构演化为图 4-8b 所示的偏心盘机构。偏心盘的几何中心在 B 点，与连杆大端构成转动副 B；偏心盘的转动中心在 A 点，与机架构成转动副 A。偏心盘机构可大大增加曲柄 AB 的强度。

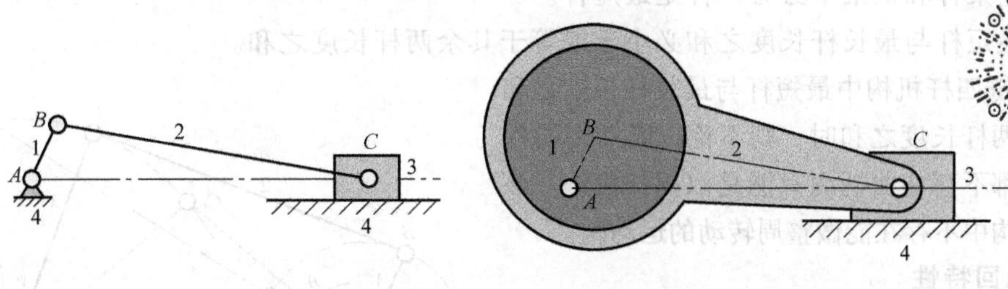

图 4-8 偏心盘机构

当机构的曲柄尺寸较小时，常将其制成偏心盘状，不仅增加曲柄的强度，也能增加其刚度，还能改善轴承的设计。

第三节　平面连杆机构的基本特性

了解四杆机构的基本特性是设计平面连杆机构的基础。

1. 存在一个曲柄的条件

在铰链四杆机构中，欲使曲柄能做整周转动，各杆长度必须满足一定的条件，即所谓的曲柄存在条件。

图 4-9 所示的铰链四杆机构中，设构件 1~4 的长度分别为 a、b、c 和 d，并设 $a<d$。若构件 1 能绕 A 点做整周转动，则构件 1 必须能通过与构件 4 共线的两个位置 AB_1 和 AB_2。

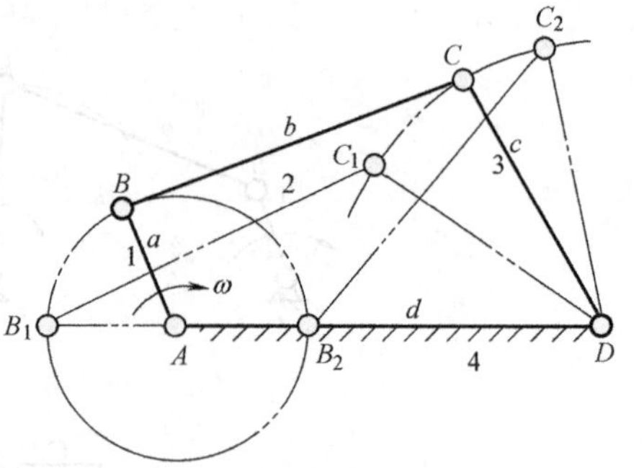

图 4-9　曲柄存在条件

当构件 1 转至 AB_1 时，形成$\triangle B_1C_1D$，根据三角形任意两边长度之和必大于第三边长度的几何关系并考虑到极限情况，可有

$$a+d\leqslant b+c \tag{4-1}$$

当构件 1 转至 AB_2 时，形成$\triangle B_2C_2D$，同理可有

$$b\leqslant(d-a)+c \quad 及 \quad c\leqslant(d-a)+b$$

整理后可写成

$$a+b\leqslant c+d \tag{4-2}$$

$$a+c\leqslant b+d \tag{4-3}$$

将式（4-1）~式（4-3）两两相加，化简后得

$$a\leqslant b \tag{4-4}$$

$$a\leqslant c \tag{4-5}$$

$$a\leqslant d \tag{4-6}$$

比较式（4-1）~式（4-6），可以得出以下结论：在铰链四杆机构中，要使构件 1 为曲柄，它必须是四杆中的最短杆，且最短杆与最长杆长度之和小于或等于其余两杆长度之和。考虑到更一般的情形，可将铰链四杆机构曲柄存在条件概括为

1）连架杆和机架中必有一杆是最短杆。

2）最短杆与最长杆长度之和必小于或等于其余两杆长度之和。

当铰链四杆机构中最短杆与最长杆长度之和大于其余两杆长度之和时，则不论以哪一个构件为机架，都不存在曲柄而只能是双摇杆机构。该双摇杆机构中不存在能做整周转动的运动副。

2. 急回特性

图 4-10 所示曲柄摇杆机构中，设曲柄 AB 为主动件，摇杆 CD 为从动件。主动曲柄 AB 以等角速度 ω 顺时针方向转动。当曲柄转至 AB_1 位置与连杆 B_1C_1 重叠共线时，摇杆 CD 处于左极限位置 C_1D；而当曲柄转至 AB_2 位置与连杆

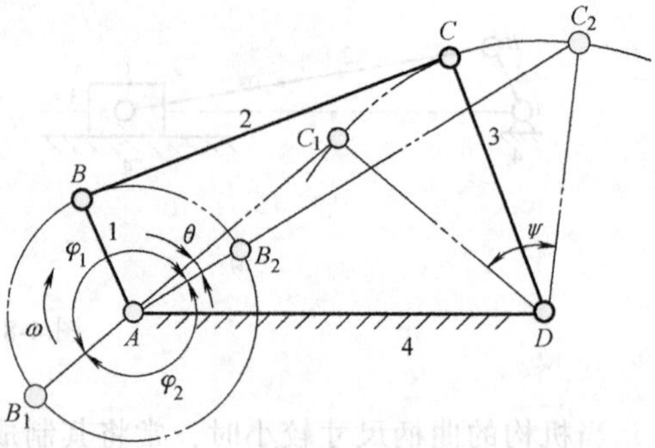

图 4-10　急回特性

B_2C_2 拉伸共线时，从动摇杆处于右极限位置 C_2D。摇杆处于左、右两个极限位置时，对应曲柄两个位置所夹的锐角 θ 称为极位夹角。摇杆两个极限位置间的夹角 ψ 称为摇杆的摆角。当曲柄从 AB_1 位置转至 AB_2 位置时，对应的曲柄转角 $\varphi_1=180°+\theta$，而摇杆由位置 C_1D 摆至 C_2D 位置，摆角为 ψ；设所需时间为 t_1，C 点的平均速度为 v_1。

当曲柄再继续从 AB_2 位置转至 AB_1 位置时，对应的曲柄转角 $\varphi_2=180°-\theta$，而摇杆则由 C_2D 位置摆回至 C_1D 位置，摆角仍为 ψ；设所需时间为 t_2，C 点的平均速度为 v_2。摇杆往复摆动的角度虽然相同，但是对应的曲柄转角却不相等，$\varphi_1>\varphi_2$；由于曲柄是等速转动，所以有 $t_1>t_2$，故 $v_2>v_1$。由此可见，当曲柄等速转动时，摇杆往复摆动的平均速度是不同的，摇杆的这种运动特性称为急回特性。通常用 v_2 与 v_1 的比值 K 来衡量，K 称为行程速度变化系数，即

$$K=\frac{v_2}{v_1}=\frac{\dfrac{\overset{\frown}{C_2C_1}}{t_2}}{\dfrac{\overset{\frown}{C_1C_2}}{t_1}}=\frac{t_1}{t_2}=\frac{\varphi_1}{\varphi_2}=\frac{180°+\theta}{180°-\theta} \tag{4-7}$$

当给定行程速度变化系数 K 后，机构的极位夹角可由式（4-8）计算：

$$\theta=180°\times\frac{K-1}{K+1} \tag{4-8}$$

平面连杆机构有无急回运动特性取决于极位夹角 θ。只要极位夹角 θ 不为 0°，该机构就有急回特性，其行程速度变化系数 K 可用式（4-7）计算。

四杆机构的这种急回特性，可以用来节省空回行程的时间，提高生产率。牛头刨床和摇摆式输送机都利用了这一特性。

当行程速度变化系数 $K=1$ 时，机构无急回特性。此时，$\theta=0°$。

3. 机构压力角与传动角

压力角或传动角是判断连杆机构传力性能优劣的重要标志。图 4-11 所示曲柄摇杆机构中，若忽略各杆的质量和运动副中的摩擦，连杆 BC 作用于从动摇杆 CD 上的力 F 沿杆 BC 的方向。把从动摇杆 CD 所受力 F 与该力作用点 C 的速度 v 之间所夹的锐角 α 称为压力角。压力角 α 越小，传力性能越好。因此，压力角的大小可以作为判别连杆机构传力性能好坏的一个依据。

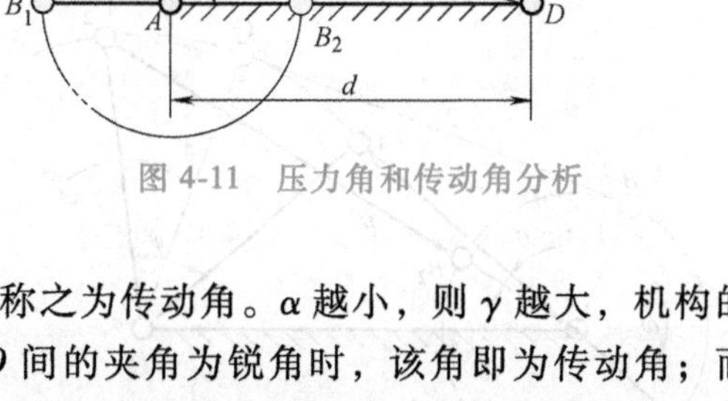

图 4-11 压力角和传动角分析

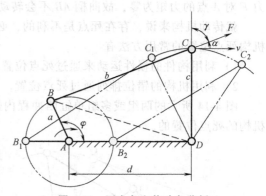

由图 4-11 可知，$\alpha+\gamma=90°$，α 与 γ 互为余角。γ 是连杆与摇杆之间的夹角，很容易观察，所以通常用 γ 角来衡量机构的传力性能，并称之为传动角。α 越小，则 γ 越大，机构的传力性能越好，反之越差。当连杆 BC 与摇杆 CD 间的夹角为锐角时，该角即为传动角；而当连杆 BC 与摇杆 CD 间的夹角为钝角时，传动角 γ 则为其补角。在机构运动过程中，传动角的大小是随机构位置的改变而变化的。为了确保连杆机构更好地工作，应使一个运动循环中最小传动角 $\gamma_{min}>40°\sim50°$，具体数值可根据传递功率的大小而定。传递功率大时，γ_{min} 应取大些，如颚式破碎机、冲床等可取 $\gamma_{min}\geqslant50°$。

铰链四杆机构的最小传动角可按以下关系求得。在$\triangle ABD$和$\triangle BCD$中分别有

$$\overline{BD}^2=a^2+d^2-2ad\cos\varphi$$

$$\overline{BD}^2=b^2+c^2-2bc\cos\gamma$$

联立解两式：

$$\cos\gamma=\frac{b^2+c^2-a^2-d^2+2ad\cos\varphi}{2bc} \tag{4-9}$$

由式（4-9）可知，γ仅取决于曲柄的转角φ。当$\varphi=0°$时，$\cos\varphi=1$，$\cos\gamma$为最大，传动角γ最小，如图4-11中位置AB_2C_2D；当$\varphi=180°$时，$\cos\varphi=-1$，$\cos\gamma$为最小，传动角γ最大，如图中位置AB_1C_1D；当γ大于90°时，取其补角即可。只要比较这两个位置的值，即可求得该机构的最小传动角γ_{min}。

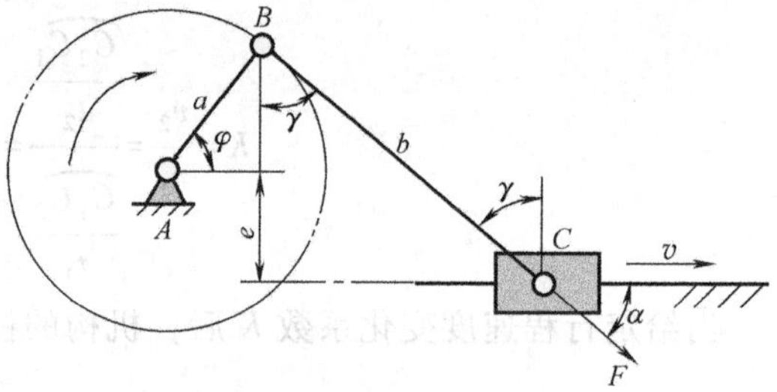

图4-12　偏置曲柄滑块机构的传动角

机构的最小传动角γ_{min}可能发生在曲柄与机架两次共线位置之一处。进行连杆机构设计时，必须检验最小传动角是否满足要求。

偏置曲柄滑块机构的传动角如图4-12所示。最小传动角可用式（4-10）求出。

$$\cos\gamma=\frac{a\sin\varphi+e}{b} \tag{4-10}$$

由式（4-10）可知，可能发生最小传动角的位置是$\varphi=90°$或270°之一。

4. 机构的死点位置

图4-13所示的曲柄摇杆机构中，若摇杆CD为主动件，则当摇杆在两极限位置C_1D、C_2D时，连杆BC与从动曲柄AB将两次共线，出现传动角$\gamma=0°$的情况。连杆给曲柄的作用力F对A点的力矩为零，故曲柄AB不会转动。该位置称为机构的死点位置。

就传动机构来说，存在死点是不利的，必须采取措施使机构能顺利通过死点位置。通过机构死点位置的常用方法有

1）利用构件的惯性运动来通过死点位置。

2）利用机构的错位排列通过死点位置。

图4-14所示的两组或多组单缸四冲程内燃机就是借助于飞轮的惯性运动通过曲柄滑块机构的死点位置的。

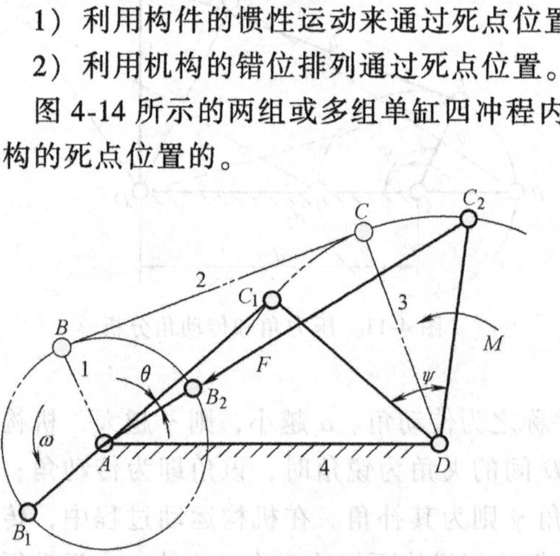

图4-13　死点位置

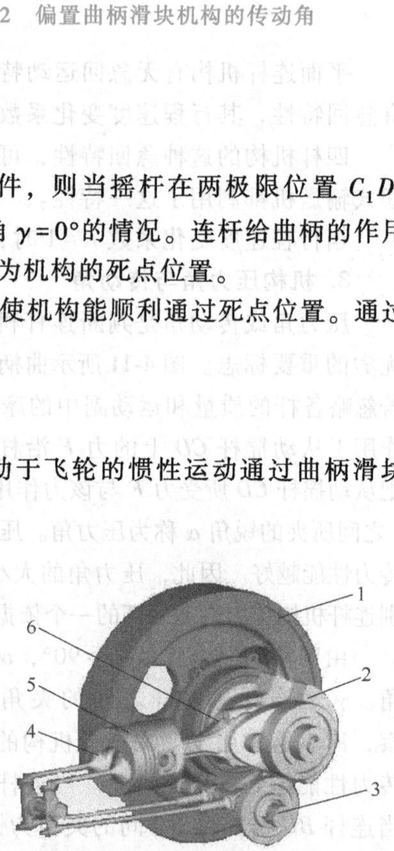

图4-14　利用惯性通过死点位置

1—飞轮　2—曲轴　3—凸轮轴

4—气门　5—活塞　6—连杆

图 4-15 所示的机车驱动轮联动机构中，采用机构错位排列，使两组机构的位置相互错开，一组动轮驱动机构处于死点位置，另一组则处于正常工作状态，可使机构顺利通过死点位置。

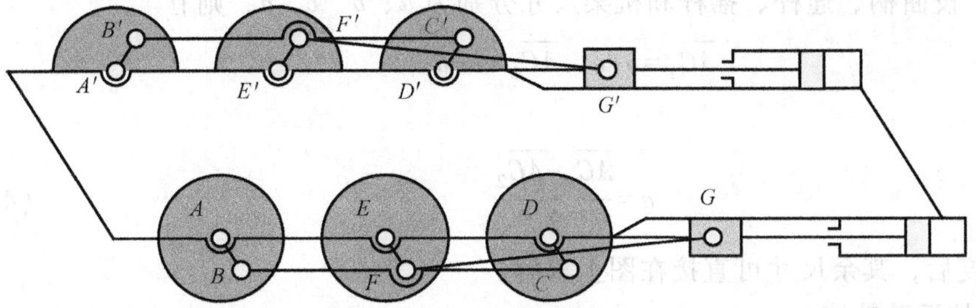

图 4-15 利用机构错位排列通过死点位置

第四节 平面连杆机构的设计

一、概述

平面连杆机构的设计是指求出机构运动简图中各个构件的尺寸，不涉及构件的强度、刚度、材料、结构、工艺、公差、热处理及运动副的具体结构等问题，这种设计又称为综合。

平面四杆机构的设计可分为两大类：其一是按照给定的运动规律设计四杆机构；其二是按照给定的运动轨迹设计四杆机构。

1. 实现给定的运动规律

按照实现连杆的一系列位置设计四杆机构，按照实现连架杆的一系列位置设计四杆机构，以及按照行程速度变化系数设计四杆机构，是实现机构运动规律的基本途径。

图 4-16a 所示的铸造车间翻转台，是按照连杆的一系列位置设计四杆机构的示例。该机构是按照平台的两个位置 B_1C_1 和 B_2C_2 设计的。图 4-16b 所示车床变速机构是按照主动件和从动件的转角位置 φ、ψ 之间的对应关系设计的。变速手柄位于 1、2、3 位置时，换档齿轮对应 1、2、3 档。按照主动件和从动件的对应转角位置，能实现这一系列的对应关系。

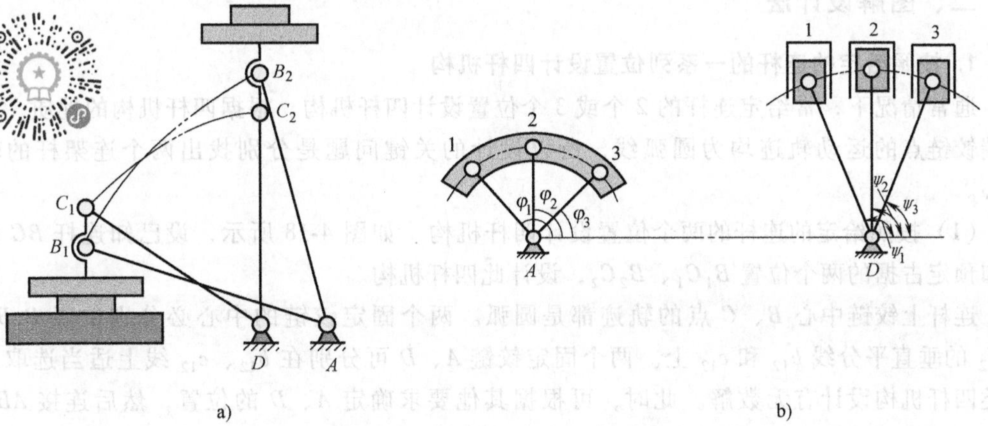

图 4-16 四杆机构设计基本问题（一）

a）铸造车间翻转台 b）车床变速机构

按照行程速度变化系数设计四杆机构时，实际上是按照连架杆的两个极限位置 DC_1、DC_2，摆角 ψ 以及反映机构急回特性的极位夹角 θ 来设计四杆机构的。

图 4-17a 中，设曲柄、连杆、摇杆和机架尺寸分别为 a、b、c、d，则有

$$\overline{AC_1}=b+a,\ \overline{AC_2}=b-a$$

联立求解得

$$a=\frac{\overline{AC_1}-\overline{AC_2}}{2} \tag{4-11}$$

求出曲柄长度后，其余尺寸可直接在图上求解。

2. 实现给定的运动轨迹

连杆上各点的运动轨迹能描绘出各种各样的高次曲线。图 4-17b 所示机构中，连杆上不同点的运动轨迹描绘出不同曲线，称之为连杆曲线。寻求能再现这些点的运动轨迹所形成曲线的连杆机构则是实现按给定运动轨迹设计四杆机构的基本任务。

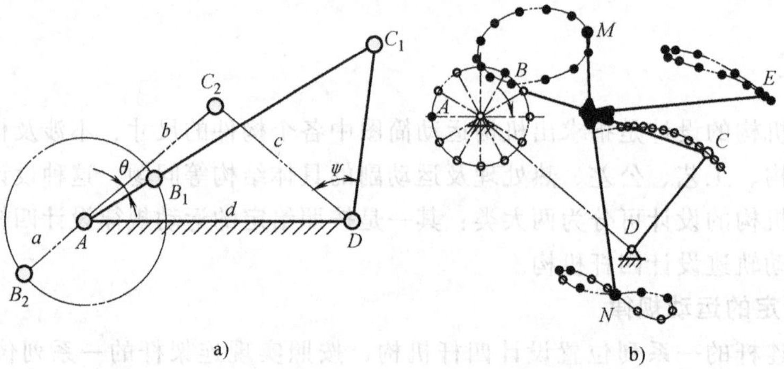

图 4-17　四杆机构设计基本问题（二）

机构设计方法有图解法和解析法。图解法简单易行，但精度低、费时。解析法的设计精度高，但需要编制程序在计算机上计算。近年来解析法的应用越来越广泛。但是在机构尺寸的初步设计阶段，图解法也有其独特的优点。

二、图解设计法

1. 按照给定的连杆的一系列位置设计四杆机构

通常情况下，常给定连杆的 2 个或 3 个位置设计四杆机构。根据四杆机构的性质，连杆两端铰链点的运动轨迹均为圆弧线，所以设计的关键问题是分别找出两个连架杆的转动中心。

（1）按照给定的连杆的两个位置设计四杆机构　如图 4-18 所示，设已知连杆 BC 的长度和预定占据的两个位置 B_1C_1、B_2C_2，设计此四杆机构。

连杆上铰链中心 B、C 点的轨迹都是圆弧。两个固定铰链的中心必分别位于 B_1B_2 和 C_1C_2 的垂直平分线 b_{12} 和 c_{12} 上。两个固定铰链 A、D 可分别在 b_{12}、c_{12} 线上适当选取，故此类四杆机构设计有无数解。此时，可根据其他要求确定 A、D 的位置，然后连接 AB_1 及 C_1D，四杆机构 AB_1C_1D 是对应连杆位置 B_1C_1 的机构运动简图。

设计完成后，还需要确定有无曲柄存在，验算传动角是否符合要求。如不满足这些条

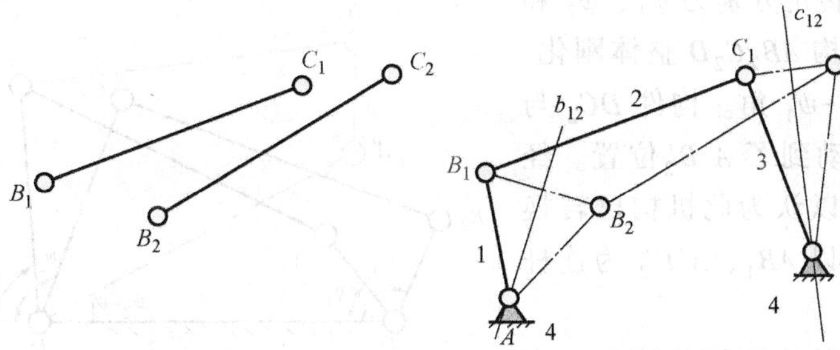

图 4-18 按连杆的两个位置设计四杆机构

件，需重新确定铰链 A、D 的位置，直到符合要求为止。

(2) 按照给定的连杆的三个对应位置设计铰链四杆机构　如图 4-19a 所示，若要求连杆占据预定的三个位置 B_1C_1、B_2C_2、B_3C_3，则可用上述方法分别作出 B_1B_2 和 B_1B_3 的垂直平分线 b_{12} 和 b_{13}，其交点即为转动副 A 的位置；同理，分别作 C_1C_2 和 C_1C_3 的垂直平分线 c_{12} 和 c_{13}，其交点即为转动副 D 的位置。连接 AB_1 及 C_1D，即得所求的四杆机构在位置 1 的简图，图解过程如图 4-19b 所示。

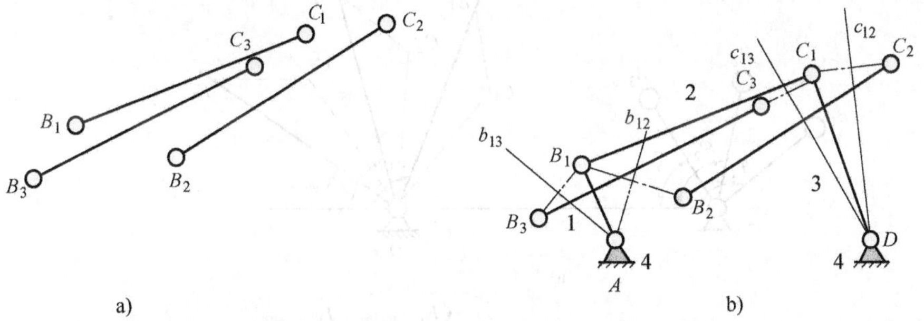

图 4-19 按连杆的三个对应位置设计铰链四杆机构

设计完成后，仍需确定是否满足曲柄存在的条件和检验最小传动角，如不符合要求，可适当修改给定的连杆位置。给定连杆的四个位置，可能有解、可能无解，这取决于能否找到连架杆的转动中心。

(3) 按给定的连杆平面位置设计四杆机构　若给定图 4-20 所示的连杆平面的两个或三个位置，可在连杆平面中假设出 BC 位置，按上述方法求解即可。由于每假设一组 BC 就对应一组解，故此时有无穷多解。可按曲柄存在条件和最小传动角的要求选定一组最优解。

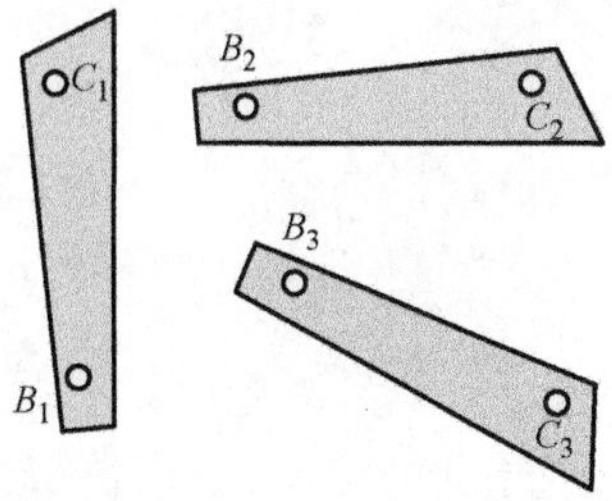

图 4-20 按连杆平面位置设计四杆机构

2. 按照给定的连架杆的一系列对应位置设计四杆机构

通常情况下，常给定连架杆的两组或三组对应位置，而且机架和其中一个连架杆的尺寸是设计人员事先给定的，设计的关键问题是找出另一个连架杆与连杆的铰链点的位置。该类问题可利用刚化反转法，将按连架杆的一系列对应位置设计四杆机构问题，转化为按照连杆的一系列位置设计四杆机构。

(1) 刚化反转法的原理　在图 4-21 中，给出了四杆机构的两个位置 AB_1C_1D、AB_2C_2D，两个连架杆的对应转角分别为 φ_1、φ_2 和 ψ_1、ψ_2。设想将机构 AB_2C_2D 整体刚化，并绕轴心 D 转过 $\psi_2-\psi_1$ 角。构件 DC_2 与 DC_1 重合，AB_2 运动到了 $A'B'_2$ 位置。经过这样的转化，可以认为此机构已转换为以 C_1D 为机架，以 AB_1、$A'B'_2$ 为连杆位置的设计问题。

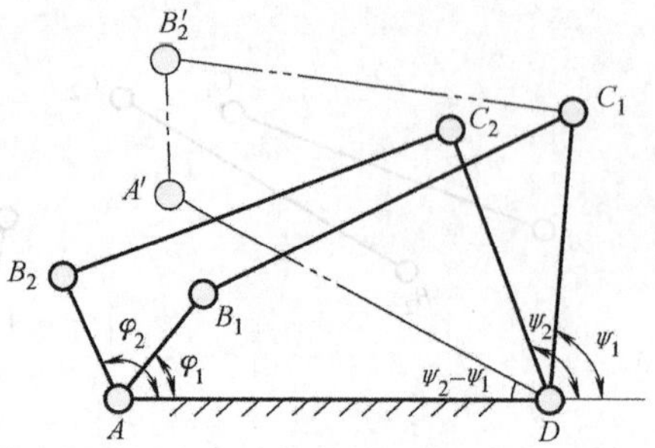

图 4-21　刚化反转法的原理

（2）按照给定的连架杆的三组对应位置设计四杆机构　如图 4-22a 所示，已知一连架杆 AB 和机架 AD 的长度，要求该机构在运动过程中，连架杆 AB 和连架杆 CD 上某一标线 DE 能占据三组预定的对应位置 AB_1、AB_2、AB_3 及 DE_1、DE_2、DE_3，三组对应位置的对应角度为 φ_1、φ_2、φ_3 和 ψ_1、ψ_2、ψ_3。设计此四杆机构。

此类设计问题可以转化为以连架杆 CD 为机架，以连架杆 AB 为连杆的设计问题。设计过程如下：

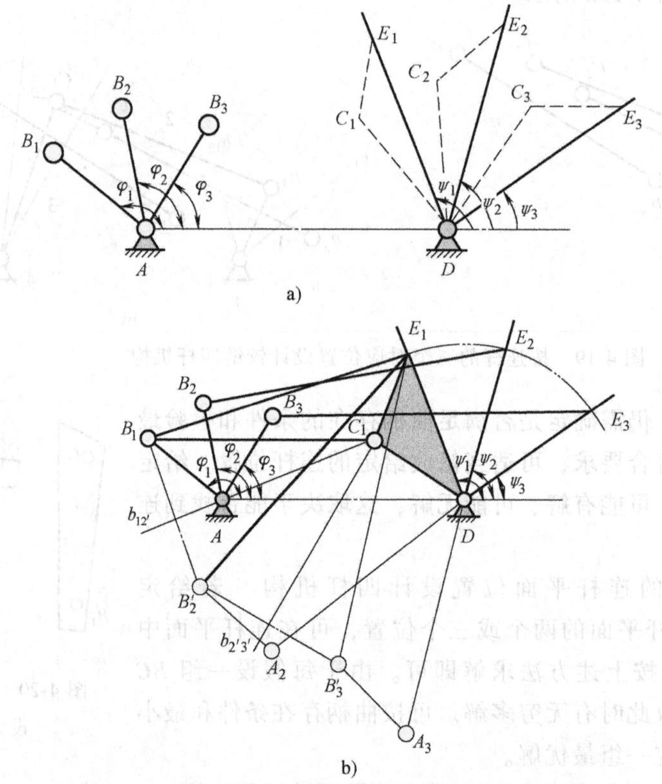

图 4-22　按两连架杆的三组对应位置设计四杆机构

1）选适当比例尺画出机构的三组对应位置，如图 4-22b 所示。

2）以 D 为圆心，任选半径画弧，交构件 DC 的三个方向线于 E_1、E_2、E_3 点。

3）连接四边形 AB_1E_1D、AB_2E_2D、AB_3E_3D，分别刚化反转 AB_2E_2D、AB_3E_3D，使 E_2D、E_3D 与 E_1D 重合。此时，转化为以 E_1D 为机架，以 AB_1、$A_2B'_2$，$A_3B'_3$ 为连杆三个位

置的设计问题。

4）做 B_1B_2'、$B_2'B_3'$ 的中垂线，交点 C_1 即为连杆与连架杆 DC 的铰接点。所以，AB_1C_1D 为机构的第一位置。

5）确定是否满足曲柄存在的条件，验算最小传动角是否符合要求。如发现问题，可调整初始条件，重新设计，直到满足各项要求为止。

如果给出两个连架杆的两组对应位置，则有无穷多解。如果其中一个连架杆演化为滑块，上述反转方法仍然适用。

3. 按行程速度变化系数设计四杆机构

设计具有急回特性的机构时，通常已知行程速度变化系数 K 和其他条件，设计方法如下。

（1）曲柄摇杆机构　已知摇杆的长度 l_{CD}、摇杆摆角 ψ 和行程速度变化系数 K，设计曲柄摇杆机构。

已知上述条件的曲柄摇杆机构设计的实质是确定固定铰链中心 A 的位置，求出其他三个构件的尺寸 l_{AB}、l_{BC} 和 l_{AD}。其设计步骤如下：

1）求解极位夹角 θ：

$$\theta=180°\times\frac{K-1}{K+1}$$

2）任选一固定铰链点 D，选取长度比例尺 μ_l，按摇杆长 l_{CD} 和摆角 ψ 做出摇杆的两个极限位置 C_1D 和 C_2D，如图 4-23 所示。

3）连接 C_1、C_2，过 C_2 点做 C_1C_2 的垂直线 C_2P。

4）做 $\angle C_2C_1P=90°-\theta$，得到直角 $\triangle C_2C_1P$，直角 $\triangle C_1PC_2$ 中，$\angle C_1PC_2=\theta$。

5）做直角 $\triangle C_1PC_2$ 的外接圆，在圆弧 $\overset{\frown}{NC_1}$ 或 $\overset{\frown}{MC_2}$ 上任选一点 A 作为曲柄 AB 的转动中心，并分别与 C_1、C_2 相连，则 $\angle C_1AC_2=\angle C_1PC_2=\theta$。

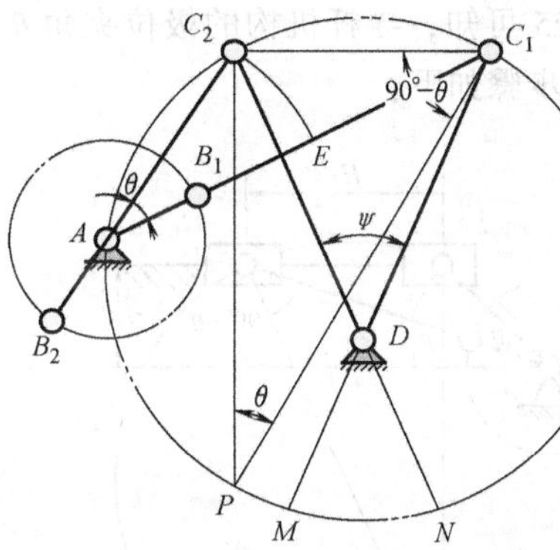

图 4-23　按行程速度变化系数 K 设计曲柄摇杆机构

6）以 A 为圆心，$\overline{AC_2}$ 为半径做圆弧，交 AC_1 直线于 E 点，则 $\overline{EC_1}=2\overline{AB}$。然后，以 A 为圆心，以 $\overline{EC_1}/2$ 为半径做圆交 C_1A 于 B_1 点，交 C_2A 的延长线于 B_2 点，则 $\overline{AB_1}=\overline{AB_2}=\overline{AB}$，即为曲柄长，$\overline{B_1C_1}=\overline{B_2C_2}=\overline{BC}$ 为连杆长，AD 为机架。故曲柄、连杆和机架的实际长度分别为

$$l_{AB}=\mu_l\overline{AB}$$

$$l_{BC}=\mu_l\overline{BC}$$

$$l_{AD}=\mu_l\overline{AD}$$

A 点位置不同，机构传动角大小也不同。为了获得较好的传力性能，可按最小传动角或其他辅助条件来确定 A 点位置。当 $K=1$ 时，极位夹角 $\theta=0°$。此时，A 点在 C_1C_2 的延长线上选取，再辅以其他条件确定 A 点的具体位置。

（2）曲柄滑块机构　已知曲柄滑块机构的行程速度变化系数 K、行程 H 和偏距 e，设计该曲柄滑块机构。

1）根据行程速度变化系数 K，计算出极位夹角 θ。

2）如图 4-24 所示，做一直线 $\overline{C_1C_2}=H$，由点 C_2 做 C_1C_2 的垂线 C_2P，再由点 C_1 做一直线 C_1P 与 C_2C_1 成 $90°-\theta$ 的夹角，两线相交于点 P。

3）做直角△C_1PC_2 的外接圆，做 C_1C_2 的平行线，距离等于偏距 e，此直线与圆的交点即为曲柄 AB 转动中心 A。连接 AC_1、AC_2，则 $\angle C_1AC_2=\angle C_1PC_2=\theta$。

4）A 点确定后，根据机构在极限位置时曲柄与连杆共线的特点，即可求出曲柄的长度及连杆的长度。

5）C_1C_2 的平行线与圆相交后有两个点，根据曲柄位置要求选择一个点即可。

例如：当 $K=1$ 时，A 点在 C_1C_2 的延长线上选取，该机构为对心曲柄滑块机构。

（3）导杆机构　已知摆动导杆机构中机架的长度 l_{AC} 及行程速度变化系数 K，设计该导杆机构。

由图 4-25 可知，导杆机构的极位夹角 θ 等于导杆的摆角 ψ，所需确定的尺寸是曲柄长度 l_{AB}。其设计步骤如下：

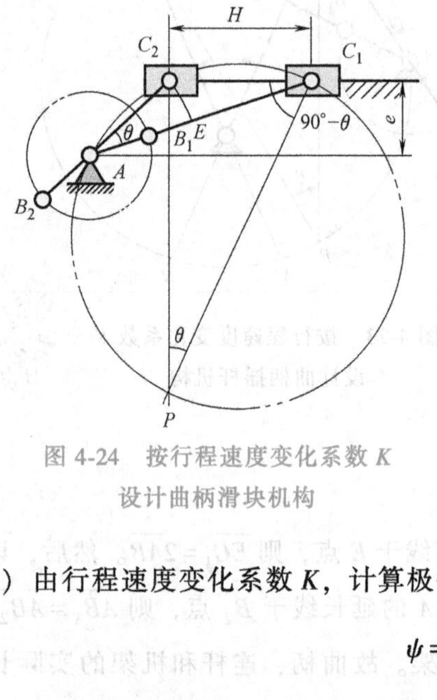

图 4-24　按行程速度变化系数 K 设计曲柄滑块机构

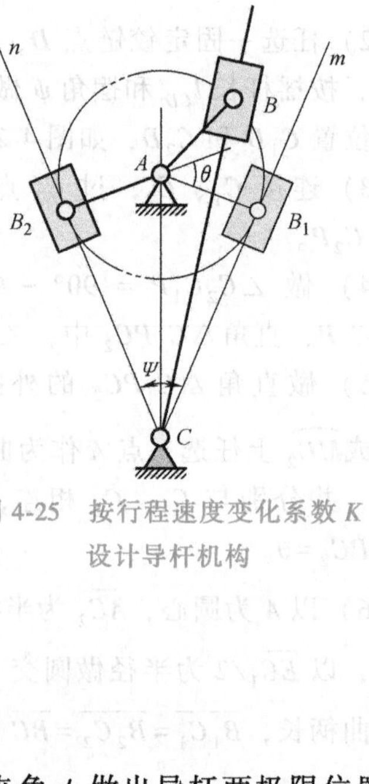

图 4-25　按行程速度变化系数 K 设计导杆机构

1）由行程速度变化系数 K，计算极位夹角 θ：

$$\psi=\theta=180°\times\frac{K-1}{K+1}$$

2）选取适当的长度比例尺 μ_l，任选固定铰链点 C，以夹角 ψ 做出导杆两极限位置 Cm 和 Cn。

3）做摆角 ψ 的平分线 AC，并在线上取 $\overline{AC}=l_{AC}/\mu_l$，求得固定铰链点 A 的位置。

4）过点 A 做导杆极限位置的垂线 AB_1（或 AB_2），即得曲柄长度：

$$l_{AB}=\mu_l\overline{AB_1}$$

4. 按照给定的连杆曲线设计四杆机构

按照连杆曲线设计四杆机构时，经常采用图谱法。参照图谱中的曲线，可直接查阅出对应的连杆机构。利用连杆曲线方程绘制连杆曲线图谱也很方便。图 4-26 所示为连杆上 F 点的运动轨迹，改变连杆上 BE 与 EF 的尺寸，可以生成许多不同 F 点的连杆曲线，再对照连杆曲线选择相关的连杆机构。仿生机械的步行机构经常采用连杆机构，其设计方法就是给定足端运动轨迹，然后设计能实现该运动轨迹的连杆机构。

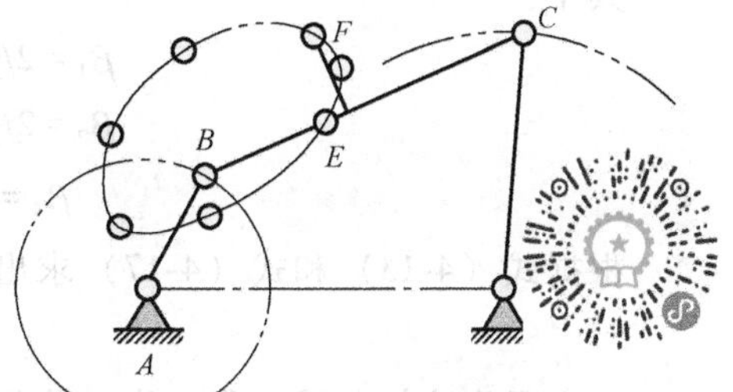

图 4-26　连杆上 F 点的运动轨迹

三、解析设计法

用数学方法进行机构的尺度综合，称为解析法。由于仿生机械中的连杆机构，特别是步行机构，大都按照足端运动轨迹进行四杆机构的设计，闭链连杆机构的足端运动轨迹由连杆上某点的运动来实现，所以在解析法中主要介绍轨迹综合法。

给定连杆曲线设计四杆机构时，一般是给定连杆曲线上几个关键点的坐标，所设计的四杆机构能准确或近似通过所选的关键点。

图 4-27 中，已知 $P(x_P,\ y_P)$ 点为连杆曲线上的坐标，求待设计的四杆机构的尺寸与描述 P 点位置的 e、f、γ。

图 4-27 中，从 ABP 支路得出 P 点坐标：

$$\begin{cases}x_P=a\cos\varphi+e\sin\gamma_1\\ y_P=a\sin\varphi+e\cos\gamma_1\end{cases}\rightarrow\begin{cases}a\cos\varphi=x_P-e\sin\gamma_1\\ a\sin\varphi=y_P-e\cos\gamma_1\end{cases}$$

两边平方再相加，消去 φ 后得

$$2e(x_P\sin\gamma_1+y_P\cos\gamma_1)=x_P^2+y_P^2+e^2-a^2 \quad (4\text{-}12)$$

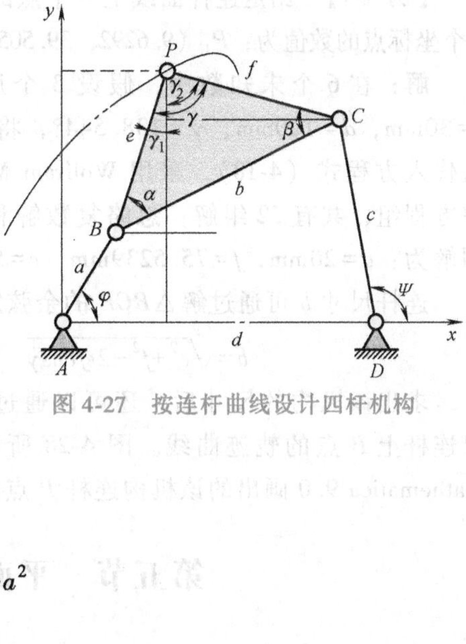

图 4-27　按连杆曲线设计四杆机构

对式（4-12）进行整理后，可有下式：

$$\alpha_1\cos\gamma_1+\alpha_2\sin\gamma_1=\alpha_3 \quad (4\text{-}13)$$

其中：

$$\alpha_1=2ey_P$$

$$\alpha_2=2ex_P$$

$$\alpha_3=x_P^2+y_P^2+e^2-a^2$$

从 $ADCP$ 支路得出 P 点坐标：

$$\begin{cases}x_P=d+c\cos\psi-f\sin\gamma_2\\ y_P=c\sin\psi+f\cos\gamma_2\end{cases}\rightarrow\begin{cases}c\cos\psi=x_P-d+f\sin\gamma_2\\ c\sin\psi=y_P-f\cos\gamma_2\end{cases}$$

两边平方再相加，消去 ψ 后得

$$-2f\left[(x_P-d)\sin\gamma_2-y_P\cos\gamma_2\right]=(x_P-d)^2+y_P^2+f^2-c^2 \quad (4\text{-}14)$$

$$\gamma=\gamma_1+\gamma_2 \quad (4\text{-}15)$$

$$\gamma=\arccos\frac{e^2+f^2-b^2}{2ef} \quad (4\text{-}16)$$

将式（4-15）代入式（4-14），进行整理，可有

$$\beta_1\cos\gamma_1+\beta_2\sin\gamma_1=\beta_3 \quad (4\text{-}17)$$

其中：

$$\beta_1 = 2fy_P\cos\gamma - 2f(x_P - d)\sin\gamma$$

$$\beta_2 = 2fy_P\sin\gamma + 2f(x_P - d)\cos\gamma$$

$$\beta_3 = (x_P - d)^2 + y_P^2 + f^2 - c^2$$

根据式（4-13）和式（4-17）求出 $\cos\gamma_1$ 和 $\sin\gamma_1$，并代入 $\cos^2\gamma_1 + \sin^2\gamma_1 = 1$，整理可得

$$U^2 + V^2 = W^2 \tag{4-18}$$

该方程为连杆曲线方程，为6阶代数曲线。

$$\begin{cases} U = f[(x_P - d)\cos\gamma + y_P\sin\gamma](x_P^2 + y_P^2 + e^2 - a^2) - ex_P[(x_P - d)^2 + y_P^2 + f^2 - c^2] \\ V = f[(x_P - d)\sin\gamma - y_P\cos\gamma](x_P^2 + y_P^2 + e^2 - a^2) + ey_P[(x_P - d)^2 + y_P^2 + f^2 - c^2] \\ W = 2ef\sin\gamma[x_P(x_P - d) + y_P^2 - dy_P\cot\gamma] \end{cases} \tag{4-19}$$

该方程中的未知数为 a、b、c、d、e、f 共6个。从连杆曲线上取6个关键点坐标 P_i（x_{P_i}，y_{P_i}），i=1，2，3，4，5，6，可写出6个连杆曲线方程，再求解6个未知数。由于方程复杂，求解难度大，一般满足曲线上3个点就可以了。

【例 4-1】 给定连杆曲线上3个点的坐标值，求解能通过该3个点位置的四杆机构尺寸。3个坐标点的数值为：P_1（9.6292，39.5055），P_2（16.6685，42.5225），P_3（23.5104，42.8453）。

解：在6个未知数中，假设3个尺寸参数为已知：e=30mm，d=120mm，γ=138.544°，将 P 点的3个坐标值代入方程式（4-18），采用 Wolfram Mathematica 9.0 求解方程组，共有32组解，忽略复数解和其他负数解，可用解为：a=20mm，f=75.5239mm，c=59.9999mm。

连杆尺寸 b 可通过解△BCP 的余弦定理求出：

$$b = \sqrt{e^2 + f^2 - 2ef\cos\gamma}$$

求出该机构的尺寸后，还可以通过连杆曲线方程画出连杆上 P 点的轨迹曲线。图 4-28 所示为应用 Wolfram Mathematica 9.0 画出的该机构连杆 P 点的运动曲线。

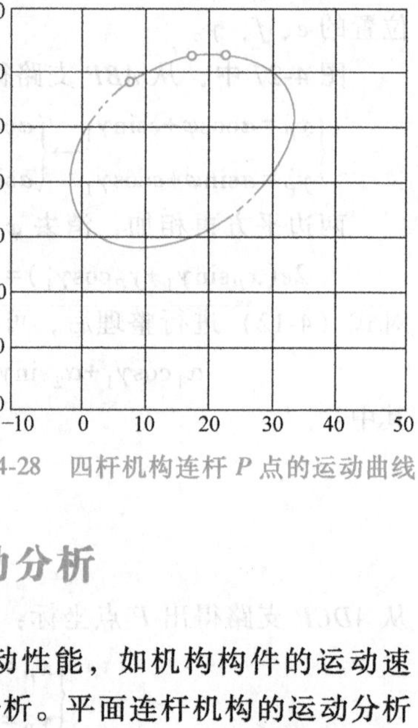

图 4-28 四杆机构连杆 P 点的运动曲线

第五节 平面连杆机构的运动分析

经过机构设计得到构件尺寸后，还需要检验该机构的运动性能，如机构构件的运动速度、加速度等参数是否满足要求，因此需要对机构进行运动分析。平面连杆机构的运动分析是根据给定的原动件运动规律，求解从动件上某些点的位置、速度和加速度，以及这些构件的角位置、角速度和角加速度的过程。运动分析的方法主要有相对运动图解法和解析法。

一、用相对运动图解法对机构进行运动分析

用相对运动图解法对机构进行运动分析时，经常会遇到两类问题：其一是已知某个构件上一点的速度和加速度，求该构件上另外一点的速度和加速度；其二是两个做平面相对运动的构件之间，存在一个瞬时重合点，其中一个构件在这个重合点处的速度和加速度是已知的，求解另外一个构件在该点处的速度和加速度。

要解决这两类问题，首先要建立两点之间的速度和加速度矢量方程，然后通过求解矢量方程得到未知点的速度和加速度。下面就来讨论如何针对上述两类问题建立速度和加速度矢量方程。

1. 相对运动图解法的基本原理

相对运动图解法的基本原理源自理论力学中刚体的相对运动原理，以下进行简单的介绍。

（1）同一构件上两点之间的速度、加速度的关系　做平面运动的物体，任一点的运动都可以看成是随同基点的平动以及绕基点的转动的合成。图 4-29 所示为做平面运动的刚体，已知基点 A 的速度 v_A，则该刚体上任意一点 B 的速度为

$$\boldsymbol{v}_B=\boldsymbol{v}_A+\boldsymbol{v}_{BA}$$

式中，$\boldsymbol{v}_A$是 A 点的绝对速度，方向已知；$\boldsymbol{v}_B$为 B 点的绝对速度，方向未知；$v_{BA}=\omega l_{AB}$，是 B 点相对于 A 点的运动速度，其方向垂直于 AB。

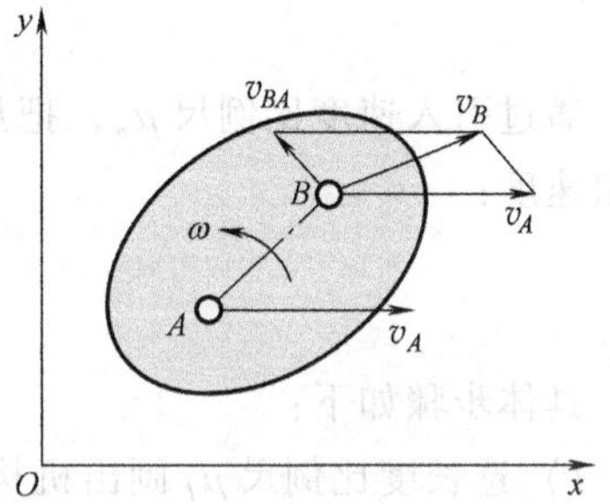

图 4-29　同一构件上两点之间的速度关系

速度为矢量，是具有方向和大小的物理量。每个速度方程可求解出两个未知数。为求解方便，列出速度方程时尽量使未知数位于方程等号的两侧。

同一构件上两点之间的运动关系可以概括为牵连运动是移动、相对运动是转动的运动关系。

B 点与 A 点之间的加速度关系可以表达如下：

$$\boldsymbol{a}_B=\boldsymbol{a}_A+\boldsymbol{a}_{BA}^n+\boldsymbol{a}_{BA}^t$$

式中，$\boldsymbol{a}_{BA}^n$ 是 B 点相对于 A 点的法向加速度，其方向由 B 指向 A，其值 $a_{BA}^n=\dfrac{v_{BA}^2}{l_{AB}}=\omega^2 l_{AB}$；$\boldsymbol{a}_{BA}^t$ 是 B 点相对于 A 点的切向加速度，其方向垂直于 A、B 两点的连线，其值 $a_{BA}^t=\alpha l_{AB}$；ω、α 分别为该构件的角速度和角加速度。

加速度为矢量，是具有方向和大小的物理量。每个加速度方程可求解出两个未知数。为求解方便，列出加速度方程时尽量使未知数位于方程等号的两侧。

（2）两个构件重合点处的速度和加速度矢量关系　如图 4-30 所示，构件 1 和 2 用移动副连接，且构件 1 绕 A 点转动，两个构件在重合点 B 处的运动关系可用理论力学中的牵连运动是转动、相对运动是移动来描述。

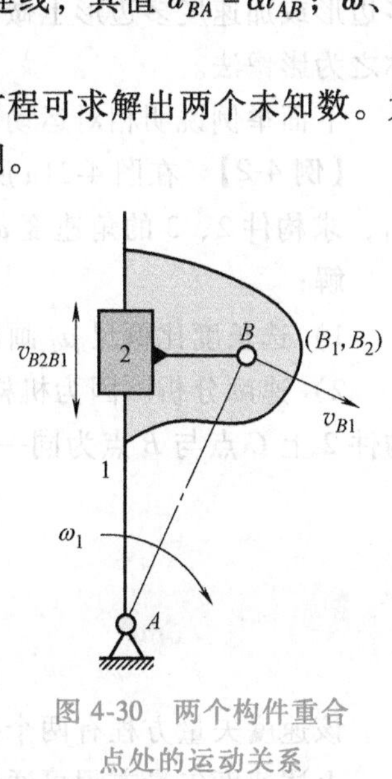

图 4-30　两个构件重合点处的运动关系

该重合点处的速度矢量关系为

$$\boldsymbol{v}_{B2}=\boldsymbol{v}_{B1}+\boldsymbol{v}_{B2B1}$$

式中，$\boldsymbol{v}_{B2}$为构件 2 上 B 点的绝对速度，一般不知道其运动方向；$\boldsymbol{v}_{B1}$ 为构件 1 上 B 点的绝对速度，其方向垂直于 AB；$\boldsymbol{v}_{B2B1}$为构件 2 上 B 点相对构件 1 上 B 点的相对速度，其方向平行导路，$\boldsymbol{v}_{B2B1}$与 $\boldsymbol{v}_{B1B2}$大小相等，方向相反。

两构件在重合点 B 处的加速度关系为

$$\boldsymbol{a}_{B2}=\boldsymbol{a}_{B1}+\boldsymbol{a}_{B2B1}^k+\boldsymbol{a}_{B2B1}^r$$

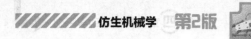

式中，$\boldsymbol{a}_{B2}$ 为构件 2 上 B 点的绝对加速度；$\boldsymbol{a}_{B1}$ 为构件 1 上 B 点的绝对加速度，其值为 $a_{B1}=a_{B1}^n+a_{B1}^t$，如构件 1 等速转动，其值 $a_{B1}=a_{B1}^n=\omega_1^2 l_{AB}$，方向为由 B 指向 A；$\boldsymbol{a}_{B2B1}^r$ 为构件 2 上 B 点相对构件 1 上 B 点的相对加速度，其方向与导路方向平行；$\boldsymbol{a}_{B2B1}^k$ 为构件 2 上 B 点相对构件 1 上 B 点的科氏加速度，其方向为把 $\boldsymbol{v}_{B2B1}$ 沿 ω_1 方向转过 90°，其值 $a_{B2B1}^k=2v_{B2B1}\omega_1$。

当两个构件以相同的角速度转动且有相对移动时，其重合点处必有科氏加速度。

为求解方便，列上述方程时，尽量使未知数分布在方程等号两侧。

2. 相对运动图解法

通过引入速度比例尺 μ_v，把速度矢量转化为长度矢量，即可用图解矢量加法求解未知速度：

$$\mu_v=\frac{\text{实际速度(m/s)}}{\text{图中的长度(mm)}}$$

通过引入速度比例尺 μ_a，把加速度矢量转化为长度矢量，即可用图解矢量加法求解未知加速度：

$$\mu_a=\frac{\text{实际加速度(m/s}^2\text{)}}{\text{图中的长度(mm)}}$$

具体步骤如下：

1）选长度比例尺 μ_l 画出机构运动简图。

2）列出速度矢量方程，标注出速度的大小与方向的已知与未知情况。

3）选择速度比例尺 μ_v，将速度矢量转换为长度矢量，做矢量加法，求出未知量。

4）列出加速度矢量方程，标注出加速度的大小与方向的已知与未知情况。

5）选择加速度比例尺 μ_a，将加速度矢量转换为长度矢量，做矢量加法，求出未知量。

如果知道同一构件上两点的速度或加速度，求解第三点的速度或加速度，可利用在速度多边形或加速度多边形上做出与对应构件相似的三角形的方法求解第三点的速度或加速度，称之为影像法。

下面举例说明相对运动图解法的具体应用。

【例 4-2】 在图 4-31a 所示机构中，已知曲柄 AB 以逆时针方向等速转动，其角速度为 ω_1，求构件 2、3 的角速度 ω_2、ω_3 和角加速度 α_2、α_3，以及构件 2 上 E 点的速度和加速度。

解：

1）选长度比例尺 μ_l 画出图 4-31a 所示的机构运动简图。

2）速度分析。因为机构中构件 2 上 B 点的速度为已知，可从 B 点开始进行速度分析，构件 2 上 C 点与 B 点为同一构件 2 上的两点，故有

	$\boldsymbol{v}_C$	=	$\boldsymbol{v}_B$	+	$\boldsymbol{v}_{CB}$
大小	?		$\omega_1 l_{AB}$		?
方向	$\perp DC$		$\perp AB$		$\perp BC$

$$v_{B1}=v_{B2}=v_B=\omega_1 l_{AB}$$

该速度矢量方程有两个代表大小的未知数，可用矢量加法求得 v_C、v_{CB} 的值。

上述速度矢量方程可通过引入速度比例尺转化为下列长度矢量方程。该方程可用高等数学中的矢量运算求解。

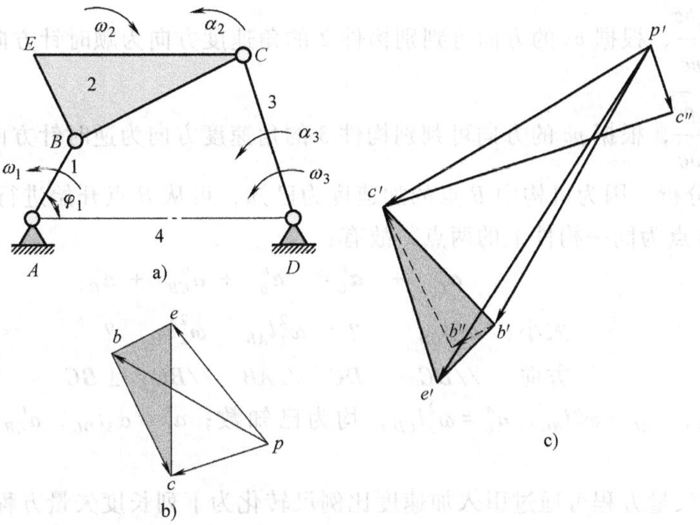

图 4-31 铰链四杆机构的运动分析

$$\overrightarrow{pc}=\overrightarrow{pb}+\overrightarrow{bc}$$

做矢量加法时的开始点 p 称为极点，矢端点的标注与其代表的绝对速度同名点相同。例如：$\overrightarrow{pc}$ 代表 $\boldsymbol{v}_C$，$\overrightarrow{pb}$ 代表 $\boldsymbol{v}_B$；矢量图中表示相对速度的字母与对应的相对速度字母指向相反，如$\overrightarrow{bc}$ 代表 $\boldsymbol{v}_{CB}$。

具体作图步骤为：

1）选择速度比例尺，$\mu_v=\dfrac{v_B}{\overline{pb}}$，则 $\overline{pb}=\dfrac{v_B}{\mu_v}$。

2）如图 4-31b 所示，任选一极点 p，做线段 $pb\perp AB$，$\overrightarrow{pb}$ 代表速度 $\boldsymbol{v}_B$。过 b 点做 BC 的垂线，代表 $\boldsymbol{v}_{CB}$ 的方向线；过 p 点做 CD 的垂线，代表 $\boldsymbol{v}_C$ 的方向线，交点即为 C 点。线段 $\overrightarrow{pc}$ 代表速度 $\boldsymbol{v}_C$，线段$\overrightarrow{bc}$ 代表速度 $\boldsymbol{v}_{CB}$。在进行矢量运算时，代表绝对速度的矢量要从极点 p 开始画出，如矢量 pb、pc，从矢量 Δpbc 中可知，$\overrightarrow{bc}$ 代表 $\boldsymbol{v}_{CB}$，字母顺序相反。从矢量加法可知 $\boldsymbol{v}_{CB}(\overrightarrow{bc})$ 的方向。

$$v_C=\mu_v\overline{pc},\quad v_{CB}=\mu_v\overline{bc}$$

已知构件 BC 上两点的速度以后，可以用影像法求解该构件上另一点 E 的速度。在图 4-31b 所示的速度多边形中，以 bc 为边，做$\triangle bce$ 与构件 BCE 相似，即$\triangle bce\backsim\triangle BCE$，可在速度多边形中直接求得 e 点，连接 pe，则 pe 代表 E 点的绝对速度 v_E。做相似三角形时要注意保持速度多边形和机构中表示构件的字母顺序的一致性。当求出构件 2 上 C 点速度后，构件 2 上的 B、C 两点速度为已知，求解该构件上第三点的速度，如 E 点，也可列出以下方程：

$$\boldsymbol{v}_E=\boldsymbol{v}_B+\boldsymbol{v}_{EB}$$

$$\boldsymbol{v}_E=\boldsymbol{v}_C+\boldsymbol{v}_{EC}$$

速度多边形中，be 与 ce 的交点即为 e 点。也很容易证明$\triangle bce\backsim\triangle BCE$，构件 2、3 的角速度很容易求出来。

$\omega_2=\dfrac{v_{CB}}{L_{BC}}=\dfrac{\mu_v\overline{bc}}{L_{BC}}$，根据 bc 的方向可判别构件 2 的角速度方向为顺时针方向。

$\omega_3=\dfrac{v_C}{L_{DC}}=\dfrac{\mu_v\overline{pc}}{L_{DC}}$，根据 pc 的方向可判别构件 3 的角速度方向为逆时针方向。

3）加速度分析。因为机构中 B 点的加速度为已知，可从 B 点开始进行加速度分析，构件 2 上 C 点与 B 点为同一构件上的两点，故有：

$$\boldsymbol{a}_C^n + \boldsymbol{a}_C^t = \boldsymbol{a}_B^n + \boldsymbol{a}_{CB}^n + \boldsymbol{a}_{CB}^t$$

大小	$\omega_3^2 l_{CD}$	?	$\omega_1^2 l_{AB}$	$\omega_2^2 l_{BC}$	?
方向	$//DC$	$\perp DC$	$//AB$	$//BC$	$\perp BC$

式中，$a_B^n=\omega_1^2 l_{AB}$，$a_{CB}^n=\omega_2^2 l_{BC}$，$a_C^n=\omega_3^2 l_{CD}$，均为已知数；$a_C^t=\alpha_3 l_{DC}$，$a_{CB}^t=\alpha_2 l_{BC}$，为待求的值。

上述加速度矢量方程可通过引入加速度比例尺转化为下列长度矢量方程。该方程可用高等数学中的矢量运算求解，矢量方程表达如下：

$$\overrightarrow{p'c''}+\overrightarrow{c''c'}=\overrightarrow{p'b'}+\overrightarrow{b'b''}+\overrightarrow{b''c'}$$

式中，$\overrightarrow{p'c''}$代表 C 点的法向加速度 $\boldsymbol{a}_C^n$；$\overrightarrow{c''c'}$代表 C 点的切向加速度 $\boldsymbol{a}_C^t$；$\overrightarrow{p'b'}$代表 B 点的法向加速度 $\boldsymbol{a}_B^n$；$\overrightarrow{b'b''}$代表构件 2 上 C 点相对 B 点的法向加速度 $\boldsymbol{a}_{CB}^n$；$\overrightarrow{b''c'}$代表构件 2 上 C 点相对 B 点的切向加速度 $\boldsymbol{a}_{CB}^t$。

加速度多边形的小写字母与机构运动简图中的大写字母最好一一对应，涉及法向或切向分量时，可在相应字母右上角加撇号。

如图 4-32c 所示，矢量加法的具体过程为：任选极点 p'，做 $p'b'//AB$，$\overrightarrow{p'b'}$代表 $\boldsymbol{a}_B^n$，过 b' 做 $b'b''//BC$，$\overrightarrow{b'b''}$代表 $\boldsymbol{a}_{CB}^n$；过 b'' 做 BC 的垂线，代表 $\boldsymbol{a}_{CB}^t$ 的方向线；过 p' 做 $\overrightarrow{p'c''}//DC$，$\overrightarrow{p'c''}$代表 $\boldsymbol{a}_C^n$；过 c'' 做 DC 的垂线，代表 $\boldsymbol{a}_C^t$ 的方向线，交点 c' 即为所求。$\overrightarrow{p'c'}$代表 C 点的加速度 $\boldsymbol{a}_C$。

$a_C^t=\overline{c''c'}\mu_a$，$\alpha_3=\dfrac{a_C^t}{l_{DC}}$，其方向由$\overrightarrow{c''c'}$的方向判别，为逆时针方向。

$a_{CB}^t=\overline{b''c'}\mu_a$，$\alpha_2=\dfrac{a_{CB}^t}{l_{BC}}$，其方向由$\overrightarrow{b''c'}$的方向判别，为逆时针方向。

连杆上 E 点的加速度也可用加速度影像法直接求出来：$a_E=\mu_a\overline{p'e'}$，方向如图 4-31c 所示。

【例 4-3】 如图 4-32a 所示机构中，已知曲柄 AB 以逆时针方向等速转动，其角速度为 ω_1，求构件 2、3 的角速度 ω_2、ω_3 和角加速度 α_2、α_3。

解：

1）选长度比例尺 μ_l 画出图 4-32a 所示的机构运动简图。

2）速度分析。构件 1 上 B_1 点的速度 $v_{B1}=v_{B2}=\omega_1 l_{AB}$。

列速度方程时必须与 B_1 点联系起来，才能使矢量方程的未知数少于 2。因此扩大构件 3，如图 4-32b 所示。此时，B 点为构件 1、2、3 的重合点，可用 B_1、B_2、B_3 表示重合点 B 的位置。

构件 3 与构件 2 在重合点 B 的速度矢量方程为：

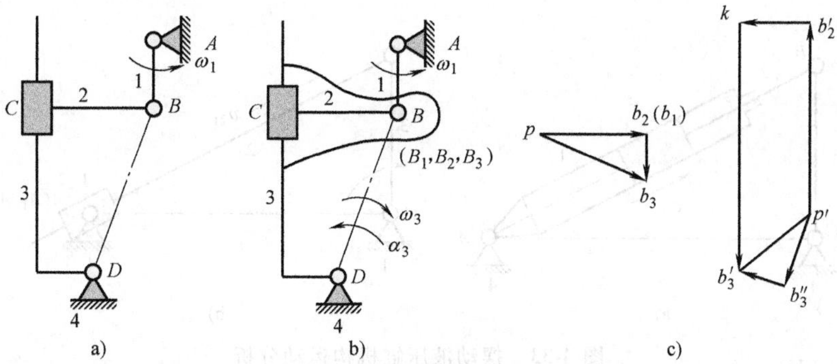

图 4-32 导杆机构的运动分析

$$\boldsymbol{v}_{B3} = \boldsymbol{v}_{B2} + \boldsymbol{v}_{B3B2}$$

	$\boldsymbol{v}_{B3}$	$\boldsymbol{v}_{B2}$	$\boldsymbol{v}_{B3B2}$
方向	$\perp BD$	$\perp AB$	//导路
大小	?	$\omega_1 l_{AB}$	?

选速度比例尺 μ_v，把 v_{B_2} 转化为长度 $\overline{pb_2}$。

任选一极点 p 做矢量加法：

$$\overrightarrow{pb_3} = \overrightarrow{pb_2} + \overrightarrow{b_2b_3}$$

$v_{B3} = \mu_v \overline{pb_3}$，$v_{B3B2} = \mu_v \overline{b_2b_3}$，$\omega_3 = \dfrac{v_{B3}}{l_{BD}}$，$\omega_2 = \omega_3$，其方向为顺时针方向。

两构件在重合点 B 处的加速度关系为

$$\boldsymbol{a}_{B3} = \boldsymbol{a}_{B2}^n + \boldsymbol{a}_{B3B2}^k + \boldsymbol{a}_{B3B2}^r$$

$$\boldsymbol{a}_{B3} = \boldsymbol{a}_{B3}^n + \boldsymbol{a}_{B3}^t$$

$$\boldsymbol{a}_{B3}^n + \boldsymbol{a}_{B3}^t = \boldsymbol{a}_{B2}^n + \boldsymbol{a}_{B3B2}^k + \boldsymbol{a}_{B3B2}^r$$

	$\boldsymbol{a}_{B3}^n$	$\boldsymbol{a}_{B3}^t$	$\boldsymbol{a}_{B2}^n$	$\boldsymbol{a}_{B3B2}^k$	$\boldsymbol{a}_{B3B2}^r$
方向	$B \to D$	$\perp BD$	$B \to A$	⊥导路(指左)	//导路
大小	$\omega_3^2 l_{BD}$	?	$\omega_1^2 l_1$	$2v_{B3B2}\omega_2$	?

选加速度比例尺 μ_a，把 a_{B2}^n、a_{B3}^n、a_{B3B2}^k 转化为相应长度的矢量。

任选一点 p' 做矢量加法：

$$\overrightarrow{p'b'_3} = \overrightarrow{p'b'_2} + \overrightarrow{b'_2k} + \overrightarrow{kb'_3}$$

$$\overrightarrow{p'b''_3} + \overrightarrow{b''_3b'_3} = \overrightarrow{p'b'_2} + \overrightarrow{b'_2k} + \overrightarrow{kb'_3}$$

$\overrightarrow{p'b''_3}$ 代表 B_3 点的法向加速度 $\boldsymbol{a}_{B3}^n$，$\overrightarrow{b''_3b'_3}$ 代表 B_3 点的切向加速度 $\boldsymbol{a}_{B3}^t$，$\overrightarrow{p'b'_2}$ 代表 $B_2(B_1)$ 点的法向加速度 $\boldsymbol{a}_{B2}^n$，$\overrightarrow{b'_2k}$ 代表重合点 B 点的科氏加速度 $\boldsymbol{a}_{B3B2}^k$，$\overrightarrow{kb'_3}$ 代表重合点 B 点的相对加速度 $\boldsymbol{a}_{B3B2}^r$。

加速度多边形如图 4-32c 所示。

$\alpha_3 = \dfrac{a_{B3}^t}{l_{BD}} = \dfrac{b''_3b'_3\mu_a}{l_{BD}}$，其方向由 a_{B3}^t 判断，如图 4-32b 所示。

液压机构的运动分析可转化为相应的导杆机构进行，图 4-33a 所示的摆动液压缸机构可转化为图 4-33b 所示的摇块机构，但已知速度是相对速度。可用相对运动图解法对其进行运动分析。

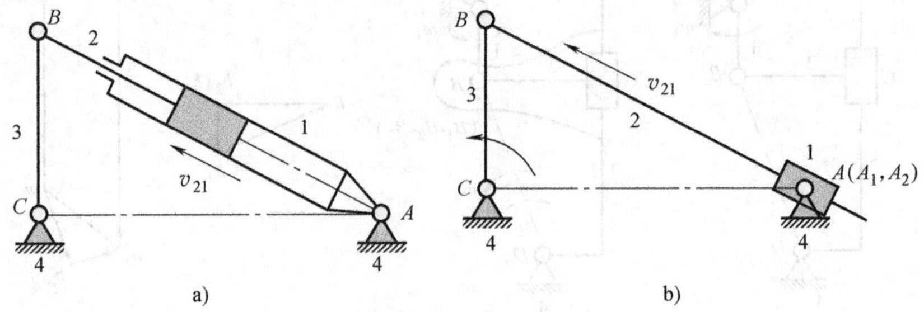

图 4-33 摆动液压缸机构运动分析

二、用解析法对机构进行运动分析

1. 解析法的基本知识

解析法的实质是建立机构的位置方程 $s=s(\varphi)$、速度方程 $v=v(\varphi)$、加速度方程 $a=a(\varphi)$ 并求解的过程。解析法的一般步骤为：

1）建立直角坐标系。一般情况下，坐标系的原点与原动件的转动中心重合，x 轴通过机架，y 轴的确定按直角坐标系法则处理。这样处理坐标系可使运动方程简单些。

2）建立机构运动分析的数学模型。把机构看作一个封闭矢量环，各构件看作矢量，连架杆的矢量方向指向与连杆连接的铰链中心。其余杆件的矢量方向可任意选定。最后列出的机构封闭矢量之和应为零，即

$$\sum_{i=1}^{n} \boldsymbol{l}_i = 0$$

3）各矢量与 x 轴的夹角以逆时针方向为正，把矢量方程中各矢量向 x、y 轴投影，其投影方程即为机构的位置方程。该方程为非线性方程，可用牛顿法求解。

4）将位置方程中的各项对时间求导数，可得到机构的速度方程，从中解出待求的角速度或某些点的速度。

5）将速度方程中的各项对时间求导数，可得到机构的加速度方程，从中解出待求的角加速度或某些点的加速度。

2. 解析法在机构运动分析中的应用

以下通过几个示例说明解析法的具体应用。

【例 4-4】 已知图 4-34 所示的铰链四杆机构中各构件的尺寸和原动件 1 的位置 φ_1 及角速度 ω_1，求解构件 2、3 的角速度 ω_2、ω_3 和角加速度 α_2、α_3。

解：

1）建立直角坐标系 Axy，坐标原点通过 A 点，x 轴沿机架 AD 方向。

2）封闭矢量环如图 4-34 所示，连架杆矢量从固定转动中心向外指（分别指向与连杆

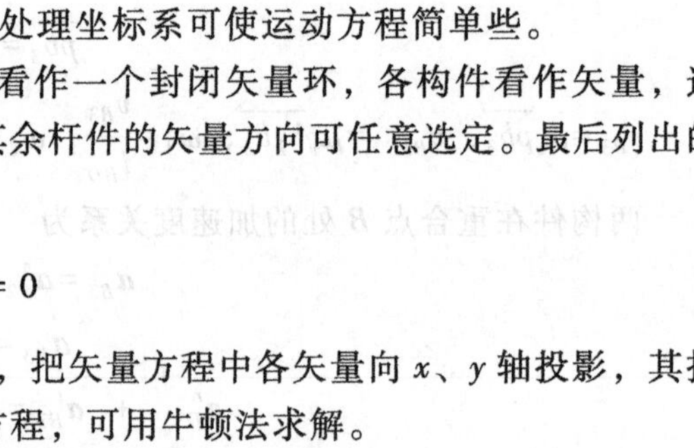

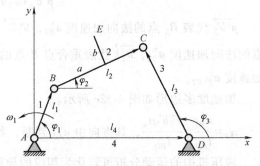

图 4-34 铰链四杆机构的数学模型

连接处的铰链中心)，余者任意确定。封闭环矢量方程为

$$\boldsymbol{l}_1+\boldsymbol{l}_2-\boldsymbol{l}_3-\boldsymbol{l}_4=0$$

3）建立各矢量的投影方程。注意各矢量与 x 轴的夹角以逆时针方向为正。

$$l_1\cos\varphi_1+l_2\cos\varphi_2-l_3\cos\varphi_3-l_4=0$$
$$l_1\sin\varphi_1+l_2\sin\varphi_2-l_3\sin\varphi_3=0$$

该位置方程为非线性方程组，可用牛顿法解出构件 2、3 的角位移 φ_2、φ_3。

4）将位移方程对时间求导数，可得到速度方程。

两边求导并整理后得

$$-l_2\omega_2\sin\varphi_2+l_3\omega_3\sin\varphi_3=l_1\omega_1\sin\varphi_1$$
$$l_2\omega_2\cos\varphi_2-l_3\omega_3\cos\varphi_3=-l_1\omega_1\cos\varphi_1$$

写成矩阵方程：

$$\begin{pmatrix}-l_2\sin\varphi_2 & l_3\sin\varphi_3\\ l_2\cos\varphi_2 & -l_3\cos\varphi_3\end{pmatrix}\begin{pmatrix}\omega_2\\ \omega_3\end{pmatrix}=\begin{pmatrix}l_1\omega_1\sin\varphi_1\\ -l_1\omega_1\cos\varphi_1\end{pmatrix}$$

此方程为线性方程组，可用消元法求解出构件 2、3 的角速度 ω_2、ω_3。

5）速度方程再对时间求一次导数，可得加速度方程：

$$\begin{pmatrix}-l_2\sin\varphi_2 & l_3\sin\varphi_3\\ l_2\cos\varphi_2 & -l_3\cos\varphi_3\end{pmatrix}\begin{pmatrix}\alpha_2\\ \alpha_3\end{pmatrix}=-\begin{pmatrix}-l_2\omega_2\cos\varphi_2 & l_3\omega_3\cos\varphi_3\\ -l_2\omega_2\sin\varphi_2 & l_3\omega_3\sin\varphi_3\end{pmatrix}\begin{pmatrix}\omega_2\\ \omega_3\end{pmatrix}+\begin{pmatrix}l_1\omega_1^2\cos\varphi_1\\ l_1\omega_1^2\sin\varphi_1\end{pmatrix}$$

此方程为线性方程组，可求解出构件 2、3 的角加速度 α_2、α_3。

求构件 2 上 E 点的速度或加速度，可写出 E 点的位置坐标，然后求导数。

$$x_E=l_1\cos\varphi_1+a\cos\varphi_2+b\cos(\varphi_2+90°)$$
$$y_E=l_1\sin\varphi_1+a\sin\varphi_2+b\sin(\varphi_2+90°)$$
$$v_E=\sqrt{(x_E')^2+(y_E')^2}$$
$$a_E=\sqrt{(x_E'')^2+(y_E'')^2}$$

【例 4-5】 对如图 4-35 所示机构进行运动分析。已知机构的尺寸和原动件 1 的位置 φ_1 和角速度 ω_1，求构件 3 的位移、速度、加速度。

解：画出机构简图并建立如图 4-35 所示的坐标系，建立矢量环。

封闭矢量环方程如下：

$$\boldsymbol{l}_1+\boldsymbol{l}_2-\boldsymbol{s}=0$$

投影方程如下：

$$l_1\cos\varphi_1+l_2\cos\varphi_2=0$$
$$l_1\sin\varphi_1+l_2\sin\varphi_2=s$$

将 $\varphi_2=\theta-(180-\varphi_1)=\theta+\varphi_1-180°$代入上式可有

$$l_1\cos\varphi_1+l_2\cos(\varphi_1+\theta-180)=0$$
$$l_1\sin\varphi_1+l_2\sin(\varphi_1+\theta-180)=s$$
$$l_1\cos\varphi_1-l_2\cos(\varphi_1+\theta)=0$$
$$l_1\sin\varphi_1-l_2\sin(\varphi_1+\theta)=s$$

该例题求解过程比较简单。解上述位置方程可求出位移 s，对 s 求导数可求出速度与加速度。由于 l_2 是变量，l_2 的一次导数是构件 2、3 的相对速度，二次导数为相对加速度。

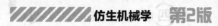

【例 4-6】 在如图 4-36 所示的连杆机构 $ABCD$ 中，已知曲柄 AB 以等角速度 $\omega_1=10\text{rad/s}$ 逆时针方向旋转，各构件尺寸为 $l_1=50\text{mm}$，$l_2=150\text{mm}$，$l_3=150\text{mm}$，$l_4=200\text{mm}$，$a=50\text{mm}$，$b=40\text{mm}$，$\varphi_1=60°$。求：

（1）构件 2、3 的角速度 ω_2、ω_3 和角加速度 α_2、α_3。

（2）求 E 点的速度 $\boldsymbol{v}_E$ 及加速度 $\boldsymbol{a}_E$。

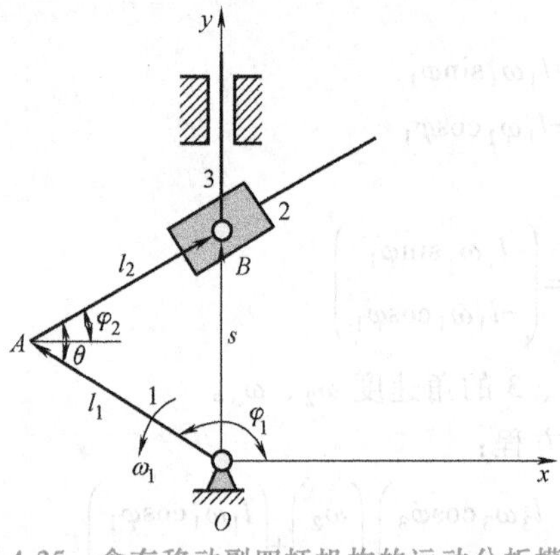

图 4-35 含有移动副四杆机构的运动分析模型

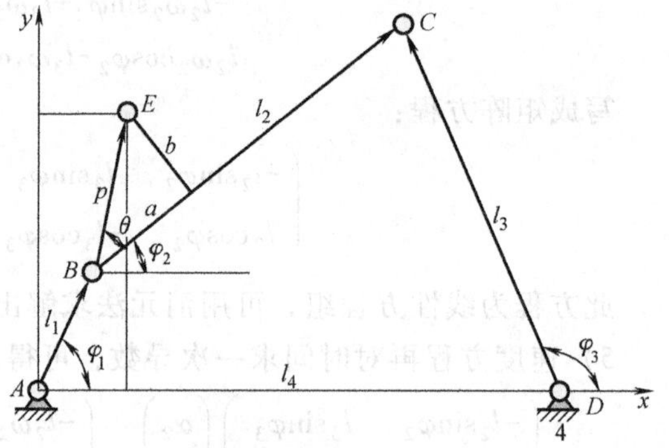

图 4-36 运动分析实例

解：

1）建立图 4-36 所示的直角坐标系，列出矢量封闭环方程：

$$\boldsymbol{l}_1+\boldsymbol{l}_2-\boldsymbol{l}_3-\boldsymbol{l}_4=0 \tag{1}$$

2）建立投影到 x、y 轴方向的位移方程：

$$\begin{cases} f_1(\varphi_2,\varphi_3)=l_1\cos\varphi_1+l_2\cos\varphi_2-l_3\cos\varphi_3-l_4=0 \\ f_2(\varphi_2,\varphi_3)=l_1\sin\varphi_1+l_2\sin\varphi_2-l_3\sin\varphi_3=0 \end{cases} \tag{2}$$

3）解方程组，求 φ_2、φ_3。此方程组为非线性方程组，当已知 φ_1 时，可以用 Newton-Raphson 法求解。具体求解方法如下。

Jacobi 矩阵为：

$$\boldsymbol{J}=\begin{pmatrix} \dfrac{\partial f_1}{\partial \varphi_2} & \dfrac{\partial f_1}{\partial \varphi_3} \\ \dfrac{\partial f_2}{\partial \varphi_2} & \dfrac{\partial f_2}{\partial \varphi_3} \end{pmatrix}=\begin{pmatrix} -l_2\sin\varphi_2 & l_3\sin\varphi_3 \\ l_2\cos\varphi_2 & -l_3\cos\varphi_3 \end{pmatrix} \tag{3}$$

令原动件的初始位置 $\varphi_1=0$，用图解法求 φ_2、φ_3 的值作为初值，给 φ_2、φ_3 赋初值，$\varphi_2^k=\dfrac{\pi}{3}$，$\varphi_3^k=\dfrac{2\pi}{3}$，则上述非线性方程组就转化为一个线性方程组：

$$\boldsymbol{J}^k\boldsymbol{\delta}^k=\boldsymbol{f}^k \tag{4}$$

其中：

$$\boldsymbol{J}^k=\begin{pmatrix} -l_2\sin\varphi_2^k & l_3\sin\varphi_3^k \\ l_2\cos\varphi_2^k & -l_3\cos\varphi_3^k \end{pmatrix}$$

$$\boldsymbol{\delta}^k=\begin{pmatrix}\delta_1^k\\ \delta_2^k\end{pmatrix}$$

$$\boldsymbol{f}^k=\begin{pmatrix}-f_1\\ -f_2\end{pmatrix}=\begin{pmatrix}-(l_1\cos\varphi_1+l_2\cos\varphi_2^k-l_3\cos\varphi_3^k-l_4)\\ -(l_1\sin\varphi_1+l_2\sin\varphi_2^k-l_3\sin\varphi_3^k)\end{pmatrix}$$

将初值和已知的 φ_1 代入式（4）中，可以求得 δ_1^k 和 δ_2^k。再令

$$\begin{cases}\varphi_2^{k+1}=\varphi_2^k+\delta_1^k\\ \varphi_3^{k+1}=\varphi_3^k+\delta_2^k\end{cases}\tag{5}$$

将式（5）代入式（4）中，得到 $\boldsymbol{\delta}^{k+1}=\begin{pmatrix}\delta_1^{k+1}\\ \delta_2^{k+1}\end{pmatrix}$，再代入式（5）中继续迭代。将每次求得的 δ_1^k 和 δ_2^k 与允许的误差 $\boldsymbol{\varepsilon}$（这里取 10^{-3}）比较，直到计算得到的 δ_1^k 和 δ_2^k 均小于 $\boldsymbol{\varepsilon}$。

4）求 $\dot{\varphi}_2$、$\dot{\varphi}_3$。将位移方程对时间求导可得速度方程：

$$\begin{cases}-l_1\sin\varphi_1\cdot\dot{\varphi}_1-l_2\sin\varphi_2\cdot\dot{\varphi}_2+l_3\sin\varphi_3\cdot\dot{\varphi}_3=0\\ l_1\cos\varphi_1\cdot\dot{\varphi}_1+l_2\cos\varphi_2\cdot\dot{\varphi}_2-l_3\cos\varphi_3\cdot\dot{\varphi}_3=0\end{cases}\tag{6}$$

此方程组为线性方程组，写成矩阵形式为

$$\boldsymbol{A}\cdot\dot{\boldsymbol{\varphi}}=\boldsymbol{B}\cdot\dot{\boldsymbol{q}}\tag{7}$$

其中：

$$\boldsymbol{A}=\begin{pmatrix}-l_2\sin\varphi_2 & l_3\sin\varphi_3\\ l_2\cos\varphi_2 & -l_3\cos\varphi_3\end{pmatrix}$$

$$\boldsymbol{B}=\begin{pmatrix}l_1\sin\varphi_1 & 0\\ 0 & -l_1\cos\varphi_1\end{pmatrix}$$

$$\dot{\boldsymbol{\varphi}}=(\dot{\varphi}_2\quad\dot{\varphi}_3)^{\mathrm{T}},\dot{q}=(\dot{\varphi}_1\quad\dot{\varphi}_1)^{\mathrm{T}}$$

求出 φ_2、φ_3 后，可以由式（7）求出 $\dot{\varphi}_2$、$\dot{\varphi}_3$。

5）求 $\ddot{\varphi}_2$、$\ddot{\varphi}_3$。将式（7）对时间 t 求导可以得到加速度方程：

$$\dot{\boldsymbol{A}}\cdot\dot{\boldsymbol{\varphi}}+\boldsymbol{A}\cdot\ddot{\boldsymbol{\varphi}}=\dot{\boldsymbol{B}}\cdot\dot{\boldsymbol{q}}+\boldsymbol{B}\cdot\ddot{\boldsymbol{q}}$$

由 $\ddot{\boldsymbol{q}}=(\ddot{\varphi}_1\quad\ddot{\varphi}_1)^{\mathrm{T}}=0$，并将上式整理可以得到：

$$\boldsymbol{A}\cdot\ddot{\boldsymbol{\varphi}}=\dot{\boldsymbol{B}}\cdot\dot{\boldsymbol{q}}-\dot{\boldsymbol{A}}\cdot\dot{\boldsymbol{\varphi}}\tag{8}$$

其中：

$$\boldsymbol{A}=\begin{pmatrix}-l_2\sin\varphi_2 & l_3\sin\varphi_3\\ l_2\cos\varphi_2 & -l_3\cos\varphi_3\end{pmatrix}$$

$$\dot{A}=\begin{pmatrix}-l_2\cos\varphi_2\cdot\dot{\varphi}_2 & l_3\cos\varphi_3\cdot\dot{\varphi}_3\\ -l_2\sin\varphi_2\cdot\dot{\varphi}_2 & l_3\sin\varphi_3\cdot\dot{\varphi}_3\end{pmatrix}$$

$$\dot{B}=\begin{pmatrix}l_1\cos\varphi_1\cdot\dot{\varphi}_1 & 0\\ 0 & l_1\sin\varphi_1\cdot\dot{\varphi}_1\end{pmatrix}$$

$$\ddot{\varphi}=(\ddot{\varphi}_2\quad\ddot{\varphi}_3)^{\mathrm{T}},\dot{\varphi}=(\dot{\varphi}_2\quad\dot{\varphi}_3)^{\mathrm{T}},\dot{q}=(\dot{\varphi}_1\quad\dot{\varphi}_1)^{\mathrm{T}}$$

求出 φ_2、φ_3 及 $\dot{\varphi}_2$、$\dot{\varphi}_3$ 后，可以由式（8）求出 $\ddot{\varphi}_2$、$\ddot{\varphi}_3$。

6）求 E 点的速度和加速度。连杆点 E 的位置可以表示如下：

$$\begin{cases}x_E=l_1\cos\varphi_1+p\cos(\varphi_2+\theta)\\ y_E=l_1\sin\varphi_1+p\sin(\varphi_2+\theta)\end{cases}\tag{9}$$

其中：$p=\sqrt{a^2+b^2}$，$\theta=\arctan\dfrac{b}{a}$，将其对时间 t 求导后可以得到 E 点的速度方程：

$$\begin{cases}v_{Ex}=-l_1\sin\varphi_1\cdot\dot{\varphi}_1-p\sin(\varphi_2+\theta)\cdot\dot{\varphi}_2\\ v_{Ey}=l_1\cos\varphi_1\cdot\dot{\varphi}_1+p\cos(\varphi_2+\theta)\cdot\dot{\varphi}_2\end{cases}\tag{10}$$

由此可以求出 E 点的速度，其大小为 $v_{Ex}=\sqrt{{v_{Ex}}^2+{v_{Ey}}^2}$，方向与 x 轴成 $\arctan\dfrac{v_{Ey}}{v_{Ex}}$角度。将式（10）对时间 t 求导以后可以得到 E 点的加速度方程：

$$\begin{cases}a_{Ex}=-l_1\cos\varphi_1\cdot\dot{\varphi}_1^2-p\cos(\varphi_2+\theta)\cdot\dot{\varphi}_2^2-p\sin(\varphi_2+\theta)\cdot\ddot{\varphi}_2\\ a_{Ey}=-l_1\sin\varphi_1\cdot\dot{\varphi}_1^2-p\sin(\varphi_2+\theta)\cdot\dot{\varphi}_2^2+p\cos(\varphi_2+\theta)\cdot\ddot{\varphi}_2\end{cases}\tag{11}$$

由此可以求得 E 点的加速度，其大小为 $a_E=\sqrt{a_{Ex}^2+a_{Ey}^2}$，方向与 x 轴成 $\arctan\dfrac{a_{Ey}}{a_{Ex}}$角度。

求解的具体结果如图 4-37 所示。

三、解析法总结

封闭矢量环的建立是解析法的关键。图 4-38 所示为一些机构的封闭矢量环的示意图。

图 4-38a 中的曲柄滑块机构，不能用 ABC 建立封闭矢量环，要建成封闭矢量环 $ABCDA$，$\overline{AD}=e$，$\overline{DC}=s$，s 为待求量。

图 4-38b 所示为摆动导杆机构的封闭矢量环及其坐标系的选择。

当机构处于特殊位置时，如图 4-38c 所示机构中，$\varphi_1=90°$时，可按图示的一般位置建立矢量环方程，最后在方程中代入特定角度后，再求解对应位置的速度与加速度，使问题更加简单化。

解析法的种类较多，比如矢量法、复数法、影响系数法等，本教材仅介绍了常用的矩阵法。

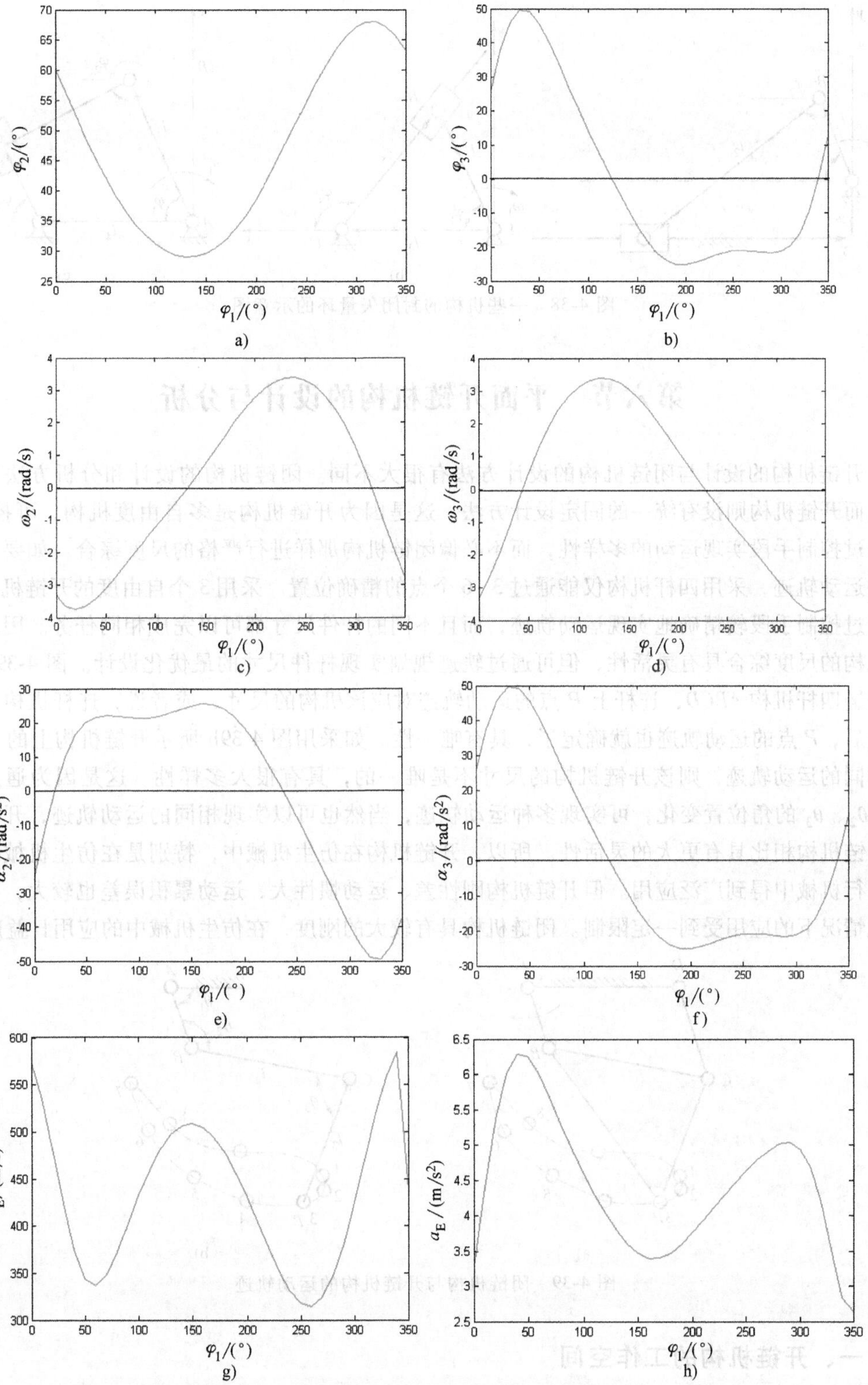

图 4-37 铰链四杆机构运动分析的曲线图

a）φ_2 曲线图 b）φ_3 曲线图 c）ω_2 曲线图 d）ω_3 曲线图 e）α_2 曲线图 f）α_3 曲线图 g）E 点的速度曲线 h）E 点的加速度曲线

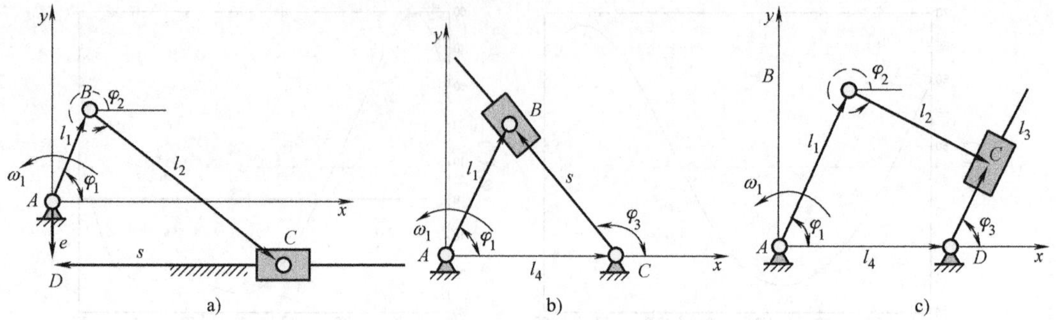

图 4-38 一些机构的封闭矢量环的示意图

第六节 平面开链机构的设计与分析

开链机构的设计与闭链机构的设计方法有很大不同。闭链机构的设计和分析方法基本成熟，而开链机构则没有统一的固定设计方法。这是因为开链机构是多自由度机构，可控性好，可通过控制手段实现运动的多样性，而不必像闭链机构那样进行严格的尺度综合。如要实现相同的运动轨迹，采用四杆机构仅能通过3~6个点的精确位置。采用3个自由度的开链机构，则能通过控制手段较精确地实现运动轨迹，而且不同的杆件尺寸都可以完成相同任务。因此，开链机构的尺度综合具有灵活性，但可通过轨迹规划实现杆件尺寸的最优化设计。图 4-39a 所示为闭链四杆机构 *ABCD*，连杆上 *P* 点的运动轨迹对应该机构的尺寸，或者说，连杆机构的尺寸确定后，*P* 点的运动轨迹也就确定了，具有唯一性。如采用图 4-39b 所示开链机构上的 *P* 点实现相同的运动轨迹，则该开链机构的尺寸不是唯一的，具有很大多样性。这是因为通过控制 θ_1、θ_2、θ_3 的角位置变化，可实现多种运动轨迹，当然也可以实现相同的运动轨迹，开链机构与闭链机构相比具有更大的灵活性。所以，开链机构在仿生机械中，特别是在仿生机械手和足式步行机械中得到广泛应用。但开链机构刚性差、运动惯性大，运动累积误差也较大，在高速重载情况下的应用受到一定限制。闭链机构具有较大的刚度，在仿生机械中的应用日益广泛。

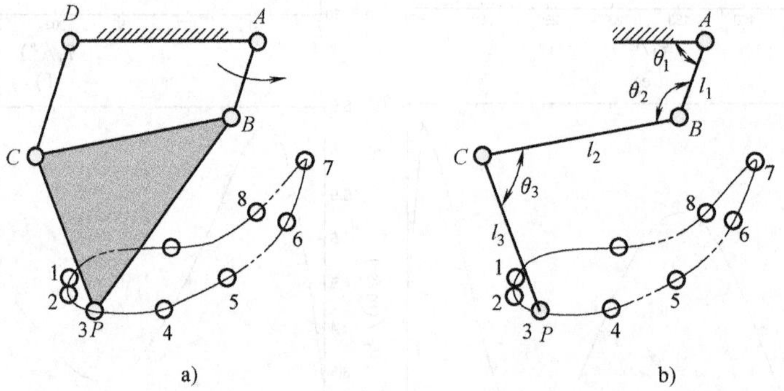

图 4-39 闭链机构与开链机构的运动轨迹

一、开链机构的工作空间

给定开链机构的尺寸和运动参数，求解其末端执行器的位姿，称为正解；反之，给定末端执行器的位姿，求其尺寸和运动参数，称为逆解。开链机构的尺度综合就是求逆解的过程。开链机构的尺寸设计与工作空间有密切关系。工作空间是指末端执行器的活动范围。

1. 总工作空间

总工作空间是指末端执行器的最大活动范围。

图 4-40a 所示 3 自由度开链机构中，假设各构件尺寸分别为 l_1、l_2、l_3，且 $l_1>l_2+l_3$，末端执行器 D 点的最大活动圆 C_1 的半径 $R_1=l_1+l_2+l_3$，最小活动圆 C_4 的半径 $R_4=l_1-l_2-l_3$。C_1 与 C_4 之间的圆环即为末端执行器 D 点的总工作空间，如图 4-40b 所示。

2. 灵活工作空间

灵活工作空间是指末端执行器可以任何姿态到达的点形成的空间。

以半径 $R_2=l_1+l_2-l_3$ 画圆 C_2，再以半径 $R_3=l_1-l_2+l_3$ 画圆 C_3，C_2 与 C_3 之间的圆环即为末端执行器 D 点的灵活工作空间，如图 4-40b 所示阴影部分。

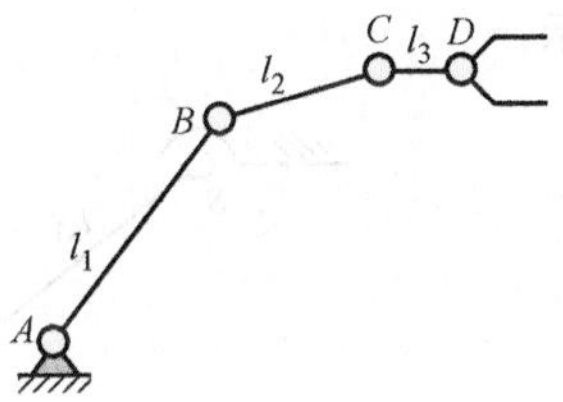

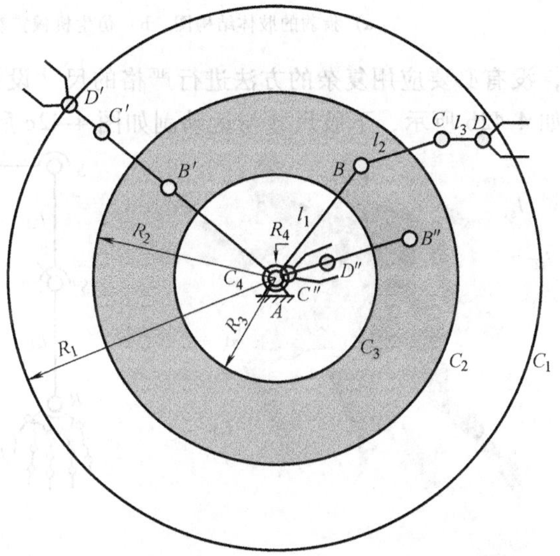

图 4-40 开链机构的工作空间

3. 次工作空间

次工作空间是指总工作空间减去灵活工作空间的部分。

不同的构件尺寸，其工作空间不同，按照给定运动轨迹设计开链机构时，最好把给定曲线置于灵活空间之内。在仿生机械中，开链机构的连接机架构件一般不做整周转动，所以环状工作空间只是理想状态的工作空间。

二、开链机构的尺寸设计

在仿生机械设计中，“仿生”是一个关键词。既然是模仿生物结构，其尺寸也要模仿。因为经过千百万年的进化，动物肢体结构进化得近乎完美。比如，设计仿生猎豹的走行系统时，可参考猎豹的肢体结构与尺寸，再根据仿生机械的大小进行尺寸缩放。图 4-41a 所示为猎豹的肢体结构图，前后肢尺寸都可以测量，进行合理缩放后，仿生机械猎豹步行机构简图如图 4-41b 所示。

设计仿生手臂时，必须参考人体上肢尺寸与关节；设计仿生下肢时，也要参照下肢的尺

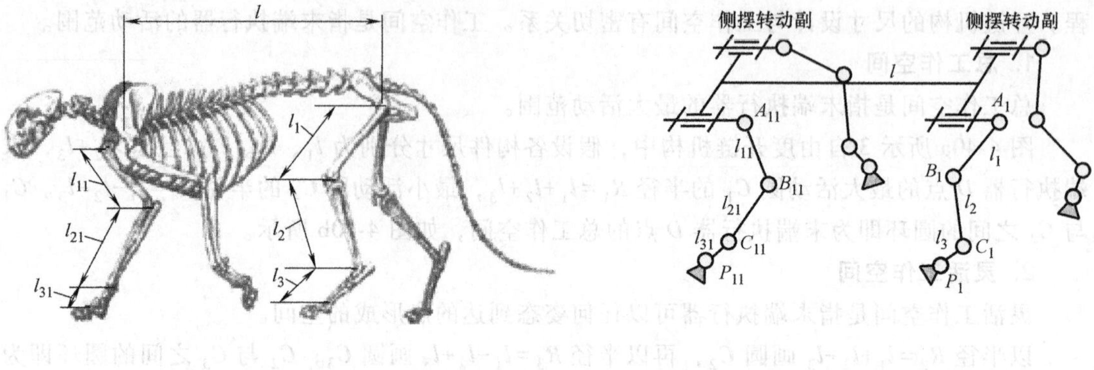

a)　　　　　　　　　　b)

图 4-41　仿生猎豹肢体的尺寸设计

a）猎豹的肢体结构图　b）仿生机械猎豹步行机构简图

寸与结构，没有必要应用复杂的方法进行严格的尺寸设计。图 4-42a 所示的人体的上肢尺寸与运动副如 4-42b 所示，下肢尺寸与运动副如图 4-42c 所示。

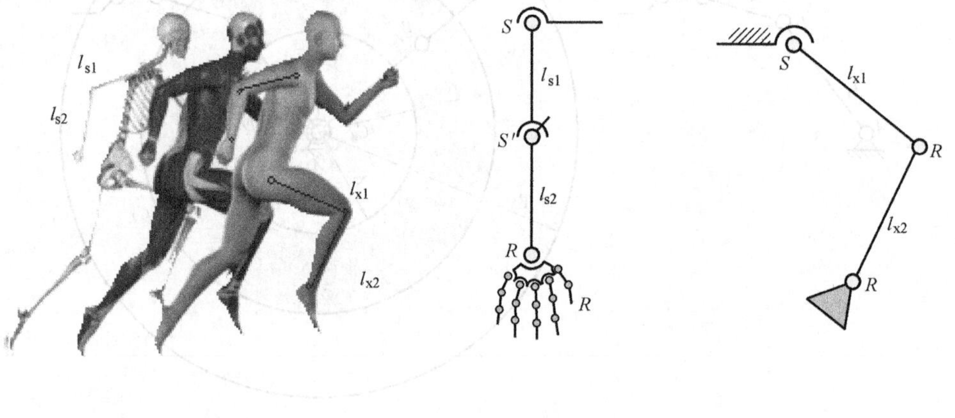

a)　　　　　　　　　　b)　　　　　　　　　　c)

图 4-42　仿手臂与腿的尺寸设计

三、平面开链机构的运动学分析

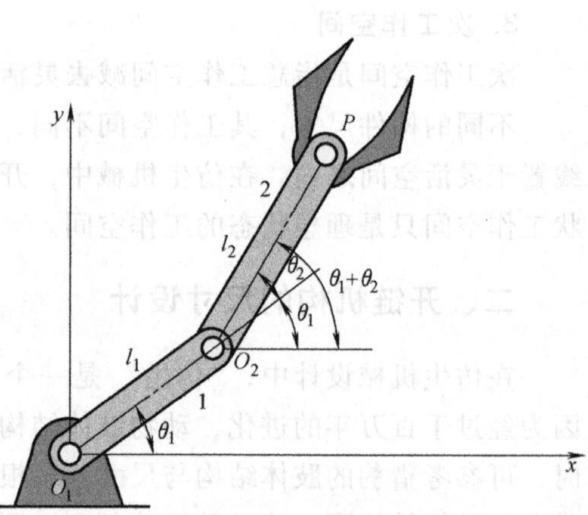

图 4-43　2R 开链机构

图 4-43 所示为 2R 开链机构，该开链机构可作为仿生机器人的手臂，也可以作为仿生机器人的步行腿，在仿生机械设计中有广泛的应用。图中末端执行器关节 P 的转动副不计入开链机构的自由度计算。关节 P 可作为人体上肢与手的连接运动副，也可以作为人体下肢与脚的连接运动副，所以该机构称为 2R 机构。

设构件 1 相对机架的关节转角为 θ_1、构件 2 相对构件 1 的关节转角为 θ_2，求末端执行器 P 点的位姿，此过程称为运动学正解。如果已知末端执行器 P 点的位姿，求各构件的关节转角，则此过程称为运动学逆解。仿生机械学中，涉及的基本内容是运动学逆解。

设 P 点坐标为（x，y），由图 4-43 可容易地列出代表 P 点位姿的方程：

$$\begin{cases} x = l_1\cos\theta_1 + l_2\cos(\theta_1+\theta_2) \\ y = l_1\sin\theta_1 + l_2\sin(\theta_1+\theta_2) \end{cases} \tag{4-20}$$

根据关节角位置，可求末端执行器的 P 点位置。

将位姿方程式（4-20）对时间求导数，可得到末端执行器的速度方程：

$$\begin{aligned} \dot{x} &= -l_1\dot{\theta}_1\sin\theta_1 - l_2(\dot{\theta}_1+\dot{\theta}_2)\sin(\theta_1+\theta_2) \\ \dot{y} &= l_1\dot{\theta}_1\cos\theta_1 + l_2(\dot{\theta}_1+\dot{\theta}_2)\cos(\theta_1+\theta_2) \end{aligned} \tag{4-21}$$

将式（4-21）进行整理并将其写成矩阵方程形式：

$$\begin{pmatrix} \dot{x} \\ \dot{y} \end{pmatrix} = \begin{pmatrix} -l_1\sin\theta_1 - l_2\sin(\theta_1+\theta_2) & -l_2\sin(\theta_1+\theta_2) \\ l_1\cos\theta_1 + l_2\cos(\theta_1+\theta_2) & l_2\cos(\theta_1+\theta_2) \end{pmatrix} \begin{pmatrix} \dot{\theta}_1 \\ \dot{\theta}_2 \end{pmatrix} \tag{4-22}$$

令 $J = \begin{pmatrix} -l_1\sin\theta_1 - l_2\sin(\theta_1+\theta_2) & -l_2\sin(\theta_1+\theta_2) \\ l_1\cos\theta_1 + l_2\cos(\theta_1+\theta_2) & l_2\cos(\theta_1+\theta_2) \end{pmatrix}$，则有：

$$\begin{pmatrix} \dot{x} \\ \dot{y} \end{pmatrix} = J \begin{pmatrix} \dot{\theta}_1 \\ \dot{\theta}_2 \end{pmatrix} \tag{4-23}$$

矩阵 J 称为雅可比矩阵。

雅可比矩阵还可写为

$$J = \begin{pmatrix} -l_1\sin\theta_1 - l_2\sin(\theta_1+\theta_2) & -l_2\sin(\theta_1+\theta_2) \\ l_1\cos\theta_1 + l_2\cos(\theta_1+\theta_2) & l_2\cos(\theta_1+\theta_2) \end{pmatrix} = \begin{pmatrix} \dfrac{\partial x}{\partial\theta_1} & \dfrac{\partial x}{\partial\theta_2} \\ \dfrac{\partial y}{\partial\theta_1} & \dfrac{\partial y}{\partial\theta_2} \end{pmatrix} \tag{4-24}$$

$$\begin{pmatrix} \dot{x} \\ \dot{y} \end{pmatrix} = \begin{pmatrix} \dfrac{\partial x}{\partial\theta_1} & \dfrac{\partial x}{\partial\theta_2} \\ \dfrac{\partial y}{\partial\theta_1} & \dfrac{\partial y}{\partial\theta_2} \end{pmatrix} \begin{pmatrix} \dot{\theta}_1 \\ \dot{\theta}_2 \end{pmatrix} \tag{4-25}$$

根据关节转动速度可求末端 P 点速度。

将速度方程式（4-25）对时间求导数，可得到加速度方程：

$$\begin{pmatrix} \ddot{x} \\ \ddot{y} \end{pmatrix} = \begin{pmatrix} -l_1\dot{\theta}_1\cos\theta_1 - l_2(\dot{\theta}_1+\dot{\theta}_2)\cos(\theta_1+\theta_2) & -l_2(\dot{\theta}_1+\dot{\theta}_2)\cos(\theta_1+\theta_2) \\ -l_1\dot{\theta}_1\sin\theta_1 - l_2(\dot{\theta}_1+\dot{\theta}_2)\sin(\theta_1+\theta_2) & -l_2(\dot{\theta}_1+\dot{\theta}_2)\sin(\theta_1+\theta_2) \end{pmatrix} \begin{pmatrix} \dot{\theta}_1 \\ \dot{\theta}_2 \end{pmatrix} + J \begin{pmatrix} \ddot{\theta}_1 \\ \ddot{\theta}_2 \end{pmatrix} \tag{4-26}$$

根据关节转动加速度可求末端执行器 P 点的加速度。

已知末端执行器末端 P 点位姿坐标（x，y），关节转角 θ_1、θ_2 或构件尺寸可由方程（4-20）求解。该方程为非线性方程组，其结果具有多值性。在仿生机械的尺寸设计过程中，一般不用此法求解，设计师更愿意参考仿生的动物的肢体测量尺寸。

第五章

Chapter

机械力学基础

第一节　力分析概述

机构在运动过程中会受到各种力的作用。作用在机构上的力是计算各构件的强度、刚度及结构设计的重要依据，也是计算机械效率的理论基础。

作用在机构上的力可分为外部施加于机构的作用力以及机构中各运动副的反作用力。外部施加的力主要包括作用在机构上的驱动力或驱动力矩、生产阻力等。机构中运动副的反力对整个机构系统来说是内力，但对一个分离出来的构件来说则是外力。

一、机构力分析的主要内容与方法

1）根据作用在机构中的已知外力，求各运动副中的反力。运动副中的反力是运动副结构设计的依据。

2）已知作用在机构上的生产阻力，求解出施加在原动件上的驱动力，进而确定原动机的功率；已知原动机的驱动力，可以求解出作用在从动件上的生产阻力。

3）机械效率是评价机械性能的重要指标，机构的受力分析与计算机械效率有密切关系。

机构力分析的方法有两种，即图解法和解析法。

图解法简单，但误差大，画图工作量大，特别是在分析机构一个运动周期内的受力状态时，绘图量十分大。当对机构的某一具体位置进行力分析时，图解法也有其简单明了的优点，现代机械设计中，正在逐步淘汰图解法。使用解析法时，可利用计算机编制程序，缩短了计算时间并提高计算精度。解析法正在逐步替代图解法。

二、平面力分析的基本原理

1. 物体在力作用下的平衡

如果物体在几个力的作用下保持静止或做匀速直线运动，则称物体处于平衡状态。

2. 二力平衡法则

如果物体在两个力的作用下处于平衡状态，那么这两个作用力大小相等、方向相反且作用在同一条直线上，如图 5-1a 所示。

或者说：作用在同一物体上的两个力，如果大小相等、方向相反，并且在同一条直线上，这两个力就彼此平衡，两个作用力相对或背离。在机构力分析中经常用到二力平衡法则。

3. 三力汇交法则

当物体受到同平面内不平行的三个力作用而处于平衡状态时，这三个作用力的作用线必汇交于一点，如图 5-1b 所示。未知力的大小与方向可通过力多边形法则判定。

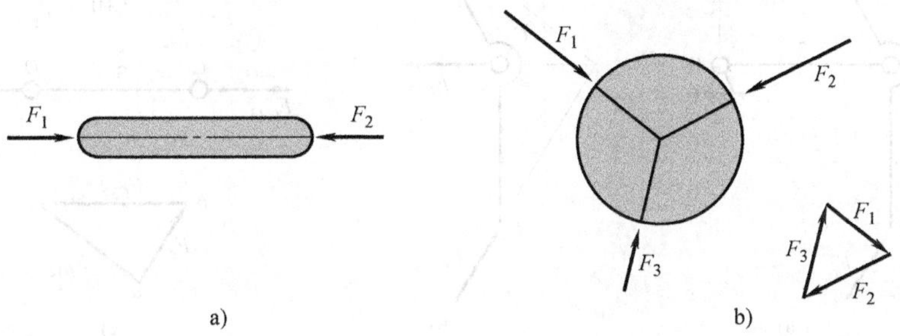

图 5-1　力系平衡法则

4. 多力作用的平衡法则

当物体在 n 个平面力作用下处于平衡状态时，必须满足以下三个力学条件：

$$\sum_{i=1}^{n} F_{ix}=0$$

$$\sum_{i=1}^{n} F_{iy}=0$$

$$\sum M_O=0$$

式中，F_{ix}、F_{iy} 为第 i 个力在 x、y 坐标轴上的投影；M_O 为各作用力对某点 O 的力矩。

在机构力分析过程中，从机构系统中拆分出来的构件可看作一个分离体，每个分离体都处于力平衡状态，都可列出对应的平衡方程；整个机构系统也处于力平衡状态，也可列出对应的平衡方程。

由于在仿生机械学中广泛应用各种机构，特别是闭链机构和开链机构都得到广泛应用，如仿生机器人手臂、腿脚等都采用了开链机构，而负重较大的多足步行机构多采用闭链机构，所以本书主要介绍开链机构和闭链机构的力分析。

第二节　平面闭链机构的力分析

仿生机械中广泛采用平面闭链机构，本节主要讨论平面铰链机构的受力分析。静力分析的理论基础是理论力学中的力系平衡原则，即作用在分离体上的三力汇交，两力大小相等，方向相反且共线，分离体上的作用力之和为零。其方法有图解法和解析法。

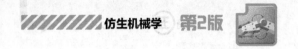

一、力分析的图解法

图 5-2a 所示为一仿生机械的一条步行腿。其采用闭链四杆机构 $ABCD$ 连杆上的 E 点与地面接触，地面给足端的作用力有法向正压力和摩擦力，两者合力称为生产阻力 F_r，已知机构尺寸和具体位置，忽略各构件的质量，求各运动副反力和作用在主动件 AB 上的平衡力矩 M_d。

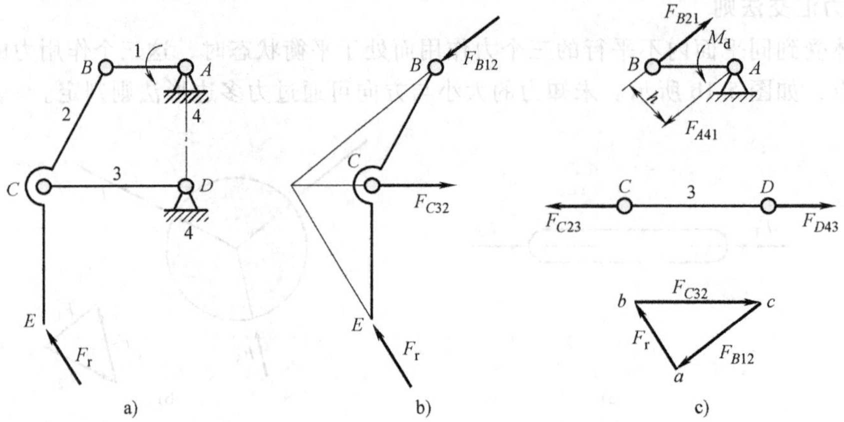

图 5-2　闭链机构受力分析的图解法

求解步骤如下：

首先选择已知力作用的构件为分离体，如构件 2 上作用有生产阻力 F_r，首先以构件 2 为分离体。

1. 以构件 2 为分离体

构件 2 上有三个作用力：工作阻力 $\boldsymbol{F}_r$、构件 3 通过转动副 C 给构件 2 的作用力 $\boldsymbol{F}_{C32}$ 和构件 1 通过转动副 B 给构件 2 的作用力 $\boldsymbol{F}_{B12}$。构件 2 为三力构件，构件 3 为二力构件，因此 $\boldsymbol{F}_{C32}$ 的方向沿着杆件 3 的轴线方向。构件 3 给构件 2 的作用力与生产阻力相交于一点，则构件 1 给构件 2 的作用力必定也相交于该点。根据平衡体三力汇交原则，画出构件的受力图，选择力比例尺 $\mu_F=\dfrac{F_r}{ab}$（N/mm），进而做出力多边形 abc，如图 5-2c 所示。

从力多边形中可求出未知力 $\boldsymbol{F}_{B12}$ 和 $\boldsymbol{F}_{C32}$ 的大小：

$$F_{B12}=\overline{ca}\mu_F,\ F_{C32}=\overline{bc}\mu_F$$

2. 以构件 3 为分离体

构件 3 为二力构件，作用力和反作用力的大小相等，方向相反，则有 $\boldsymbol{F}_{C32}=-\boldsymbol{F}_{C23}$，构件 4 给构件 3 的作用力 $\boldsymbol{F}_{D43}$ 等于 $\boldsymbol{F}_{C23}$，如图 5-2c 所示。根据力系平衡原理，转动副 A、B 处的约束力即可求出。

3. 以构件 1 为分离体

构件 1 上的作用力有构件 2 给构件 1 的作用力 $\boldsymbol{F}_{B21}$ 以及构件 4 给构件 1 的作用力 $\boldsymbol{F}_{A41}$，两者大小相等，方向相反，形成一个力偶矩，与作用在构件 1 上的驱动力矩相平衡。故有

$$M_d=F_{B21}h$$

作用在曲柄上的力矩求出后，就可以选择电动机的功率。求解各运动副的作用力，可为运动副的设计奠定基础。

二、力分析的解析法

解析法的基本原理与图解法类似，但要针对每个构件建立力平衡方程，然后联立求解这些方程。图 5-3a 所示为一平面铰链四杆机构，已知各构件尺寸 l_1、l_2、l_3、l_4、e、f，外力 $\boldsymbol{F}_r$ 作用在连杆 2 上，求各运动副反力和作用在主动件 1 上的平衡力矩。

求解过程如下：

各构件力的平衡方程可表示为

$$\sum F_x=0,\ \sum F_y=0,\ \sum M=0$$

1）建立如图 5-3a 所示机构的直角坐标系，x 轴通过机架，坐标原点为主动件的转动中心 A 点，y 轴过 A 点垂直于 x 轴。

2）分别以构件 1、2、3 为示力体或分离体，标注各力的分量如图 5-3b～d 所示，按力系平衡条件列出每个构件的力平衡方程。

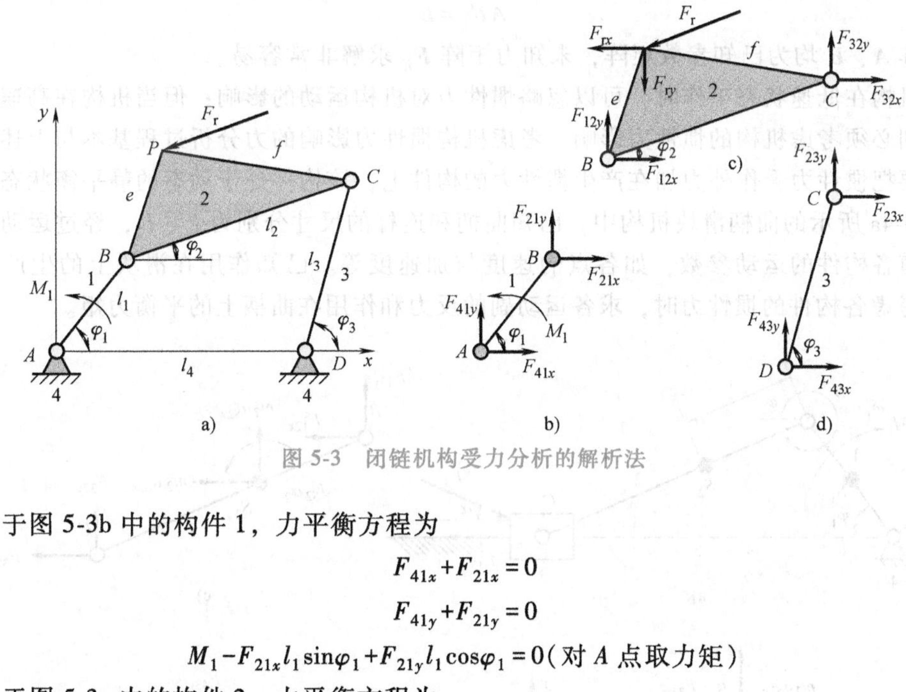

图 5-3 闭链机构受力分析的解析法

对于图 5-3b 中的构件 1，力平衡方程为

$$F_{41x}+F_{21x}=0$$

$$F_{41y}+F_{21y}=0$$

$$M_1-F_{21x}l_1\sin\varphi_1+F_{21y}l_1\cos\varphi_1=0(\text{对 } A \text{ 点取力矩})$$

对于图 5-3c 中的构件 2，力平衡方程为

$$F_{12x}+F_{32x}-F_{rx}=0$$

$$F_{12y}+F_{32y}-F_{ry}=0$$

$$-F_{32x}l_2\sin\varphi_2+F_{32y}l_2\cos\varphi_2-F_{rx}e\cos\varphi_2+F_{ry}e\sin\varphi_2=0(\text{对 } B \text{ 点取力矩})$$

对于图 5-3d 中的构件 3，力平衡方程为

$$F_{23x}+F_{43x}=0$$

$$F_{23y}+F_{43y}=0$$

$$-F_{23x}l_3\cos\varphi_3+F_{23y}l_3\sin\varphi_3=0(\text{对 } D \text{ 点取力矩})$$

考虑到 $F_{12x}=-F_{21x}$、$F_{12y}=-F_{21y}$、$F_{23x}=-F_{32x}$、$F_{23y}=-F_{32y}$，以及加在原动件 1 上的平衡力矩 M_1，未知数的个数为 9 个，而方程的个数也为 9 个，故该方程组可解。

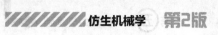

将上述 3 个构件的平衡方程写成矩阵形式为

$$\begin{pmatrix} -1 & 0 & 0 & 0 & 1 & 0 & 0 & 0 & 0 \\ 0 & -1 & 0 & 0 & 0 & 1 & 0 & 0 & 0 \\ l_1\sin\varphi_1 & -l_1\cos\varphi_1 & 0 & 0 & 0 & 0 & 0 & 0 & 1 \\ 1 & 0 & -1 & 0 & 0 & 0 & 0 & 0 & 0 \\ 0 & 1 & 0 & -1 & 0 & 0 & 0 & 0 & 0 \\ 0 & 0 & l_2\sin\varphi_2 & -l_2\cos\varphi_2 & 0 & 0 & 0 & 0 & 0 \\ 0 & 0 & 1 & 0 & 0 & 0 & 1 & 0 & 0 \\ 0 & 0 & 0 & 1 & 0 & 0 & 0 & 1 & 0 \\ 0 & 0 & -l_3\cos\varphi_3 & l_3\sin\varphi_3 & 0 & 0 & 0 & 0 & 0 \end{pmatrix} \begin{pmatrix} F_{12x} \\ F_{12y} \\ F_{23x} \\ F_{23y} \\ F_{41x} \\ F_{41y} \\ F_{43x} \\ F_{43y} \\ M_1 \end{pmatrix} = \begin{pmatrix} 0 \\ 0 \\ 0 \\ F_{rx} \\ F_{ry} \\ F_{rx}e\cos\varphi_2-F_{rx}e\sin\varphi_2 \\ 0 \\ 0 \\ 0 \end{pmatrix}$$

该矩阵可简写为

$$\boldsymbol{A}\boldsymbol{F}_{ij}=\boldsymbol{B}$$

矩阵 $\boldsymbol{A}$、$\boldsymbol{B}$ 均为已知参数矩阵，未知力矩阵 $\boldsymbol{F}_{ij}$ 求解非常容易。

当机构在低速状态工作时，可以忽略惯性力对机构运动的影响；但当机构在高速状态工作时，则必须考虑机构的惯性力影响。考虑机构惯性力影响的力分析过程基本与上述过程相同，只要把惯性力看作外力加在产生惯性力的构件上，该构件处于动态的静平衡状态即可。

图 5-4a 所示的曲柄滑块机构中，已知曲柄和连杆的尺寸分别为 l_1、l_2，经过运动分析后已经知道各构件的运动参数，如各点的速度与加速度等。已知作用在滑块上的生产阻力为 F_3，当考虑各构件的惯性力时，求各运动副的反力和作用在曲柄上的平衡力矩。

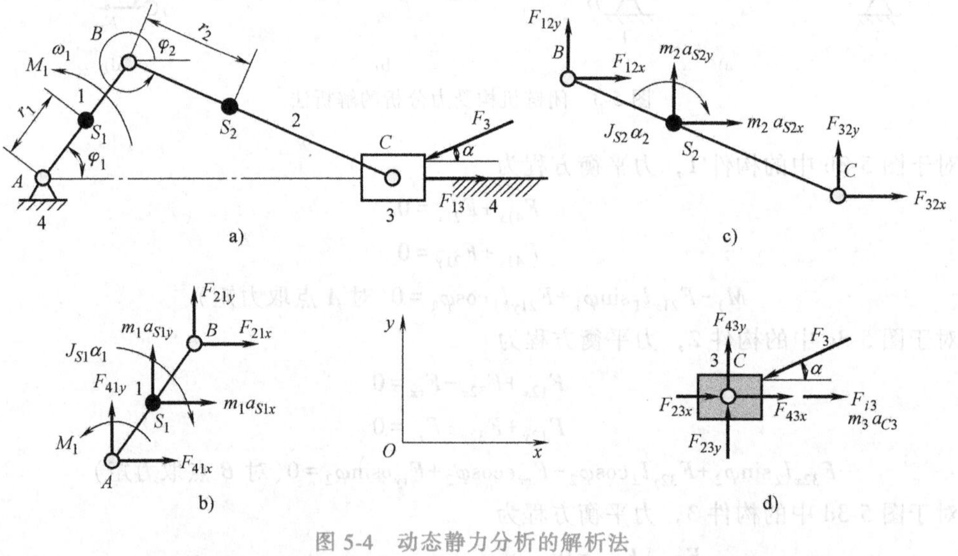

图 5-4 动态静力分析的解析法

建立如图 5-4b 所示的直角坐标系，分别以构件 1、2、3 为分离体画出受力图，标注各力的分量，按力系平衡条件列出力的平衡方程：

$$\sum F_x=0,\ \sum F_y=0,\ \sum M=0$$

对于图 5-4b 所示的构件 1，力平衡方程为

$$F_{41x}+F_{21x}+(-m_1a_{S1x})=0$$

$$F_{41y}+F_{21y}+(-m_1a_{S1y})=0$$

$$M_1-F_{21x}l_1\sin\varphi_1+F_{21y}l_1\cos\varphi_1-(-m_1a_{S1x})r_1\sin\varphi_1+(-m_1a_{S1y})r_1\cos\varphi_1-(-J_{S1}\alpha_1)=0$$

对于图 5-4c 所示的构件 2，力平衡方程为

$$F_{12x}+F_{32x}+(-m_2a_{S2x})=0$$

$$F_{12y}+F_{32y}+(-m_2a_{S2y})=0$$

$$F_{32x}l_2\sin\varphi_2+F_{32y}l_2\cos\varphi_2-(-m_2a_{S2x})r_2\sin\varphi_2+(-m_2a_{S2y})r_2\cos\varphi_2-(-J_{S2}\alpha_2)=0$$

对于图 5-4d 所示的构件 3，力平衡方程为

$$F_{23x}+F_{43x}-F_{3x}+(-m_3a_{C3})=0$$

$$F_{23y}+F_{43y}-F_{3y}=0$$

考虑到 $F_{12x}=-F_{21x}$、$F_{12y}=-F_{21y}$、$F_{23x}=-F_{32x}$、$F_{23y}=-F_{32y}$，则未知数的个数为 8 个，而方程的个数也为 8 个，故该方程组可解。

将其写成矩阵形式为

$$\begin{pmatrix} -1 & 0 & 0 & 0 & 1 & 0 & 0 & 0 & 0 \\ 0 & -1 & 0 & 0 & 0 & 1 & 0 & 0 & 0 \\ l_1\sin\varphi_1 & -l_1\cos\varphi_1 & 0 & 0 & 0 & 0 & 0 & 0 & 1 \\ 1 & 0 & -1 & 0 & 0 & 0 & 0 & 0 & 0 \\ 0 & 1 & 0 & -1 & 0 & 0 & 0 & 0 & 0 \\ 0 & 0 & -l_2\sin\varphi_2 & -l_2\cos\varphi_2 & 0 & 0 & 0 & 0 & 0 \\ 0 & 0 & 1 & 0 & 0 & 0 & 0 & 0 & 0 \\ 0 & 0 & 0 & 1 & 0 & 0 & 0 & 0 & 0 \\ 0 & 0 & 0 & 0 & 0 & 0 & 0 & 0 & 0 \end{pmatrix}\begin{pmatrix} F_{12x} \\ F_{12y} \\ F_{23x} \\ F_{23y} \\ F_{41x} \\ F_{41y} \\ F_{43x} \\ F_{43y} \\ M_1 \end{pmatrix}=$$

$$\begin{pmatrix} m_1a_{S1x} \\ m_1a_{S1y} \\ -m_1a_{S1x}r_1\sin\varphi_1+m_1a_{S1y}r_1\cos\varphi_1-J_{S1}\alpha_1 \\ m_2a_{S2x} \\ m_2a_{S2y} \\ -m_2a_{S2}r_2\sin\varphi_2+m_2a_{S2y}r_2\cos\varphi_2-J_{S2}\alpha_2 \\ m_3a_{S3x}+F_3\cos\alpha \\ +F_3\sin\alpha \\ 0 \end{pmatrix}$$

该矩阵可简写为

$$\boldsymbol{A}\boldsymbol{F}_{ij}=\boldsymbol{B}$$

矩阵 $\boldsymbol{A}$、$\boldsymbol{B}$ 均为已知参数矩阵，未知力矩阵 $\boldsymbol{F}_{ij}$ 求解非常容易。

第三节 平面开链机构的力分析

平面开链机构在各类仿生机械手、各类步行机构中有广泛应用。开链机构的各运动副需要关节电动机驱动，计算关节电动机的转矩是力分析的重要内容。另外，开链机构的刚性较差，计算各构件的受力对其强度设计和刚度设计也非常有用。

类似于开链机构的运动分析，力分析过程的开始阶段也要建立直角坐标系，然后建立平衡方程并求解。

1）以基座为原点，建立静坐标系，如图 5-5a 所示的 Ax_0y_0。建立各构件的直角坐标系，x 轴通过杆件中心线，原点选择在关节点中心，y 轴通过该关节中心并垂直于 x 轴。x 轴的角度用相对角度表示。

图 5-5a 所示为 2R 型平面开链机械手机构，构件尺寸分别为 l_1、l_2，质心分别为 C_1、C_2，构件重力分别为 G_1、G_2，且 $\overline{AC_1}=l_{C1}$，$\overline{BC_2}=l_{C2}$。动坐标系 Bx_1y_1 的原点设在构件 1 的 B 点，x_1 轴沿构件 1 的轴线方向；Px_2y_2 的原点设在构件 2 的 P 点，x_2 轴沿构件 2 的轴线方向。作用在末端执行器 P 点的环境作用力为 F_{rx}、F_{ry}，如图 5-5b 所示。

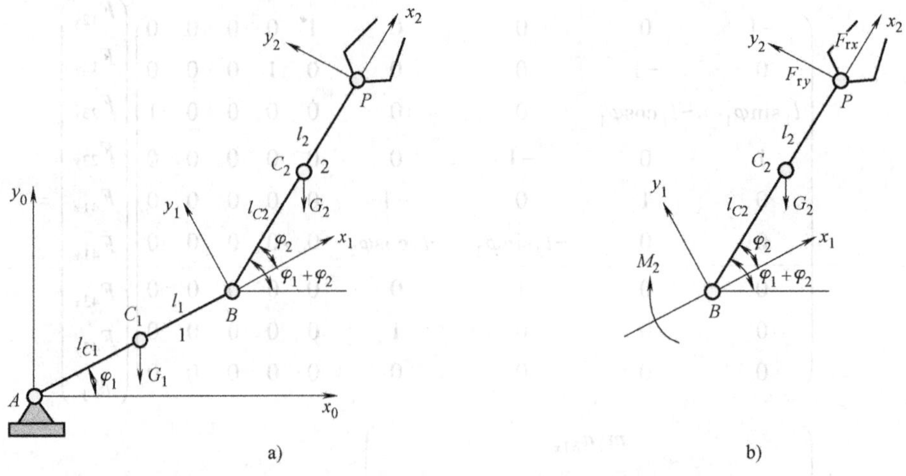

图 5-5 开链机构力分析

2）以图 5-5b 所示的构件 2 为分离体，F_{rx} 通过构件轴线，对 B 点力矩为零；F_{ry} 则垂直于构件 2 的轴线，两者对 B 点力矩之和即为关节力矩。列出平衡方程：

$$F_{ry}l_1-G_2l_{C2}\cos(\varphi_1+\varphi_2)-M_2=0$$

$$M_2=F_{ry}l_1-G_2l_{C2}\cos(\varphi_1+\varphi_2)$$

式中 M_2 为关节 B 处的力矩。

3）针对整个系统列出平衡方程，求解关节 A 的平衡力矩。此时，关节 B 处力矩为内力。故

$$-G_1l_{C1}\cos\varphi_1-G_2[l_1\cos\varphi_1+l_{C2}\cos(\varphi_1+\varphi_2)]+F_{rx}l_1\sin\varphi_2+F_{ry}(l_2+l_1\cos\varphi_2)+M_1=0$$

$$M_1=G_1l_{C1}\cos\varphi_1+G_2[l_1\cos\varphi_1+l_{C2}\cos(\varphi_1+\varphi_2)]-F_{rx}l_1\sin\varphi_2-F_{ry}(l_2+l_1\cos\varphi_2)$$

由此可以看出，关节力矩的大小与构件质量、质心位置、构件尺寸、构件位置以及外载

荷的大小与方向有关。

4）求解取消外载荷时的关节力矩。当取消外载荷时，关节电动机仅克服构件的重力做功。

此时，关节 B 的驱动力矩计算如下：

$$F_{rx}=F_{ry}=0$$

$$-G_2 l_{C2}\cos(\varphi_1+\varphi_2)-M_2=0$$

$$M_2=-G_2 l_{C2}\cos(\varphi_1+\varphi_2)$$

同理可计算关节 A 的驱动力矩为

$$-G_1 l_{C1}\cos\varphi_1-G_2[l_1\cos\varphi_1+l_{C2}\cos(\varphi_1+\varphi_2)]+M_1=0$$

$$M_1=G_1 l_{C1}\cos\varphi_1+G_2[l_1\cos\varphi_1+l_{C2}\cos(\varphi_1+\varphi_2)]$$

通过上述分析可以得出以下结论：

开链机构不管是作为步行机械的关节腿机构还是手臂执行机构，都分为两种受力状态，即仅克服自身重力的空载阶段和克服外载荷的受力阶段。步行机械的关节腿机构在抬腿时是空载阶段，落地时为负载阶段；手臂执行机构的手指没有抓持重物时为空载阶段，反之为负载阶段。关节驱动电动机的功率必须满足负载阶段的工作要求。

下面要介绍的袋鼠腿机构是一个特例，腾空跳跃时整个机构相当于一个单自由度的开链机构，落地后又相当于一个闭链机构。这类机构是一个变胞机构，即自由度与结构型式可随机构位置变化而变化。

德国 FESTO 公司研制的机器袋鼠跳跃逼真，速度也很快。图 5-6 所示为机器袋鼠腿在落地后准备跳跃时的机构运动简图，该机构是在双摇杆机构 $BCDE$ 的基础上，连接一个空气弹簧 FG，整个机构绕 A 点摆动，或者说 A 点是袋鼠的髋关节。构件 3 为袋鼠的弹跳小腿和脚趾的组合。当袋鼠腾空时，脚趾部分不受力，整个机构相当于一个刚体构件绕 A 点摆动，当脚趾受到地面的反作用力时，空气弹簧 FG 产生相对运动，此时释放了双摇杆机构，并产生相对运动。该机构实际上是一个变胞机构。忽略袋鼠的腿部质量，且假设袋鼠落地时受到自身重力、惯性力的冲击力的总和为 F_r，空气弹簧受力为 F_s，对该机构进行受力分析，求各运动副的反力及绕 A 点的摆动力矩。

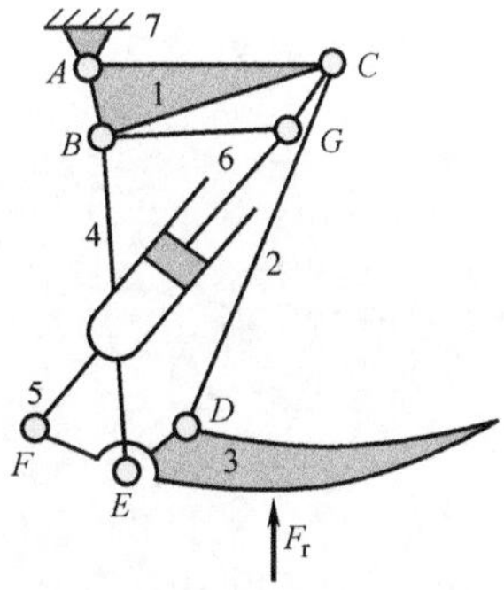

图 5-6　机器袋鼠腿在落地后准备跳跃时的机构运动简图

1）选长度比例尺 μ_l 绘出机构运动简图，如图 5-6 所示。

2）以构件 3（小腿与脚趾）为分离体，标出相应的作用力，如图 5-7c 所示。该构件在 4 个力作用下处于平衡状态，写出力矢量平衡方程：

$$\boldsymbol{F}_r+\boldsymbol{F}_{53}+\boldsymbol{F}_{43}+\boldsymbol{F}_{23}=0$$

$$\boldsymbol{F}_{53}=\boldsymbol{F}_s$$

3）选择力比例尺 μ_F 做多边形，如图 5-7d 所示。从力多边形中求出未知力 $\boldsymbol{F}_{23}$、$\boldsymbol{F}_{43}$。

4）以构件 1 为分离体，标出相应的作用力，如图 5-7a 所示，该构件在 4 个力的作用下处于平衡状态，写出力矢量平衡方程：

$$\boldsymbol{F}_{41}+\boldsymbol{F}_{61}+\boldsymbol{F}_{21}+\boldsymbol{F}_{71}=0$$

$$\boldsymbol{F}_{51}=\boldsymbol{F}_{61}$$

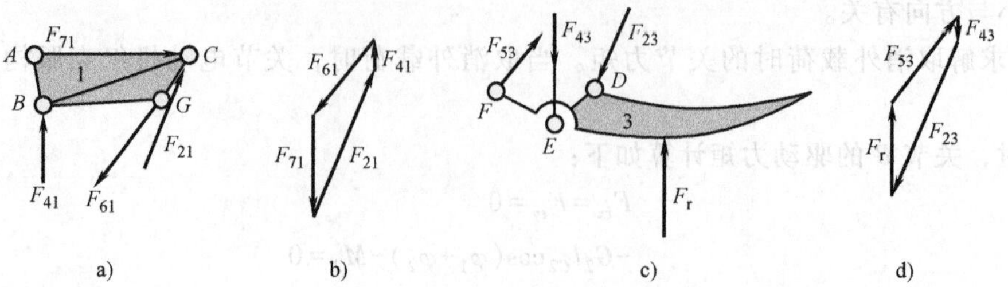

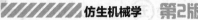

图 5-7 袋鼠腿机构的受力分析

5）选择力比例尺 μ_F 作多边形，如 5-7b 所示。从力多边形中求出未知力 $\boldsymbol{F}_{71}$。

6）求构件 1 绕 A 点的摆动力矩。B、C、G 三点作用力对 A 点的合力矩即为构件 1 绕 A 点的摆动力矩。

科学家精神

“两弹一星”功勋科学家：

杨嘉墀

第三篇

仿生机械设计与分析

第六章

Chapter

仿动物步行的机械及其设计

第一节 步行机械概述

机械的移动方式主要有轮式行走、履带式行走和足式行走，足式行走机械又简称步行机械。仿生机械学是模仿生物运动的学科，步行机械的设计与分析在仿生机械学中占有重要地位。

一、步行机械的优点

1）具有良好的机动性和对不同地面环境的适应能力。步行机械的各足着地点的运动是离散的，可随地面环境的不同选择立足点。如前面有沟、坑或其他障碍物，则可以跨越过去；有台阶则可以迈上去，在松软地面和沼泽地面也可以行走，而且能保证一定的速度，轮式和履带式车辆很难做到这一点。

2）足式运动和身体运动可以解耦，使身体运动保持平稳。步行机械的各足在复杂地面行走时，身体会不稳定，但可通过调整各腿的位姿，使足式运动与身体运动解耦。这样，身体保持平稳而不至于摔倒。

3）步行机械在崎岖路面或松软地面的行进速度较快，能耗较小。表 6-1 给出了轮式车辆、履带车辆和步行机械速度及推进功率的对比，可见步行机械有很多独特的优点。

表 6-1 轮式车辆、履带车辆与步行机械速度及推进功率的对比

行走机械类型	平均速度(崎岖坚硬路面)	推进功率[松软地面(25.4cm 深度)]
轮式车辆	5~8km/h	11.3kW/t
履带车辆	8~16km/h	7.46kW/t
步行机械	可达 56km/h	5.22kW/t

二、步行机械的分类与研究内容

步行机械可以按照控制方式、平衡特性分类。为设计方便，本书按照步行机械的足数分

类，分为两足步行机械、四足步行机械、六足步行机械和多足步行机械。由于足数越多，行走速度越慢，所以多足机械有时也列入爬行机械范畴。

步行机械的研究内容如下。

1）模仿动物结构，研究仿生机械腿。机械腿的结构是步行机械设计的关键环节。因此，确定采用闭链连杆机构腿还是开链关节腿，画出腿的机构运动简图，计算每条腿的自由度以及各条腿的运动协调关系，则是仿生步行机械设计的主要内容。为了在复杂地面行走，每条腿必须有足够的可控自由度，以便使身体运动与地面结构解耦。因此，工程应用中，每条腿至少应有 3 个自由度才能到达空间的任意点位置。也就说，两足步行机械最少有 6 个自由度，四足步行机械至少有 12 个自由度，六足步行机械至少有 18 个自由度。有些玩具机器人的腿部自由度较少，是为了简化结构和降低成本。自由度越多，控制越困难。自由度少，虽然能降低机构设计与控制的难度，但对身体的稳定性造成很大的影响。实际上，动物腿部机构的真实自由度要大于 3，在进行机构简图设计时，要进行适当的简化。腿部机构的设计是步行机械设计的重点内容之一。

2）分析动物的行走、奔跑等动作，进行步态分析，研究各腿之间的运动协调关系。动物在进行不同的运动时，如行走、慢跑、快跑等，各条腿之间的运动关系是不同的。落地相和抬腿相也不相同，步态调整可通过控制手段实现。足端轨迹规划为腿机构综合提供理论基础，同时也能形象逼真地模仿动物行走。

3）分析动物运动时的身体稳定性，研究步行机械运动时的稳定性。动物运动时，身体质心位置是时刻变化的，有上下高低的变化，也有前后左右摇摆的变化，有时会产生失稳现象。因此，步行机械的稳定性与腿的位姿控制密切相关。

4）步行机械的转向。动物行走时会根据地形、地貌等周边环境随时改变运动方向与运动状态，这是很常见的现象。步行机械则需要通过各种传感器判别环境，输入到计算机后，再控制各条腿的运动，这样才能实现身体姿态调整。这也是步行机械设计的难点之一。

5）研究仿生机械的动力及其传递与分配方法。动力及其传递与分配是仿生机械的心脏，是整体设计的主要内容。由于轮式车辆行走系统是单自由度的传动系统，因此动力传递效率高。仿生机械的行走系统较复杂，具有多自由度，且机身在行走过程中会上下起伏和前后左右摆动，要消耗很多能量，所以研究仿生机械行走系统的动力传递与分配非常重要。

6）研究仿生机械的传感系统与控制系统。各种传感器，如视觉传感器、压力传感器、色彩传感器、温度传感器等以及控制系统是仿生机械的大脑与灵魂，它们决定着仿生机械的聪明与灵活程度，也是仿生机械科技含量高低的重要标志。

7）外形设计。仿生机械需要外形的相似性，但不能完全按照外形与结构进行设计，有时需要跳出形似性。例如：人们在进行仿飞鸟设计时，经过多次失败才发明固定翼飞机，而鸟类永远达不到飞机的飞行速度与高度。既要模仿生物，又要避免机械式模仿，这是仿生设计中应该注意的问题。

第二节　步行机械的腿及其设计

步行机械的腿可分为闭链连杆型腿和开链连杆型腿，开链连杆型腿也称为关节腿，有时也采用闭链连杆机构和关节型开链机构相结合的结构形式。

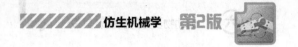

一、闭链连杆型腿的结构

闭链连杆型腿可分为四杆腿机构和多杆机构腿。四杆机构腿结构简单，但不能准确实现复杂运动轨迹，多杆机构腿结构复杂，但能较好地实现复杂运动规律和运动轨迹。

1. 常用四杆机构腿

在仿生机械的步行机构中，经常采用铰链四杆机构和曲柄摆块机构。这种连杆型机构的腿一般为单自由度，控制容易，工作可靠。图 6-1 所示为典型的四杆腿机构。图 6-1a 所示三角形连杆上的 P 点为足端，机构尺寸可按给定的走行曲线进行设计，该类机构的刚度大，六足以上爬行机械的腿常用该类结构；图 6-1b 所示四杆腿机构中，连杆为杆状，连杆上的 E 点为足，此类结构腿轻便灵活，在步行机械中最为常用，四足到八足仿生机械常用该类结构；图 6-1c 所示曲柄摆块机构也是常用的腿机构，该类机构常用于两足步行机械。

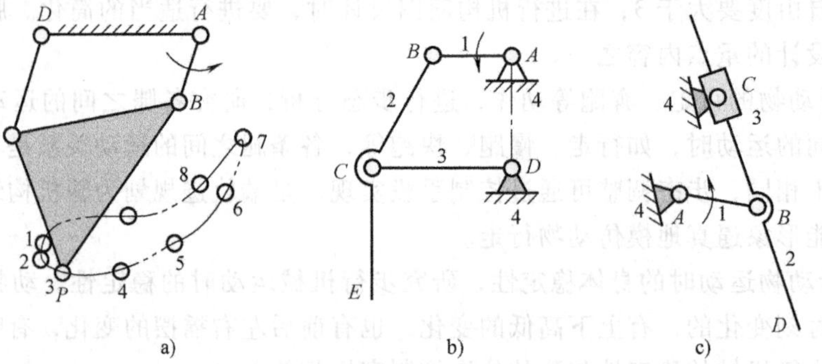

图 6-1　典型的四杆腿机构

图 6-2a 所示六足仿蜘蛛机器人的腿即采用了图 6-1a 所示的闭链连杆腿机构的结构；图 6-2b 所示四足步行机器人采用了图 6-1b 所示的闭链连杆型腿机构的结构；图 6-2c 所示的两足步行机器人采用了图 6-1c 所示的闭链连杆机构，即曲柄摆块腿机构的结构。一般情况下，这类连杆机构的尺寸可按给定的走行曲线设计，在走行曲线上选择 3~5 个点进行机构综合即可。

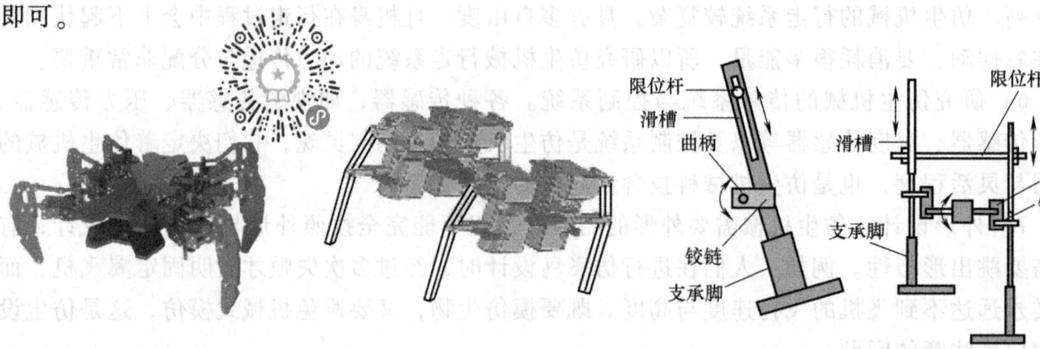

图 6-2　四杆腿机构的应用

四杆机构由于结构简单，在仿生步行机械中得到广泛应用。

图 6-2 所示腿机构一般采用电动机驱动，一些重载机器人的步行机构也经常采用液压驱动。图 6-3 所示液压腿机构就是采用了液压驱动。图 6-3a 所示为两足步行腿机构的部分结

构，图 6-3b 所示为其对应的机构简图；不考虑髋关节自由度时，该机构有两个自由度，即小腿和脚掌的转动自由度。图 6-3c 所示为两足步行腿机构的整体结构，图 6-3d 所示为其机构简图。每条腿有 4 个自由度，即大腿、小腿和脚掌的转动自由度和腿的侧摆自由度。两条腿共有 8 个自由度。气动或液压腿机构虽然动力强大，刚性好，但是体积大。两足步行机构的尺寸可参考所模仿动物腿的机构尺寸选择，走行轨迹也可以通过控制各关节的运动角度和运动次序实现。

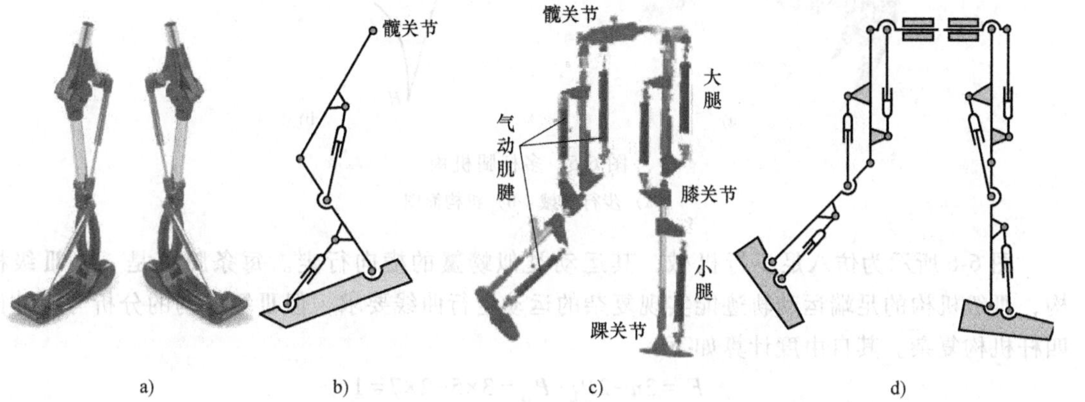

图 6-3 液压腿机构

2. 多杆机构腿

为实现逼真的仿生走行曲线，经常采用多杆机构。实际上，多杆机构是在四杆机构的基础上，运用机构组合原理实现的。图 6-4a 所示为一条腿的走行周期，图 6-4b 所示为其机构简图。由机构简图可以看出，在曲柄摆块机构的基础上再连接一个Ⅱ级杆组 *EF*，即组成一个六杆机构。该机构的腿为杆件 *EBD*，其中 *D* 点为足端，其运动轨迹为足端轨迹。

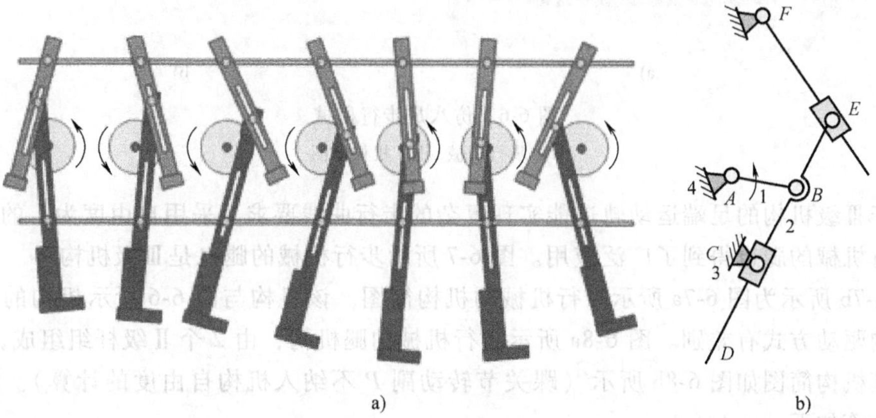

图 6-4 多杆机构腿

a）一条腿的走行周期 b）机构简图

图 6-5a 所示的四足步行机采用典型的多杆腿机构，对应的机构简图如图 6-5b 所示。由机构简图可以看出，此机构为八杆机构。自由度计算如下：

$$F=3n-2P_L-P_H=3\times7-2\times10=1$$

该机构的足端运动轨迹可以很好地模仿动物走行曲线。

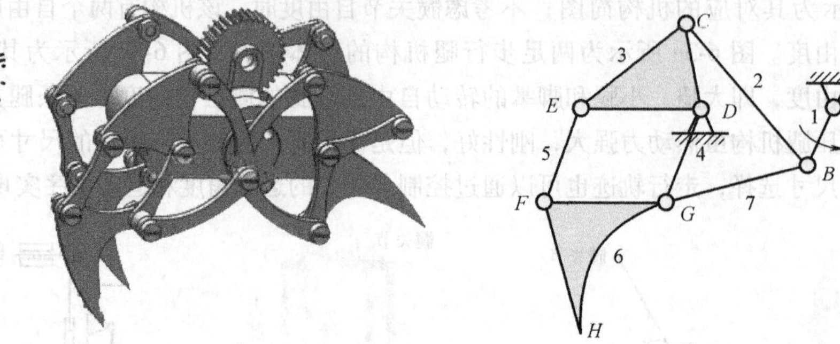

a）　　　　　　　　b）

图 6-5　多杆腿机构

a）步行机械　b）机构简图

图 6-6 所示为仿八足步行机械，其运动类似螃蟹的横向行走。每条腿都是一个Ⅲ级机构，Ⅲ级机构的足端运动轨迹能实现复杂的运动走行曲线要求，但Ⅲ级机构的分析与设计比四杆机构复杂。其自由度计算如下：

$$F=3n-2P_{\mathrm{L}}-P_{\mathrm{H}}=3\times5-2\times7=1$$

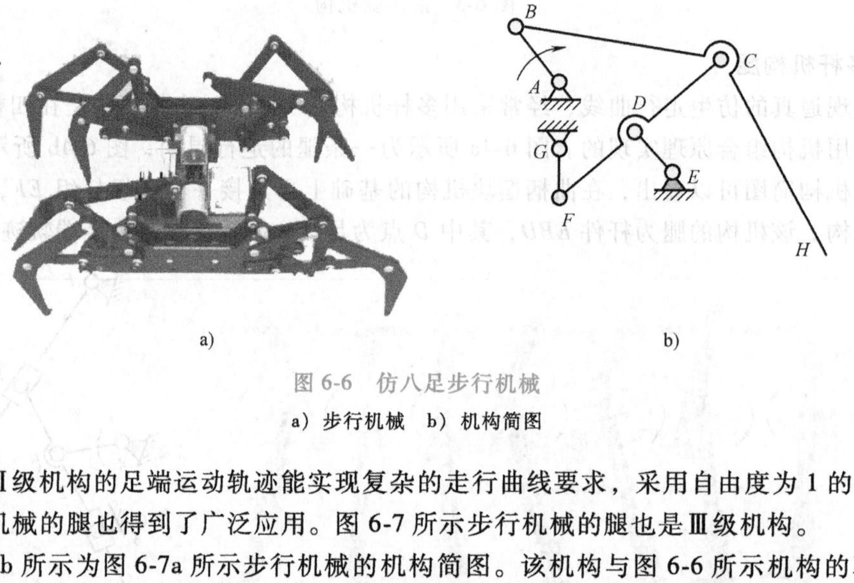

a）　　　　　　　　b）

图 6-6　仿八足步行机械

a）步行机械　b）机构简图

由于Ⅲ级机构的足端运动轨迹能实现复杂的走行曲线要求，采用自由度为 1 的Ⅲ级机构作为步行机械的腿也得到了广泛应用。图 6-7 所示步行机械的腿也是Ⅲ级机构。

图 6-7b 所示为图 6-7a 所示步行机械的机构简图。该机构与图 6-6 所示机构的不同点在于腿部的驱动方式有差别。图 6-8a 所示步行机械的腿机构，由 2 个Ⅱ级杆组组成，AB 为原动件，其机构简图如图 6-8b 所示（踝关节转动副 P 不纳入机构自由度的计算）。该机构的自由度计算如下：

$$F=3n-2P_{\mathrm{L}}-P_{\mathrm{H}}=3\times5-2\times7=1$$

二、关节

关节是指两构件之间的可动连接部分，分为转动副关节和连杆机构关节。转动副关节直接由电动机驱动，设计容易、结构简单、控制方便，在步行机械腿中有广泛应用。特别是在仿人机器人和仿昆虫机器人的步行机构中应用最为广泛。转动副关节型机械腿的尺度综合也

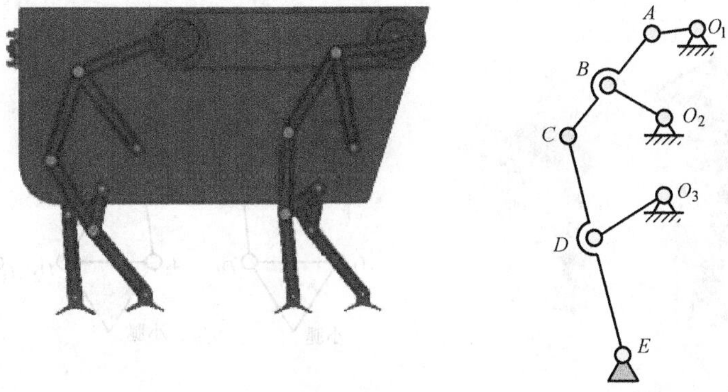

图 6-7 Ⅲ级机构作为步行机械的腿

a）步行机械 b）机构简图

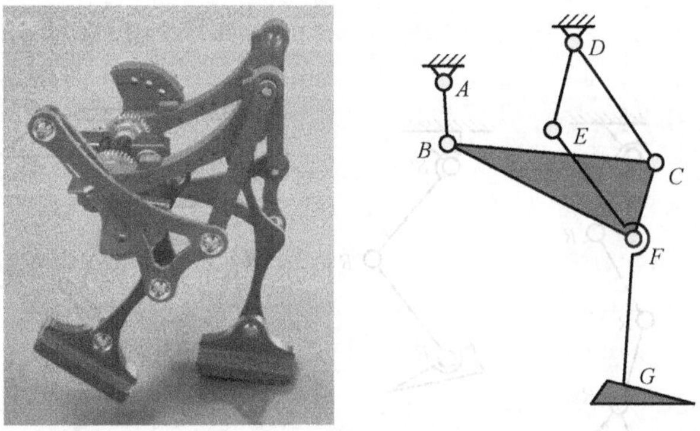

图 6-8 多杆机构组成的腿机构

a）步行机械 b）机构简图

比较简单，一般可以动物的腿部尺寸作为参考。其难点是位姿控制和各腿的时序控制问题，也就是步态控制。

1. 连杆机构型关节

图 6-9a 所示为连杆机构型关节，图 6-9b 所示为对应的机构简图。连杆机构型关节在设计时要注意极限位置的定位问题，如在支承体重位置和最大转动角度位置要设有定位块，避免运动失稳。

2. 转动副型关节

图 6-10a 所示为四足步行动物和人类的腿部骨骼，是典型的转动副型关节结构；图 6-10b 所示为对应的机构简图。工程中，腿根部的球面副用球销副代替，而球销副 S'经常用两个转动副代替，如图 6-10c 所示的四足步行机构中的转动副 1、5，2、6，3、7，4、8 就是代替四个球销副的转动副；每条腿的运动副数也进行了简化，一般忽略脚踝部的转动副。

虫类的腿大都可简化为关节型结构。图 6-11a 所示为典型的虫类腿，其对应的机构简图

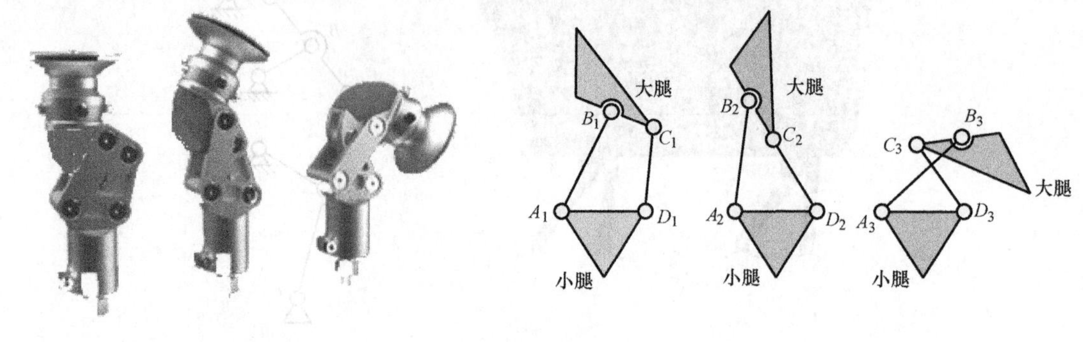

a) b)

图 6-9 连杆机构型关节

a）连杆机构型关节 b）机构简图

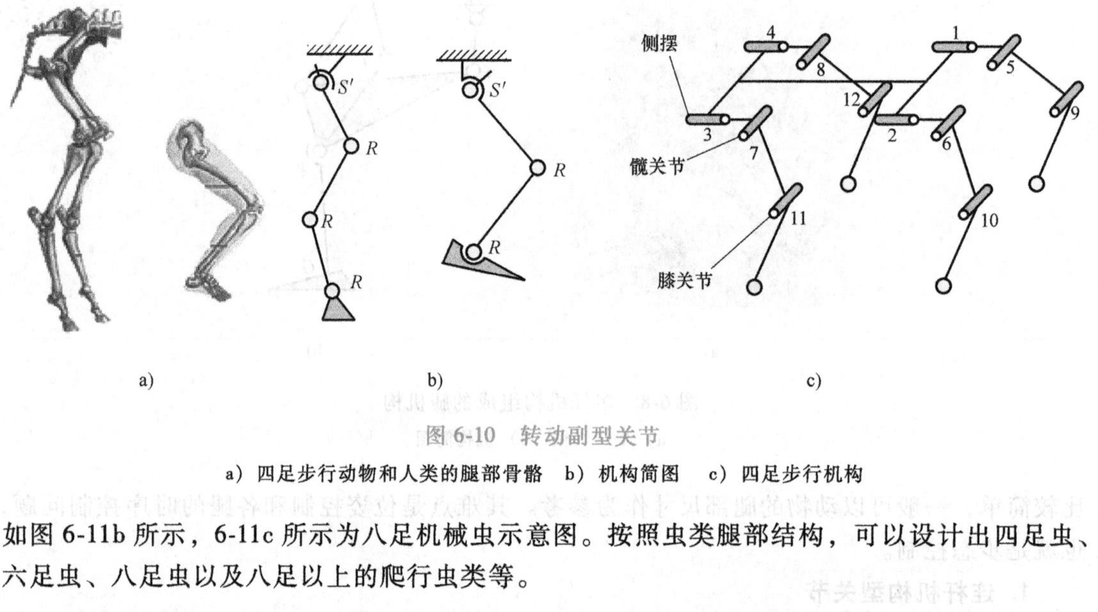

a) b) c)

图 6-10 转动副型关节

a）四足步行动物和人类的腿部骨骼 b）机构简图 c）四足步行机构

如图 6-11b 所示，6-11c 所示为八足机械虫示意图。按照虫类腿部结构，可以设计出四足虫、六足虫、八足虫以及八足以上的爬行虫类等。

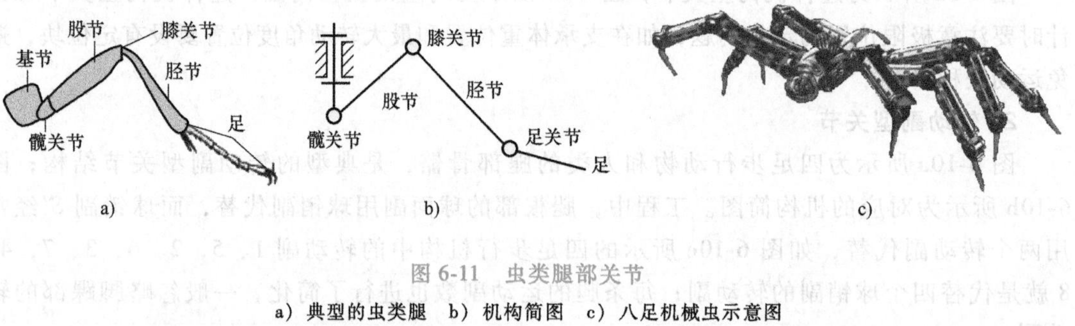

a) b) c)

图 6-11 虫类腿部关节

a）典型的虫类腿 b）机构简图 c）八足机械虫示意图

图 6-12 所示为利用昆虫腿部结构组合方法，设计出的六足昆虫。

3. 转动关节与连杆机构关节复合型机械腿

有些仿生机械的腿关节采用转动副型关节和连杆型关节的复合结构，图 6-13a 所示的机械腿即为复合型机械腿，图 6-13b 所示的仿八足虫类的腿也为复合型关节，单腿的机构运动简图如图 6-13c 所示。复合型机械腿可以减少关节电动机的数量。图 6-13c 中，只有两个转动副 R 处需要关节电动机驱动，关节 B 的转动则依靠液压驱动。这样每条腿减少一个关节电动机，八条腿则减少八个关节电动机。八条腿需要八个液压缸和一套液压传动系统，但液压系统传递的动力要比关节腿大得多。

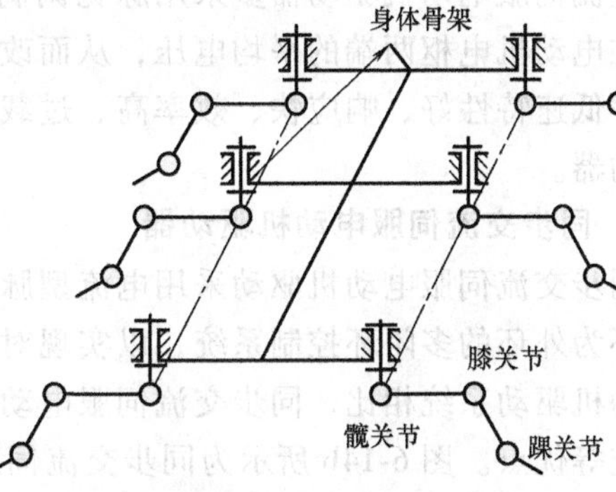

图 6-12　六足昆虫机构

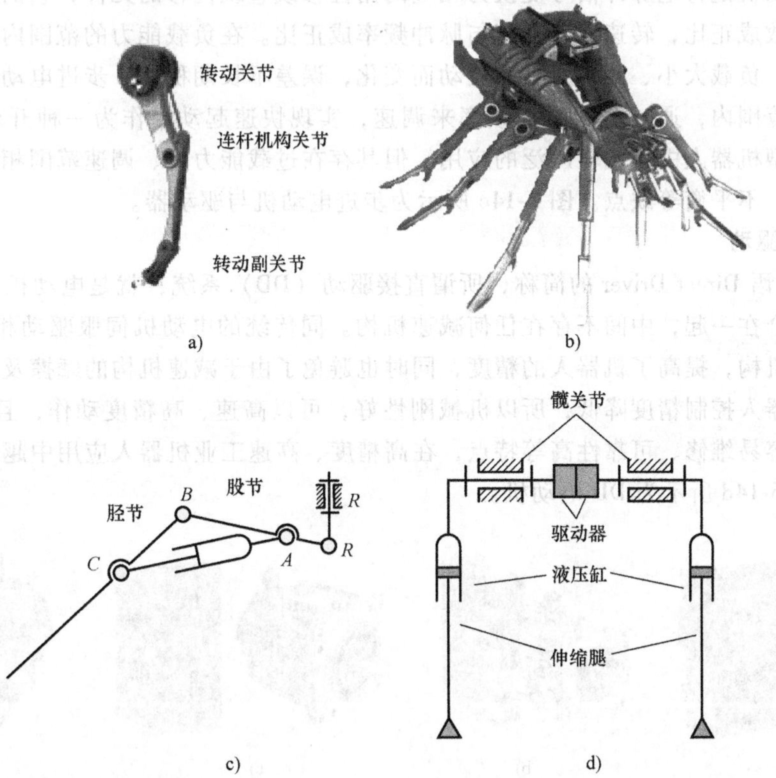

图 6-13　复合关节机械腿

图 6-13d 所示为自动保持稳定的动力型步行腿。髋关节由两台摆动液压马达驱动，膝关节为液压直动伸缩关节。走行曲线由转动和移动两个运动的合成实现。这种机械腿结构简单，承载能力大，是很有发展前途的步行机械腿。

三、关节驱动器

电驱动关节的电动机驱动主要有直流伺服电动机驱动、同步交流伺服电动机驱动、步进电动机驱动和直接驱动。

1. 直流伺服电动机驱动器

直流伺服电动机驱动器多采用脉宽调制（PWM）伺服驱动器，通过改变脉冲宽度来改变加在电动机电枢两端的平均电压，从而改变电动机的转速。PWM伺服驱动器具有调速范围宽、低速特性好、响应快、效率高、过载能力强等特点，图6-14a所示为直流伺服电动机与驱动器。

2. 同步交流伺服电动机驱动器

同步交流伺服电动机驱动采用电流型脉宽调制（PWM）相逆变器和具有电流环为内环、速度环为外环的多闭环控制系统，以实现对三相永磁同步伺服电动机的电流控制。同直流伺服电动机驱动系统相比，同步交流伺服电动机驱动器具有功率大、最高转速低、无电刷及换向火花等优点。图6-14b所示为同步交流伺服电动机与驱动器。

3. 步进电动机驱动器

步进电动机是将电脉冲信号变换为相应的角位移或直线位移的元件，它的角位移和线位移量与脉冲数成正比，转速或线速度与脉冲频率成正比。在负载能力的范围内，这些关系不因电源电压、负载大小、环境条件的波动而变化，误差不长期积累，步进电动机驱动系统可以在较宽的范围内，通过改变脉冲频率来调速，实现快速起动。作为一种开环数字控制系统，其在小型机器人中得到较广泛的应用。但其存在过载能力差、调速范围相对较小、低速运动有脉动、不平衡等缺点。图6-14c所示为步进电动机与驱动器。

4. 直接驱动

DD是英语Direct Driver的简称，所谓直接驱动（DD）系统，就是电动机与其所驱动的负载直接耦合在一起，中间不存在任何减速机构。同传统的电动机伺服驱动相比，DD驱动减少了减速机构，提高了机器人的精度，同时也避免了由于减速机构的摩擦及传送转矩脉动所造成的机器人控制精度降低，所以机械刚性好，可以高速、高精度动作，且具有部件少、结构简单、容易维修、可靠性高等特点，在高精度、高速工业机器人应用中越来越引起人们的重视。图6-14d所示为DD电动机。

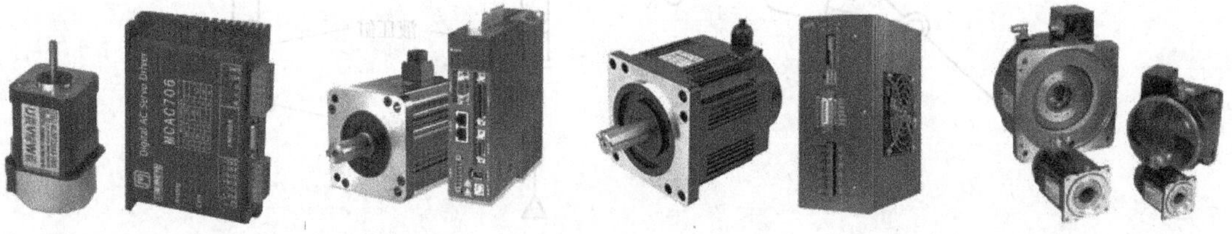

a) b) c) d)

图6-14 关节电动机与驱动器

a）直流伺服电动机驱动器 b）同步交流伺服电动机驱动器 c）步进电动机驱动器 d）直接驱动

转动副型关节有时也可以采用液压马达驱动，其原理与液压传动相似。

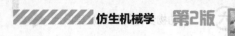

第三节 步行机械的步态分析

步态分析是分析动物在走行过程中，各条腿交替运动的规律。两足仿生步行机器人的步态最为简单，四足步行机器人的步态要复杂些。动物的足数越多，步态越复杂。而且步态与动物的运动速度和运动方向有关。如马在正常行走时，有三条腿同时着地，跑动时则可能两条腿着地或一条腿着地。进行步态分析主要是为控制腿关节的运动提供理论基础。

两足步行机械是模拟人类或鸟类用两条腿走路的仿生机器人，适于在凸凹不平或有障碍的地面行走作业，比一般移动机器人灵活性强，机动性好。

一、两足步行动物的腿部结构

两足步行的动物主要有人类和鸟类，但腿的结构大不相同。人的小腿在膝盖处向后弯曲，有利于坐、蹲等动作；鸟类小腿在膝盖处向前弯曲。这是因为向后弯曲的腿有益于行走，向前弯曲的腿能产生向上的弹跳力，更有益于跳跃和起飞。图 6-15a 所示为人类大腿，对应的机构运动简图如图 6-15b 所示；图 6-15c 所示为鸟类大腿，对应的机构运动简图如图 6-15d 所示。

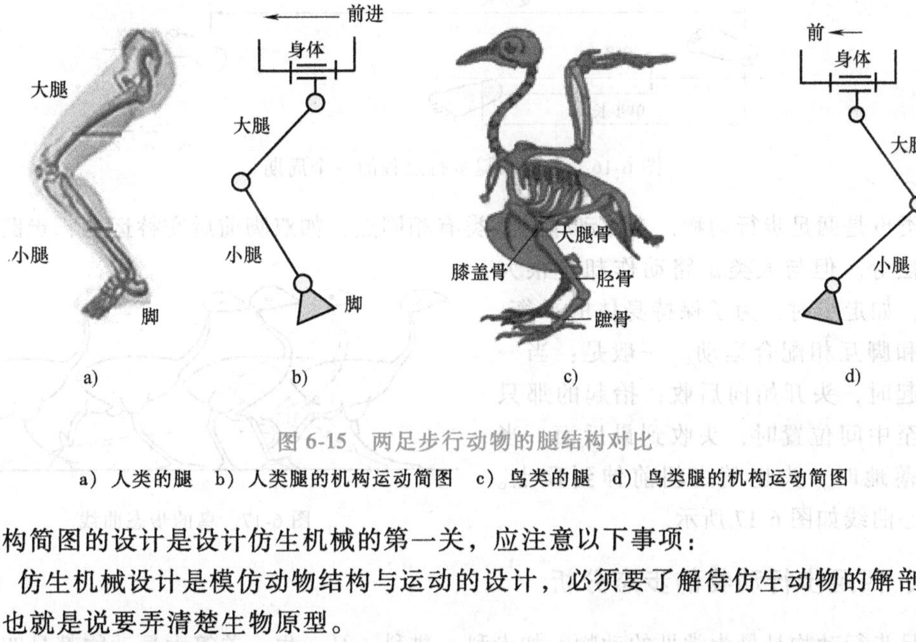

图 6-15 两足步行动物的腿结构对比

a）人类的腿 b）人类腿的机构运动简图 c）鸟类的腿 d）鸟类腿的机构运动简图

机构简图的设计是设计仿生机械的第一关，应注意以下事项：

1）仿生机械设计是模仿动物结构与运动的设计，必须要了解待仿生动物的解剖结构与组成，也就是说要弄清楚生物原型。

2）仿生设计的精髓不是死板地照搬生物原型，而是从生物原型中吸取发明创造的灵感。人类从模仿鸟类飞行到发明飞机就是仿生设计到创新设计的典范。

3）要对生物原型进行适当简化，简化机械结构和控制手段，提高可靠性。

图 6-15 所示两足步行动物腿髋部的运动副解剖结构是球面副，但在设计中经常用两个转动副代替。其中一个转动副与膝关节和踝关节共面，而另一个转动副完成侧摆运动。如果采用球面副则带来结构和控制的困难。

二、两足步行动物的步态分析

仿生两足步行机械的腿部运动最为简单，只分为抬腿相和落地相。即一条腿着地时，另外一条腿处于即将抬起状态并准备向前迈进；着地后原来处于着地状态的腿再开始抬起向前迈进；两腿交替摆动，实现身体的运动。图 6-16 所示为人的双腿步行过程的一个周期，其中有短暂的双腿着地时间、较长的单腿着地时间和空中摆动时间。落地相和抬腿相的时间控制由控制系统完成。抬腿相和落地相的运动轨迹可根据走行曲线进行规划。走行曲线可由步态测量仪测量与描绘。人在行走过程中，由于腿的弯曲，导致身体质心有上下起伏；由于腿的着地相和落地相的交替变化，身体质心还有前后左右摆动的现象。人在行走过程中，身体处于动态的平衡过程中。

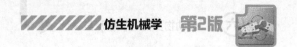

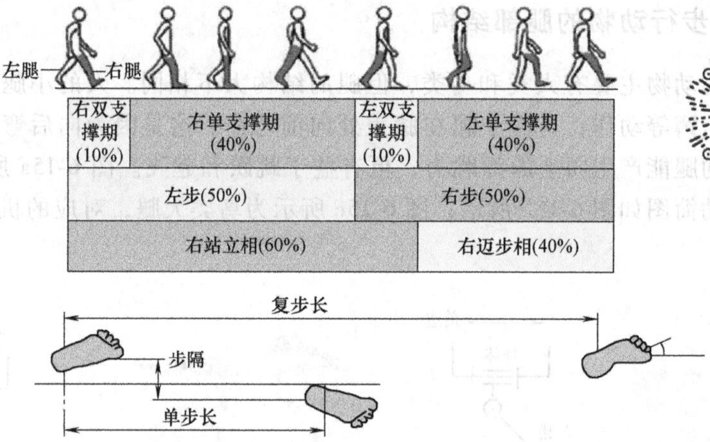

图 6-16　人的双腿步行过程的一个周期

鸟类也是两足步行动物，走路动作与人类有相同点，如双脚前后交替运动，走路时身体左右摇摆等。但与人类走路动作却有很大的差别，如走步时，为了保持身体的平衡，需要头和脚互相配合运动。一般是：当一只脚抬起时，头开始向后收；抬起的那只脚朝前至中间位置时，头收到最后面；当脚向前落地时，头也随之朝前伸到顶点。鸟的步态曲线如图 6-17 所示。

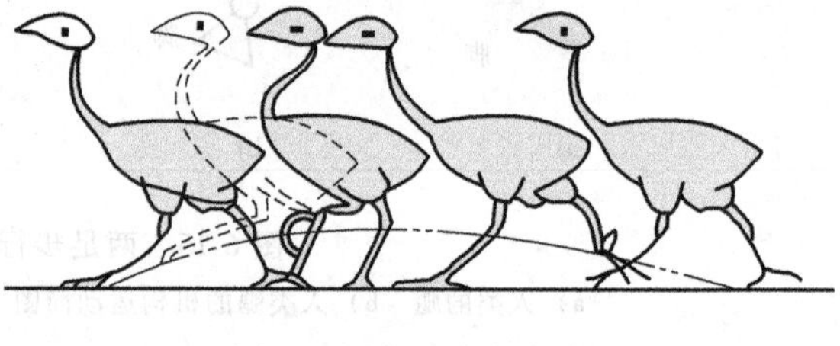

图 6-17　鸟的步态曲线

三、四足步行动物的步态分析

四足步行动物是最为常见的动物，如犬科、猫科、马、牛、羊等大量动物都是四足步行动物，四足步行动物是研究四足仿生步行机械的最好参考物。一般情况下，四足步行动物的行走有以下三种形式：

正常步态：四条腿中仅有一条腿离地迈步的步行方式。正常步态过程中，保证三条腿同时着地，是最稳定的运动方式。

斜对步态：成对角线的两条腿，如右前腿和左后腿或左前腿和右后腿同时落地或离地的步态。

侧对步态：单侧前后腿同时落地或离地的运动步态。

四足步行动物在不同的运动速度时，步态也不相同。图 6-18a 所示为马的奔跑图，从中可以看出，有腾空、单足着地、双足着地、三足着地的现象。图 6-18b 所示为三种步态示意图。

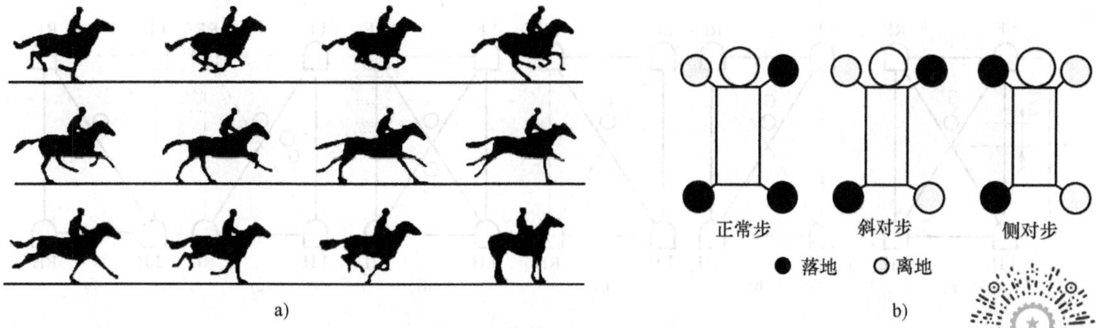

图 6-18 四足步行动物的运动状态

a）马的奔跑图 b）三种步态示意图

四足步行动物在速度最慢的行走状态中，动物的左后腿会先着地，然后是左前腿，再是右后腿，最后是右前腿。所有四足步行动物均是如此。四足步行动物在斜对步态行走时的循环图如图 6-19 所示。

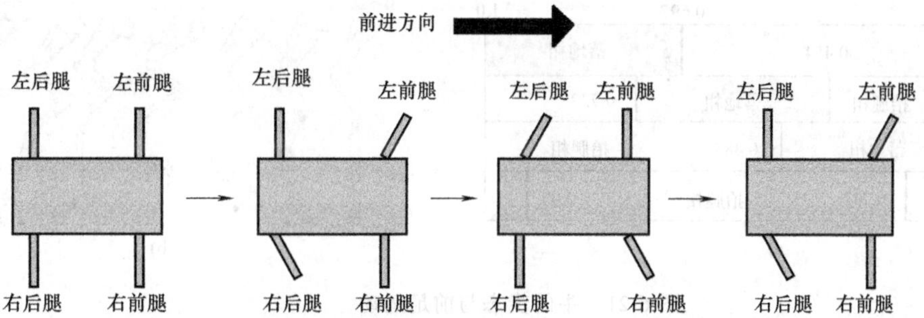

图 6-19 四足步行动物在斜对步态行走时的循环图

四、四足步行机理与分析

四足步行动物因其独特的优点，在自然界分布广泛，也是数量最多的动物。由于四足步行动物行走具有很大程度的相似性，下面以牛为对象分析四足步行动物的步行动作。

牛静止不动用四肢站立时，两前肢支承体重的 58% 左右，两后肢支承体重的 42% 左右，其质心位于四蹄对角线交点的前方 $L/12$ 处，L 为同侧前后腿距离，如图 6-20a 所示；此时若提起一条后腿，如左后腿 LH 或右后腿 RH，也不会改变质心的位置，因为质心位于其他三蹄所组成的支承三角区内，如图 6-20b 和图 6-20c 所示。牛的头颈、尾部及大部分身体对质心位置的影响很大。牛抬头时，质心后移，并靠近躯干的背部，此时前肢负重减少，如图 6-20d 所示。如果头部偏向一侧，此时前肢就可提举，而质心不会后移太远。通过头、颈和躯干的交替运动可使质心侧移得到加强。若抬头且头部偏向左侧，则右前肢负重进一步减少，可容易地抬起右前肢，如图 6-20e 所示；反之头向右偏，则左前肢可容易抬起，如图 6-20f 所示。若低下头颈部，则质心前移，前肢负重增加，抬起后肢则省力。因此，牛的步行运动中，不断的低头、抬头以及左右偏摆头部，其实是在配合腿部的运动，保证抬腿运动是在负重最小的状态下进行。动物在长期进化过程中，其肢体运动早已经符合了力学法则。

牛腿在每个运动周期中有落地和抬腿两种状态。牛以不同速度行走时，其步态及前足运

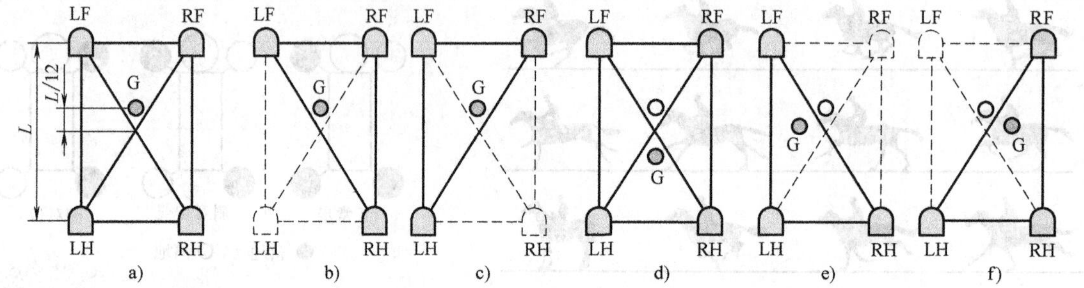

图 6-20 牛的重心变化

a）四肢站立 b）抬左后腿 c）抬右后腿 d）抬头 e）抬右前腿 f）抬左前腿

动过程如图 6-21a 所示，RF 和 RH 分别表示右前、后腿，LF 和 LH 分别表示左前、后腿。阴影部分表示支承状态（落地相），方框表示摆动状态（抬腿相）。粗线的起始与终了分别对应于一条腿的落地和离地。图 6-21b 所示为一条前腿的运动周期。

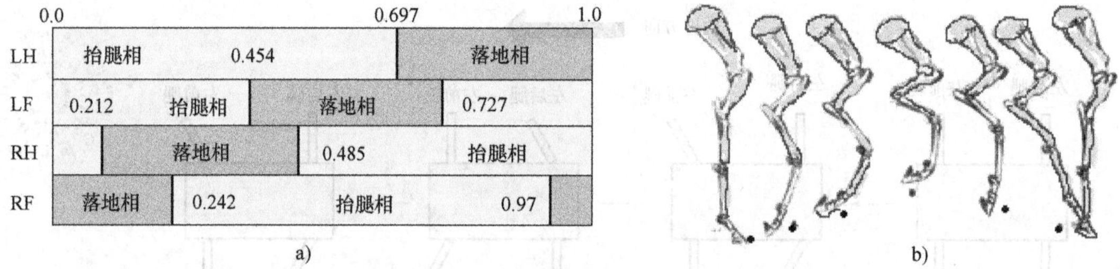

图 6-21 牛的步态与前足运动

a）步态及前足运动过程 b）一条前腿的运动周期

如图 6-21 所示可知，牛在慢速行走时，采用四音蹄步法，即各个蹄分别着地，属于对称步法；慢速行走时，主要表现为三条腿支承躯体，间或有同侧或对角线的两条腿支承，这种肢体运动呈现一个确定的对角线图形。由于质心的投影在三角形区域内，因此这种步态很稳定。其质心随四肢运动而移动，牛在任何位置均可停下而不会跌倒。图 6-22 所示为牛的步态与足迹，阴影足迹为落地相。

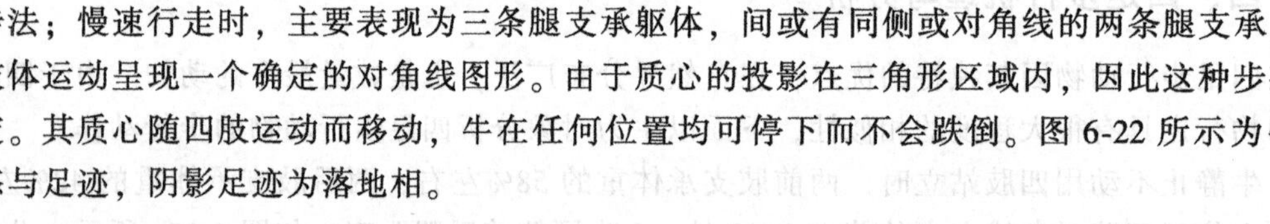

图 6-22 牛的步态与足迹

牛在行走时，不论是慢步还是快步，当后腿抬起时，同侧前腿紧接着抬起，后足落地点有时会超过同侧前足的原支承点。牛在行进时，不会因步幅增大而发生前后腿运动干涉。牛在平地行走，步距随运动速度增大而增大，并呈线性关系。牛在小跑时，采用两音蹄对称步法，即身体交替由对侧的前后肢同时蹬地或支承，并伴有一个短的漂浮状态，即牛的整个躯干在变换腿时腾起，有一个短暂的腾空期。脊柱保持挺直状态，头颈在正中面做垂直运动。牛的小跑步态支承身体是稳定的。

五、步行机械设计案例

图 6-23a 所示为一种新型步行机器人的腿机构，图 6-23b 所示为身体前面的两条腿机构的足端运动轨迹。其中，两个一样的机构共用 1 个曲柄，且呈 180°布置，顺时针方向转动。一侧腿的足端 H_1 处于抬腿相位置，另一侧腿处于落地相位置 H_2；当 H_2 在落地位置移动到 H_2'时，足端 H_1 则到达 H_1'位置，两条腿落地有短暂的重合，提高了行走的稳定性。

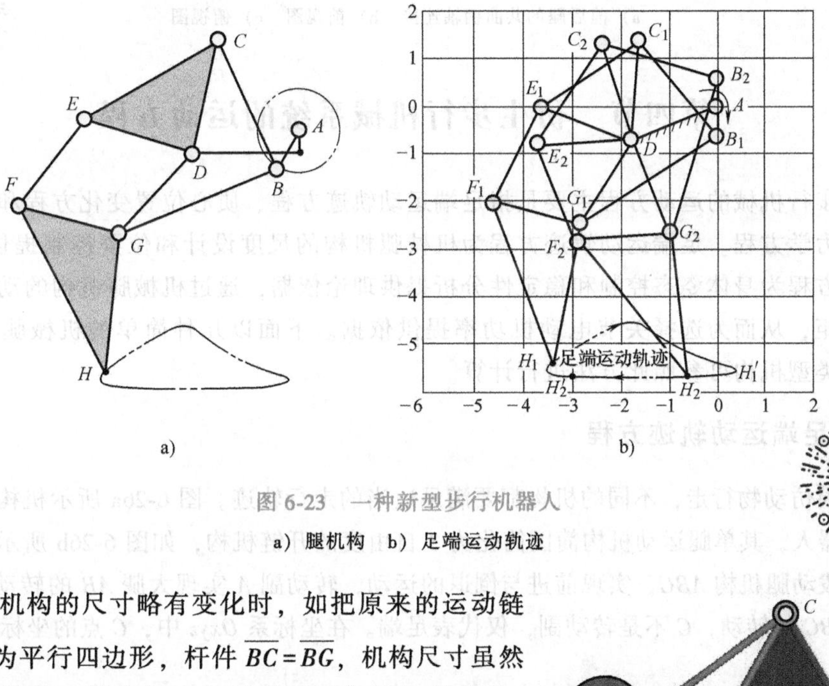

a)　　　　b)

图 6-23　一种新型步行机器人

a）腿机构　b）足端运动轨迹

当上述机构的尺寸略有变化时，如把原来的运动链 *DGFE* 设计为平行四边形，杆件 $\overline{BC}=\overline{BG}$，机构尺寸虽然做了小幅度调整，但足端走行运动轨迹却发生了变化。图 6-24 所示为调整机构尺寸后的步行机械腿及其足端运动轨迹。

图 6-25 所示为该步行机械腿的安装图。该安装图采用前后腿共曲柄轴的连接。图 6-25a 所示为前后腿的共曲柄轴连接，图 6-25b 所示为其前视图，图 6-25c 所示为其俯视图。

如果想整体拉长该机械，可在曲柄轴处设计一个平行四边形机构，这样两相同的曲柄就可驱动前腿和后腿的运动。

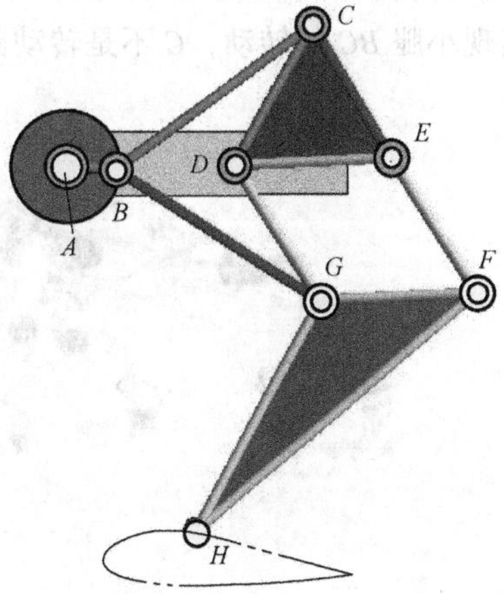

图 6-24　调整机构尺寸后的步行机械腿及其足端运动轨迹

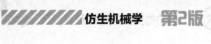

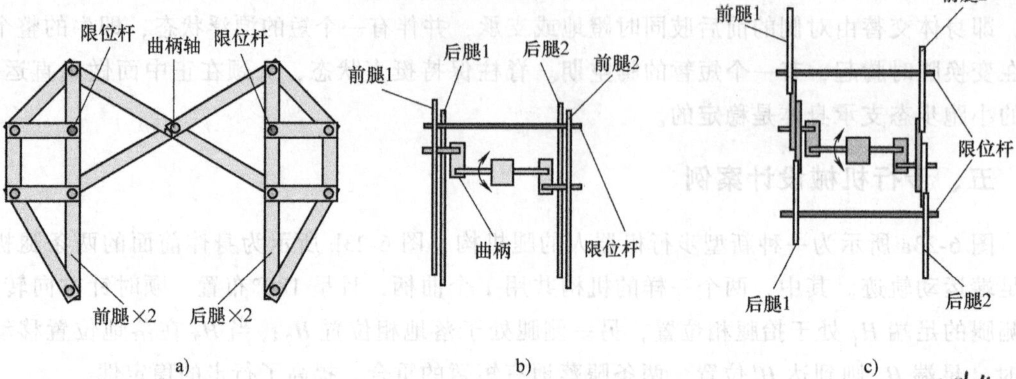

图 6-25 步行机械腿的安装图

a）前后腿的共曲柄轴连接 b）前视图 c）俯视图

第四节 仿生步行机械系统的运动方程

仿生步行机械的运动方程主要是指足端运动轨迹方程、质心位置变化方程和仿生机械腿机构的动力学方程。足端运动轨迹方程为机械腿机构的尺度设计和位姿控制提供理论依据；质心位置方程为身体姿态控制和稳定性分析提供理论依据，通过机械腿机构的动力学方程可求关节力矩，从而为选择关节电动机功率提供依据。下面以几种简单的机械腿机构为例说明，其他类型机构可参照此方法进行计算。

一、足端运动轨迹方程

为了模仿动物行走，不同的机构都要满足适当的走行轨迹。图 6-26a 所示机构为一个典型的 4 足机器人，其单腿运动机构简图简化为 3 自由度的开链机构，如图 6-26b 所示，绕竖直轴的转动副拨动腿机构 *ABC*，实现前进与倒退的运动，转动副 *A* 实现大腿 *AB* 的转动，转动副 *B* 实现小腿 *BC* 的转动，*C* 不是转动副，仅代表足端。在坐标系 *Oxyz* 中，*C* 点的坐标描述如下：

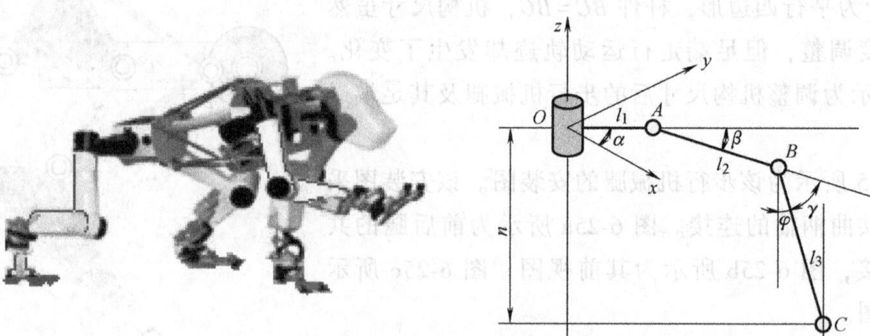

a) b)

图 6-26 关节机械腿的足端运动轨迹

a）典型的 4 足机器人 b）单腿运动机构简图

$$x_C = m\cos\alpha$$
$$y_C = m\sin\alpha$$
$$z_C = n \tag{6-1}$$

xOy 为水平面，其中：

$$m = l_1 + l_2\cos\beta + l_3\cos(\beta+\gamma)$$
$$n = l_2\sin\beta + l_3\sin(\beta+\gamma) \tag{6-2}$$
$$\beta+\gamma = 90° - \varphi$$

角度 φ 为足底法线方向与小腿之间的夹角，则

$$x_C = [(l_1 + l_2\cos\beta + l_3\cos(\beta+\gamma)]\cos\alpha$$
$$y_C = [(l_1 + l_2\cos\beta + l_3\cos(\beta+\gamma)]\sin\alpha$$
$$z_C = l_2\sin\beta + l_3\sin(\beta+\gamma) \tag{6-3}$$

上述方程中共有 l_1、l_2、l_3、α、β、γ 六个未知数，但在仿生机械设计中，构件尺寸 l_1、l_2、l_3 往往参照待仿生的动物腿部尺寸预先选定，所以一般仅求解 3 个转角参数即可，或者给定 3 个转角参数，求解足端运动轨迹坐标。为使大小腿的转角更加合理，应该控制 φ 的大小。一般情况下，φ 应满足下式：

$$\varphi \in [-\varphi_{\max}, \varphi_{\max}]$$

$\varphi_{\max}$ 可根据路面情况选择。

二、步行系统的动力学模型

步行机器人机械腿的运动是多变量的非线性运动，关节自由度越多，动力学模型越复杂，求解越难。为了简化模型，忽略髋关节的侧摆运动，只考虑前进方向的运动，这样步行机构可简化为平面机构。设步行机构为 4 自由度关节机构，即髋关节、膝关节、踝关节和脚尖关节。其中脚尖关节是假定的虚拟关节。因为在着地相的时间内，该腿机构已经发生变胞，脚部运动可以看作是绕脚尖的瞬时转动，如图 6-27a 所示。

仿生机械在行走过程中，处于着地相的腿可按照 3 自由度的倒立摆处理，如图 6-27b 所示。处于悬空摆动的腿可按照 3 自由度的复摆处理，如图 6-27c 所示。

拉格朗日方程是求解多自由度的机构动力学问题的常用方法，适合建立并求解步行机械腿的动力学方程。拉格朗日方程表述如下：

$$\frac{\mathrm{d}}{\mathrm{d}t}\left(\frac{\partial L}{\partial \dot{\theta}}\right) - \frac{\partial L}{\partial \theta} = M \tag{6-4}$$

式中，L 为拉格朗日函数，$L=E-U$，E 为机构系统的动能，U 为机构系统的势能。 (6-5)

图 6-27 所示机械腿机构的动能与势能分别为

$$E = \frac{1}{2}J_1\dot{\theta}_1^2 + \frac{1}{2}J_2\dot{\theta}_2^2 + \frac{1}{2}J_3\dot{\theta}_3^2 + \frac{1}{2}m_1(\dot{x}_1^2 + \dot{y}_1^2) + \frac{1}{2}m_2(\dot{x}_2^2 + \dot{y}_2^2) + \frac{1}{2}m_3(\dot{x}_3^2 + \dot{y}_3^2) \tag{6-6}$$

$$U = m_1 g a_1\cos\theta_1 + m_2 g(l_1\cos\theta_1 + a_2\cos\theta_2) + m_3 g(l_1\cos\theta_1 + l_2\cos\theta_2 + a_3\cos\theta_3) \tag{6-7}$$

式中　J_i 为连杆 i 绕其质心的转动惯量；l_i 为连杆 i 的长度；x_i、y_i 为连杆 i 质心点在基础坐标系中的坐标；a_i 为连杆 i 质心到其下端铰链的距离；θ_i 为连杆 i 相对基础坐标系的绝对转角。

将拉格朗日函数及动能与势能代入拉格朗日方程，可求解出着地支承相和悬空摆动相的

两种状态的微分方程。因为有 3 个未知转角 θ_1、θ_2、θ_3，所以落地支承相和悬空摆动相可写出 3 个微分方程。

参照图 6-27b，着地支承相的腿机构的 3 个微分方程为

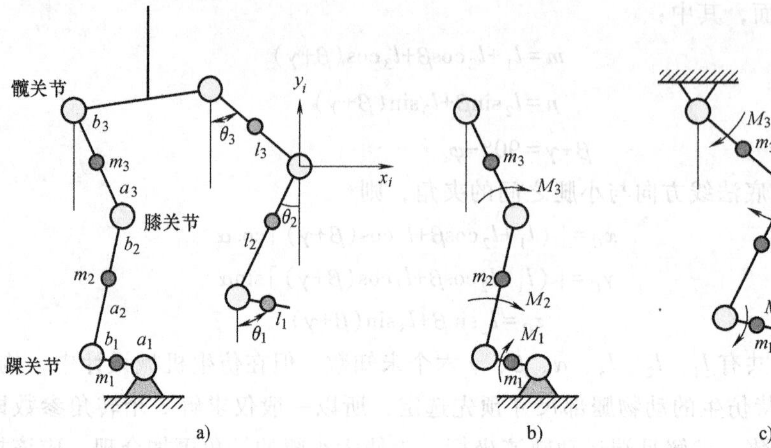

图 6-27　关节机械腿的动力学模型

$$
\begin{aligned}
&[J_1+m_1a_1^2+(m_1+m_2)l_1^2]\ddot{\theta}_1+[m_2l_1l_2\cos(\theta_1-\theta_2)+m_3l_1l_2\cos(\theta_1-\theta_2)]\ddot{\theta}_2+\\
&[m_3l_1a_3\cos(\theta_1-\theta_2)]\ddot{\theta}_3-(m_1ga_1+m_2gl_1+m_3gl_1)\sin\theta_1=M_1-(M_2-M_3)\\
&[m_2l_1a_2\cos(\theta_1-\theta_2)+m_3l_1l_2\cos(\theta_1-\theta_2)]\ddot{\theta}_1+(J_2+m_2a_2^2+m_3l_2^2)\ddot{\theta}_2+\\
&[m_3l_2a_3\cos(\theta_2-\theta_3)]\ddot{\theta}_3-(m_2ga_2+m_3gl_2)\sin\theta_2=M_2-M_3\\
&[m_3l_2a_3\cos(\theta_1-\theta_3)]\ddot{\theta}_1-m_3l_2a_3\cos(\theta_2-\theta_3)\ddot{\theta}_2+(J_2+m_3a_3^2)\ddot{\theta}_3-m_3ga_3\sin\theta_3=M_3
\end{aligned}
\tag{6-8}
$$

通过 3 个微分方程，可求解着地状态的 3 个关节的未知驱动力矩。实际工程中，计算着地相的关节力矩时，必须要考虑身体的质量。

参照图 6-27c，悬空摆动相的腿机构的 3 个微分方程为

$$
\begin{aligned}
&[J_3+m_3b_3^2+(m_1+m_2)l_3^2]\ddot{\theta}_3+[m_2l_3b_2\cos(\theta_3-\theta_2)+m_1l_3l_2\cos(\theta_3-\theta_2)]\ddot{\theta}_2+\\
&[m_1l_3b_1\cos(\theta_3-\theta_1)]\ddot{\theta}_1+(m_3gb_3+m_2gl_3+m_1gl_3)\sin\theta_3=M_3-(M_2-M_1)\\
&[m_2l_3b_2\cos(\theta_3-\theta_2)+m_3l_3l_2\cos(\theta_3-\theta_2)]\ddot{\theta}_3+(J_2+m_2b_2^2+m_1l_2^2)\ddot{\theta}_2+\\
&[m_1l_2b_1\cos(\theta_2-\theta_1)]\ddot{\theta}_1+(m_2gb_2+m_1gl_2)\sin\theta_2=M_2-M_1\\
&[m_1l_3b_1\cos(\theta_3-\theta_1)]\ddot{\theta}_3-m_1l_2b_1\cos(\theta_3-\theta_2)\ddot{\theta}_2+(J_1+m_1b_1^2)\ddot{\theta}_1+m_1gb_1\sin\theta_1=M_1
\end{aligned}
\tag{6-9}
$$

式中　b_i 为连杆 i 质心到其上端铰链的距离；M_i 为作用在连杆关节处的驱动力矩。

悬空摆动相也有 3 个微分方程，可求解悬空摆动状态的 3 个关节的未知驱动力矩。

三、步行系统的质心运动方程

仿生步行机械系统的质量主要由身体部分、头颈部分和各条腿的质量组成。由于在运动过程中，各部分的质心是动态的，因而总质心位置也是变化的。研究质心变化规律是仿生机

械运动稳定性设计的重要内容。如图 6-28 所示为仿生四足步行机器人整体示意图。m_h 为头颈质量，m_b 为身体躯干质量，m_{ij} 为腿部质量。其中 $i=1$、2、3、4，分别表示四条腿；$j=1$、2，1 表示大腿，2 表示小腿。

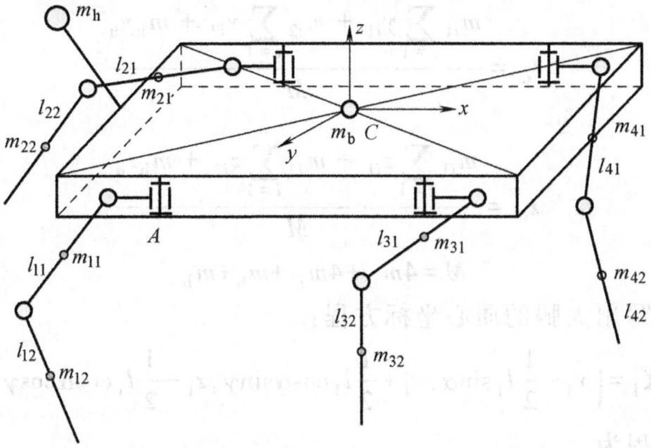

图 6-28　仿生四足步行机器人整体示意图

由工程力学可知，设机械系统的质心在 C 点，其质心位置的向量坐标表达式为

$$r_C=\frac{\sum_{i=1}^{n}m_ir_i}{\sum_{i=1}^{n}m_i}$$

改写为直角坐标公式后，有

$$x_C=\frac{\sum_{i=1}^{n}m_ix_i}{\sum_{i=1}^{n}m_i},y_C=\frac{\sum_{i=1}^{n}m_iy_i}{\sum_{i=1}^{n}m_i},z_C=\frac{\sum_{i=1}^{n}m_iz_i}{\sum_{i=1}^{n}m_i}$$

对于四足步行机器人，每条腿分别在大腿和小腿上分布质量，且每条腿的大腿与小腿有相同的长度，也有相同的质量。忽略尾部质量，大腿质量为 m_{i1}，小腿质量为 m_{i2}，则其质心坐标为

$$x_C=\frac{m_{i1}\sum_{i=1}^{n}x_{i1}+m_{i2}\sum_{i=1}^{n}x_{i2}+m_hx_h+m_bx_b}{4m_{i1}+4m_{i2}+m_h+m_b}$$

$$y_C=\frac{m_{i1}\sum_{i=1}^{n}y_{i1}+m_{i2}\sum_{i=1}^{n}y_{i2}+m_hy_h+m_by_b}{4m_{i1}+4m_{i2}+m_h+m_b}$$

$$z_C=\frac{m_{i1}\sum_{i=1}^{n}z_{i1}+m_{i2}\sum_{i=1}^{n}z_{i2}+m_hz_h+m_bz_b}{4m_{i1}+4m_{i2}+m_h+m_b}$$

如果坐标系选在身体躯干质心处，则有

$$(x_b,y_b,z_b)=(0,0,0)$$

$$x_C = \frac{m_{i1}\sum_{i=1}^{n} x_{i1} + m_{i2}\sum_{i=1}^{n} x_{i2} + m_h x_h}{M}$$

$$y_C = \frac{m_{i1}\sum_{i=1}^{n} y_{i1} + m_{i2}\sum_{i=1}^{n} y_{i2} + m_h y_h}{M}$$

$$z_C = \frac{m_{i1}\sum_{i=1}^{n} z_{i1} + m_{i2}\sum_{i=1}^{n} z_{i2} + m_h z_h}{M}$$

$$M = 4m_{i1} + 4m_{i2} + m_h + m_b$$

参照图 6-29，可写出大腿的质心坐标方程：

$$\boldsymbol{X}_1 = \left(x_1 - \frac{1}{2}l_1\sin\alpha, y_1 + \frac{1}{2}l_1\cos\alpha\sin\gamma, z_1 - \frac{1}{2}l_1\cos\alpha\cos\gamma\right)$$

小腿质心坐标方程为

$$\boldsymbol{X}_2 = \left[x_1 - \frac{1}{2}l_1\sin\alpha - \frac{1}{2}l_2\sin(\alpha-\beta), y_1 + \left(l_1\cos\alpha + \frac{1}{2}l_2\cos(\alpha-\beta)\right)\sin\gamma, z_1 - l_1\cos\alpha\cos\gamma - \frac{1}{2}l_2\cos(\alpha-\beta)\cos\gamma\right]$$

四条腿的坐标方程一般化后，大腿和小腿质心坐标分别记为 (x_{1i}, y_{1i}, z_{1i}) 和 (x_{2i}, y_{2i}, z_{2i})。

大腿质心坐标方程为

$$x_{1i} = x_i - \frac{1}{2}l_1\sin\alpha$$

$$y_{1i} = y_i \pm \frac{1}{2}l_1\cos\alpha\sin\gamma$$

$$z_{1i} = z_i - \frac{1}{2}l_1\cos\alpha\cos\gamma$$

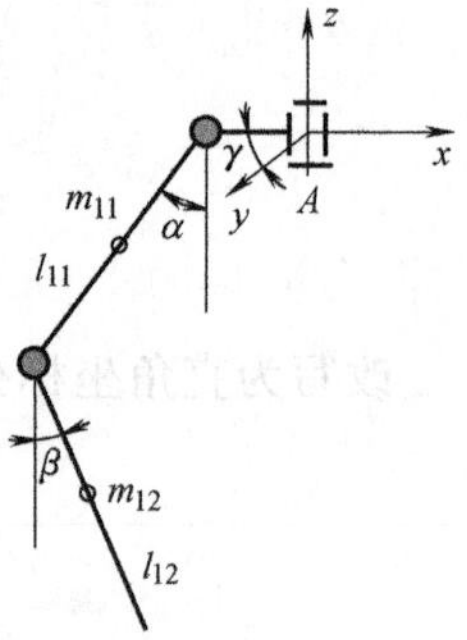

图 6-29　机械腿质心

小腿质心坐标方程为

$$x_{2i} = x_i - \frac{1}{2}l_1\sin\alpha - \frac{1}{2}l_2\sin(\alpha-\beta)$$

$$y_{2i} = y_i \pm \left[l_1\cos\alpha + \frac{1}{2}l_2\cos(\alpha-\beta)\right]\sin\gamma$$

$$z_{2i} = z_i - l_1\cos\alpha\cos\gamma - \frac{1}{2}l_2\cos(\alpha-\beta)\cos\gamma$$

设头颈上下摆动角度为 δ，左右摆动角度为 θ，颈部关节为 B，如图 6-30 所示。头颈坐标为

$$x_{hk} = x_k - \frac{1}{2}l_k\cos\delta\cos\theta$$

$$y_{hk} = y_k \pm \frac{1}{2}l_k\sin\theta$$

$$z_{hk} = z_k - \frac{1}{2}l_k\sin\delta$$

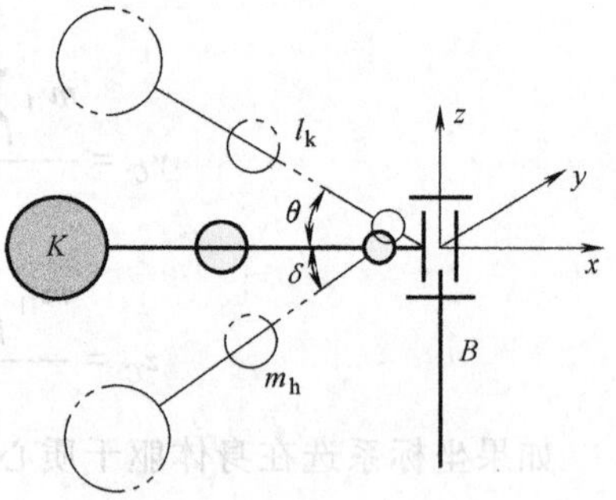

图 6-30　头颈质心坐标

由于各个腿部髋关节坐标和颈关节坐标相对身体质

心坐标方位和大小都是已知的，所以可以求出大、小腿质心坐标和头颈质心坐标，总质心坐标也随之可以求解。研究总质心的变化规律对仿生机械行走的稳定性有理论价值。

第五节 仿生跳跃机械的设计与分析

自然界可以跳跃的动物很多，如两栖动物的青蛙、节肢动物的蝗虫、哺乳动物的袋鼠，都可以跳跃。它们的共同点是都是依靠发达后肢的蹬踏力和弹力实现跳跃的，但青蛙和蝗虫只能在特殊情况下，比如捕食或紧急逃生才进行跳跃，而袋鼠却是完全靠后肢跳跃代替行走，所以本节主要介绍袋鼠的跳跃运动。

一、袋鼠的跳跃性能

袋鼠是有袋类动物的典型代表。袋鼠不会行走，只会跳跃，或在前脚和后腿的帮助下奔跳前行。图 6-31 所示为袋鼠的典型跳跃姿态图。

袋鼠的后腿强健而有力，尤其是袋鼠的 Crural 指数$\left(即\dfrac{胫骨长}{股骨长}\times100\right)$，达到 172，远远超过其他动物。袋鼠以跳代跑，最高可跳到 4m，最远可跳至 13m，可以说是跳得最高、最远的哺乳动物。

袋鼠用下肢跳动、奔跑的速度非常快，可达 50km/h 以上。袋鼠有一条“多功能”的尾巴，其作用非常大，在休息时它可以支承于地与双下肢共同起到平衡身体的作用，跑动中尾巴更是重要的平衡工具，另外袋鼠的尾巴还是重要的进攻与防卫的武器。

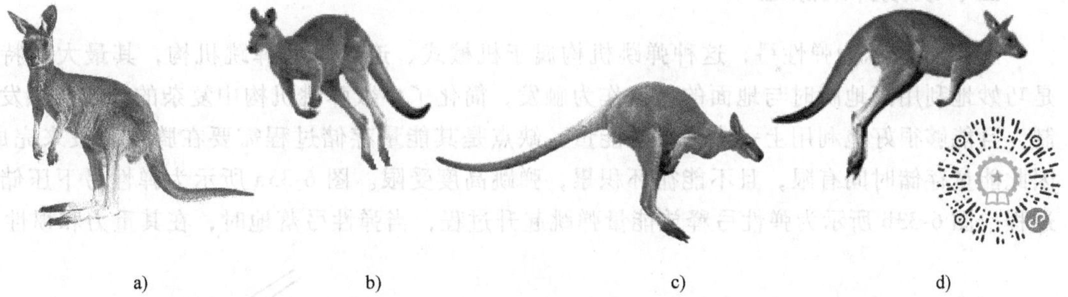

a) b) c) d)

图 6-31 袋鼠的典型跳跃姿态图

二、袋鼠腿的机构运动简图

袋鼠的跳跃运动主要依靠强大的后腿，图 6-32b 所示为袋鼠腿骨结构图。粗壮的尾巴主要用于跳跃时的身体平衡或进行攻击。因此研究袋鼠的跳跃运动机构主要研究袋鼠的后腿结构。

图 6-32a 所示为袋鼠示意图，图 6-32b 所示为袋鼠腿骨结构图。根据其组成特点可以画出后腿的机构简图，如图 6-32c 所示。从功能上分析，髋关节 A 为球面副，膝关节 B、踝关节 C、趾关节 D 为转动副；腿构件可以看作刚性体，脚趾视为弹性体，袋鼠每条腿有 6 个自由度。计算如下：

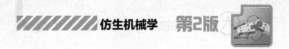

$$F=6n-\sum ip_i$$

$$n=4$$

$$p_{Ⅲ}=1$$

$$p_{Ⅴ}=3$$

$$F=6\times4-(3+5\times3)=6$$

该袋鼠每条腿与脚趾部分有 6 个自由度，可满足袋鼠跳跃运动特征要求，是刚、柔构件混合组成的空间跳跃机构。

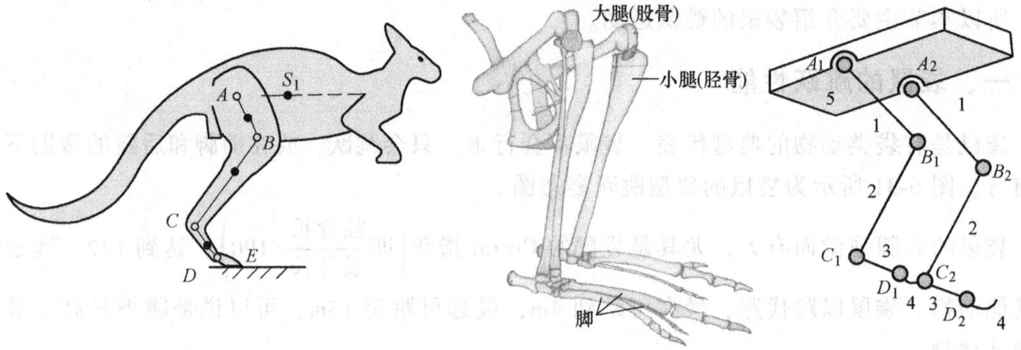

图 6-32 袋鼠

a）示意图 b）腿骨结构 c）机构简图

三、袋鼠弹跳原理

图 6-33 所示为弹性弓，这种弹跳机构属于机械式、连续型的弹跳机构，其最大的特点是巧妙地利用落地瞬时与地面的碰撞作为触发，简化了多数弹跳机构中复杂的锁定与触发机制，且能够很好地利用上一次弹跳的能量。缺点是其能量存储过程需要在腾空阶段来完成，因此能量存储时间有限，且不能循环积累，弹跳高度受限。图 6-33a 所示为弹性弓下压储能过程；图 6-33b 所示为弹性弓释放能量弹跳起升过程，当弹性弓落地时，在其重力和惯性力

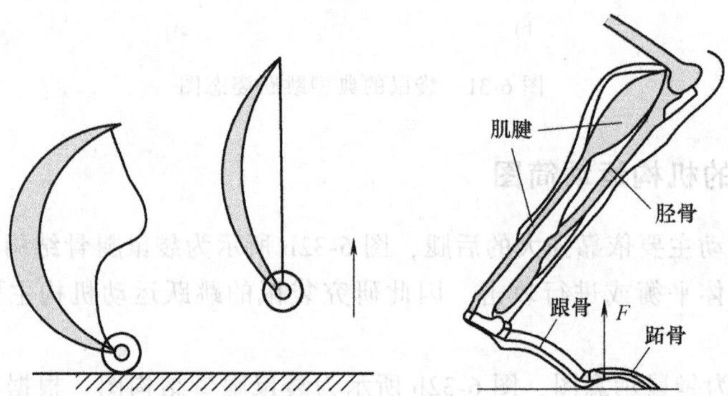

图 6-33 袋鼠弹跳机理分析

a）弹性弓下压储能过程 b）弹性弓释放能量弹跳起升过程 c）袋鼠的腿

的冲击作用下，又重复弹起。

图 6-33c 所示为袋鼠的腿，其肌腱能像弹簧一样伸缩进行储存和释放能量。袋鼠腿部的弯曲过程就相当于弹簧压缩储能过程，而其腿部的伸展过程又相当于弹簧释放能量的过程。

袋鼠在跳跃步态中，肌腱和韧带属于被动柔性结构，可储存和释放部分的跳跃能量；而肌肉属于主动柔性结构，能产生并提供克服变化的肌腱的应力和补偿不可避免的能量损失所需要的动力。

袋鼠的空凹足的弓形称为足弓。足弓的主要功能是使其脚掌具有弹性，能将身体的重力从踝关节经胫骨向前分散到跖骨上，而向后传至跟骨，以保证直立时足底支承的稳固性。当身体跳跃着地时，能利用其弹性对身体重力下传和地面反弹力 F 间的节奏起到重要的缓冲作用。此外，袋鼠空凹足又像作用在组成跟腱的肌腱和韧带上的杠杆，通过此杠杆作用可将其脚底受到的地面反力变换到跟腱的拉力上。

所以袋鼠的跳跃模型，即袋鼠的骨骼、肌肉系统常被抽象为常见的质量-弹簧系统来加以描述，身体代表质量，腿部代表弹簧，尾巴用于平衡。

四、仿生袋鼠机构的设计与分析

仿生袋鼠机构设计的重点是其腿部机构和尾部摆动机构，尾部摆动机构的设计较为简单，一般采用曲柄摇杆机构即可。摇杆作为尾巴摆动的驱动件，但设计时要注意尾巴摆动与身体跳跃的运动协调性。仿生袋鼠的腿机构可采用铰链关节型和连杆机构型的腿机构。图 6-34a 所示为铰链关节型腿机构，图 6-34b 所示为连杆机构型腿机构。图 6-34b、c 所示机构为德国 FESTO 公司研制的袋鼠机器人的腿机构。图 6-34b 所示为着地相位置，图 6-34c 所示为弹起腾空位置。

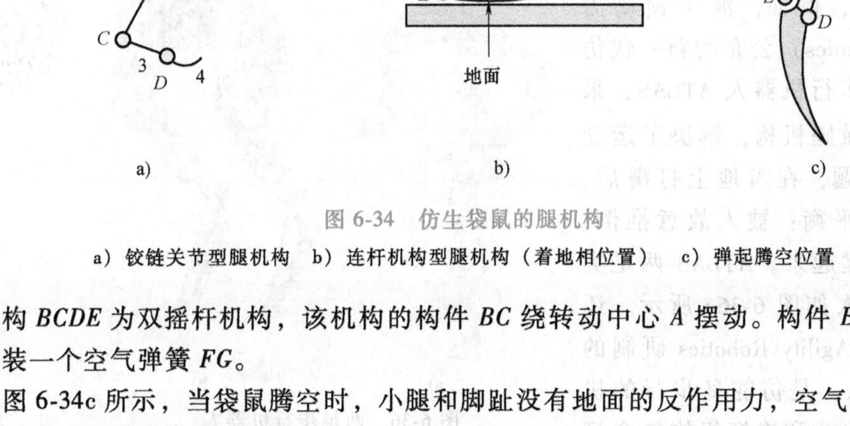

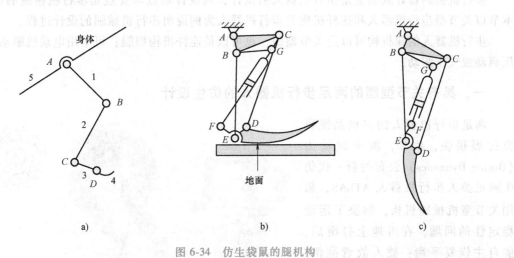

图 6-34　仿生袋鼠的腿机构

a）铰链关节型腿机构　b）连杆机构型腿机构（着地相位置）　c）弹起腾空位置

机构 $BCDE$ 为双摇杆机构，该机构的构件 BC 绕转动中心 A 摆动。构件 BC 与构件 DE 之间安装一个空气弹簧 FG。

如图 6-34c 所示，当袋鼠腾空时，小腿和脚趾没有地面的反作用力，空气弹簧 FG 可视为刚体，此时机构自由度计算如下：

$$F=3n-2P_L-P_H=3\times5-2\times7=1$$

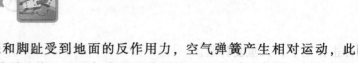

当袋鼠瞬时落地时，小腿和脚趾受到地面的反作用力，空气弹簧产生相对运动，此时 FG 视为两个构件，中间用移动副连接；地面与脚的连接可视为一个瞬时高副。则机构的自由度为

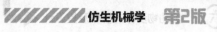

$$F=3n-2P_L-P_H=3\times6-2\times8-1=1$$

袋鼠跳跃时，其质心的运动轨迹近似抛物线，如图 6-35b 所示。图 6-35a 所示为跳跃在最高位置的状态，图 6-35c 所示为落地以后的状态，图 6-35d 为袋鼠的生物模型。

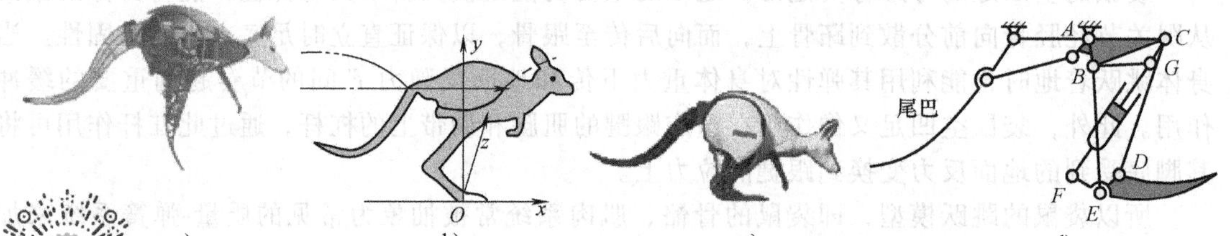

a)　　b)　　c)　　d)

图 6-35　袋鼠的运动状态

a）跳跃在最高位置的状态　b）运动轨迹　c）落地以后的状态　d）袋鼠的生物学模型

袋鼠落地产生的冲击力，通过空气弹簧作用在身体上，又产生一个弹跳力，所以袋鼠的跳跃式运动比步行还要省力，有更高的效率。

第六节　步行机器人的仿生设计示例

步行机械的设计其实就是步行机器人的设计，其设计难点与要点是步行机械腿的设计。本节以关节型步行机器人和连杆机构型步行机器人为例说明步行机械腿的设计过程。

步行机器人的腿机构可以是关节型腿，也可以是连杆机构型腿；可采用电动机驱动、液压驱动或气压驱动。

一、具有关节型腿的两足步行机器人的仿生设计

两足步行机器人的机械系统研究进展很快，例如，波士顿动力（Boston Dynamics）公布的新一代仿生两足类人步行机器人 ATLAS，采用关节型机械腿机构，解决了运动稳定性的问题，在雪地上打滑后，能自主恢复平衡；被人故意推倒，也可以自主爬起来。ATLAS 两足类人步行机器人如图 6-36a 所示。还有一款美国 Agility Robotics 研制的 Cassie 机器人，是仿鸵鸟步行的机器人，采用关节和连杆机构复合型的运动方式，Cassie 机器人的髋关

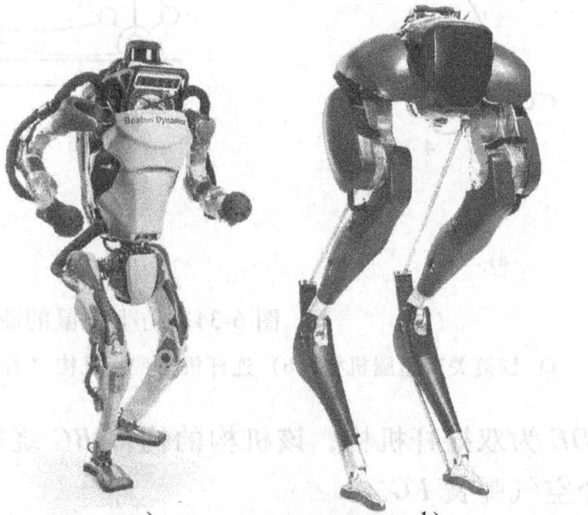

a)　　b)

图 6-36　两足步行机器人

a）ATLAS 机器人　b）Cassie 机器人

节与人类一样有三个自由度，每条腿上还有两个自由度，能实现前后、左右自由行走和转动。除了基本的行走，还能进行深蹲运动。Cassie 两足步行机器人如图 6-36b 所示。

按照前面讲述的仿生机械设计步骤，采用关节型机械腿的两足仿生步行机器人的设计过程说明如下。

1. 建立生物原型

人类腿部的生物原型如图 6-37a 所示。其中髋关节为球面副，有 3 个自由度；膝关节为转动副，有 1 个自由度；踝关节为球销副，有 2 个转动自由度，共计 6 个自由度。脚趾关节可简化为 2 个自由度。

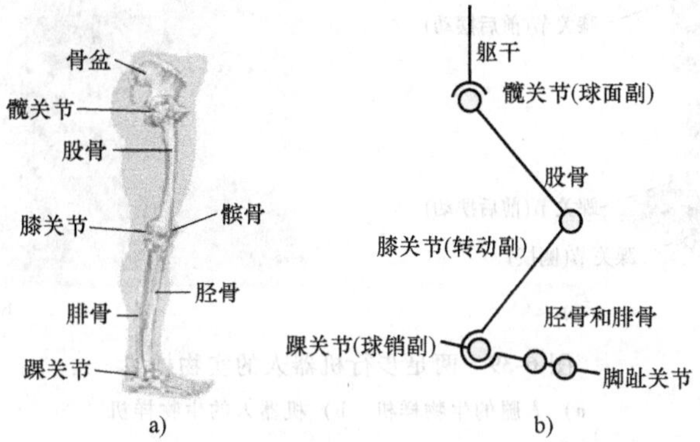

图 6-37 人腿的生物原型与模型

a）人腿的生物原型 b）人腿的生物模型

2. 建立生物模型

图 6-37b 所示的人类腿部的生物模型可简化为图 6-38 所示的生物模型。其中髋关节的球面副用 3 个转动副代替，踝关节的球销副用 2 个转动副代替，不考虑脚趾关节的转动副。用平面运动副代替空间运动副后，机构的自由度数没有改变，却为控制方式的设计提供了极大的方便。

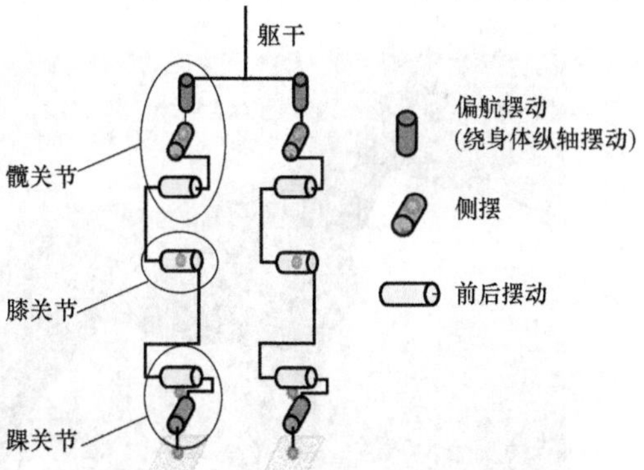

图 6-38 人腿的生物模型

3. 建立实物样机模型

在把生物模型转化为实物样机的过程中，涉及大量的结构设计、强度计算、材料选择、工艺过程设计与控制设计及制造等，工作量巨大，这里不予讨论，本书重点介绍仿生设计的三个步骤，特别是生物模型的建立与优化。

根据图 6-38 所示的生物模型，制成的仿生机械腿实物样机如图 6-39a 所示，整机样机如图 6-39b 所示。

二、具有连杆机构型腿的四足步行机器人的仿生设计

采用连杆机构型机械腿也是步行机器人的常用设计方案，下面以机械马的仿生设计为例说明。

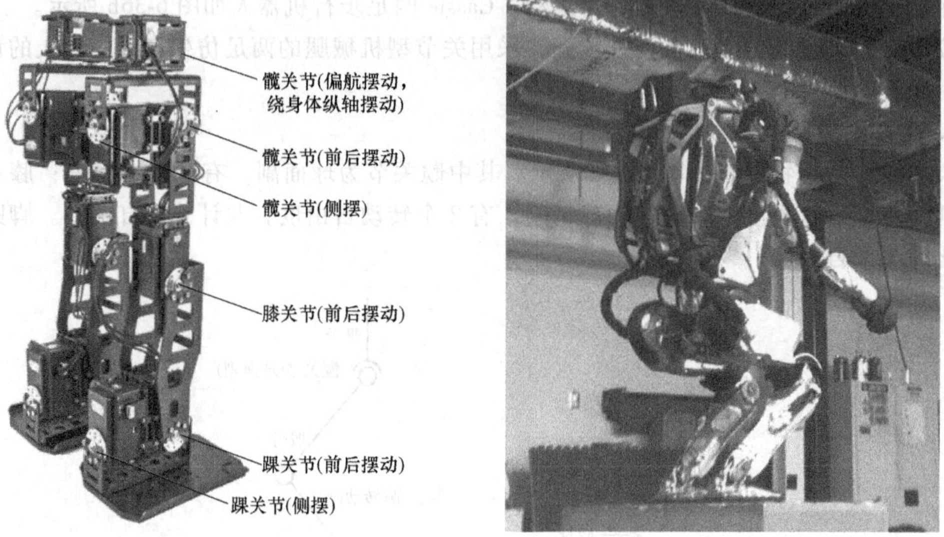

a)　　　b)

图 6-39　两足步行机器人的实物样机

a）人腿的生物样机　b）机器人的生物样机

1. 建立生物原型

马的生物原型如图 6-40a 所示，去掉皮毛、肌肉、内脏等与运动特性无关的非主要因素后，其解剖结构如图 6-40b 所示。

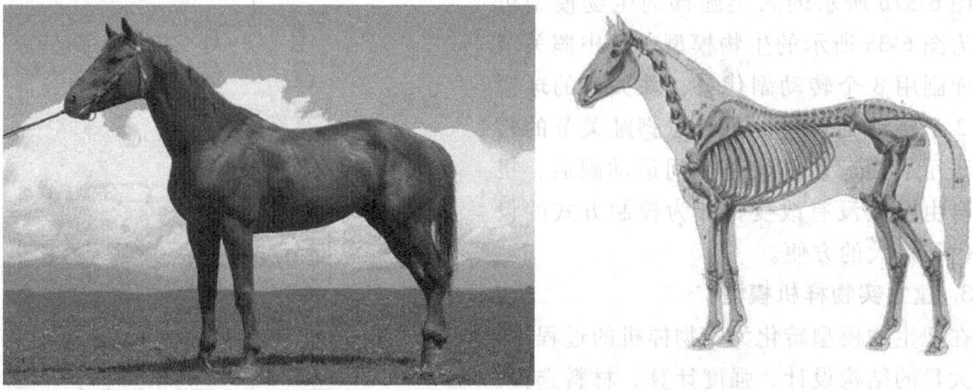

a)　　　b)

图 6-40　四足步行机器人的生物原型

a）马的生物原型　b）马的解剖结构

2. 建立生物模型

马的步行运动系统是典型的机械系统，其生物模型可用对应的机构运动简图表示。图 6-41a 所示为马的生物原型对应的机构简图，图 6-41b 所示为简化后的生物模型。此模型为关节型机器马的生物模型，但本案例要求采用连杆机构型的腿机构，所以还要把关节腿改为连杆机构型的机械腿。

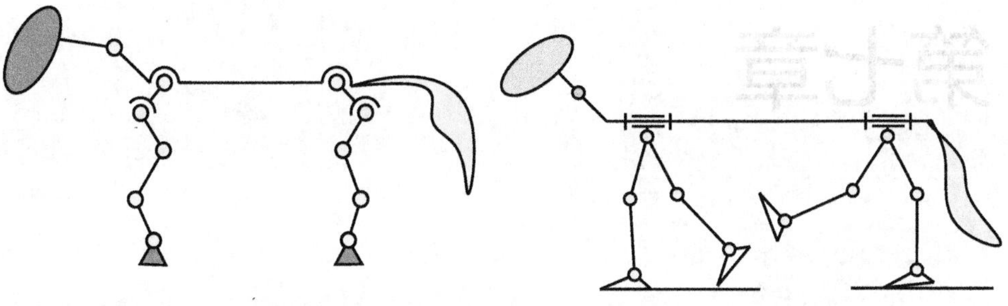

a)　　　　　　b)

图 6-41　仿生机器马的生物模型

a）马的生物原型对应的机构简图　b）简化后的生物模型

采用图 6-42a 所示的 Jansen 机构作为马的一条腿，可实现较好的走行曲线，动作逼真。四条机械腿完全相同，但曲柄 AB 的安装相位不同，可控制四条腿的动作次序。

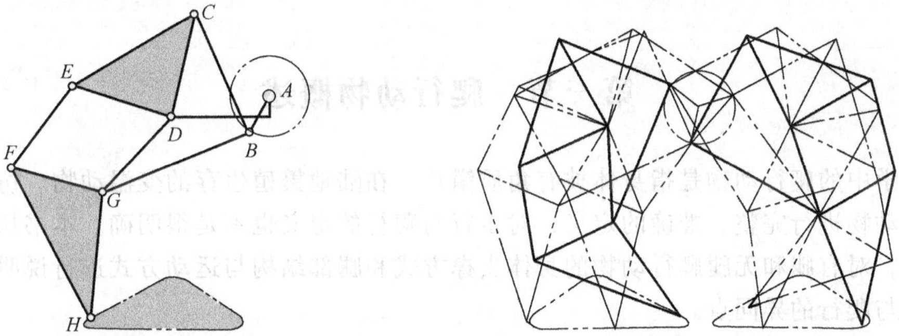

a)　　　　　　b)

图 6-42　仿生机器马的连杆机构型腿的生物模型

a）单腿的生物模型　b）四条腿的生物模型

3. 建立实物模型

实物模型也是实物样机，仿生机器马的实物样机如图 6-43 所示。其外形可覆盖皮毛，做到逼真的运动效果。

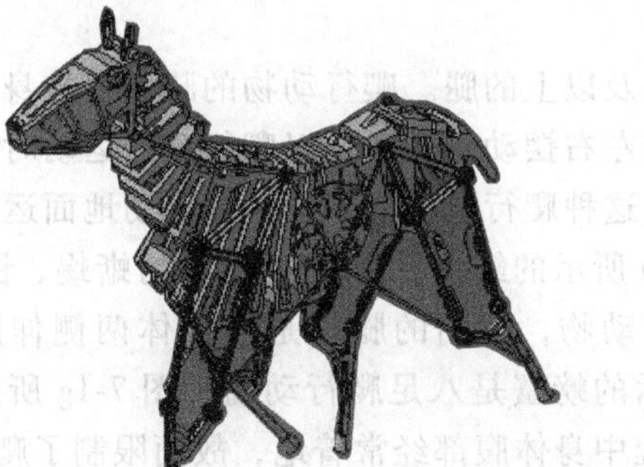

图 6-43　仿生机器马的实物模型

科学家精神

“两弹一星”功勋科学家：钱学森

第七章

Chapter

仿动物爬行的机械及其设计

第一节　爬行动物概述

动物学中的爬行动物是指身体披有角质鳞片，在陆地繁殖生存的变温动物。仿生学中没有对爬行动物进行完整、准确的定义，对走行与爬行的定义也不是很明确。本书从仿生机械学的角度，对有腿和无腿爬行动物的身体支撑方式和腿部结构与运动方式进行说明，阐述步行、走行与爬行的异同点。

一、爬行动物的分类

爬行动物有 5000 多种。按其爬行运动方式可分为三类，即有腿类爬行动物、有足类爬行动物和无腿足类爬行动物。例如：蜥蜴是有腿类爬行动物，尺蠖是有足类爬行动物，蛇是无腿足类爬行动物。生物学中，用来支撑身体并能行走的部分称为腿。从仿生机械学的角度看，腿由大腿、小腿和足组成。大腿在髋关节处与身体连接，大、小腿之间由膝关节连接，小腿与足之间用踝关节连接。以下分别说明各类爬行动物。

1. 有腿类爬行动物

有腿类爬行动物一般有四条、六条、八条及以上的腿。爬行动物的腿一般从身体侧面向外伸展，不能直立支撑体重，以足部踏动地面左右摆动前进。所以爬行动物运动时，身体腹部经常贴着地面，故称为爬行运动。实际上，这种爬行也是依靠腿逐步踏动地面运动的，因而这种爬行也是步行运动的一种形式。图 7-1a 所示的鳄鱼、图 7-1b 所示的蜥蜴、图 7-1c 所示的壁虎及图 7-1d 所示的乌龟都是四足爬行动物，它们的腿都是向身体两侧伸展的。图 7-1e 所示的蚂蚁是六足爬行动物，图 7-1f 所示的螃蟹是八足爬行动物，图 7-1g 所示的蜈蚣一般有 18~20 对腿。爬行动物由于在爬行过程中身体腹部经常着地，故而限制了爬行速度。

2. 有足类爬行动物

蝴蝶、飞蛾等幼虫看上去没有腿，只有脚。实际上，这些幼虫为了适应在植物枝叶上爬行生活，腿足结构已经成为一体，而且变得粗短，膝关节退化，外观上只看见很短的一段

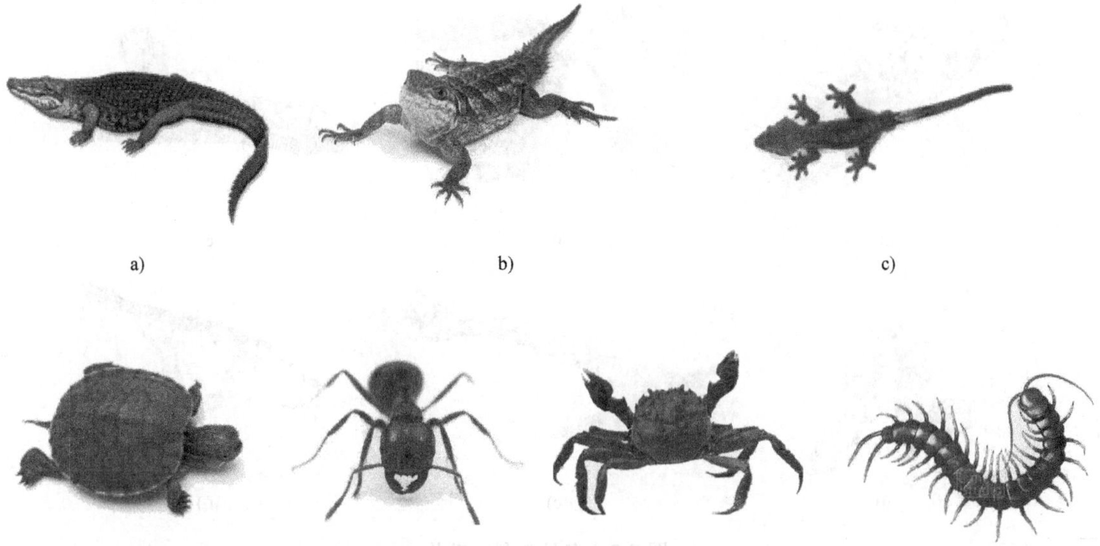

a)　　b)　　c)

d)　　e)　　f)　　g)

图 7-1　有腿类爬行动物

a）鳄鱼　b）蜥蜴　c）壁虎　d）乌龟　e）蚂蚁　f）螃蟹　g）蜈蚣

足。这种动物称为有足类爬行动物，它们的足一般多于 6 对（12 只），故又称为多足类爬行动物。不同幼虫的足数差别很大。胸足生长在胸部，一般情况下，有 1~3 对胸足，但 2 对胸足的较多；腹足生长在腹部，一般情况下有 1~4 对，多数为 4 对；如果仅有 1 对腹足，则腹足靠近尾部生长，距离尾足很近；尾足生长在尾部，一般有 1~2 对。足的分布位置不同导致了不同的运动方式。

图 7-2a 所示的毛毛虫（蝴蝶幼虫）有 6 对足，其中前面胸足 1 对，中间腹足 4 对，后面尾足 1 对；图 7-2b 所示的尺蠖有胸足 3 对，腹足 4 对，尾足 1 对，共 8 对（16 只）；图 7-2c 所示的尺蠖有胸足 2 对，腹足 4 对，尾足 1 对，共 7 对。这类具有 4 对腹足的小爬虫依靠后足抓紧植物后，前面躯体肌肉向前伸展，然后前足抓紧植物，后足放开后的躯体肌肉收缩跟进，实现伸展、收缩式的前进运动。图 7-2d~f 所示的尺蠖只有一对腹足，而且靠近尾足，这类尺蠖通过胸足和尾足的交替抓紧植物，身体弓起，只能呈弓背状前进。尺蠖的足之所以能在植物枝体和叶片上运动自如，主要是依靠足底分布的大量微小刚毛牢牢地吸附在植物枝体表面上，因此尺蠖可以悬空，也可以在树枝下方爬行。

图 7-2d 所示为弓背前进，图 7-2e 所示为悬空状态，图 7-2f 所示为在树枝下方爬行。尺蠖足底抓紧植物的特殊功能已经引起广大科研人员的注意。

3. 无腿足类爬行动物

身体上没有腿和脚，却能在地面灵活运动的动物，诸如蚯蚓、蛇类等都是无腿足类爬行动物。图 7-3a 所示的蚯蚓的身体呈圆柱形，身体由许多基本相似的环状体节（简称环节）构成。因此，蚯蚓属于环节动物。其前端有口，后端有肛门，靠近前端有一个较大且滑的体节称为环带。用手触摸蚯蚓的体壁，体表有黏液。蚯蚓除最前端和最后端的几个环节以外，其余各环节生有刚毛。蚯蚓的体壁肌肉发达，分为环肌和纵肌。蚯蚓就是依靠环肌和纵肌的交替舒展与伸缩以及与体表刚毛的配合进行运动的。当蚯蚓前进时，身体后部的刚毛钉入土

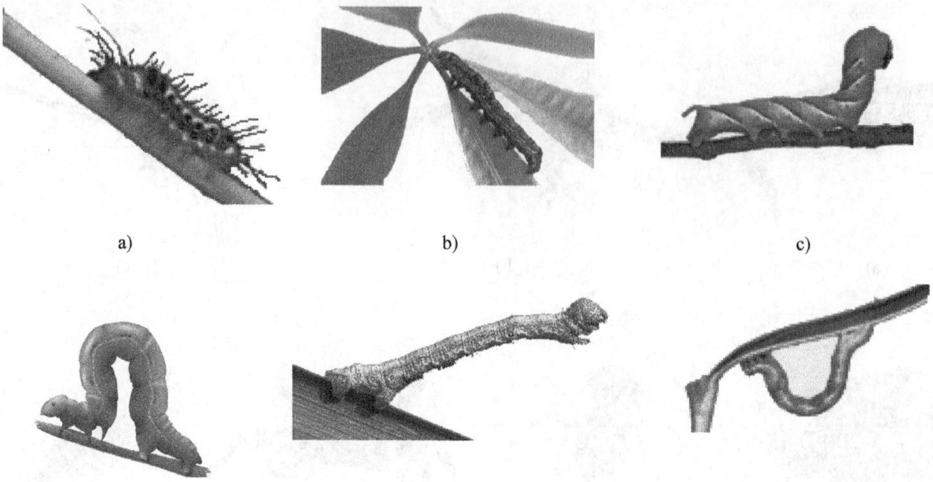

a)　b)　c)

d)　e)　f)

图 7-2　有足类爬行动物

a) 毛毛虫　b) ~f) 尺蠖

里，使后部不能移动，这时环肌收缩，纵肌舒张，身体就向前伸长了。接着身体前部的刚毛钉入土里，使前部不能移动，这时纵肌收缩，环肌舒张，身体就向前缩短。蚯蚓就是这样通过一伸一缩来向前移动的。

蚯蚓具有特殊的刚毛器官，它们是附属于体壁的运动器官，主要由刚毛、刚毛囊和刚毛肌肉所组成。刚毛是坚硬的几丁质，刚毛囊内可形成细胞，当刚毛受损脱落后，可再生出新的刚毛来替代。在不断触摸蚯蚓的情况下，观察蚯蚓的运动，可以看出蚯蚓是通过身体的刚毛向前移动的。刚毛能支撑和固定身体，使身体向前运动。蚯蚓刚毛的末端可与周围环境粗糙的表面相接触，使其有所支撑，并与环肌、纵肌协调作用完成运动。

a)　b)　c)

图 7-3　无腿足类爬行动物

a) 蚯蚓　b)、c) 蛇

蛇的爬行机理与蚯蚓完全不同，它比蚯蚓爬行得快。蛇的爬行运动方式有三种。

（1）蜿蜒运动　图 7-3b 所示的蛇在爬行时，蛇体在地面上做水平波状弯曲，依靠弯曲处与粗糙地面之间的切向摩擦力和法向摩擦力的反作用力推动蛇体前进，如果把蛇放在平滑的玻璃板上，它的爬行就非常困难，很难以这种方式前进了。所有的蛇都能以这种蜿蜒方式向前爬行。

（2）履带式运动　蛇没有胸骨，它的肋骨可以前后自由移动，肋骨与腹鳞之间由肋皮肌相连。当肋皮肌收缩时，肋骨便向前移动，这就带动宽大的腹鳞依次稍稍翘起，翘起的腹鳞就像踩着地面那样，但这时只是腹鳞动而蛇身没有动，接着肋皮肌放松，腹鳞的后缘就施力于粗糙的地面，靠反作用力把蛇体推向前方，这种运动方式产生的效果是使蛇身直线向前爬行。

（3）伸缩运动　蛇身前部抬起，尽力前伸，接触到支持的物体时，蛇身后部即跟着向前收缩，然后抬起身体前部向前伸，接触到支持物，后部再向前收缩，这样交替伸缩，蛇就能不断地向前爬行，如图 7-3c 所示。在地面爬行比较缓慢的蛇，如铅色水蛇等，在受到惊动时，蛇身会很快地连续伸缩，加快爬行的速度，给人以跳跃的感觉。在人们的印象里，蛇似乎是爬得很快的，所以有“蜈蚣百足，行不如蛇”的说法。其实大多数种类的蛇，每小时只能爬行 4km 左右，和人步行的速度差不多。但也有爬行较快的，如身体细长的花条蛇，每小时能爬行 10～15km，而爬行最快的要算非洲一种名为曼巴的毒蛇了，每小时可爬行 15～24km，可是它们只能在短时间内爬得这样快，不能长时间以这种速度爬行。

二、仿爬行动物机械设计要点

各类走行动物的运动机理比较单一，仅仅是各条腿的迈步、各腿运动协调以及身体的稳定与平衡问题。爬行类动物的运动机理则有很大不同，如蜥蜴类的爬行、尺蠖类的爬行与蛇类的爬行方式和机理完全不同，因而仿生设计的方法也不相同。蜥蜴类的爬行也是前述步行运动的一种，因而腿的设计方法与步行机械腿的设计方法类似。如图 7-4a 所示的仿蜥蜴类爬行动物的机械腿机构和图 7-4b 所示的仿节肢类动物的机械腿机构，均可按照步行机械腿的设计方法进行。因此本章的要点是尺蠖类的爬行机理与设计、蛇类的爬行机理和设计。

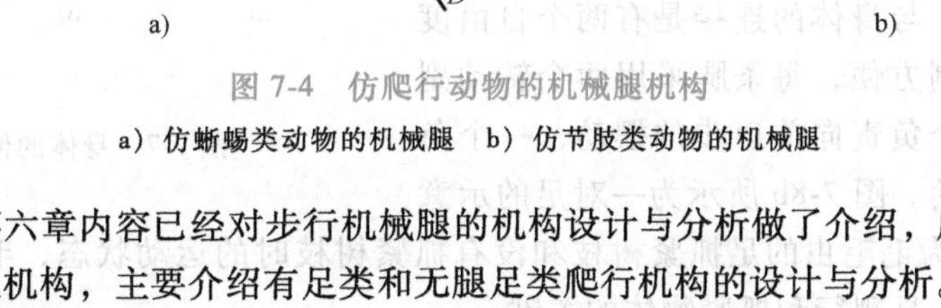

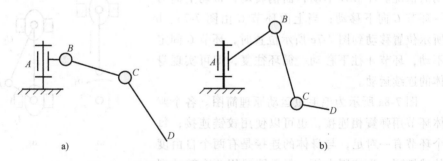

图 7-4　仿爬行动物的机械腿机构

a）仿蜥蜴类动物的机械腿　b）仿节肢类动物的机械腿

鉴于本书的第六章内容已经对步行机械腿的机构设计与分析做了介绍，所以本章不再讨论完成爬行运动的腿机构，主要介绍有足类和无腿足类爬行机构的设计与分析。

第二节　仿生机械尺蠖及其设计

尺蠖类爬行动物主要是一些飞蛾和蝴蝶类昆虫的幼虫。其运动是依靠身体的肌肉收缩、伸展和足底刚毛配合完成的。因此，这类爬行动物仿生设计的要点是可做伸缩运动的身体环节和可抓紧物体的足的设计。也就是说，此类爬行动物的仿生设计内容是组成身体的可伸缩环节和各环节上足的设计。图 7-5 所示为尺蠖类爬行动物的设计模型。

仿身体做伸缩运动的方法有很多，如记忆合金在温度控制下可实现伸缩运动，压电陶瓷在电流作用下可实现伸缩运动。这里介绍机械伸缩运动。如图 7-6a 所示，两铰链杆的杆端位置不断变化即可满足使身体做伸缩运动的要求。杆端各安装一个图 7-6b 所示的棘轮。棘轮 C 顺时针方向转动，与地面为滚动摩擦；棘轮 C 向前滚动，轮 A 不转，与地面为滑动摩擦。然后，轮 A 转动，棘轮 C 不转，轮 A 则跟进一步。利用滚动摩擦系数小于滑动摩擦系数的原理，轮子的滚动摩擦与滑动摩擦不断转化，便可实现一步一步地前进。以此类推，即可实现身体的伸缩运动。各个环节相互串联，则完成多环节的伸缩运动。

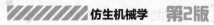

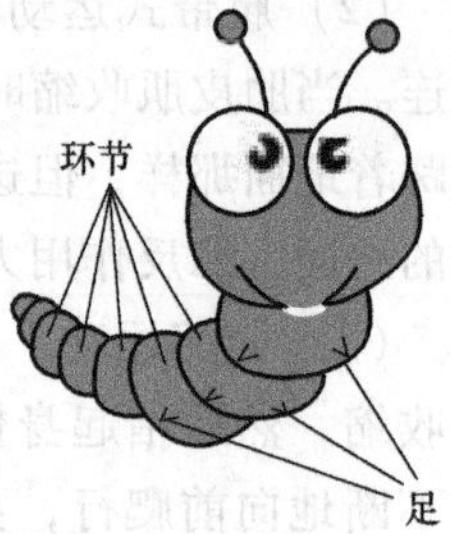

图 7-5 尺蠖类爬行动物的设计模型

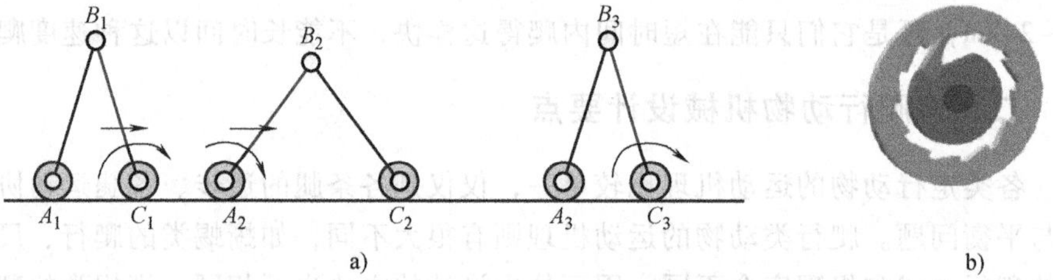

图 7-6 摩擦型身体的伸缩运动

图 7-7 所示为利用曲柄滑块机构实现伸缩运动的情况。环节 A 不动，曲柄转动，带动上面另一环节 C 向下移动；当上面环节 C 由图 7-7a、b 所示位置移动到图 7-7c 所示位置时，环节 C 固定不动，环节 A 往下移动。循环往复，即可实现身体的连续运动。

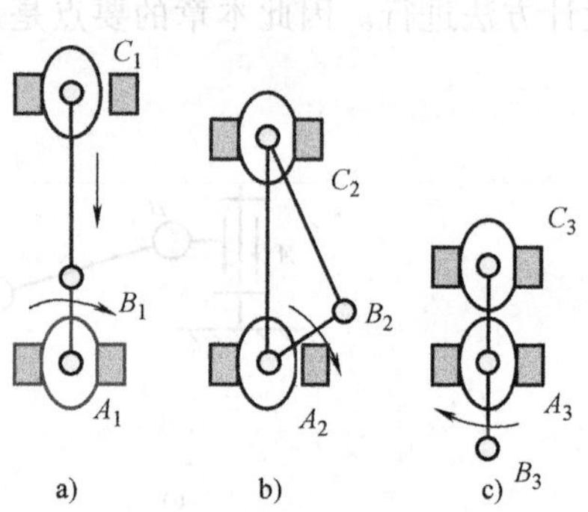

图 7-7 身体的伸缩机构

图 7-8a 所示为毛毛虫运动原理简图。各个躯体环节用弹簧相连接，也可以使用铰链连接；每个环节有一对足，与身体的连接是有两个自由度的球销副。为控制方便，每条腿采用两个转动副代替球销副，一个负责向前迈步的摆动，一个负责抓紧树枝的摆动。图 7-8b 所示为一对足的示意图。图 7-8c 所示为毛毛虫的足抓紧树枝和没有抓紧树枝时的运动状态，毛毛虫足底分布了大量的微细刚毛，是爬行和抓紧物体的关键。

图 7-8 所示的爬行机构采用了关节结构腿，每条腿的运动自由度为 2，每个环节有一对足，则有 4 个自由度。也就是说，每个环节需要 4 个驱动器。环节越多，自由度越多，所需驱动器也就越多。除关节腿之外，爬行机构也经常采用连杆机构腿。

图 7-9a 所示为 3 个环节的身体结构，连杆机构作为爬行腿（每个连杆机构相当于一条腿），连杆上的 P 点可实现爬行轨迹。图 7-9b 所示为 1 个环节的两个视图，左图显示前进方向，右图显示两条腿可以整体内外摆动，用以抓紧树枝之类的细小枝条。

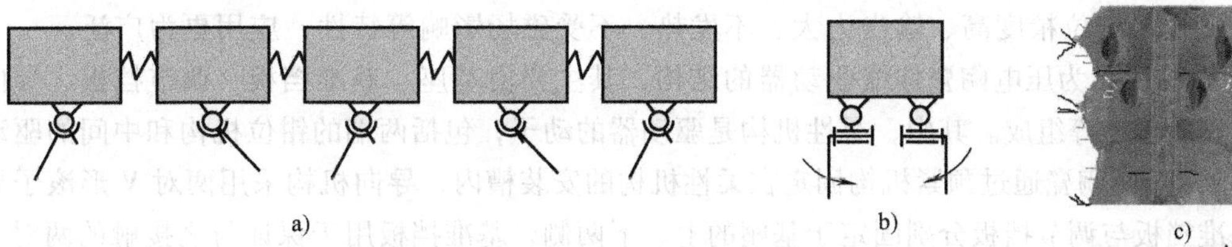

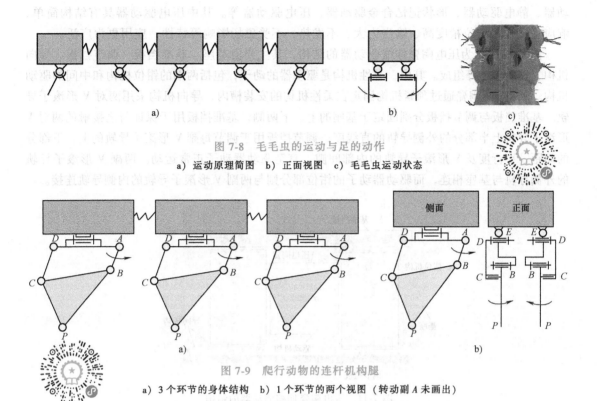

图 7-8 毛毛虫的运动与足的动作

a）运动原理简图 b）正面视图 c）毛毛虫运动状态

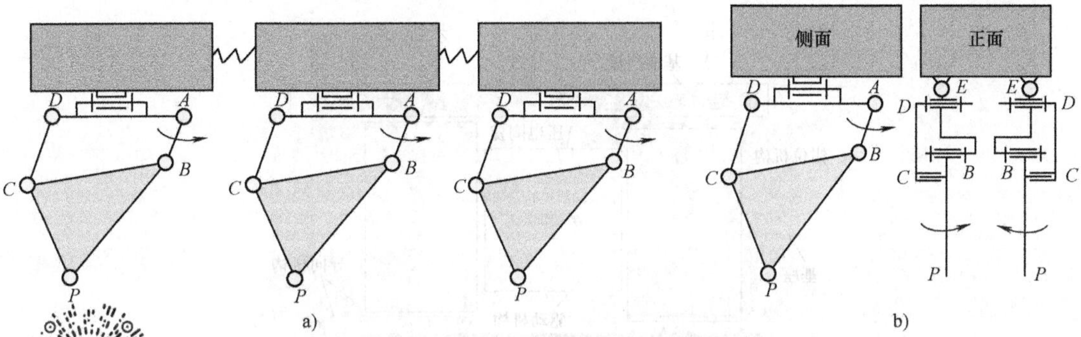

图 7-9 爬行动物的连杆机构腿

a）3 个环节的身体结构 b）1 个环节的两个视图（转动副 A 未画出）

爬行机械实例如图 7-10 所示，图 7-10a 所示为仿生机械尺蠖，图 7-10b 所示为仿生机械毛毛虫。

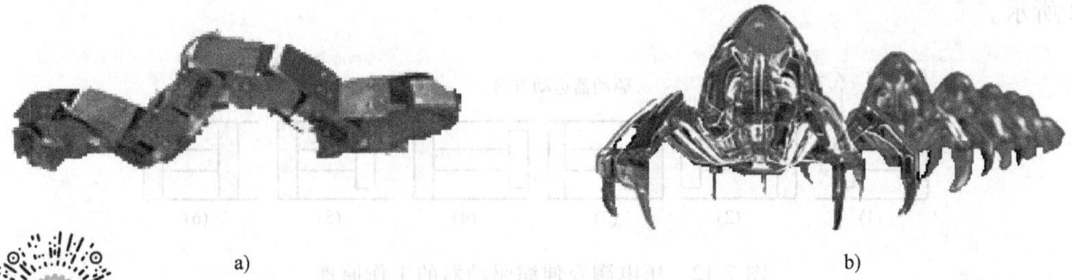

图 7-10 爬行机械实例

a）仿生机械尺蠖 b）仿生机械毛毛虫

第三节 仿生机械蚯蚓及其设计

无腿足类爬行动物主要有蚯蚓和蛇类，但它们的爬行机理不同。蚯蚓的身体是由可伸缩的环节组成的，环节体表长有可刺入泥土的刚毛，帮助肢体通过伸缩爬行。仿蚯蚓机器人在窄小的空间穿行方面有广泛的应用前景。

一、压电陶瓷伸缩移动蚯蚓

目前，基于各种新型功能材料的直线驱动器发展迅速，如磁致伸缩驱动器、电致伸缩驱动器、静电驱动器、形状记忆合金驱动器、压电驱动器等。其中压电驱动器具有结构简单、响应速度快、定位精度高、输出力大、不发热、不受磁场影响等特性，应用更为广泛。

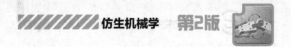

图 7-11 所示为压电陶瓷伸缩驱动器的结构，其主要由基座、基准挡板、调节挡板、导向机构、压电陶瓷等组成。其中，柔性机构是驱动器的动子，包括两端的钳位机构和中间的驱动机构。3 个压电陶瓷通过预紧机构固定在柔性机构的安装槽内，导向机构采用两对 V 形滚子导轨。基准挡板与调节挡板分别固定于基座的上、下两侧，基准挡板用于保证与之接触的两对 V 形滚子导轨上半部分的外侧导轨的直线度，调节挡板用于调节每副 V 形滚子导轨的上、下部分的间距、平行度及 V 形滚子导轨的内部间隙，直至驱动器动子正常运动。两副 V 形滚子导轨的外侧导轨与基座相连，而驱动器动子的钳位部分则与两副 V 形滚子导轨的内侧导轨连接。

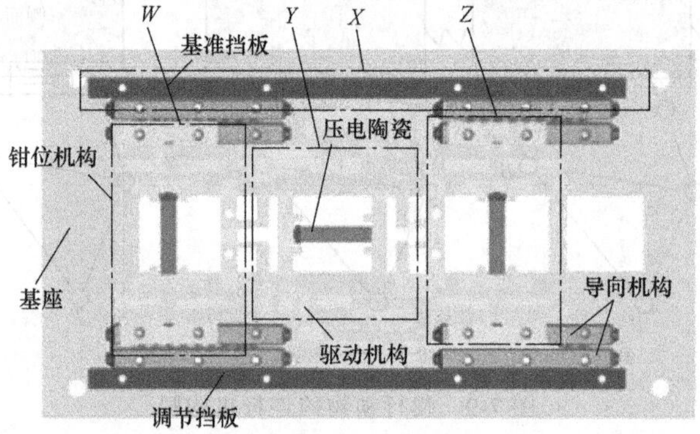

图 7-11　压电陶瓷伸缩驱动器的结构

该驱动器通过调整压电陶瓷的通电顺序，使柔性机构沿着导向机构运动，工作原理如图 7-12 所示。

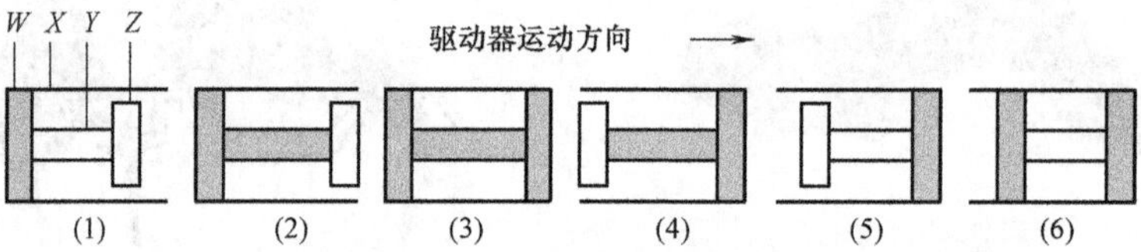

图 7-12　压电陶瓷伸缩驱动器的工作原理

1）给左侧钳位机构 *W* 中陶瓷通电，陶瓷驱动钳位机构 *W* 伸长，使钳位机构带动导轨与定导轨 *X* 压紧，此时，结构左侧在沿导轨方向被固定。

2）保持左侧钳位机构 *W* 中陶瓷通电，并给中间驱动机构 *Y* 中陶瓷通电，压电陶瓷会使中间机构沿导轨方向伸长，由于结构左侧已固定，因此会推动结构右侧向右移动。

3）保持 *W*、*Y* 中陶瓷通电，并给右侧钳位机构 *Z* 中陶瓷通电，使结构右侧钳紧。

4）保持 *Y*、*Z* 中陶瓷通电，将 *W* 中陶瓷断电，左侧钳位机构 *W* 缩短回原长。

5）保持 *W* 中陶瓷断电、*Z* 中陶瓷通电，并将 *Y* 中陶瓷断电，这时中间驱动机构 *Y* 缩短并带动左侧钳位机构 *W* 向右移动一步。

6）*Y*、*Z* 保持原状，*W* 中陶瓷通电，*W*、*Z* 钳紧导轨，整个机构向右移动一步，完成一个循环。重复该循环，机构就能连续向右运动。改变机构中陶瓷的通电顺序，机构也可连续向左运动。

压电陶瓷伸缩机构可以实现各个身体环节的位移，从而带动整个身体的移动。

二、模块式组合仿生机械蚯蚓

可将爬行动物的单个环节制成图 7-13a 所示的模块，每个模块有 4 个自由度、4 个电动机，模块外侧各有一个轮子，轮内圆孔用于安装摄像头和传感器。模块之间用电磁铁连接，用无线蓝牙进行通信。模块之间可以纵向连接、横向连接，也可以交错组合连接，连接后如图 7-13b 所示。连接方式根据地形的不同而改变。蚯蚓伸缩运动的环节模块与蛇类模块相近（环节模块将在第四节讨论）。

a) b)

图 7-13 模块化仿生机械蚯蚓

a）模块 b）模块连接

图 7-14a 所示为概念设计的双头仿生机械蚯蚓，头部装有各类传感器，可以依靠身体的蠕动在洞中前进与倒退。图 7-14b 所示为另一类型的蠕动仿生机械蚯蚓。

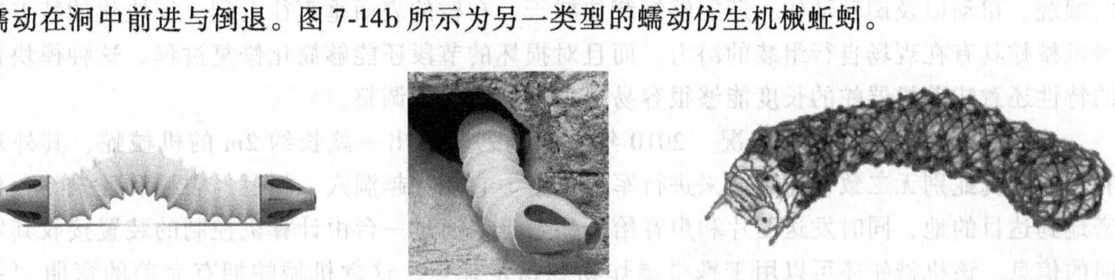

a) b)

图 7-14 仿生机械蚯蚓

a）双头仿生机械蚯蚓 b）另一类型的蠕动仿生机械蚯蚓

该蚯蚓的身体由连续编织的尼龙网组成，几十个 3D 打印的节点与尼龙网连接，内有一系列人工神经元模块和一个神经元控制器，能使身体产生波浪运动。

第四节 仿生机械蛇及其设计

蛇的爬行运动方式有三种，即蜿蜒运动、履带式运动和伸缩运动。

仿生机械蛇是一种新型的仿生机器人，与传统的轮式或足步行式机器人不同的是，它实现了像蛇一样的“无肢运动”，是机器人运动方式的一个突破，在许多领域具有广泛的应用前景。例如：在有辐射、有粉尘、有毒及战场环境下执行侦察任务，在地震、塌方及火灾后的废墟中找寻伤员，在狭小和危险条件下探测和疏通管道等。

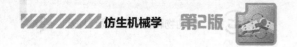

一、仿生机械蛇研究的发展概况

1. 世界各国研究情况

（1）日本机械蛇研究情况　1972年，日本东京工业大学的Hirose教授研制出了日本第一台机械蛇ACMⅢ（Active Cord Mechanism）。该机械蛇的总长为2m，具有20个关节，依靠伺服机构来驱动关节左右摆动。为与地面有效地接触，该机械蛇的腹部安装了脚轮。该机械蛇的最大速度为400mm/s，只能在平面上运动。继第一台机械蛇之后，Hirose教授的研究室又先后研制出了一系列的机械蛇。ACM-R3机械蛇是最近的研究成果。ACM-R3机械蛇采用完全无线控制的方式，每个关节自带电源，而且ACM-R3机械蛇为三维结构，能够在三维环境中运动和完成复杂的三维动作。日本NEC公司的Takahashi研制出了刚性关节连接的机械蛇，该机械蛇的机构采用了特殊的关节结构，具有6个管状连杆，长1.4m，直径为42mm，重4.6kg，能够实现三维空间运动，可以在危险环境下进行勘查和营救工作。

（2）美国机械蛇研究情况　美国的机械蛇研究代表了当今世界的先进水平。2000年10月，美国航空航天局在加利福尼亚装备研制中心展示了一种用于太空探险的机械蛇。这种机械蛇的外形和眼镜蛇、响尾蛇的外形相近，自由度很多，具有较高的灵活性及可操作性。这款称为“山姆大叔”的机械蛇是使用模块化的分段模型制造的，模型包含制动器与传感器，同时模型头部配备了一个摄像机。这种机械蛇的运动是对真蛇的运动进行生物模拟，包括侧向缠绕、扭动以及旋转动作，还能够缠绕住树干，在树的表面垂直往上爬。模块化的特点使得机械蛇具有在现场自行组装的潜力，而且对损坏的节段还能够简化修复过程。这种模块化的特性还意味着机器蛇的长度能够很容易地根据需要进行调整。

（3）以色列机械蛇研究情况　2010年，以色列研制出一款长约2m的机械蛇，其外观和动作与真蛇别无二致，能够用来进行军事侦察。它能穿越洞穴、隧道、裂缝和建筑物，秘密地到达目的地，同时发送图片和声音给士兵，士兵通过一台由计算机控制的装置接收其发回的信息。该机械蛇还可以用于携带爆炸物到指定地点。这款机械蛇拥有完美的弯曲“关节”，这使得它易于通过狭小的空间，并且在遇到障碍物时，它可以拱起身子，跃过障碍物进行拍摄工作。除了军事目的，该机械蛇还可以发挥其灵活性来帮助寻找被埋在倒塌建筑物下的人员。

（4）德国机械蛇研究情况　早在1996年，德国的Ralf Linnemann等人研制出第一代GMD-Snake机械蛇，其具有较好的柔性。此外，机械蛇上还安装了红外线传感器来检测环境信息。

（5）我国机械蛇研究情况　在我国，机械蛇的研究起步较晚，但是进步较快。1999年3月研制出了我国第一台微小型仿蛇机器人样机。其后又相继做了一些相关的理论研究。

2001年，我国研制出了一个机械蛇样机。这条长1.2m、直径60mm、重1.8kg的机械蛇能像真蛇一样扭动身躯在地面上或草丛中自主地运动，可前进、后退、拐弯和加速，其最快运动速度可达20m/min。头部是机械蛇的控制中心，安装有视频监视器，在其运动过程中可将前方影象实时传输到后方的计算机中，科研人员可根据实时传输的图像观察前方的情景，向机械蛇发出各种遥控指令。这条机械蛇披上“蛇皮”外衣后，还能像真蛇一样在水中游泳。

2. 机械蛇的发展趋势

机械蛇系统需进一步研究的内容主要为以下几个方面：

1）机械蛇系统中模块的功能、设计及实现方法。包括机械蛇的功能分析和功能的分配，模块的软、硬件功能分析，模块描述方法的研究等。

2）机械蛇的构形设计。包括机械蛇所需完成任务的描述方法、机械蛇构形表达方法及机械蛇最优构形方法的研究。

3）机械蛇的运动学和动力学研究应主要考虑软件的可重构性。包括模块运动学和动力学的分析方法、分布式模块机械蛇运动学和动力学分析方法的研究。

4）研究适用于可重构机械蛇系统的可重构实时控制软件。包括机械蛇控制模块的功能分析和划分方法、软件重构方法的研究。

5）如果将机械蛇的一端固定，那么它就变成一个具有冗余自由度的柔性机械手，可以完成复杂的抓取动作，如狭小空间的操作、复杂环境下的避碰操作等。

二、蛇的运动机理分析

蛇是无四肢动物，靠躯体的摆动可以在地面上快速爬行。蛇遍布于世界各地，广泛的地理分布和悠久的进化历史，证明了这一种群的适应性和运动的优越性。蛇的脊椎骨多达200~400块。蛇的脊椎骨的一端有一个球形的突起，而另一端有一个球形凹陷，这样每根脊椎骨的突起可以和相邻脊椎骨的凹陷结合形成一个“球铰”，可产生有限范围的水平和垂直运动。对于大多数蛇，脊椎骨运动范围为水平10°~20°，垂直2°~3°。虽然关节的活动范围很小，但由于蛇的脊椎骨数量较多，通过相邻脊椎骨间微量变化的叠加就可以实现蛇体构型上的很大调整。

另外，蛇的身体周围覆盖有排列规则的鳞片，其中对运动起重要作用的是腹部鳞片(简称腹鳞)。自然界中的蛇借助于腹鳞与地面的作用力向前运动，腹鳞的主要特性是蛇在运动时，其法向摩擦系数大于切向摩擦系数，使得蛇在移动时切向摩擦力很小，提高了其运动效率。

蛇在没有脚的情况下能够实现运动，主要依靠以下生物结构的作用：①数目甚多、彼此关联、牢固又灵活的脊椎骨；②躯干部几乎每一块脊椎骨都连接一对肋骨；③宽大的腹鳞；④与肋骨、脊椎骨和腹鳞相关的肌肉。蛇的运动机理说明如下。

1. 蜿蜒运动机理

在蛇的运动方式中使用最多的是蜿蜒运动。蛇的身体做S形运动，肌肉收缩从前部开始，以波动的方式向后方传播，形成一系列的收缩波，造成蛇体的一系列弯曲，每个弯曲的外侧面一旦同路上的物体如小石子、草丛等接触，便会由于受推压的影响对蛇产生法向反作用力。法向反作用力与摩擦力的合力可分解为横向分力和纵向分力，纵向分力是推动蛇前进的力，横向分力是保持蛇体平衡的力，如图7-15所示。

2. 直线运动机理

身体粗大的蛇类，如蟒蛇，常沿直线向前爬行。直线运动是依靠肌肉收缩来实现的，肌肉收缩使得腹部鳞片进行齿轮式的活动，皮肤相对骨骼移动，从而实现直线运动，如

图 7-16 所示。由于伸缩移动的距离非常小，因此直线运动效率非常低，蛇的爬行速度也很慢。

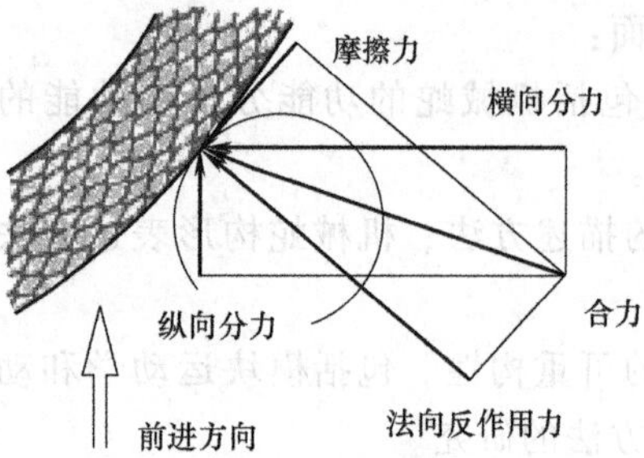

图 7-15 蜿蜒运动的受力分析

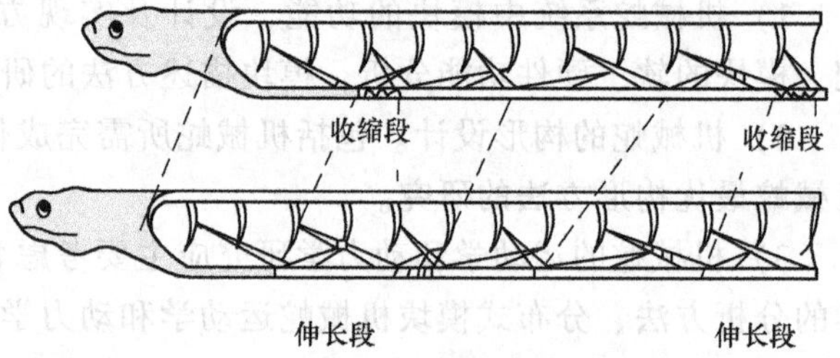

图 7-16 直线运动机理分析

3. 侧向运动机理

侧向运动方式比较常见于沙漠中的蛇类，在运动过程中蛇体腹部始终都只有很小一部分与地面接触，避免了腹部与炎热的沙地大面积接触。运动时从头部开始，蛇体各部分按顺序接触地面，然后抬起，依次循环，产生一个侧向运动，如图 7-17 所示。这种运动效率比较高，适合在柔软的沙地运动。

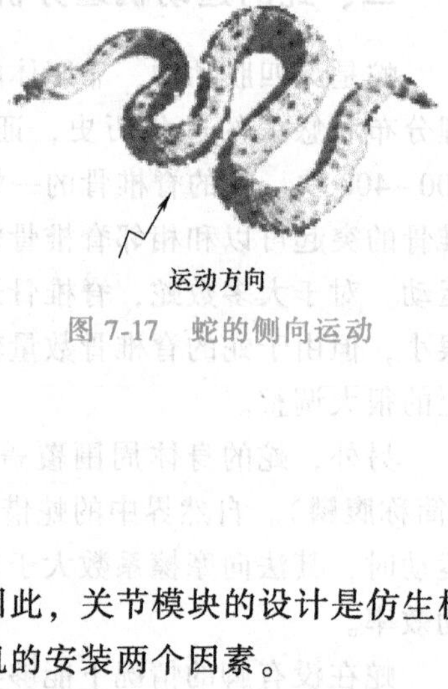

图 7-17 蛇的侧向运动

在研究蛇的运动过程中，发现蛇在水平面做蜿蜒运动或在垂直面内做蠕动时，其运动机构可以看作是水平面或垂直面内的只有一个转动机构的二维平面机构。而蛇做侧向、翻滚等空间三维运动时，可以将它们看成是两个平面内的运动组合。

三、仿生机械蛇关节模块的设计

蛇的各种运动可以由若干转动关节正交组合后来实现。因此，关节模块的设计是仿生机械蛇设计的重要内容，设计时主要考虑关节的正交结构和舵机的安装两个因素。

1. 关节模块基本构造

图 7-18a 所示关节模块由关节体和关节连杆组成，相邻关节的关节连杆 1 与 7 连接，关节连杆 5 与 8 连接，关节体的 4 个表面有螺纹孔以安装摩擦底面和仿生表皮，安装孔 3 为舵机的固定孔，挡板与关节体之间留有空间以安装硬件部分。关节材料选用铝合金或工程塑料，关节尺寸主要根据舵机的安装尺寸确定。

2. 模块的装配

1）舵机的安装：将舵机的舵盘取下，舵机从左向右装进关节，舵机通过挡板和右侧螺栓、螺母即可与关节固定，如图 7-18b 所示。

2）摩擦底面的安装：摩擦底面与关节体采用 4 个螺钉固定，如图 7-18c 所示。

3）相邻关节的连接：如图 7-18d 所示，左侧关节上部与舵机的舵盘用螺钉固定，底部与相邻关节用销定位。

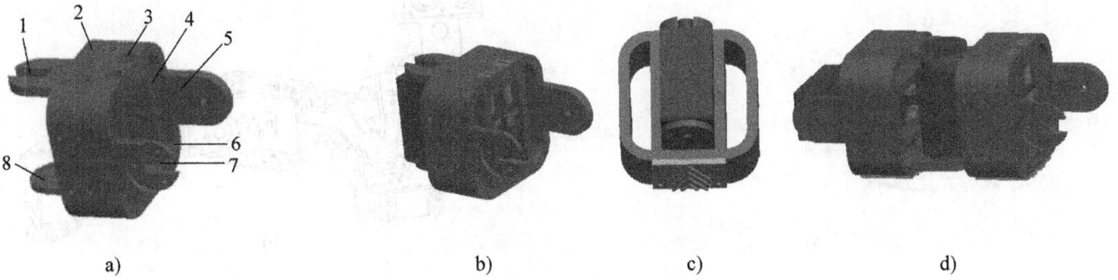

图 7-18 机械蛇关节模块

1、5、7、8—关节连杆 2、3—安装孔 4—挡板 6—关节体

4）系统关节模块的连接：系统关节模块正交连接简图如图 7-19 所示。其中方块表示舵机。

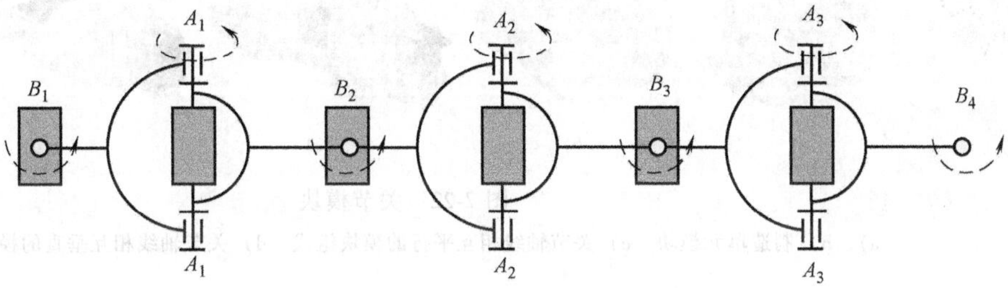

图 7-19 系统关节模块正交连接简图

若想实现水平蜿蜒爬行，则由垂直布置的舵机驱动；若想实现垂直方向的蠕动，则由水平布置的舵机驱动；若水平方向与垂直方向的舵机同时驱动，则可完成诸如缠绕、翻滚等复杂运动。只要对各个舵机进行控制，就可实现各种爬行运动。因此这种模块化机械蛇得到广泛应用。

模块之间关节的转角是有一定限制的，达到某个角度时，模块会相互碰撞接触，阻止关节转动。如图 7-20 所示，最大关节转角 δ 可由下式求出：

$$\delta = 2\arctan\frac{\overline{BO}}{\overline{AB}}$$

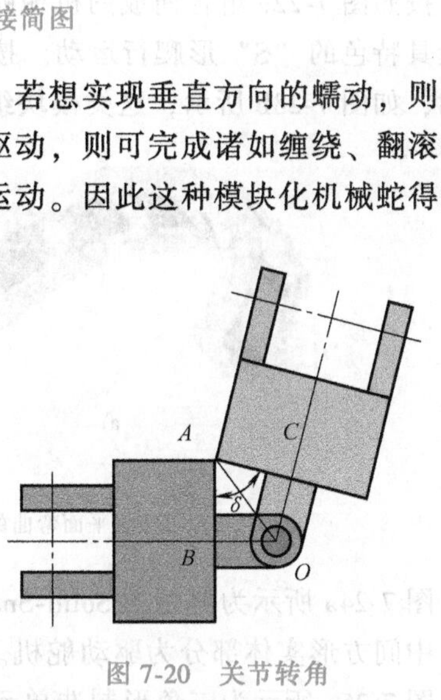

图 7-20 关节转角

四、仿生机械蛇的模块类型

模块化设计具有制造、组装与调试方便的特点，是机械蛇设计的主要方式。采用不同模块种类、安装与控制方式可实现各种蛇类的爬行运动。图 7-21 所示为模块化设计的机械蛇。

机械蛇关节模块的工作原理相同，但是其形状各异。下面介绍几种常用的关节模块。

图 7-22a、b 所示为制造单元模块，根据断面键槽布局情况，可组合成连接关节两端孔

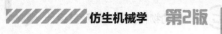

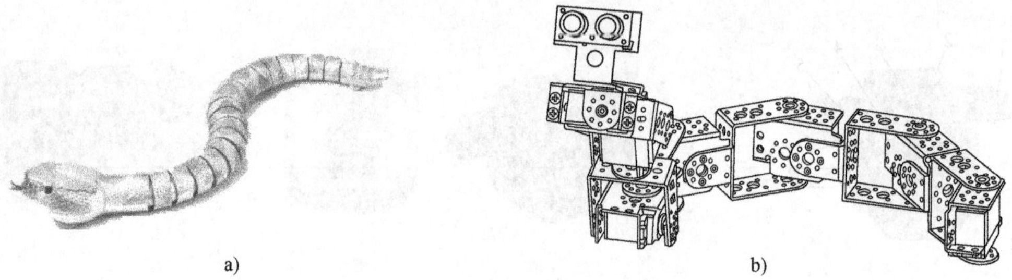

a) b)

图 7-21　模块化设计的机械蛇

销的平行布置，也可组合成连接关节两端孔销轴线的垂直布置。图 7-22c 所示为关节轴线相互平行的模块组成，图 7-22d 所示为关节轴线相互垂直的模块组成。

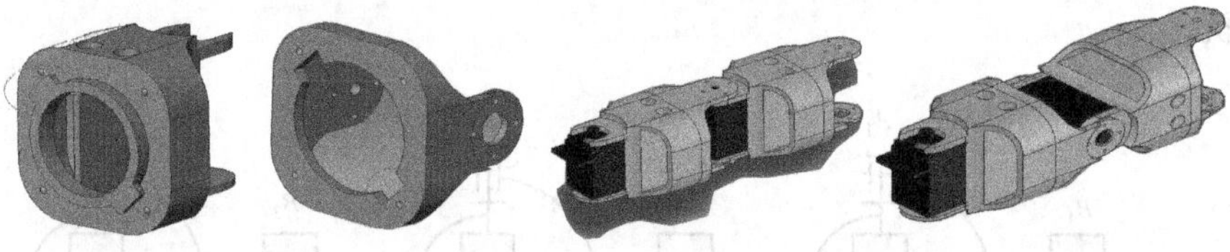

a) b) c) d)

图 7-22　关节模块

a)、b）制造单元模块　c）关节轴线相互平行的模块组成　d）关节轴线相互垂直的模块组成

按照图 7-22c 组合而成的机械蛇可实现平面弯曲的波形运动，如图 7-23a 所示，这是蛇类最具特色的“S”形爬行运动。按照图 7-22d 组合而成的机械蛇可实现空间三维弯曲爬行运动，如图 7-23b 所示，这类模块组成的机械蛇的越障能力很强，有广泛应用前景。

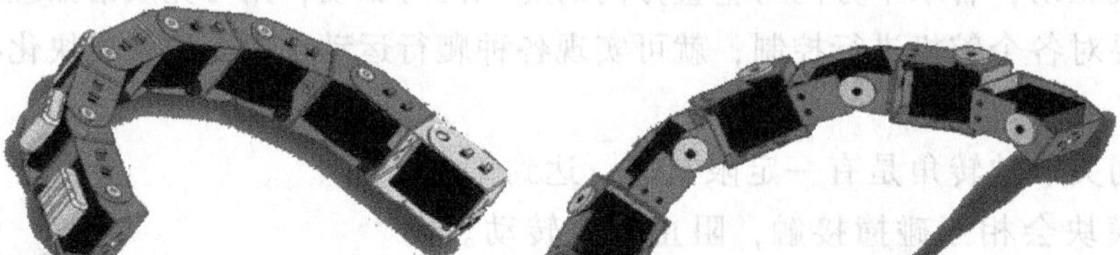

a) b)

图 7-23　模块化机械蛇

a）可实现平面弯曲的波形运动　b）可实现空间三维弯曲的爬行运动

图 7-24a 所示为典型的 Solid-Snake 机械蛇的环节模块，图 7-24b～d 所示为圆柱形模块连接，中间方形实体部分为驱动舵机。

图 7-25a 所示为三角形制造单元组成的模块，图 7-25b 所示为方形制造单元组成的模块。

为使机械蛇爬行自由，也可以制造成带有滚轮的机械模块。图 7-26a 所示为垂直交错布局的单侧滚轮模块，图 7-26b 所示为垂直交错布局的双侧滚轮模块。

使用关节模块可以容易地组装出仿生机械蛇。4 个关节模块即可组成一条能完成正弦波运动的机械蛇，其余各相邻关节之间是相差 1/4 的波形周期的正弦波。

目前，最常用的模块组装方式是采用 Solid-Snake（SS）的关节模块机构，即利用垂直

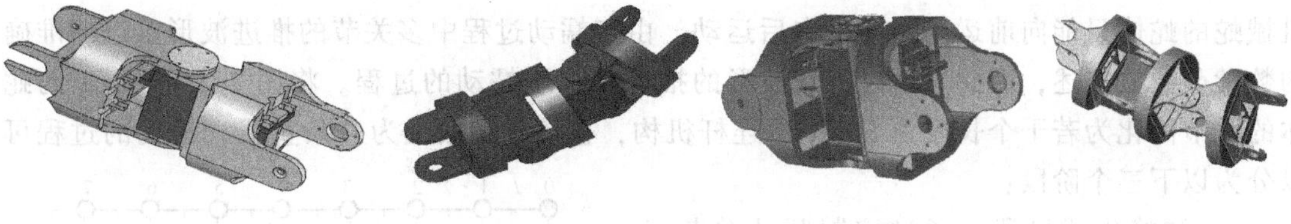

a)　b)　c)　d)

图 7-24　机械蛇模块（一）

a）典型的 Solid-Snake 机械蛇的环节模块　b）~d）圆柱形模块连接

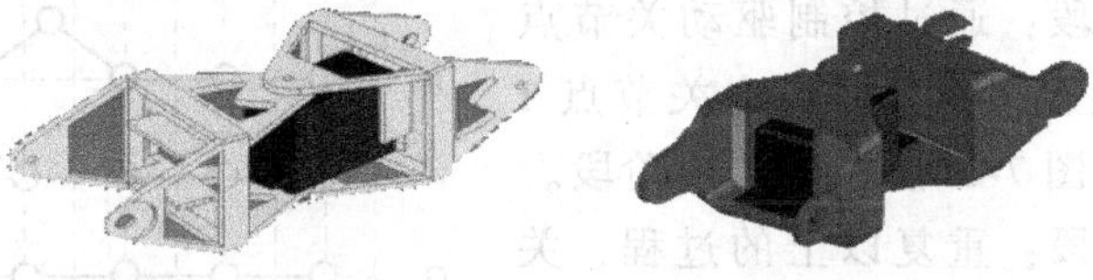

a)　b)

图 7-25　机械蛇模块（二）

a）三角形制造单元组成的模块　b）方形制造单元组成的模块

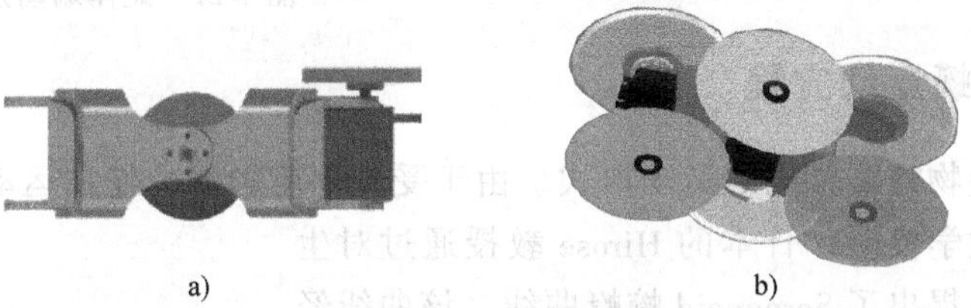

a)　b)

图 7-26　机械蛇模块（三）

a）垂直交错布局的单侧滚轮模块　b）垂直交错布局的双侧滚轮模块

和水平方向正交的关节组合来模拟蛇类生物柔软的身体，每两个正交的关节组成一个单元体，每个单元体相当于一个万向节，具有两个方向的自由度，两个单元体组成一个 4 自由度的蛇体环节。这样的机构设计使蛇体具有向任何方向弯曲的能力。其壳体机构、舵机与壳体安装方式和两个单元的连接方式采用垂直→水平→垂直的方式相连接，以模仿生物蛇的关节，如图 7-18 和图 7-19 所示。

机械蛇每个分段都内置感应器，当向机械蛇投掷物体时，它能够快速探测到并自动盘绕在投掷的物体上。机械蛇通过舵机轴旋转使相邻关节做相对转动，由于采用正交结构，仿生机械蛇可以实现生物蛇常见的蜿蜒运动、蠕动、爬行以及缠绕等动作。

仿生机械蛇有望用于爬行进入狭小空间，或者作为侦察装置，装配相机潜入敏感区域。这种高级铰接装置能够调节内部自由度，具有实现多样性移动的能力，其能力将远超出常规轮式车辆的运动性以及步行式机器人。

五、仿生机械蛇的蠕动原理

仿生机械蛇的蠕动与生物蛇的伸缩运动有一定区别，主要在于生物蛇的伸缩运动是依靠头部和尾部依次支撑住地面，通过肌肉伸缩来完成身体的前进，而仿生机械蛇并不具有与地面固定的特殊结构，可以实现蠕动是由于蛇体向前的摩擦系数小于向后的摩擦系数，即仿生机械蛇的蛇体只能向前运动而不能向后运动。由于蠕动过程中多关节的推进波形难以用准确的数学函数去描述，因此下面以三角波形的推进来说明蠕动的过程。将图 7-27 所示 A 的蛇体的关节简化为若干个长度为 l 的平面连杆机构，初始状态假设为一条直线，蠕动的过程可以分为以下三个阶段：

1）波峰生成阶段：通过控制驱动关节点 1、2、3 的舵机旋转，使得驱动关节点 1 拱起形成波峰。由于蛇体向后的摩擦系数较大，拱起时使得尾部前移，如图 7-27 所示 B。

2）波峰过渡阶段：通过控制驱动关节点 1、2、3 的电动机旋转，使得波峰由关节点 1 向关节点 2 过渡，如图 7-27 所示 D 以后阶段。

3）波峰传递阶段：重复以上的过程，关节舵机 4、5、6、7 依次工作，直到蛇体达到图 7-27 所示 I 的状态，即恢复为一条直线，从而完成蠕动的过程。连续重复上述步骤，完成蛇体的蠕动前进。

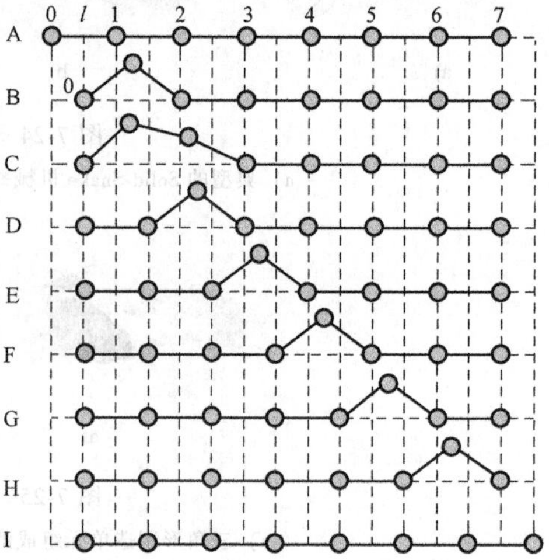

图 7-27　蛇体蠕动过程波的传递

六、蛇的蜿蜒运动方程

蜿蜒运动是生物蛇最常见的运动形式。由于受到环境影响，蛇在运动过程中的蛇体曲线很难建立准确的数学模型。日本的 Hirose 教授通过对生物蛇的大量研究，提出了 Serpenoid 蜿蜒曲线。该曲线经过实验证明对于仿生机械蛇的蜿蜒运动来说是非常有效的。Serpenoid 曲线为定义在 XOY 平面内的一条通过坐标原点的蛇体脊椎曲线，如图 7-28 所示。该曲线上的任意一点 s 的坐标可用式（7-1）表示。

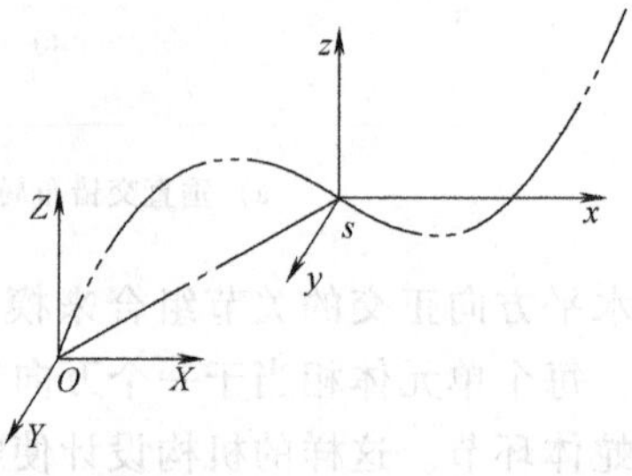

图 7-28　Serpenoid 曲线

$$\begin{cases} x_s = \int_0^s \cos[a\cos(b\sigma) + c\sigma]\mathrm{d}\sigma \\ y_s = \int_0^s \sin[a\cos(b\sigma) + c\sigma]\mathrm{d}\sigma \end{cases} \tag{7-1}$$

式中，a 为曲线幅度的大小；b 为曲线的频率的大小；c 为整个曲线的偏移大小。

当 $a=\pi/3$，$b=\pi$，$c=0$ 时，蜿蜒曲线最接近 Serpenoid 曲线。

经过关节模块组合而成的机械蛇，通过对关节舵机转角实施控制，蜿蜒运行结果应尽量符合 Serpenoid 曲线，如结果相差较大，则必须不断修改控制参数。

关节舵机直接控制模块转角，反应速度快，但是蛇的运动不太自然。使用绳索控制关节转动的机械蛇则具有运动自然的特点。图 7-29 所示为绳索控制的机械蛇。

图 7-29　绳索控制的机械蛇

仿生机械蛇（或称为蛇形机器人）具有很多优点，有广泛的应用前景，能够应用到很多复杂、危险或特殊的环境中。但仿生机械蛇的研究尚处在实验研究阶段，距离工程应用还有很长的路要走。

第五节 爬行机器人的仿生设计示例

这里按照有腿类和无腿足类的爬行动物进行仿生设计。

一、有腿类爬行机器人的仿生设计

有腿类爬行机器人的机械腿分为关节型腿和连杆机构型腿。

1. 关节型机械腿的仿生设计

关节型机械腿结构简单，可用关节电动机直接控制仿生机器人的爬行运动。下面以仿生机器蜘蛛设计为例来说明。

1）建立蜘蛛的生物原型。蜘蛛的生物原型如图 7-30a 所示，共有八条步行腿。头两侧的触肢不是腿，是探测外部环境的探测器。蜘蛛腿部结构比较特殊，骨骼在腿的外部（称为外骨骼），肌肉在骨骼内部，它是通过心脏将血液压入附肢内，以改变压强大小来控制附肢张开的程度。

a)

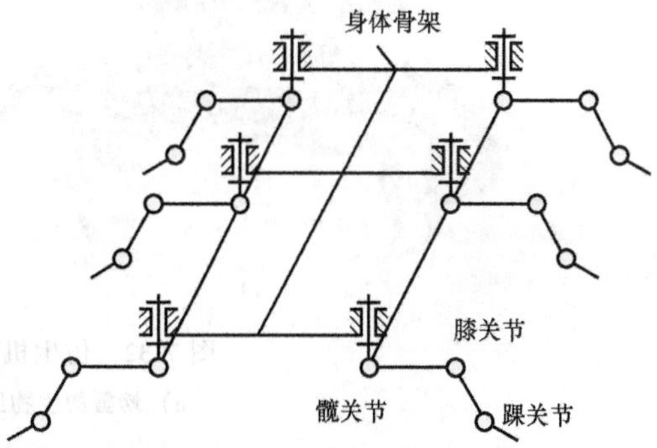

b)

图 7-30 仿生机器蜘蛛的生物原型与模型

a）蜘蛛的生物原型 b）蜘蛛的生物模型

2）建立蜘蛛的生物模型。由于蜘蛛腿部运动是依靠复杂的生物结构来控制肢体运动的，因此在建立生物模型时，采用关节型机械腿比较简单。实际上蜘蛛在运动过程中有六条腿就够用了，因此可建立六条腿的生物模型，如图 7-30b 所示。在采用八条腿时，再增加两条腿即可。

3）建立实物模型。每条腿有 3 个自由度，即髋关节 2 个自由度，膝关节 1 个自由度，因此使用 3 个关节电动机即可控制腿的运动。略去机械设计过程中的结构、材料、强度、刚度、工艺等设计内容，其实物样机如图 7-31 所示。

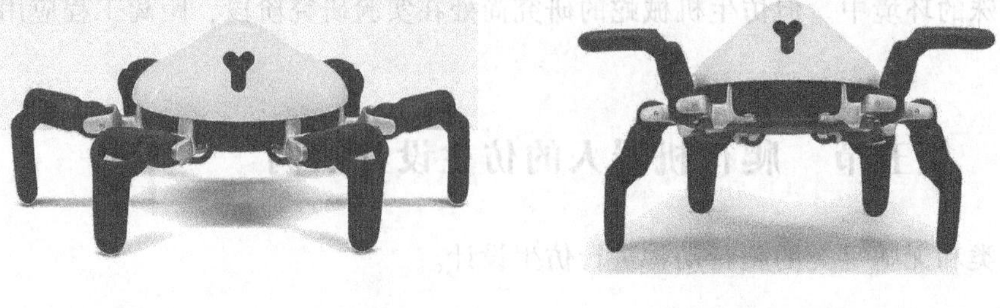

图 7-31　仿生机器蜘蛛的实物样机

2. 连杆机构型机械腿的仿生设计

下面以八足螃蟹的仿生设计为例来说明。

1）建立生物原型。以生活在淡水中的常见螃蟹为生物原型，如图 7-32a 所示。

2）建立生物模型。由于采用连杆机构作为螃蟹腿的生物模型，而能完成螃蟹腿运动的生物模型种类很多，即螃蟹腿的机构简图种类很多，考虑到Ⅲ级机构能更加灵活地实现运动功能，故采用如图 7-32b 所示的机构简图作为螃蟹腿的生物模型。该机构的自由度为 1。

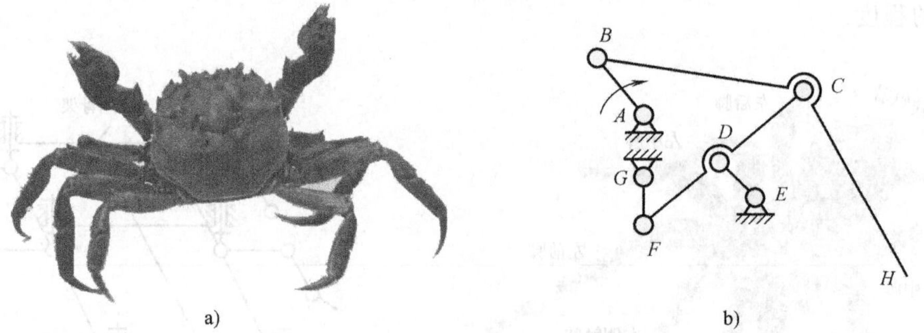

图 7-32　仿生机器螃蟹的生物原型与模型

a）螃蟹的生物原型　b）螃蟹的生物模型

3）建立实物模型。仿生机器螃蟹的实物模型如图 7-33 所示。

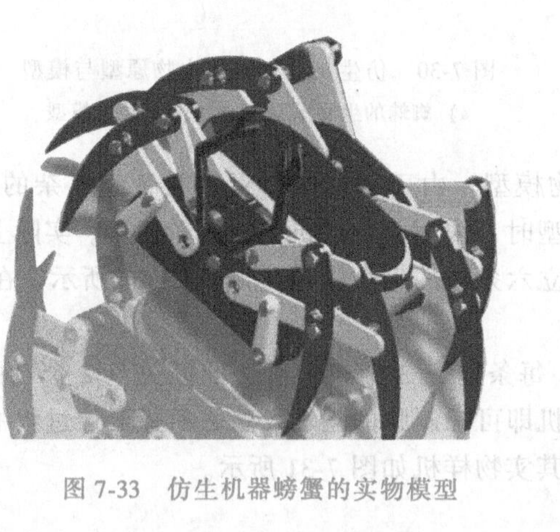

图 7-33　仿生机器螃蟹的实物模型

二、无腿足类爬行机器人的仿生设计

蚯蚓和蛇是典型的无腿足类爬行动物，以蛇为例的仿生设计过程。在第四节中已介绍得非常详细，这里不再赘述。仿生机械蛇实物样机如图 7-34 所示。

图 7-34 仿生机械蛇实物样机

科学家精神

“两弹一星”功勋科学家：屠守锷

第八章

Chapter

仿动物飞行的机械及其设计

第一节　飞行动物概述

飞行是指生命体或物体在空中的运动状态，生命体是指鸟类、昆虫类或其他能在空中自由运动的动物；而物体则是指飞机、火箭、子弹和其他在空中运动的人工装置。本文所涉及的飞行是指生命体在空中的运动。

动物在空中的飞行是一个复杂、奇妙的现象。它们的颜色五彩缤纷，翅膀多种多样，飞行姿态各具特色，飞行速度快慢不一；飞行高度和飞行距离差别很大；身体大小相差悬殊，有的很小，如苍蝇、蚊子之类的昆虫，有的很大，如雕类等猛禽。

可以飞行的动物种类很多，主要有昆虫、鸟类和其他飞行动物。

一、昆虫

地球上的昆虫约有 100 万种，根据昆虫身体的构造和幼虫发育的方式，科学家们把昆虫分成了甲虫、蝗虫、蝶、蛾、蚂蚁，胡蜂、蜜蜂、蚊、蝇等类型。无脊椎动物中的节肢动物只要长翅膀，基本都会飞行。昆虫的翅膀可以是一对，也可以是两对。如图 8-1 所示为典型的会飞昆虫。

1. 飞行昆虫的共同点

（1）都有六条腿　蝗虫（图 8-2a）有六条腿，其中前足（图 8-2b）一对，中足（图 8-2c）一对，后足（图 8-2d）一对；有些昆虫的前足进化为捕食或挖掘工具，如螳螂前足为带有锯齿的夹具，蝼蛄前足带有挖掘齿，蝗虫等可跳跃的昆虫后足发达等。

（2）都有两对翅膀　鸟类有一对翅膀，但会飞的昆虫有两对翅膀。有些昆虫的后翅退化，如苍蝇的后翅退化为飞行过程中的平衡棒，起到平衡身体的作用。有些昆虫的前翅硬化为鞘翅，如甲虫之类的昆虫。昆虫翅膀的来源与鸟类不同，鸟类的翅膀是由前肢转变来的，而昆虫的翅膀则是由向两侧扩展成的侧背叶发展而来的。昆虫的翅膀十分灵活，平时不飞行时还可以把后翅收折在身体背面。

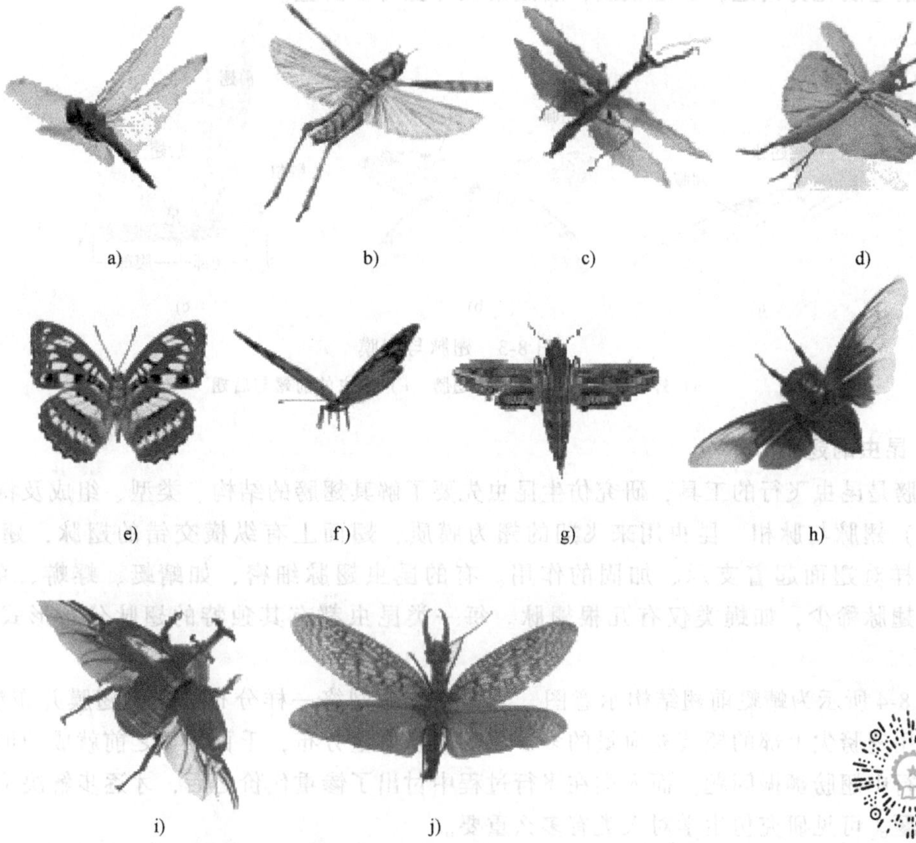

图 8-1 典型的会飞昆虫
a）蜻蜓 b）蝗虫 1 c）螳螂 d）蝗虫 2 e）蝴蝶 1 f）蝴蝶 2 g）飞蛾 h）蝉 i）甲虫 j）东方巨齿蛉

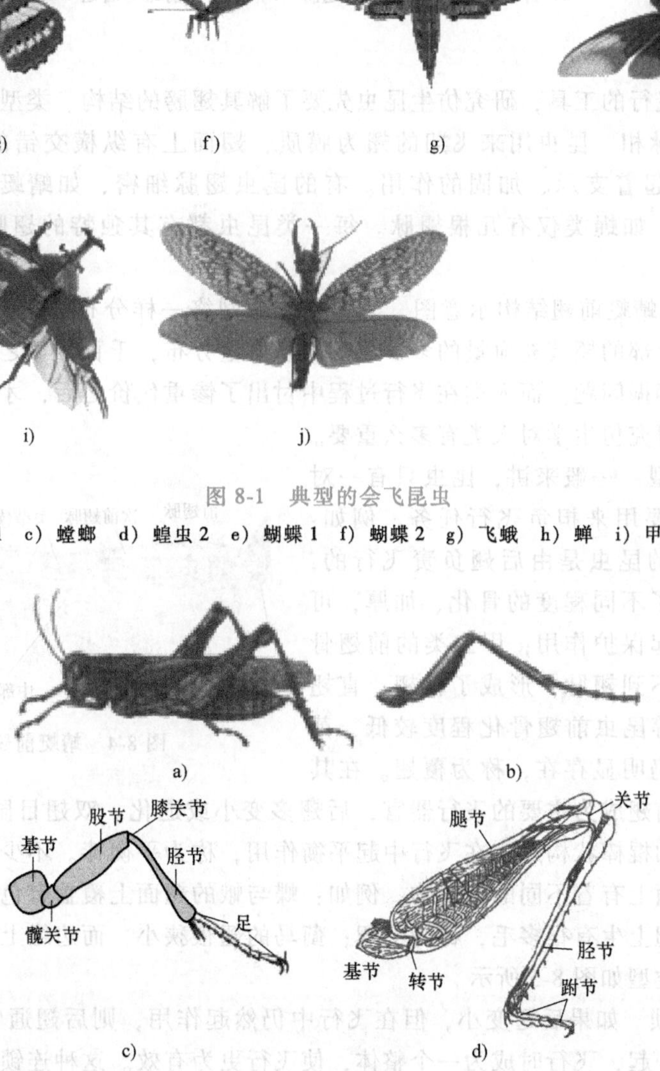

图 8-2 蝗虫的腿

（3）翅膀是带有翅脉的膜质结构 如图 8-3 所示的黑色网状体为翅脉，网眼中淡色为翅膜。图 8-3a 所示为蝉的翅膀；图 8-3b 所示为蝴蝶的翅膀；图 8-3c 所示为蝗虫的前翅与后翅，其前翅演化为鞘翅，质地较硬，后翅柔软并且可以折叠。

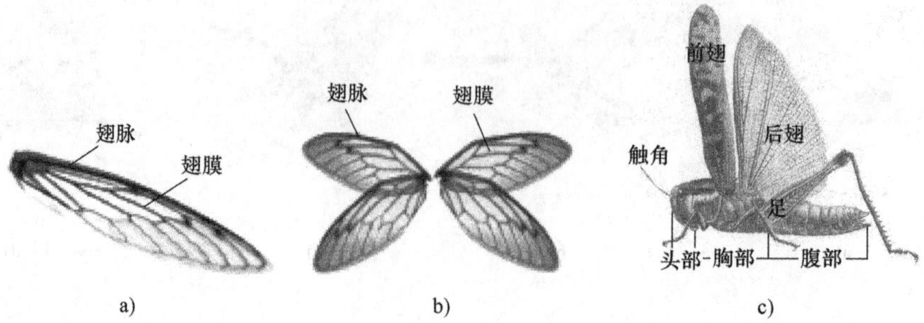

图 8-3　翅脉与翅膜

a）蝉的翅膀　b）蝴蝶的翅膀　c）蝗虫的前翅与后翅

2. 昆虫的翅膀

翅膀是昆虫飞行的工具，研究仿生昆虫先要了解其翅膀的结构、类型、组成及特性。

（1）翅脉与脉相　昆虫用来飞翔的翅为膜质，翅面上有纵横交错的翅脉，翅脉就像骨架一样对翅面起着支承、加固的作用。有的昆虫翅脉细密，如蜻蜓、蜉蝣、草蛉等；也有的翅脉稀少，如蝇类仅有几根翅脉。每一类昆虫都有其独特的翅脉分布形式，称其为脉相。

图 8-4 所示为蜻蜓前翅结构示意图，其中翅脉像网络一样分布，支撑翅膜并布满血管；蜻蜓利用翅膀尖上部的翅痣充血量的多少改变翅膀质量分布，千百万年之前就成功地解决了高速飞行中翅膀颤振问题。而人类在飞行过程中付出了惨重代价之后，才逐步解决了机翼的颤振问题。可见研究仿生学对人类有多么重要。

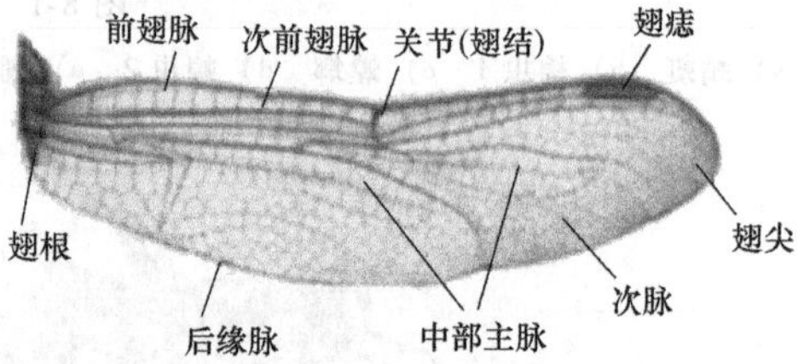

图 8-4　蜻蜓前翅膀结构

（2）翅的类型　一般来讲，昆虫只有一对翅比较发达，主要用来担负飞行任务。例如：鞘翅目、直翅目的昆虫是由后翅负责飞行的，它们的前翅发生了不同程度的骨化、加厚，可以对折起的后翅起保护作用；甲虫类的前翅骨化程度较高，看不到翅脉，形成了鞘翅；直翅目的蝗虫、蟋蟀等昆虫前翅骨化程度较低，革质半透明，翅脉仍明显存在，称为覆翅。在其他一些昆虫中，前翅成为主要的飞行器官，后翅多变小或退化。双翅目昆虫，如蝇、蚊等，后翅退化成很小的棍棒状构造，在飞行中起平衡作用，称为平衡棒。不少昆虫的翅仍然是膜质透明的，但翅面上有着不同的覆盖物。例如：蝶与蛾的翅面上覆盖有色彩斑斓的鳞片，故称鳞翅；石蛾的翅上生有很多毛，称为毛翅；蓟马的翅很狭小，而边缘上有很多长毛，称为缨翅。昆虫翅膀类型如图 8-5 所示。

（3）翅的连锁　如果后翅变小，但在飞行中仍然起作用，则后翅通常以各种形式的连锁器与前翅挂在一起，飞行时成为一个整体，使飞行更为有效。这种连锁器构造很巧妙，形式多种多样，有的是靠弯折和小钩形成的连锁（蜂、蚜虫），有的是靠一到数根硬鬃与前翅相连（蛾），还有的后翅基部前缘有一个叶状突出物与前翅相连锁（蝶），或者前、后翅都有卷褶相互连锁（蝉）。

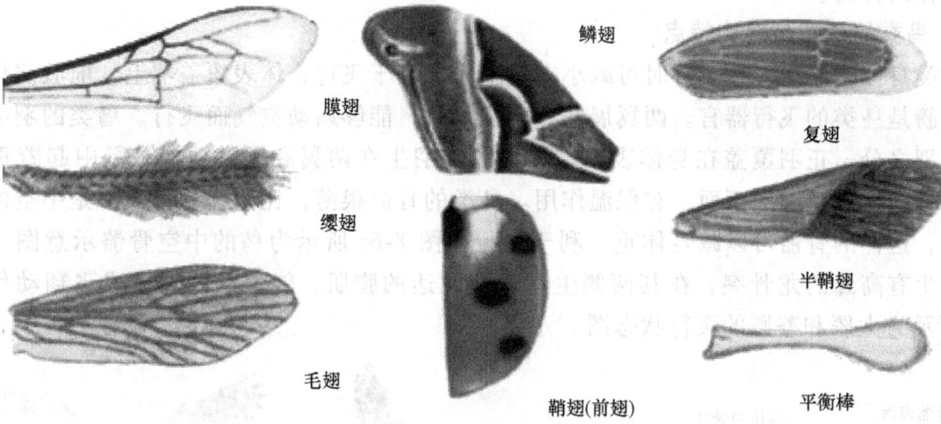

图 8-5 昆虫翅膀类型

（4）飞行距离与速度　昆虫大部分都能进行较远距离飞行，如蝗虫的成虫是飞行能力极强的昆虫。飞蝗可成群结队飞行上千公里。据我国昆虫学工作者们研究，每年春夏在广东一带越冬后羽化的粘虫，可以成群飞越数千公里，漂洋过海到北方去觅食。蜜蜂每小时可持续飞行 10~20km。牛虻每小时可飞行超过 40km。蚊虫为了寻找水源产卵，也可以飞行数公里。蜻蜓和某些种天蛾也能够持续飞行数百乃至上千公里而不着陆。某些昆虫除飞行距离远外，飞行速度也很了不起，蜻蜓每秒钟飞 10~20m；金龟子每秒钟飞 2~3m；天蛾每秒钟飞 5m；菜粉蝶每秒钟飞 1.8~2.3m，牛虻每秒钟飞 4~14m；蜜蜂每秒钟可飞 2.5~6m。

（5）翅膀振动频率　不同昆虫的飞行速度与高度不同，翅膀振动频率也不相同。研究昆虫翅膀振动频率对设计仿生飞行昆虫有重要意义。

蝴蝶的翅膀振动频率不超过 10 次/s，飞蛾为 5~6 次/s、蚊子为 500~600 次/s。由于蝴蝶的翅膀振动频率低于人耳的听频范围，所以人耳听不到蝴蝶翅膀振动发出的声音；而蚊子翅膀的振动频率在人耳的听频范围内，所以人耳能听到蚊子翅膀振动发出的声音（人能听到声音的频率为 20~20000Hz，其中最敏感的频率为 2000~3000Hz）。

典型昆虫翅膀的振动频率见表 8-1。

表 8-1 典型昆虫翅膀的振动频率

名称	蝴蝶	飞蛾	蜜蜂	苍蝇	蚊子	蜻蜓	蝗虫	甲虫
频率/(次/s)	10	5~6	300~400	300	500~600	10~13	18	80~1056

昆虫的翅膀基本上都是上下抖动或振动，可根据它们的飞行运动轨迹区分昆虫的种类。

如蜜蜂的运动轨迹是规则的，呈 8 形、O 形等，苍蝇的运动轨迹则是混乱的，蝴蝶的运动轨迹是柔和轻盈的。像蝴蝶这样的昆虫，其翅膀扇动要比其他昆虫慢，而且不是总上下扇动，偶尔有双翅合拢状，不可千篇一律只模仿某几种昆虫。

二、鸟类

鸟类约有 9000 多种，我国有 1186 种，约占世界鸟类的 13%，是世界上鸟类种类最多的国家之一。鸟类由于具有飞行能力，活动范围明显扩大，有利于觅食和繁育后代。有些鸟类具有迁徙的行为。

1. 鸟类的形态与结构特点

鸟类身体呈流线形，飞行时可减小空气阻力，利于飞行；体表覆盖羽毛，前肢演化为翅膀，翅膀是鸟类的飞行器官。两翼展开，面积很大，能够扇动空气而飞行。鸟类的羽毛有正羽与绒羽之分，正羽覆盖在身体表面，最大的正羽生在两翼和尾部，在飞行中起着重要作用；绒羽密生在正羽的下面，有保温作用。鸟类的骨骼很薄，比较长的骨大都是中空的，充满空气，这样的骨骼可以减轻体重，利于飞行。图 8-6a 所示为鸟的中空骨骼示意图。鸟类的胸骨生有高耸的龙骨突，在其两侧生有非常发达的胸肌，能牵动两翼完成飞翔动作。图 8-6b 所示为大雁和苍鹰的飞行状态图。

图 8-6 鸟类的飞行

a）鸟的中空骨骼示意图 b）大雁和苍鹰的飞行状态图

2. 鸟类的翅膀

如图 8-7 所示的翅膀是鸟类飞行的主要功能结构，是由前肢进化而来的，仅能在一个平面上做折翅和张翅的关节运动，因而有利于在胸肌支配下形成一个有力的拍击空气的整体。翅膀上的毛羽是翼的重要组成部分，其中在指骨上生长的称为初级飞羽，在掌骨上生长的称为次级飞羽。它们在扇动翅膀时产生不同的力。前者产生推力，后者产生升力。此外，在鸟的翅膀的翼角（腕部）生有一小簇羽毛，也对飞行的控制起重要作用。每一支飞羽都由羽轴和羽片构成。羽轴的基部深入皮肤内，羽片由羽轴两侧平行伸出的很多羽枝构成。每一个羽枝两侧密生着成排的羽小枝，上有钩突，彼此勾连，因而构成坚韧而富有弹性的羽片。飞羽的结构对鸟类飞行的优越性还表现在每一羽的外羽片狭窄，内羽片宽阔，各羽从外向内逐层覆盖。整个鸟翼的背部为弧面，空气流过时能产生大的升阻比，有利于飞行。

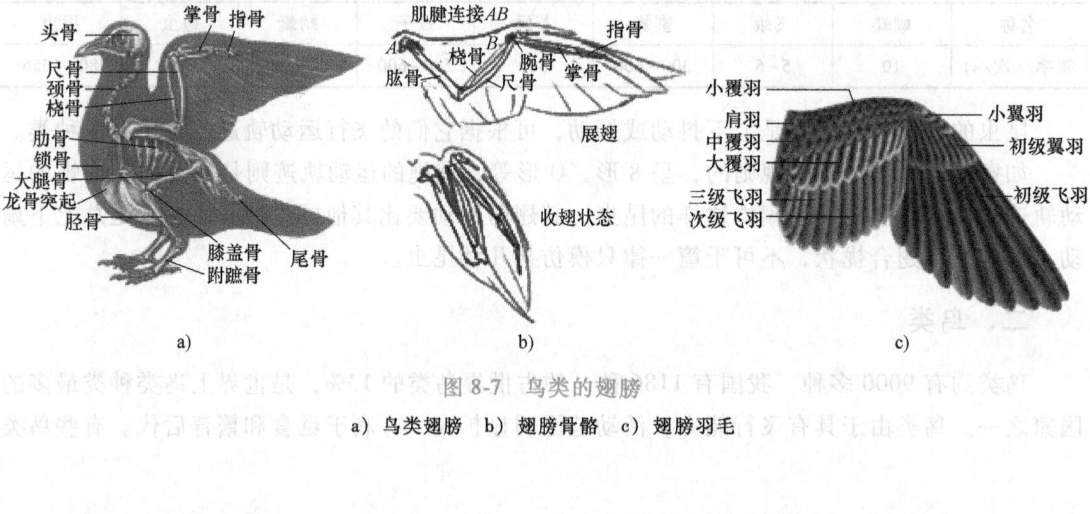

图 8-7 鸟类的翅膀

a）鸟类翅膀 b）翅膀骨骼 c）翅膀羽毛

翅膀是一种轻巧的可变翼，它既有机翼那样的飞行表面，又因翅尖向下，向前扇击有推进器的功能。通过不断改变翼的形状和大小（负载面积）以及翼与躯体间的相对位置，可适应各种条件下空气动力学的需要。鸟类的尾翼宽而坚韧，张开时状如团扇，在飞行中起舵的作用，有助于着陆、转向和减速。鸟类的飞行能力经常用展弦比来衡量，展弦比是指鸟翼长度的平方除以鸟翼面积。展弦比越大，翼越窄长；展弦比越小，翼越短宽。善于翱翔的大型海鸟信天翁，展弦比为25，海鸥和雨燕为11，乌鸦为6，麻雀为5。翼负载（体重与翼面积的比值）对鸟类飞行也有重要的作用，快速飞行的鸟类大多具有较小的翼和较快的扇翅频率，而翼面积较大的鸟类则能较缓慢地扑翼飞行。这是因为升力和阻力都与翼面积和速度平方的乘积成正比，所以大型鸟类一般翼负载较大，如天鹅为200Pa（$20kg/m^2$），野鸭为100Pa，乌鸦为30Pa。

3. 鸟类的飞行

鸟类的飞行可分为三个基本类型，即滑翔、翱翔和扑翼飞行。

（1）滑翔　鸟类不扇动翅膀，从某一高度向下方飘行，称为滑翔。升力与阻力的比值越大和滑翔角度越小时，下降越慢，因而有较远的水平滑翔距离。飞鱼、飞蛙、飞蜥和鼯鼠等的飞行就属于这种类型。鸟类的扑翼飞行也常伴以滑翔，特别是在着陆之前。

（2）翱翔　不扇动翅膀，从气流中获得动力的一种飞行方式，是不消耗肌肉收缩能量的一种飞行方式，一般分为静态翱翔和动态翱翔两类。静态翱翔是利用上升的热气流或障碍物（如山、森林）处产生的上升气流，蝴蝶、蜻蜓和一些鸟类（如鹰和乌鸦等）能利用这种垂直动量及能量产生推力和升力；动态翱翔是利用随时间或高度不断变化的水平风速产生的水平气流，许多大型海鸟（如信天翁和海鸥）普遍采用这种飞行方式。风吹经海面时，越接近海面越因摩擦而受阻，因而在约45m高的气层中产生许多切层，其风速从最低处的零达到顶层的最高速。海鸟利用这种动量在气流中盘旋升降，不需要扑翼即可长时间翱翔。

（3）扑翼飞行　借发达的肌肉群扑动双翼而产生动力，是飞行动物最基本的飞行方式。昆虫、蝙蝠和鸟类多做扑翼飞行。它们沿水平路线飞行时，翅膀向前下方挥动产生升力和推力，当推力超过阻力和升力等于体重时就能保持继续向前的速度。昆虫在扬翅和扇翅时都能产生升力和推力。鸟类在正常飞行中扬翅时不产生推力，而是靠前一次扇动时产生的水平动量向前冲，内翼（次级飞羽）则产生升力。鸟类翅膀的形状、翼幅、负载、翼面弧度、后掠角以及飞翔的位置，均随每一次扇翅而发生显著变化。扑翼频率和幅度也随翼的连接角和飞行速度而改变。鸟类扑翼飞行的空气动力学机理至今尚未得到充分解释。一般说来，在扇翅时翅尖向后向下产生推力，而内翅（次级飞羽）起机翼作用产生升力。扇翅时翅尖的力能使每一根初级飞羽转动，后缘在气流压力下向上弯，每一根羽毛如同螺旋桨那样产生推力，当产生的推力大于总的阻力时，鸟的飞行就获得加速。

4. 鸟类翅膀扇动频率

有些鸟类在飞行时不用扇动翅膀，如鹰在盘旋时几乎不扇动翅膀；麻雀似乎总是十分欢快地扇动翅膀；而蜂鸟的翅膀扇动速度快到肉眼无法看清。不难猜测，鸟类翅膀的扇动频率与其体型有关。英国鸟类学家 C. J. Pennycuick 给出了扇翅频率的公式：

$$f=m^{\frac{3}{8}}g^{\frac{1}{2}}b^{-\frac{23}{24}}S^{-\frac{1}{3}}\rho^{-\frac{3}{8}}$$

式中，m 为鸟的质量（kg）；g 为重力加速度（m/s^2）；b 为翼展（m）；S 为翼面积（m^2）；

ρ为空气密度（kg/m^3）。

简单来说，鸟的体重越大，翅膀扇动频率越低。翅膀扇动频率是设计仿生鸟的重要数据。

三、其他飞行动物

自然界中，除去昆虫与鸟类，还有会飞行的动物，典型代表是蝙蝠。蝙蝠是哺乳动物，不是鸟类，但它可以自由飞翔。自然界有900多种蝙蝠。

蝙蝠虽然没有鸟类的羽毛，但它的飞行技术是动物界最好的，鸟类和其他昆虫的飞行都无法与蝙蝠相媲美。蝙蝠和鸟类的飞行技术存在着明显的不同，蝙蝠在飞行速度较慢时，其扇动翅膀的幅度和方式与黄蜂相似，使得自身可以在空中悬停和在飞行中快速转弯。蝙蝠在飞行过程中翼的扇动与翼的柔韧性及弹性配合得天衣无缝，身体旋转180°所需距离只有其翼展长度的一半。同时，与其他动物相比，蝙蝠翼展面积大还有效保证了它在飞行过程中只需消耗极少的能量就能够产生理想的上升力。

从图8-8所示的蝙蝠的骨骼构造来看，它的大臂骨、小臂骨和指骨共同组成翅膀的基本框架，翅膀还连接着后肢和尾部，可见蝙蝠翅膀有着强大的骨骼支撑，翅膀扇动有力。蝙蝠翅膀扇动时，使翅背的空气产生低压，翅下面的空气产生高压。因此，按空气流体力学的原理，蝙蝠在空中如果要前进，翅膀与迎面而来的气流就形成迎角，由此产生向前的推力，蝙蝠就是靠着这种升力和推力进行飞行的。

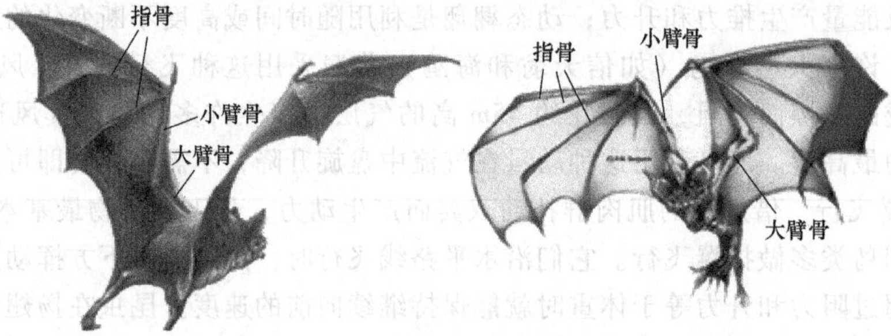

图8-8 蝙蝠的骨骼构造

除去蝙蝠之外，还有一些动物会飞行，如图8-9a所示的会飞的鼯鼠、图8-9b所示的鼯

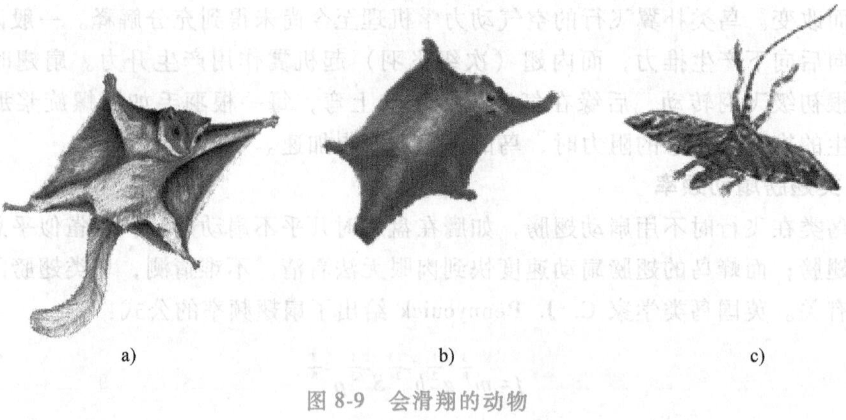

a)　　b)　　c)

图8-9 会滑翔的动物

a）鼯鼠 b）鼯猴 c）飞蜥

猴以及图 8-9c 所示的飞蜥等，这些动物能靠身体腹部可伸展的膜滑翔，没有扑翼飞行动作，因而不列入会飞翔的动物之列。还有些鸟类，虽然长有翅膀，但已退化不能飞行，如鸵鸟、企鹅等。

第二节　飞行机理简介

昆虫和鸟类的飞行都是依靠在空中扇动翅膀引起的空气流动实现的。也就是说，翅膀的扇动与空气动力学密切相关。

一、伯努利（Bernoulli）方程

根据能量守恒定律，伯努利提出了“流体动能+重力势能+压力势能=常数”的概念，建立了著名的伯努利方程：

$$\frac{1}{2}\rho v^2+\rho gh+p=\text{cons}$$

式中，ρ 为流体密度；v 为流体某点速度；g 为重力加速度；h 为流体某点高度；p 为流体某点压强；cons 为常数。

伯努利通过无数次实验，发现了“边界层表面效应”，即流体速度加快时，物体与流体接触的界面上的压力会减小，反之压力会增大。这一发现被称为“伯努利效应”。伯努利效应适用于包括气体在内的一切流体，是流体做稳定流动时的基本现象之一，反映出流体的压强与流速的关系。流体的流速越大，压强越小；流体的流速越小，压强越大。

伯努利方程与伯努利效应在仿生飞行学中有重要应用。例如：图 8-10 所示的翅膀前端圆钝、后端尖锐，上表面拱起、下表面较平，呈流线形。这样，气流被翅膀分成上、下两股。通过翅膀后，在后缘又重合成一股。由于翅膀上表面拱起，使得上方的那股气流的通道变窄，即 $S_2<S_1$，则上方流速变快，压力变小，而下表面流速基本不变，使得在翅膀上产生向上的力。

二、上升原理

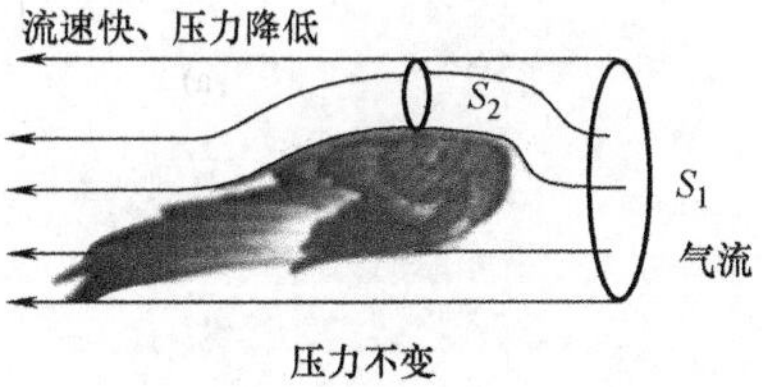

图 8-10　翅膀产生的举升力

鸟类翅膀向下扇动时，由于惯性作用，翅膀下部的空气不会马上跟随翅膀向下运动，所以翅膀下部的气压会升高。同样由于惯性作用，翅膀上部的空气也不会马上跟随翅膀向下运动，所以翅膀上部的气压会降低。这样翅膀上下就有了压差，这个压差使鸟类向上飞起。由于翅膀上下存在压差，翅膀下部的空气也会向翅膀上部运动，翅膀上部的空气则会跟随翅膀向下运动，这两股空气遇到一起就会在翅膀上部形成气流窝，如图 8-11a 所示。鸟类在向下加速振翅的行程中，下方的空气被翅膀压向下方，翅膀背面就裸露出成为空洞区，这时周边空气就会立即向这个空洞区补充过来，产生了空气从翅膀的下方回流到翅膀上方的背面空洞区的流道，形成翅膀周边的空气流场，使翅膀受到向上的升力。翅膀扇动得越快，产生的升力越大。

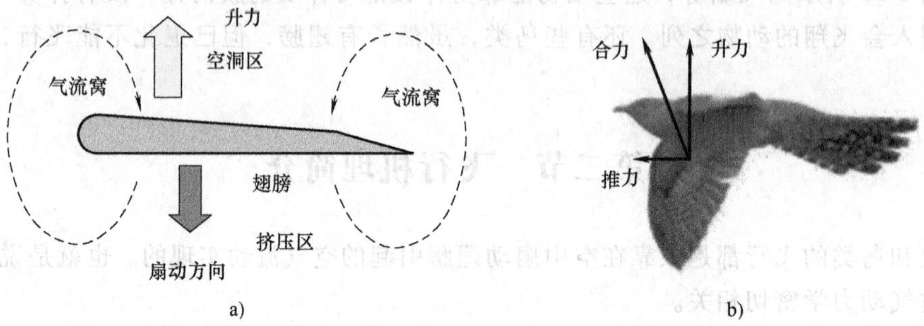

图 8-11 翅膀产生的升力与推力

a）产生升力 b）产生推力

翅膀向下运动时是用力的，翅膀向上运动时是不用力或用力比较小的。

三、前进原理

当飞鸟向斜下方扇动翅膀时，翅膀上下产生的压差合力方向如图 8-11b 所示，该合力分解为向上的升力和水平方向上的推力。在推力作用下，鸟向前飞行。当升力与重力平衡时，鸟可停留在空中，如图 8-12a 所示。当鸟的翅膀前倾，即图 8-12b 所示的前缘低后缘高时，扇动翅膀会导致上下压差在水平方向有一个分力，即推力，该力推动鸟类水平飞行。

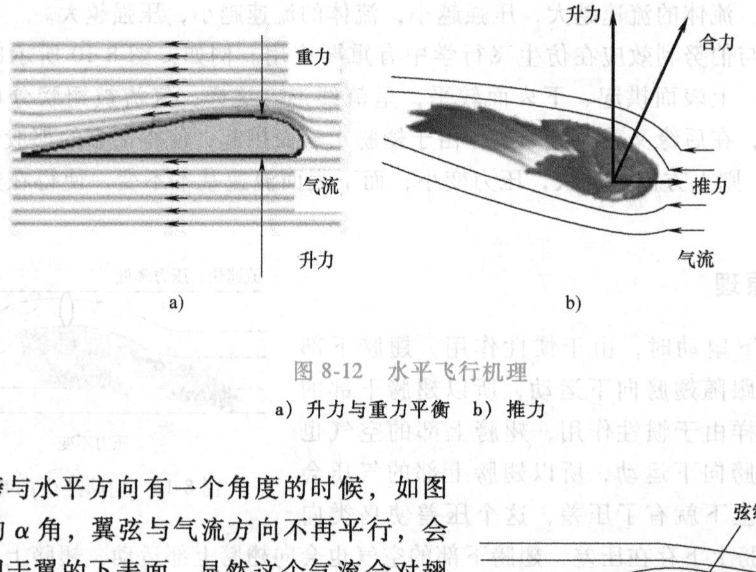

图 8-12 水平飞行机理

a）升力与重力平衡 b）推力

当翅膀与水平方向有一个角度的时候，如图 8-13 所示的 α 角，翼弦与气流方向不再平行，会有气流作用于翼的下表面，显然这个气流会对翅膀提供一个向上的作用力，α 角越大，这个向上的作用力也就越大。但是在飞行速度等其他条件相同的情况下，α 角超过临界值时，翅膀上方形成旋涡，升力急剧减小，会出现失速现象，鸟从空中摔落。α 角被称为攻角或迎角。

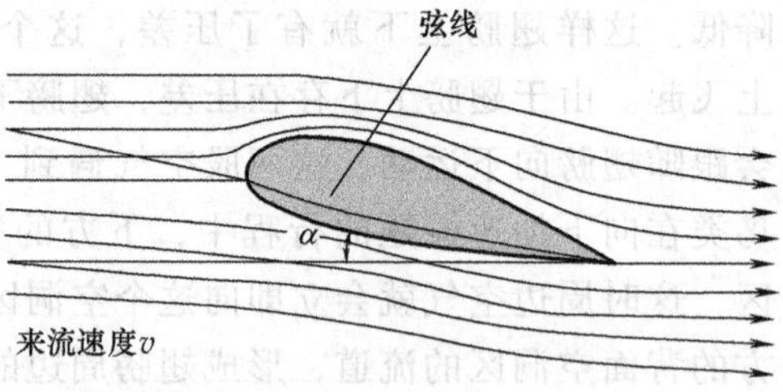

图 8-13 攻角或迎角

第三节 昆虫的飞行与仿生设计

一、昆虫飞行机理分析

昆虫与飞行相关的结构主要集中于翅胸节，翅胸节上生有一对或两对翅，在背板的带动下上下扑动，同时其余的肌肉群控制翅膀绕扭转轴（从翅根部向翅尖方向辐射的某条直线）扭转，从而产生足够的升力和推力。

昆虫的翅是膜质的，没有肌肉。因此，控制翅膀的运动只能靠翅根部的肌肉和作用于翅面上的力实现。由于昆虫的翅膀不具备较好的流线型，昆虫利用滑翔飞行的时间较短。昆虫为了浮于空中必须通过不断的振翅获得升力，然而简单的上下扑动显然不可能产生足够有效的升力，翅在扑动过程中必须发生扭转。昆虫的翅很少是刚性的，往往具有一定的柔性和弹性，在振动过程中受力的作用将发生变形。大体说来，由于空气作用于翅上的合力的作用点大致位于翅扭转轴之后，形成对扭转轴的扭矩，而翅根部的肌肉张紧使翅内旋或外旋；因此，昆虫在飞行中，空气作用于翅面上的力和翅根部的肌肉力共同作用，使翅呈螺旋状。在仿生机械昆虫的设计中，不论实验还是计算都假定昆虫的翅膀是刚性的、不可变形的。其中，纵向翅脉起了主要的支承作用，为翅膀的刚性假设提供了依据。昆虫的飞行运动主要是通过改变翅膀的运动方式来实现的，也有部分昆虫能够通过改变自身各部分的相对位置来控制飞行。最新研究表明，昆虫可以通过调整左右翅膀的振动模式，使左右翅膀上产生的推力和升力不对称，从而控制飞行的方向。尽管近几十年对昆虫振翅飞行原理的认识逐渐科学化，但对于昆虫飞行控制的了解还是十分缺乏，对昆虫飞行机理的实验研究和理论研究仍处于初级阶段，关于昆虫振翅飞行的理论还有待于发展。

二、昆虫翅膀机构的自由度

由于昆虫翅膀的薄翼膜状结构，仅依靠翅膀的上下扑动是不能飞行的，翅膀必须在上下扑动的同时伴随绕翅根的扭转动作，使攻角迅速地改变，在翅膀向下拍至最低点时，翅膀快速地向外扭转，而在翅膀向上抬至最高点时，翅膀快速地向内扭转。因此，昆虫翅膀是至少应有 2 个转动自由度的开链机构。图 8-14a 所示为昆虫翅膀机构运动简图。图中的球面副 S_1 是理想的身体与翅膀连接的运动副，但球面副有 3 个自由度，对每个自由度的控制比较困难；图 8-14c 所示为将球面副等效为 3 个转动副，虽然结构复杂些，但控制容易些；图 8-14b 中省略 1 个转动副，仅保留翅膀上下摆动和绕翅根转动的转动副，这 2 个自由度满足前述说明的昆虫飞行条件，具有实用价值。图 8-14b 中，转动副 R_2 提供翅膀上下扑动的自由度，转动副 R_1 提供绕翅根轴线转动的自由度，用于改变攻角 α 的大小。这样的运动副组合可满足昆虫的飞行动作。

一般情况下，昆虫翅膀的结构都采用 2 自由度的开链连杆机构，提供翅膀的上下扑动和绕翅根轴线的转动自由度。由于仿生昆虫尺寸较小，且重量轻，很少采用电动机驱动的机械结构，大都采用压电陶瓷驱动或电磁驱动。

三、昆虫振翅频率的测定

昆虫体积小，振翅频率高，理论计算振翅频率困难，所以一般采用实验法测定振翅

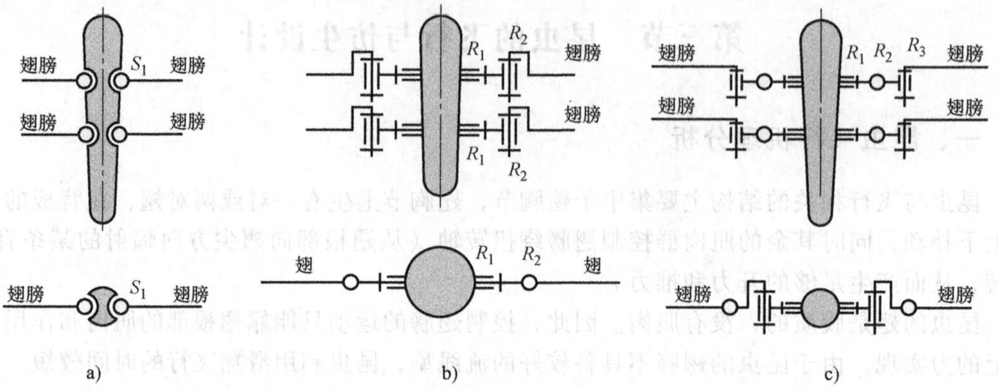

图 8-14 昆虫翅膀机构运动简图

频率。

使用高速摄影机对飞行中的昆虫进行摄像，当高速摄影的频率与昆虫的振翅频率相同时，所拍到的相片上的翅膀看起来停滞不动，此时高速摄影的频率近似等于昆虫振翅的频率，由此可以测得昆虫的振翅频率。昆虫生物学家在这一方面完成了许多工作，取得了各种昆虫的飞行参数。通过对这些参数的统计分析表明，这些参数间存在一定的关系。例如：设昆虫质量为 m，翅的面积与 $m^{\frac{2}{3}}$ 成正比，而振翅频率与 $m^{-\frac{1}{4}}$ 成正比。尽管这些结果往往较为粗糙，但实验所取得的感性认识和必要的数据是建立振翅飞行理论所必不可少的基础，然而仅依赖于实验是不可能形成完善的认识的。为了完善振翅飞行的原理，还必须进行理论分析和数值计算，再考虑翅膀是柔性的，不是刚性的，研究昆虫飞行机理的任务还是十分艰巨和困难的。

四、昆虫翅膀的折叠

有些昆虫，特别是隐翅类昆虫，其鞘翅短而厚，后翅发达。起飞时能迅速从鞘翅下展开又薄又大的后翅，飞行结束后再将后翅叠好重新藏在外侧坚硬的鞘翅下。后翅的折叠过程极其复杂，为人类设计折叠机构提供了很好的借鉴。

日本东京大学和九州大学的研究人员合作，用每秒能拍摄 500 张照片的高速摄像机，拍摄下了一种 6mm 长的隐翅虫展开和折叠后翅时的图像。隐翅虫后翅折叠后的面积只相当于展开时的 1/5，展开只需要 0.1s，折叠也仅需要 1s。

研究人员发现，折叠后翅时，隐翅虫先将两个后翅合拢到一起，然后用细长的腹部上下移动，如同像把被子叠成三折那样把翅膀折叠起来。而左右后翅的折叠方法不完全相同，也不是同时折叠的，有时是先左后右，有时是先右后左，相当复杂。后翅折叠后不仅面积小，而且能够在一瞬间展开，折叠后也不会失去韧性和强度。这一机制可以帮助人类改善需要折叠的装置的设计，如设计新型折叠雨伞和人造卫星上的折叠太阳能电池板等。

昆虫翅膀与身体连接的转动副轴线的设置与昆虫类型有关。从折叠翅膀的角度出发，图 8-15a 所示的转动副排列更加合理。其中转动副 R_1 用于扭翅，转动副 R_2 用于收回翅膀到其背部，转动副 R_3 用于扑翼飞行。图 8-15b 所示为蝗虫的鞘翅产生推力、可折叠的后翅产生升力的示意图；图 8-15c 所示为连杆机构型的可折叠翅膀示意图。

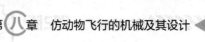

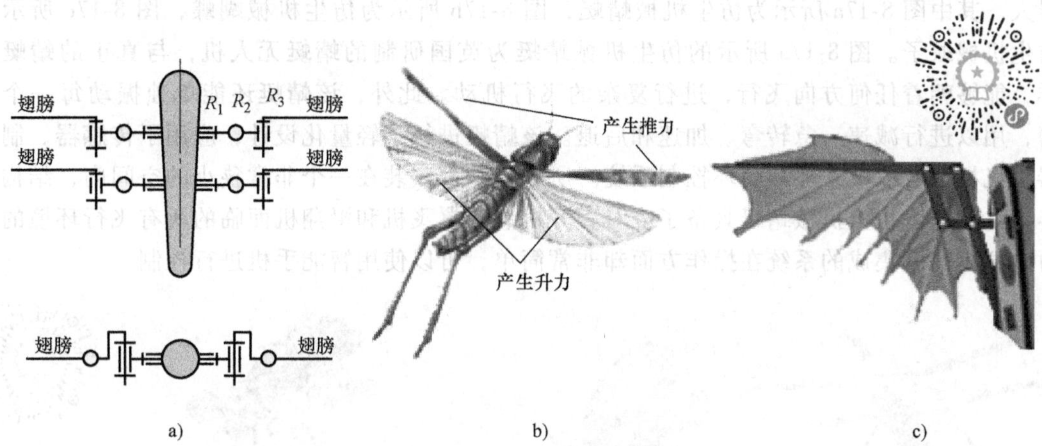

图 8-15 可折叠翅膀

a）转动副排列 b）蝗虫的鞘翅产生推力、可折叠的后翅产生升力的示意图 c）连杆机构型的可折叠翅膀示意图

五、仿生昆虫机器人腿部结构

仿生昆虫机器人的研究重点与难点是飞行及其翅膀，爬行用腿基本上与前述步行机械腿的设计相同，但由于昆虫体积小、重量轻，昆虫的腿机构要简单些，大都采用关节腿。图 8-16a 所示为典型的 2 自由度昆虫腿机构示意图，图 8-16b 所示为其机构运动简图。其中 R_1 为迈步转动副，R_2 为抬腿转动副，符合爬行动物的腿部运动特征。如果是六足昆虫，则安排 3 对腿即可。

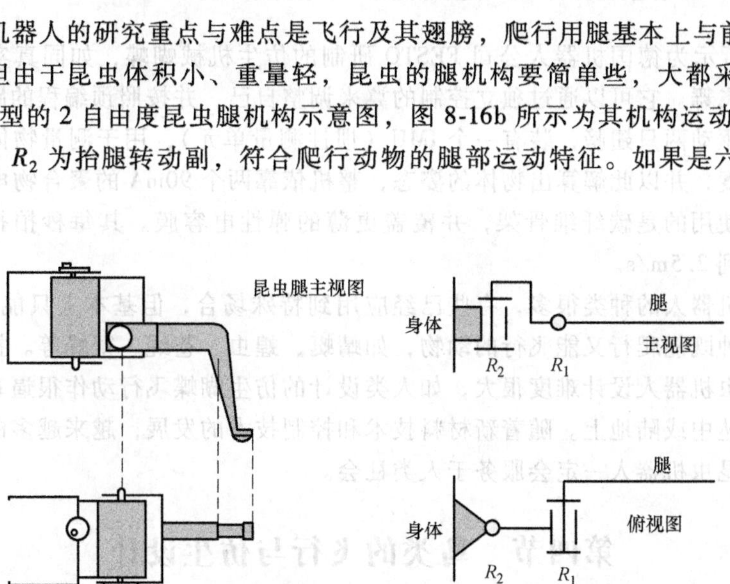

图 8-16 昆虫的腿

a）典型的 2 自由度昆虫腿机构示意图 b）机构运动简图

六、仿生昆虫机器人

仿生昆虫机器人一般都是微型机器人。国外一些微型飞行器已经采用太阳能作为能源，利用压电陶瓷驱动翅膀的振翅，如蜻蜓机器人、蚊子机器人、蝴蝶机器人等许多仿生昆虫机械都已经研制成功，并应用在军事侦察等许多场合。图 8-17 所示为几种典型的仿生昆虫机

器人。其中图 8-17a 所示为仿生机械蜻蜓，图 8-17b 所示为仿生机械蝴蝶，图 8-17c 所示为仿生机械蚊子。图 8-17a 所示的仿生机械蜻蜓为英国研制的蜻蜓无人机，与真正的蜻蜓一样，能够朝着任何方向飞行，进行复杂的飞行机动。此外，该蜻蜓还能单独振动每一个翅膀，用以进行减速、急转弯、加速和后退。该蜻蜓进行了轻量化设计，应用了传感器、制动器、机械装置以及开环和闭环控制系统。所有这些都安装在一个非常狭小的空间内，结构紧凑，这意味着仿生机械蜻蜓具备了应对直升机、有翼飞机和滑翔机面临的所有飞行环境的能力。这个高度集成的系统在操作方面却非常简单，可以使用智能手机进行控制。

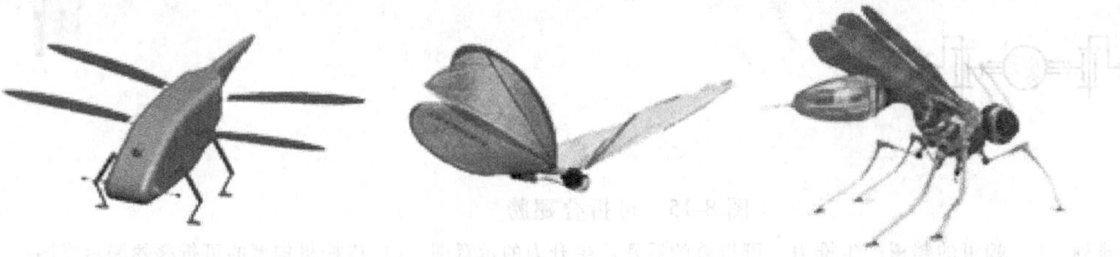
a)　　b)　　c)

图 8-17　仿生昆虫机器人实例

a）仿生机械蜻蜓　b）仿生机械蝴蝶　c）仿生机械蚊子

图 8-17b 所示为德国机器人公司 FESTO 研制的仿生机械蝴蝶，如同真实蝴蝶一样，可以在空中翩翩飞舞。它可以通过独立控制的翼来调整自己，并按照预编程的路线飞行。两台电动机独立地驱动两只翅膀，装有一个 IMU（惯性测量单元），用于测量物体在三维空间中的速度和加速度，并以此解算出物体的姿态，整机依靠两个 90mA 的聚合物电池供电。机器蝴蝶机翼本身使用的是碳纤维骨架，并覆盖更薄的弹性电容膜。其每秒拍打 1~2 次翅膀，最高速度可达到 2.5m/s。

仿生昆虫机器人的种类很多，有些已经应用到特殊场合，但基本上只能处于飞行状态。飞行昆虫是一种既能爬行又能飞行的动物，如蜻蜓、蝗虫、苍蝇、蜜蜂等。把爬行和飞行结合在一起的昆虫机器人设计难度很大，如人类设计的仿生蝴蝶飞行动作很逼真，但是却不能让其降落在花丛中或陆地上。随着新材料技术和控制技术的发展，越来越多的形象逼真、动作到位的仿生昆虫机器人一定会服务于人类社会。

第四节　鸟类的飞行与仿生设计

一、扑翼飞行与扑翼机

扑翼飞行是指翅膀上下扑动，同时翅膀沿扭转轴扭转，使迎角迅速地改变。在翅膀下拍至最低点时，翅膀快速地向外扭转，而在翅膀上抬至最高点时，翅膀快速地向内扭转，如图 8-18a 所示。图 8-18b 所示飞鸟的关节型扑翼结构简图如图 8-18c 所示。扑翼机是指机翼能像鸟和昆虫翅膀那样上下扑动的小型航空飞行器，又称振翼机。扑动的机翼不仅能产生升力，还可以产生向前的推力。

扑翼是一种模仿鸟类和昆虫飞行，基于仿生学原理设计制造的新型仿生飞行机构，与固定翼和旋翼相比，扑翼的主要特点是将上升、悬停和推进功能集成于一个扑翼系统中，可以用很小的能量进行长距离飞行，同时，具有较强的机动性。扑翼机构具有的独特优点：如原地或小场地起飞、极好的飞行机动性和空中悬停性能以及飞行费用低廉，因此更适合在长时间无能源补充及远距离条件下执行任务。自然界的飞行生物无一例外地采用扑翼飞行方式，这也给了我们一个启迪，同时根据仿生学和空气动力学研究结果可以预见，在翼展小于15cm时，扑翼飞行比固定翼和旋翼飞行更具有优势，微型仿生扑翼飞行器也必将在该研究领域占据主导地位。

生物的飞行能力和技巧的多样性多半来源于它们翅膀的多样性和微妙复杂的翅膀运动模式。鸟类和昆虫的飞行表明，仿生扑翼飞行器在低速飞行时所需的功率要比普通飞机小得多，并且具有优异的垂直起落能力，但要真正实现像鸟类翅膀那样的复杂运动模式，或像蜻蜓等昆虫那样高频扑翅运动非常困难。设计仿生扑翼飞行器所遇到的控制技术、材料和结构等方面的问题仍在进一步研究和探索之中。

仿生扑翼飞行器通常具有尺寸适中、便于携带、飞行灵活、隐蔽性好等特点，因此在民用和国防领域有十分重要而广泛的应用，能完成许多其他飞行器所无法执行的任务。它可以进行生化探测与环境监测，进入生化禁区执行任务；可以对森林、草原和农田上的火灾、虫灾及空气污染等生态环境进行实时监测；可以进入人员不易进入的地区，如地势险要的战地、火灾现场或出事故的建筑物中等；特别是在军事上，仿生扑翼飞行器可用于战场侦察、巡逻、突袭、信号干扰及城市监测等。

图 8-18 扑翼飞行及关节型扑翼机构

二、扑翼机构的设计与分析

扑翼机构基本可分为两类：关节型扑翼机构和连杆型扑翼机构。图 8-14 所示的昆虫翅膀以及图 8-18c 所示鸟的翅膀都是关节型扑翼机构。昆虫类翅膀经常采用关节型扑翼，可采用压电陶瓷驱动机构、交变磁场驱动机构、静电致动胸腔式扑翼机构、压电晶体（PZT）致动机构、人工肌肉驱动机构等。飞鸟类扑翼经常采用连杆型扑翼机构，采用伺服电动机驱动。

1. 机构自由度计算

图 8-19 所示为典型连杆机构型的扑翼机构，该类机构的特点是扑翼机构的两个翅膀的上下扑动最好只有一个自由度。虽然没有考虑绕翅根轴线的转动自由度，也就是说缺乏翅翼扭转形成的攻角，但是由于翅膀采用流线型结构，也能满足前进的要求。该类机构的自由度

计算方法如下：

对于图 8-19a 所示的机构，其自由度为

$$F=3n-2P_L-P_H=3\times7-2\times9-2=1$$

对于图 8-19b 所示的扑翼机构，其自由度为

$$F=3n-2P_L-P_H=3n-2P_L=3\times7-2\times10=1$$

对于图 8-19c 所示的扑翼机构，其自由度为

$$F=3n-2P_L-P_H=3\times9-2\times12-2=1$$

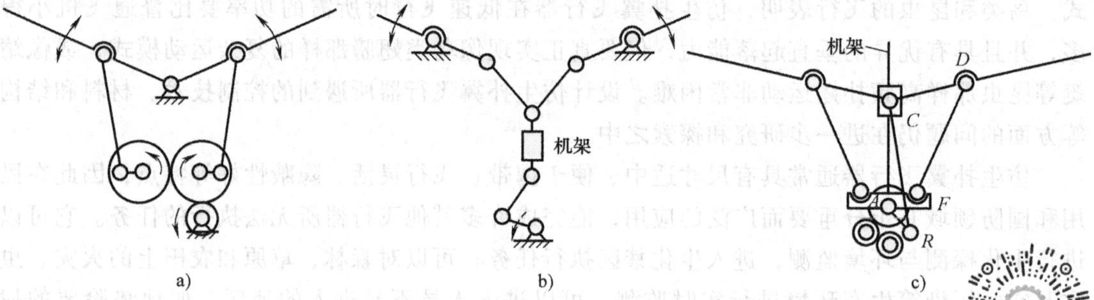

图 8-19　连杆机构型扑翼机构

昆虫和鸟类的飞行依靠控制胸部肌肉弹性运动和作用于翅膀上的力实现，与飞行相关的结构主要集中于翅膀和胸部。昆虫翅膀运动由胸部肌肉控制，通过外骨骼、弹性关节、胸部变形以及收缩-放松肌肉向翅膀传递运动。图 8-20a 所示为昆虫胸部结构，左翅膀胸肌收缩，翅肌放松，翅翼向上扑动，反之，则向下扑动。昆虫胸翅结构可用图 8-20b 所示的铰链四杆机构代替，其运动和动力特性均可按照前面章节所讨论的连杆机构分析。铰链四杆机构相当于骨骼和关节，弹簧相当于胸部肌肉，是系统中的柔性构件和储能元件。当扑翼飞行器翅膀上拍时，弹簧拉伸，储存能量；下拍时，在恢复力作用下恢复原长，释放能量。

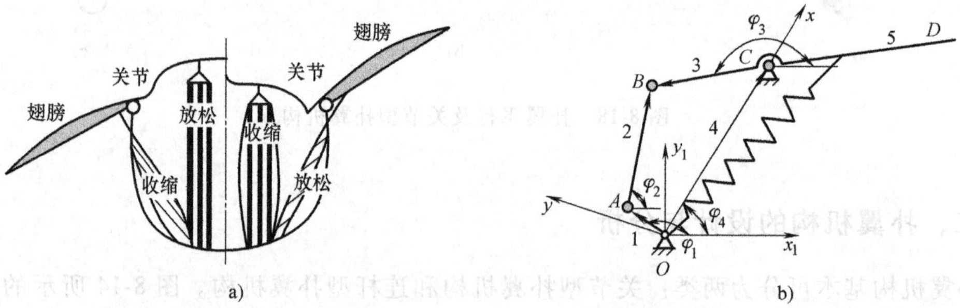

图 8-20 模仿昆虫胸肌的扑翼机构

a）昆虫胸部结构　b）铰链四杆结构

研究结果表明，加入弹簧后的机构运动更贴近鸟和昆虫的实际飞行模式，根据翅翼机构的拍打频率恰当地选择弹簧参数后，能大大减小上下拍动过程中力矩波动对电动机的影响。

2. 机构尺寸设计

鸟类在飞行过程中，不断扇动翅膀，向下扇动翅膀时，要压下方空气，并产生气流场，产生向上的升力。所以鸟类向下扇动翅膀时要承受气体的反作用力，而向上扇动翅膀则要省力得多。因此一般情况下，翅膀向下扇动的速度要小于向上扇动的速度。不同种类的鸟的翅

膀扇动角度也不一样，有大有小。生物学家经过大量飞行姿态测试发现，一般飞行状态下，翅膀的扇动角度保持在20°左右。图8-21所示翅膀以水平中线为界，上下半角可以相等，也可以不相等，但翅角 $\varphi_1<\varphi_2$ 是很常见的扑翼方式。

扑翼机构的设计条件经常给定扑翼飞行时的翅膀最大摆角 φ、摆杆长度（相当于翅膀长度）、机架长度（根据仿生鸟类的种类自行确定）。

如设计图8-20b所示的扑翼机构，已知与翅膀相连接的摆杆尺寸 $\overline{BC}$、上下摆角 φ_1 与 φ_2 以及机架 OC 的尺寸，设计该扑翼机构。

设计方法与机械基础篇给出的方法相同，具体步骤如图8-21b所示。

1）选择比例尺做 $\triangle CB_1B_2$，$\varphi_1+\varphi_2=\varphi$。

2）以 C 为圆心，机架 OC 长为半径做圆弧，在该圆弧上任选一点 O，画出通过 O、B_1、B_2 三点的圆，连接 OB_1、OB_2，$\overline{OB_1}=b-a$，$\overline{OB_2}=b+a$，其中 a 为曲柄 OA 的尺寸，b 为连杆 AB 的尺寸。曲柄长 $\overline{OA}=\dfrac{1}{2}(\overline{OB_2}-\overline{OB_1})$，同理可求连杆尺寸。

3）验算最小传动角和曲柄存在条件。该机构尺寸有无数组解，可重复修改给定尺寸和摆角，直到得到满意结果。B_1C、B_2C 的延长线方向即为设定翅膀尺寸的方向。

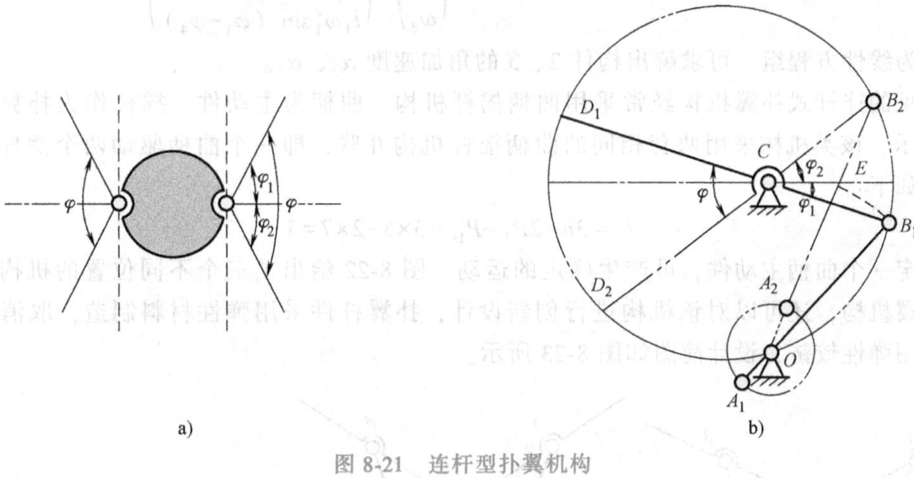

图8-21 连杆型扑翼机构

3. 运动分析

扑翼机构尺寸设定后，还需对其进行运动分析，了解翅膀的运动速度和加速度变化情况。

图8-20b所示扑翼机构的身体坐标系为 Ox_1y_1，各构件角度位置也是参照该坐标系设定的，但利用该坐标系解题有些麻烦。将该坐标系旋转 φ_4 角度，得到新坐标系 Oxy，利用该坐标系列出位置方程要简便得多。

1）建立直角坐标系 Oxy，坐标原点通过 O 点，x 轴沿机架 OC 方向。

2）连架杆矢量外指（分别指向与连杆连接处的铰链中心），余者任意确定。封闭环矢量方程为

$$\boldsymbol{L}_1+\boldsymbol{L}_2-\boldsymbol{L}_3-\boldsymbol{L}_4=0$$

3）列各矢量的投影方程。注意各矢量与 x 轴的夹角以逆时针方向为正。

$$l_1\cos(\varphi_1-\varphi_4)+l_2\cos(\varphi_2-\varphi_4)-l_3\cos(\varphi_3-\varphi_4)-l_4\cos\varphi_4=0$$
$$l_1\sin(\varphi_1-\varphi_4)+l_2\sin(\varphi_2-\varphi_4)-l_3\sin(\varphi_3-\varphi_4)+l_4\sin\varphi_4=0$$

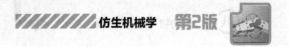

该位置方程为非线性方程组，可用牛顿法解出构件 2、3 的角位移 φ_2、φ_3。

4）将位移方程对时间求导数，可得到速度方程。

两边求导并整理后：

$$-l_2\omega_2\sin(\varphi_2-\varphi_4)+l_3\omega_3\sin(\varphi_3-\varphi_4)=l_1\omega_1\sin(\varphi_1-\varphi_4)$$
$$l_2\omega_2\cos(\varphi_2-\varphi_4)-l_3\omega_3\cos(\varphi_3-\varphi_4)=-l_1\omega_1\cos(\varphi_1-\varphi_4)$$

写成矩阵方程：

$$\begin{pmatrix}-l_2\sin(\varphi_2-\varphi_4) & l_3\sin(\varphi_3-\varphi_4)\\ l_2\cos(\varphi_2-\varphi_4) & -l_3\cos(\varphi_3-\varphi_4)\end{pmatrix}\begin{pmatrix}\omega_2\\ \omega_3\end{pmatrix}=\begin{pmatrix}l_1\omega_1\sin(\varphi_1-\varphi_4)\\ -l_1\omega_1\cos(\varphi_1-\varphi_4)\end{pmatrix}$$

此方程为线性方程组，可用消元法求解出构件 2、3 的角速度 ω_2、ω_3。

5）将速度方程再对时间求一次导数，可得加速度方程。

$$\begin{pmatrix}-l_2\sin(\varphi_2-\varphi_4) & l_3\sin(\varphi_3-\varphi_4)\\ l_2\cos(\varphi_2-\varphi_4) & -l_3\cos(\varphi_3-\varphi_4)\end{pmatrix}\begin{pmatrix}\alpha_2\\ \alpha_3\end{pmatrix}=-\begin{pmatrix}-l_2\omega_2\cos(\varphi_2-\varphi_4) & l_3\omega_3\cos(\varphi_3-\varphi_4)\\ -l_3\omega_2\sin(\varphi_2-\varphi_4) & l_3\omega_3\sin(\varphi_3-\varphi_4)\end{pmatrix}\begin{pmatrix}\omega_2\\ \omega_3\end{pmatrix}+\begin{pmatrix}l_1\omega_1^2\cos(\varphi_1-\varphi_4)\\ l_1\omega_1^2\sin(\varphi_1-\varphi_4)\end{pmatrix}$$

此为线性方程组，可求解出构件 2、3 的角加速度 α_2、α_3。

常见的连杆式扑翼机构经常采用曲柄摇杆机构，曲柄为主动件，摇杆作为扑翼。如图 8-22 所示。该类机构采用两套相同的曲柄摇杆机构并联，即一个曲柄驱动两个摆杆。自由度计算如下：

$$F=3n-2P_L-P_H=3\times5-2\times7=1$$

给定一个曲柄主动件，可产生确定的运动。图 8-22 给出了三个不同位置的机构。对于小型扑翼机构，还可以对该机构进行创新设计，扑翼杆件采用弹性材料制造，取消机械铰链，采用弹性铰链，设计简图如图 8-23 所示。

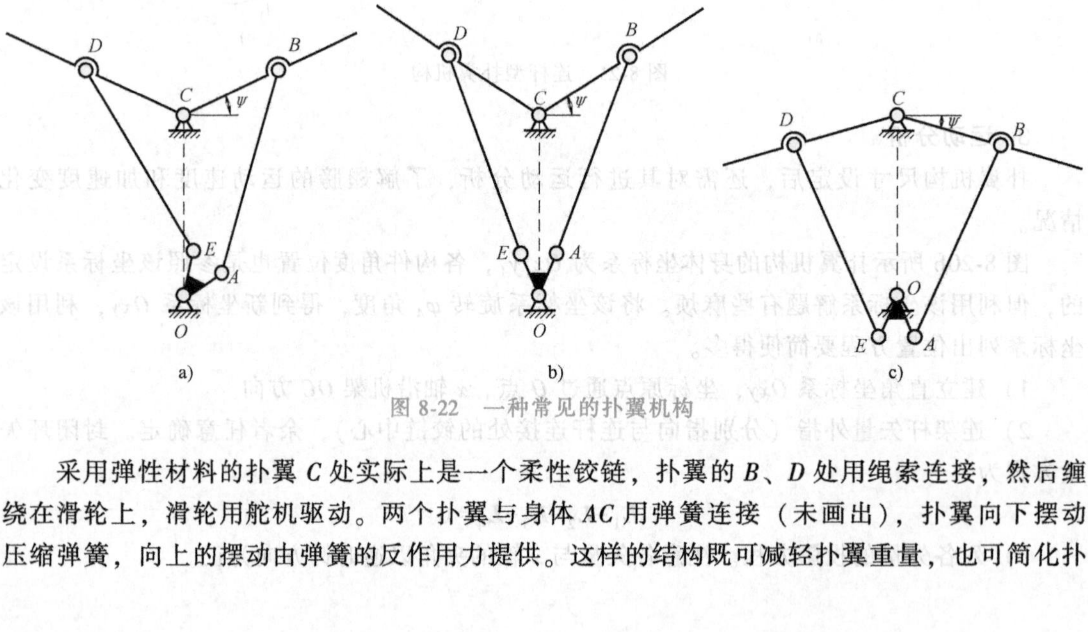

图 8-22 一种常见的扑翼机构

采用弹性材料的扑翼 C 处实际上是一个柔性铰链，扑翼的 B、D 处用绳索连接，然后缠绕在滑轮上，滑轮用舵机驱动。两个扑翼与身体 AC 用弹簧连接（未画出），扑翼向下摆动压缩弹簧，向上的摆动由弹簧的反作用力提供。这样的结构既可减轻扑翼重量，也可简化扑翼结构。

柔性机构的出现，给设计与制造小型扑翼机构提供了良好的前景。

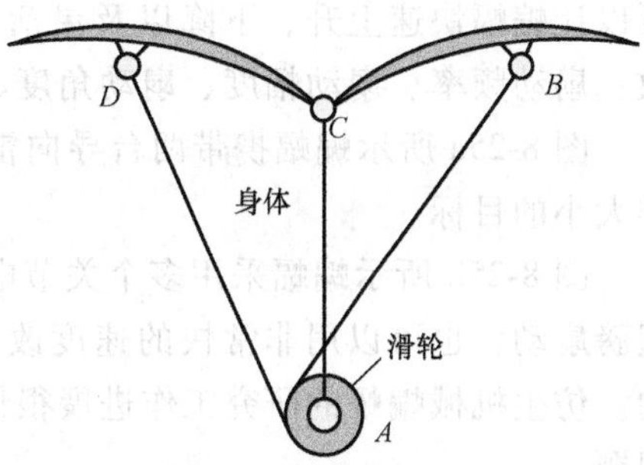

图 8-23 弹性扑翼机构

三、扑翼机构的应用

人类对扑翼机构的研究有悠久的历史，中国春秋时期就有人试图制造能飞的木鸟；15 世纪意大利的达·芬奇绘制过扑翼机的草图；1930 年，一架意大利的扑翼机模型进行过试飞。此后出现过多种扑翼机的设计方案，但由于控制、材料和结构方面的问题一直未能解决，扑翼机仍停留在模型制作和设想阶段。2013 年，科学家研制出了一款既能够模拟鸟类飞行，也能够极逼真地扑动翅膀的机器鸟，称之为 Smart Bird。该仿生鸟类飞行器可以像真正的鸟儿一样起飞降落。扑翼机设计中最困难的就是机翼。目前，其运动规律还没有空气动力学方面的理论指导，一切都要靠实践和实验进行探索。已经能够制造出的接近实用的扑翼飞行器，从原理上可以分为仿鸟扑翼机和仿昆虫扑翼机，以微小型无人扑翼机为主，也有大型载人扑翼机试飞。仿鸟扑翼机的扑翼频率低，翼面积大，类似鸟类飞行，制造相对容易；仿昆虫扑翼机的扑翼频率高，翼面积小，制造难度高，但可以方便地实现悬停。现代扑翼虽然已经能够实现较好的飞行与控制，但距实用仍有一定差距，仍无法广泛应用，只能用在一些有特殊要求的任务中，如城市反恐中的狭小空间侦查。现代扑翼机需要解决的主要问题是气动效率低、动力及机构要求高、材料要求高、有效载荷小。由于如今仍无法完全了解扑翼扑动过程中的空气动力学模型，也没有完善的分析方法可以用于扑翼气动力计算，相关研究主要依赖于实验。所以，扑翼机构的研究工作还处于发展过程中。

图 8-24 所示为比较成熟的扑翼飞行机械。图 8-24a 所示为仿生机器蜻蜓，图 8-24b 所示为扑翼仿生鸟。

目前，从仿生机械学的观点出发，扑翼仿生鸟的设计最大难点是起飞与降落问题，即鸟类翅膀的扑动和腿部运动协调以及传感系统与控制系统的协调问题。目前，仿生机械鸟还不能降落在茂密的树丛或复杂的地貌环境中。

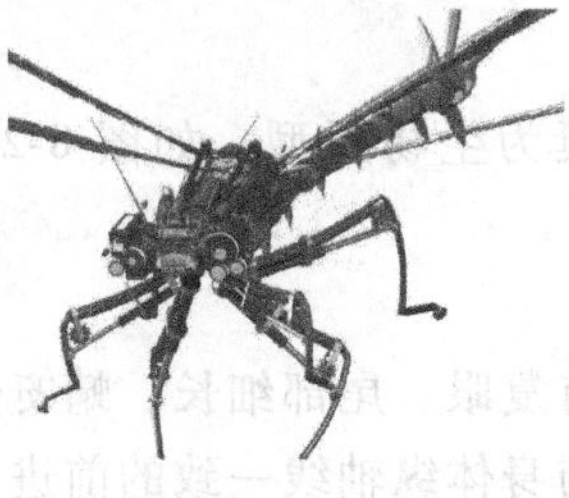

a)

b)

图 8-24 比较成熟的扑翼飞行机械

a）仿生机器蜻蜓 b）扑翼仿生鸟

蝙蝠的飞行也是扑翼飞行，但其翅膀结构非常复杂。研究人员揭开了蝙蝠飞行的四个要素：特殊结构的韧带、具有弹性的皮肤、肌肉的支承和灵活的骨骼。具备了这几个要素，就可以让蝙蝠快速上升、下降以及灵活地自由飞行。研究人员为机械蝙蝠设定了五个基本参数：扇动频率、扇动幅度、扇动角度、不同的冲程时间及冲程的种类。

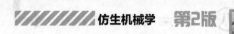

图 8-25a 所示蝙蝠携带两台导向雷达，翅膀里装有机械传感器，能探测到周围像苍蝇一样大小的目标。

图 8-25b 所示蝙蝠采用多个关节电动机驱动硅弹性体的柔性膜，可以逼真地模仿蝙蝠的翅膀扇动，也可以用非常快的速度改变飞行的高度和方向。其骨骼是由一种弹性材料制成的。仿生机械蝙蝠的研究工作进展很快，但与仿生机械鸟类的研究一样，目前不能解决降落问题。

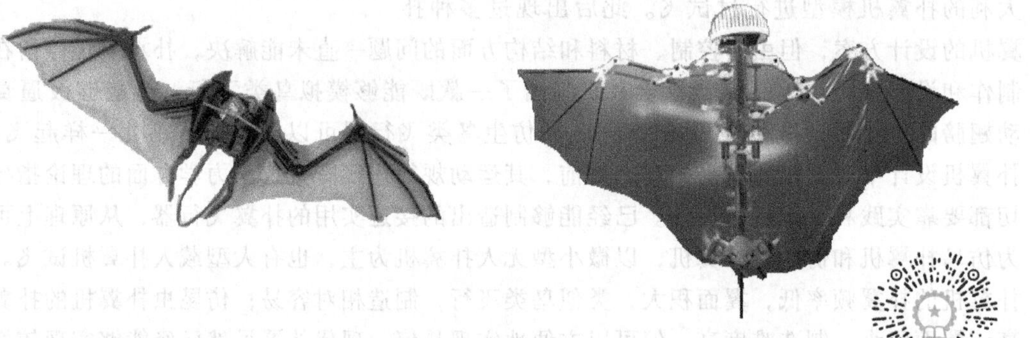

图 8-25　仿生机械蝙蝠

第五节　飞行机器人的仿生设计示例

一、关节型仿生飞行机器人的设计

以四个翅膀的仿生机器蜻蜓的设计为例说明。

蜻蜓是一种古老的生物，分布广、种类多。蜻蜓翅膀有翅结和翅痣两个特殊结构，使其成为自然界中优秀的飞行者，飞得高且快，可急转弯、可倒退飞行、可在空中悬停、可以在飞行过程中捕食。因此研究蜻蜓的仿生设计有很大的现实意义。

1. 蜻蜓的生物原型

由于蜻蜓种类很多，体型与形态差别很大，首先选择大蜻蜓为生物原型，如图 8-26a 所示。

2. 蜻蜓的生物模型

蜻蜓有两对翅膀，分布在胸的两侧，有六条腿，头上两侧长有复眼，尾部细长。蜻蜓翅膀的上下振翅可产生举升力，翅膀绕翅根轴线的扭转运动可产生与身体纵轴线一致的前进力或倒退力。蜻蜓在空中飞行时翅膀会受到水平力、垂直力、扭矩、弯矩作用的影响，因此翅膀的运动设计就显得十分重要。蜻蜓的生物模型可采用关节型和连杆机构型两种。关节型生物模型如图 8-26b 所示。

其中，转动副 R_1 实现翅膀的扭翅运动，用于前进、倒退、拐弯或悬停等运动。R_2 提供升力，实现上升与下降运动。R_1 与 R_2 的配合可实现蜻蜓的复杂飞行动作。

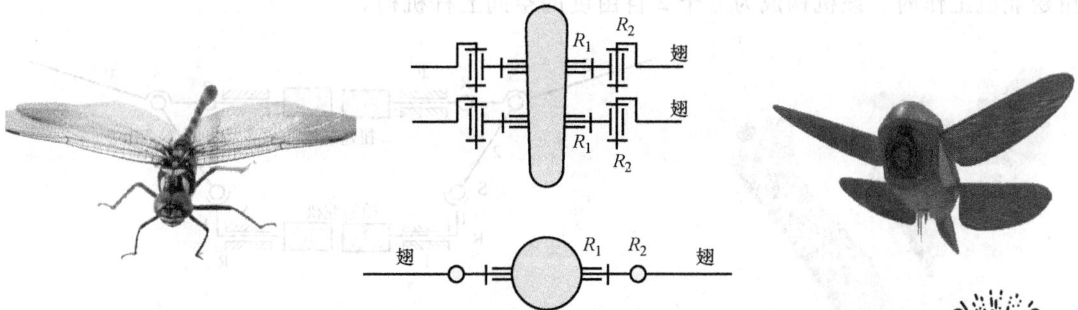

a) b) c)

图 8-26 蜻蜓的仿生设计

a）蜻蜓的生物原型 b）蜻蜓的生物模型 c）蜻蜓的实物样机

3. 蜻蜓的实物样机

如前述，仿生机械的生物模型和实物样机都具有多值性，本案例样机采用结构较简单的实物样机，如图 8-26c 所示。每个翅膀采用两个舵机，两对翅膀共 8 个舵机，可实现蜻蜓的各种运动形式。

如果采用齿轮机构和连杆机构的组合控制翅膀的运动，可参考德国 FESTO 公司研制的机器蜻蜓。该蜻蜓由于结构复杂，故其尺寸与体积较大。

二、连杆机构型仿生飞行机器人的设计

以两个翅膀的仿生机器翠鸟为例说明设计过程。

翠鸟是一种小型鸟类，喜欢生活在水边，可入水捕捉食物。翠鸟飞行灵活，可在空中实现悬停飞行。

1. 翠鸟的生物原型

翠鸟的生物原型如图 8-27a 所示，其骨骼结构与前述鸟类基本相同。

2. 翠鸟的生物模型

翠鸟的生物模型如图 8-27b 所示，翅根处配有扭翅舵机，用于控制翅膀的扭转角，实现各种飞行动作。扭翅舵机静止时，翅根处的转动副相当于和机架相连接，扇动机构则为单自由度的 RSSR 空间四杆机构，结构简单、经济实用，可实现其功能。该机构的自由度计算如下：

由空间连杆机构自由度计算公式：

$$F=6n-\sum iP_{\mathrm{i}}$$

该机构中，$n=3$，转动副 2 个，即 2 个 V 类副；球面副 2 个，即Ⅲ类副 2 个。则：

$$F=3\times6-(5\times2+3\times2)=2$$

实际上该机构只有 1 个自由度，出现自由度为 2 的情况是因为构件 2 绕自身轴线转动的自由度对机构运动没有影响，应视为冗余自由度除去。则：

$$F=3\times6-(5\times2+3\times2)-1=1$$

该机构是个变胞机构：扭翅舵机不工作时，该机构为单自由度的 RSSR 四杆空间机构；

扭翅舵机工作时，该机构成为一个 2 自由度的空间五杆机构。

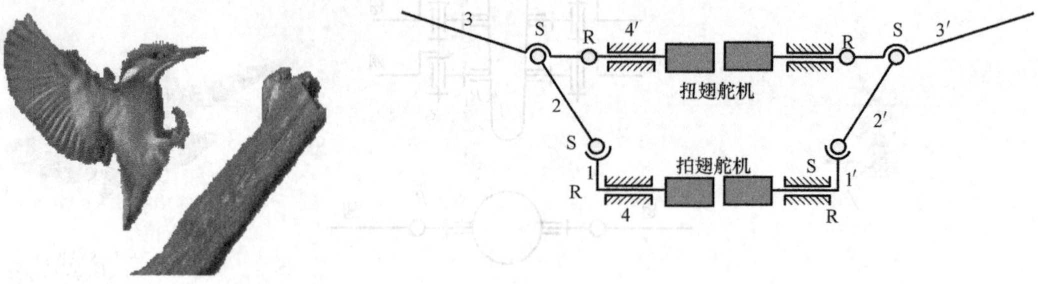

a)　　b)

图 8-27　翠鸟的仿生设计

a）翠鸟的生物原型　b）翠鸟的生物模型

3. 翠鸟的样机模型

由 RSSR 空间四杆机构组成的翅膀机构结构化设计比较简单，两个翅膀可用四个舵机控制其飞行动作。翠鸟的实物模型如图 8-28 所示。其中图 8-28a 所示为翅膀根部的机构放大图，图 8-28b 所示为翠鸟模型的整体实物图。

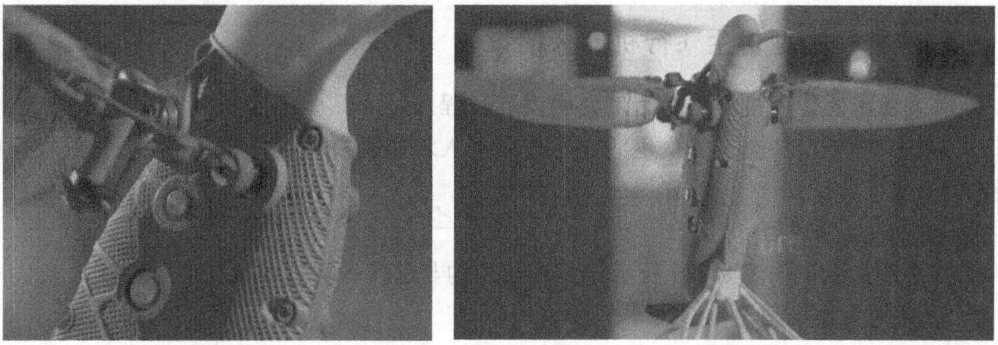

a)　　b)

图 8-28　翠鸟的实物模型

a）翅膀根部机构放大图　b）翠鸟模型整体实物图

三、连杆机构型仿生蝙蝠机器人的设计

蝙蝠是哺乳动物，是能够真正飞行的哺乳动物。蝙蝠除具有哺乳动物的特点外，还有一系列适应飞行的形态特征，在夜间具有很强的飞行能力，依靠口中发射超声波和耳朵接收超声波的回波实现捕食定位和避障定位。

蝙蝠前肢骨骼有较大的变化，如图 8-29 所示。肱骨显著短于桡骨（前臂骨），尺骨退化。除第一指不特别延长，末端有爪，其余掌骨和指骨均特别延长。各掌、指骨间生有皮膜，向后一直与后肢和尾部相连。连接各指间的皮膜称翼膜，前肢肱骨和后肢间皮膜称侧膜，前肢肱骨和前臂骨的皮膜称前翼膜，连接左右后肢和尾部的称股间膜。由于蝙蝠在夜间具有高超飞行技能，所以引起了仿生研究人员的注意，德国的 FESTO 公司和美国的加州理工学院都研制出了形象逼真、飞行技巧高超的蝙蝠机器人。

图 8-29 蝙蝠的生物原型及骨骼

a）蝙蝠生物原型 b）蝙蝠生物原型骨骼

1. 蝙蝠的生物原型

蝙蝠的生物原型如图 8-29a、b 所示。翅膀是由哺乳动物的前肢进化而来，只不过是前肢骨的比例发生了变化，更加适应飞翔动作。

2. 蝙蝠的生物模型

任何动物的生物原型转化为生物模型后，都具有多值性。只要能满足蝙蝠的飞行要求和其他性能指标都可以作为生物模型。图 8-30 所示为一种比较简单的蝙蝠生物模型。

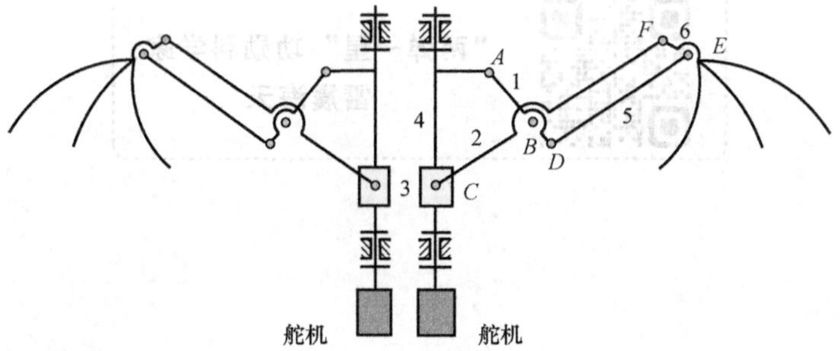

图 8-30 蝙蝠的生物模型

由于翅膀具有对称性，在计算机构自由度时仅考虑一个翅膀即可。该机构是一个变胞机构。扑翼飞行时，整个平面机构绕轴 4 摆动，做特殊飞行时，安装在曲柄 *AB* 的舵机驱动翅膀机构 *ABCDEF* 运动。该机构主体是平面机构，但可实现空间运动。

不计翅膀绕轴 4 的转动，该平面机构的自由度计算如下：

$$n=5,\ P_L=7$$

$$F=3n-2P_L-P_h=3\times5-2\times7-0=1$$

3. 蝙蝠的生物样机

图 8-31a 所示为美国加州理工学院研制的蝙蝠生物样机，翅膀采用软膜覆盖。图 8-31b 所示为德国 FESTO 公司研制的另一种蝙蝠生物模型对应的生物样机。

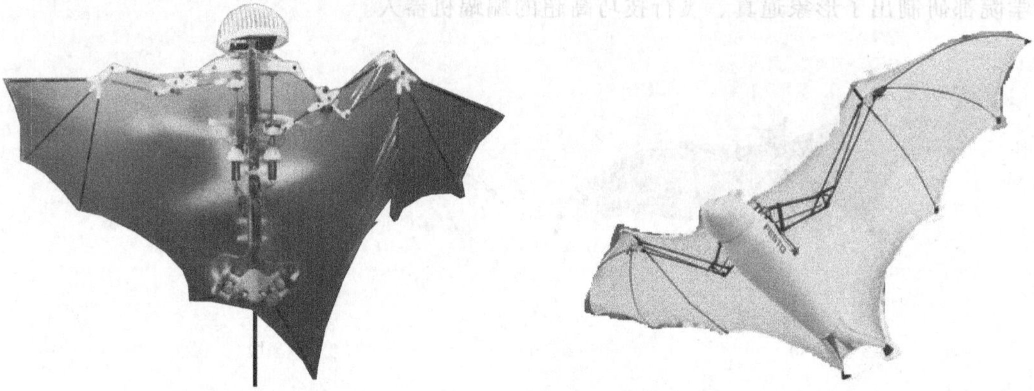

a) b)

图 8-31 蝙蝠的生物样机

a）蝙蝠生物样机一 b）蝙蝠生物样机二

科学家精神

“两弹一星”功勋科学家：

雷震海天

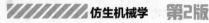

第九章

Chapter

仿动物水中游动的机械及其设计

第一节 水中游动的动物概述

一、游动类型

水中游动的动物种类很多，本章仅涉及鱼类、鲸豚类的哺乳动物以及水母类的腔肠动物，不涉及两栖动物和水中微生物等其他水中游动的动物。

1. 鱼类

在脊椎动物中，鱼的种类和数量是最多的，现存的鱼类有 2 万多种。鱼的身体呈梭形，体表有鳞片，能分泌黏液，减小运动时的阻力；身体两侧各有一条明显的线称为侧线，能感知水流、测定方向，是感觉器官。鱼类能游泳，主要是靠身体两侧肌肉的收缩和鱼鳍摆动的协调产生推力。以图 9-1a 所示鲫鱼为例，鱼鳍分为胸鳍、腹鳍、背鳍、臀鳍和尾鳍；每条鱼都有两个胸鳍和两个腹鳍，对称地长在身体两侧，主要用来控制方向和制动。而背鳍、臀鳍和尾鳍都只有一个，用来保持身体的平衡。尾鳍左右摆动，推动鱼体前进。若失去尾鳍，鱼类将很难在水中游动。鱼游泳时左右摆动身体，拉紧体侧肌肉做 S 形运动，向后拨水使身体向前运动。不同的鱼，鳍有很大的不同，有的鱼有两个背鳍，如图 9-2a 所示的金枪鱼；个别鱼有三个背鳍；有的背鳍发达，如图 9-1d 所示的带鱼；有的鱼臀鳍发达，如图 9-1c 所示的乌鱼。进行鱼类的仿生设计时，应仔细观察、分析鱼鳍的大小与形状。

鱼的身体呈流线型，中间大两头小，表面覆盖的鳞片保护身体。鳞片表面有一层黏液，游泳时可以减小水的阻力；身体两侧的侧线和神经相连，主要是测定方向和感知水流的作用。鱼的身体内有鳔，主要作用是调节身体的比重，鳔在鳍的协同下，可以使鱼停留在不同的水层里。

2. 鲸豚类

鲸、海豚等哺乳动物是水生动物，但不属于鱼类，和鱼的游泳姿势也不相同。图 9-1b 所示的海豚，仅有背鳍一个、前鳍一对、尾鳍一个，臀鳍已经退化。尾鳍与其轴面垂直，上

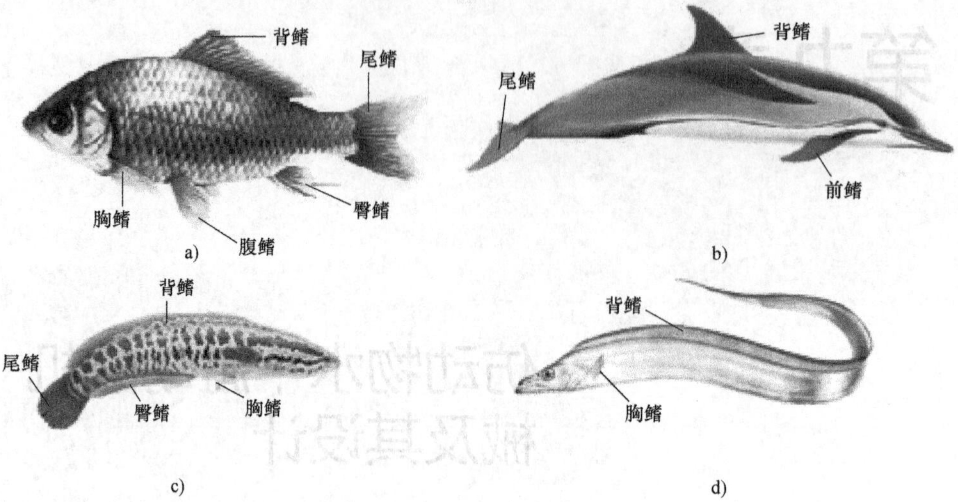

图 9-1 鳍及其作用

a）鲫鱼 b）海豚 c）乌鱼 d）带鱼

下摆动，身体可实现直线游动。其他鳍的功能与鱼类相同。

3. 水母类

水母身体外形像一把透明的伞，伞状体直径有大有小。普通水母的伞状体不很大，直径只有 20~30cm，而大水母的伞状体直径可达 2m。从伞状体边缘长出一些须状条带，这种条带称为触手，触手有的可长达 20~30m，相当于一条大鲸的长度。浮动在水中的水母，向四周伸出长长的触手，有些水母的伞状体还带有各色花纹。在蓝色的海洋里，这些游动着的色彩各异的水母显得非常美丽。图 9-2b 所示为两种典型的水母。

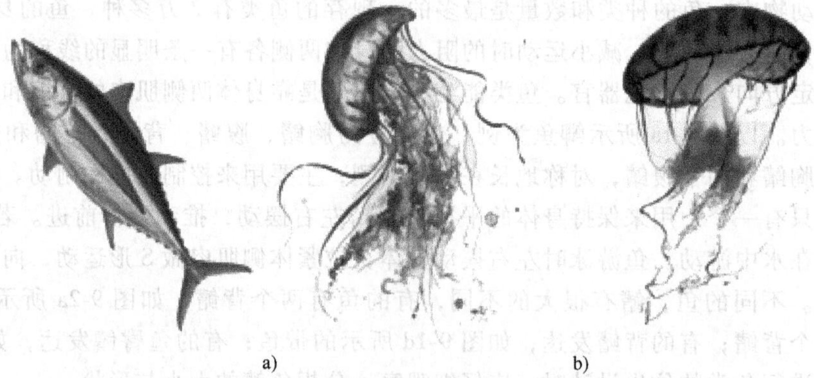

图 9-2 金枪鱼与水母

a）金枪鱼 b）水母

水母钟状身体下面有一些特殊的肌肉能扩张，然后迅速收缩，把身体内的水快速排出体外。或者说，水母通过收缩外壳挤压内腔的方式，改变内腔体积，喷出腔内的水，通过喷水推进的方式进行移动。水母表皮中从顶端延伸到伞体末端的肌肉纤维控制着内腔的收缩和扩张。内腔扩张，水流慢慢吸入，充满内腔；内腔迅速收缩，将水流挤出腔体，水流喷出产生的推力使水母沿身体轴向的方向运动。

水母试图在水中下沉时，触手伸展且向上，呈长线状；意图上升或向某一方向运动时，触手远端逆运动方向弯曲。水母借助触手，可以有效地改变运动方向。

一些水母的钟状身体内有一种特别的腺，可以产生一氧化碳，使钟状身体膨胀。而当水母遇到敌害或者在遇到大风暴的时候，就会自动将气放掉，沉入海底。海面平静后，它只需几分钟就可以产生出气体让自己膨胀并漂浮起来。另外，一些水母伞体顶部有气囊，这些水母控制各个气囊里的充气量，也能改变水母的运动方向。水母并不擅长游泳，它们常要借助风、浪和水流来移动。

二、游动方式

水中动物按照游动方式，可分为三大类：以身体摆动为主的推进式游动、以尾鳍摆动为主的推进式游动和喷射推进式游动。

1. 以身体摆动为主的推进式游动

利用体侧肌肉收缩为动力产生波浪运动，在黄鳝、鳗鲡等长形鱼体上表现得很明显。黄鳝、鳗鲡体呈圆筒状，体侧肌肉的分布前后比较一致。因此，运动中整个躯体都是动力装置。当运动开始时，身体前端一侧肌肉先收缩，并逐次加大传递到尾端，继而另一侧的肌肉也产生同样的收缩过程。两侧肌肉一张一弛交替活动，整个身体便形成了波浪式摆动，鱼体的水平移动距离也不断加大。由于肌肉收缩的力是沿着躯体的一侧，从前向后通过一个个肌节不断积累增加，越到体后收缩力就越大。身体越长，波浪式运动表现得越明显。头部在运动中保持着相对稳定，很少左右摆动。有着长形身体的黄鳝，尾鳍已退化成很少的皮折状。海鳗身体前半段是圆的，后半段是侧扁的，这有助于游泳；带鱼整个身体几乎完全是侧扁的，所以游泳能力很强；两侧推力由于方向相反而相互抵消，而向前的推力使鱼体前进。鱼类的奇鳍和偶鳍在游泳中起稳定身体、避免滚翻和前后颠簸的作用。

2. 以尾鳍的摆动为主的推进式游动

鱼类利用尾鳍的摆动为动力产生推进运动，其动力也来源于肌肉，只不过仅限于鳍基的局部肌肉。采用身体和尾鳍推进式游动的鱼类主要通过身体的波动和尾鳍的往复摆动产生推进力，其瞬时游动的加速性能好，游动的巡航能力强。

很多鱼都有发达的胸鳍和腹鳍，但主要用于稳定身体和控制方向，很少用于高速运动，特殊情况见于体型平扁的鳐类和魟类，它们的胸鳍和躯体合成体盘，如图 9-3a 所示。胸鳍上下扇动成波浪形运动可使身体前进。但一些长形的鱼类，如带鱼的背鳍、电鳗的臀鳍、海鳗的背鳍和臀鳍都很长，当急速前进时，它们和整个躯体的波动一致，推动鱼体缓慢游动时，则靠单独波动来推动身体。一些体型短小的鱼类，如图 9-3b 所示的比目鱼，也通过长形的背鳍与臀鳍前后波动帮助鱼体徐徐前进，而图 9-3c 所示的海马体型特殊，运动能力弱，主要以细小的背鳍起推动作用。

就广义而言，鳍是游动及平衡的器官；若以狭义的解释，则各种鳍的用处均不相同。如中央鳍的作用是平衡鱼体，防止头尾左右摆动和左右滚动；又如伸展胸鳍，利用水的阻力可使游动的鱼体停止前进，若是只伸展一面的胸鳍，遇到阻力后，鱼体便会改变方向，游向伸展胸鳍的一方。

腹鳍也能像胸鳍一样控制鱼的身体停止前进，胸鳍和腹鳍还能稳定鱼的身体。如改变胸

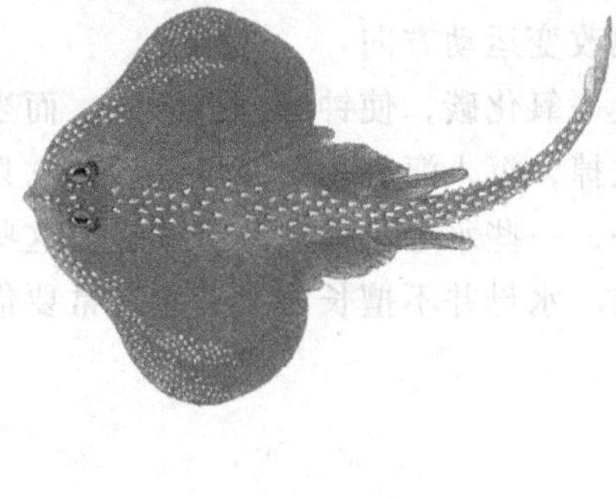

a)

b)

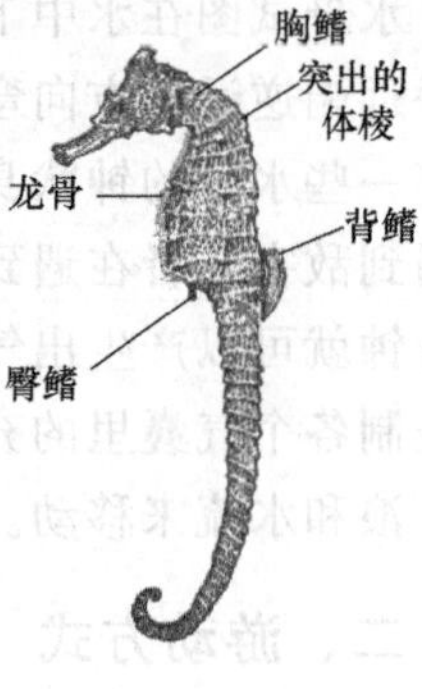

c)

图 9-3 鳐鱼比目鱼与海马

a）鳐鱼 b）比目鱼 c）海马

鳍和水平线的角度，则能浮沉。鱼的尾鳍是最主要的推进器官，可使其平稳地向前移动。

大部分鱼类采用这两种推进模式。

3. 喷射推进式游动

喷射推进式游动是指身体内有可以向外喷射水流的孔，高速喷射水流产生的反作用力推动身体向喷射水流的反方向运动，如同喷气飞机的运动一样。典型的喷射推进式游动动物是水母和墨鱼等。

图 9-2b 所示的水母钟状身体有一些特殊的肌肉能扩张，然后迅速收缩，把身体内的水排出体外，通过喷射水流推动身体前进，水母便能向相反的方向游动。一些水母有一层能够收缩钟状体的皮层，实现吸水与喷水，使水母能够快速移动。钟状体的边缘有一排圆形的小囊，当水母向一方过度倾斜时，这些囊就会刺激神经末梢来收缩肌肉，并把水母转到正确的方向上去。

第二节 游动机理分析

鱼类依靠身体的波动和鳍的摆动实现各种运动，现在从流体力学原理分析它们的游动机理。

一、卡门涡街现象

在一定条件下，黏性流体绕过某些物体时，两侧后面开始有剥离趋势并形成局部低压力区，一侧低压力区与周围流体的压力差沿法向作用在该侧绕流上，形成向心加速度，使绕流物体后的流体有了成涡条件。物体两侧后出现周期性、旋转方向相反、排列规则的双列线涡。流体以适当的速度绕过物体，其中一侧的旋涡顺时针方向转动，另一旋涡则反方向旋转，这两排旋涡相互交错排列。开始时，这两列旋涡分别保持自身的运动特性，接着它们互相干扰、互相吸引，而且干扰越来越大，形成非线性的所谓涡街，称为卡门涡街。卡门涡街的形成与雷诺数有关。雷诺数是惯性力和黏性力之比，雷诺数越大，流体流动中惯性力的作用所占的比重越大，黏性效应占的比重越小。雷诺数 Re 计算如下：

$$Re=\frac{\rho vL}{\mu}$$

式中，ρ 为流体密度；v 为前方来流的流速；μ 为流体运动黏性系数；L 为物体横向尺寸，如障碍物为球体，则为直径，若为飞机，则为机翼长度等。

雷诺数较小时，黏性力对流场的影响大于惯性力，流场中流速的扰动会因黏性力而衰减，流体流动稳定，为层流，如图 9-4a 所示；反之，雷诺数较大时，惯性力对流场的影响大于黏性力，流体流动较不稳定，流速的微小变化容易发展、增强，形成紊乱、不规则的湍流流场，如图 9-4b～e 所示。

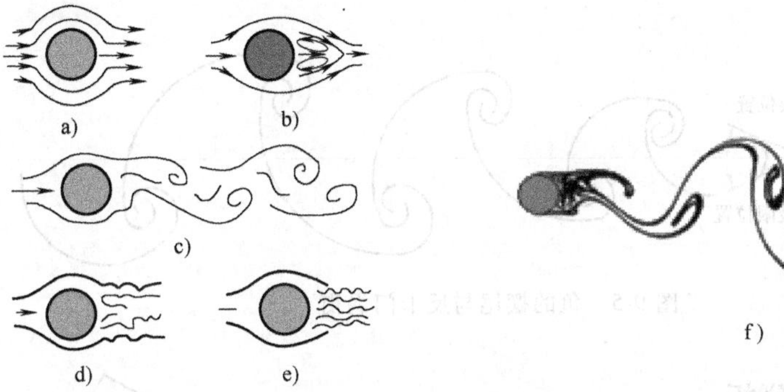

图 9-4 卡门涡街现象

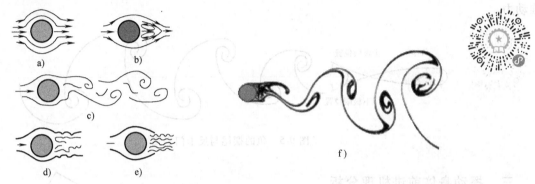

二维圆柱低速定常绕流的流型只与 Re 有关。在 $Re\leqslant 1$ 时，流场中的惯性力与黏性力相比居次要地位，圆柱上下游的流线前后对称，此 Re 范围的绕流称为斯托克斯区，如图 9-4a 所示；随着 Re 的增大，圆柱上下游的流线逐渐失去对称性。当 $Re>4$ 时，沿圆柱表面流动的流体在到达圆柱顶点附近时就离开了壁面，当 $Re=20$ 时，分离后的流体在圆柱下游形成一对固定不动的对称旋涡，涡内流体自成封闭回路而成为“死水区”，如图 9-4b 所示；随着 Re 的再增大，死水区逐渐拉长，圆柱前后流场的非对称性逐渐明显；在 $Re>40$ 以后，且 $Re=100$ 左右时，附着涡瓦解，圆柱下游流场不再是定常的，圆柱后缘上下两侧有涡旋周期性地轮流脱落，形成规则排列的卡门涡街，如图 9-4c 所示；在 $Re>300$ 以后，圆柱后的“涡街”逐渐失去规则性和周期性，如图 9-4d 所示。当 $Re>10^5\sim10^6$ 时，转换为湍流，如图 9-4e 所示。图 9-4f 所示为图 9-4c 所示卡门涡街的放大图。

卡门涡街是流体遇到障碍物时在障碍物后产生两道非对称排列的旋涡，各个旋涡和对面两个旋涡的中间点对齐，好像街道两旁排列的街灯一样，故称为涡街；另一方面，卡门涡街会使障碍物后方流体形成一个反向的流动，根据作用力与反作用力原理，障碍物自然就会受到一个与水流方向相反的力。

二、反卡门涡街

正常方向的卡门涡街内的旋涡会产生向前的水流，想要得到向后的水流是不是把旋转方向反一下就可以呢？答案是肯定的。鱼类正是通过不断摆动尾鳍在身后制造了“反卡门涡街”，使身后的水流向后，对自身施加向前的推进力。这就相当于给自己装了一个喷射装置，不断地向后喷水，以达到将自身向前推进的目的。

如图 9-5 所示，当尾鳍从极限位置向中间平衡位置摆动时，由于鱼尾在极限位置时的摆动速度为零，突然回摆时产生非常大的加速度，直接导致起动涡旋的形成。在鱼尾处于最大位移时产生的起动涡旋并没有马上就脱落，而是逐渐地集聚能量。鱼尾继续摆动时，鱼尾摆速越来越大，而其摆动加速度逐渐减小，到中间平衡位置时速度达到最大，而摆动加速度为零，此时的能量堆积最大，同时起动涡旋完全脱落。而当尾鳍摆过平衡位置向另一极限位置摆动时，并没有涡旋的形成，只是在尾鳍摆动的附近形成了一个剪切层。当其在到达另一个极限位置时又回摆，此时会产生另外一个起动涡旋，旋向表明这两个起动涡旋都是反卡门涡旋，对鱼的前进起推动作用。这样在一个周期内会在尾鳍的尾流中形成一对反卡门涡旋对。随着时间的推移，会在鱼尾的后方形成明显的反卡门涡街，涡状喷射水流产生使鱼体前进的推动力。

图 9-5　鱼的摆尾与反卡门涡街

三、摆动身体前进机理分析

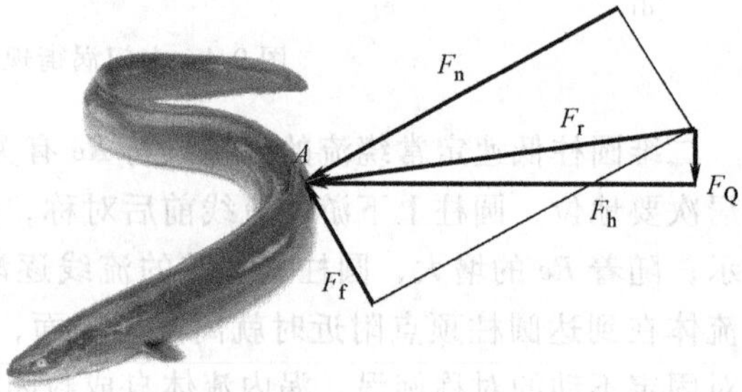

图 9-6　依靠身体摆动前进的机理

有些细长的鱼类，如鳗鱼、鳝鱼等，主要依靠身体的弯曲摆动推动水流运动，运动机理与蛇相似。如图 9-6 所示的鳗鱼，以弯曲点 A 处受力说明推进机理，该点的摩擦力为 F_f，法向正压力为 F_n，两者合力为 F_r。该合力可分解为作用在鱼体上的横向力 F_h 和前进推动力 F_Q；左右弯曲的横向力可以相互抵消，但左右弯曲产生的推进力却可以相加。鱼的肌肉产生的弯曲变形能转换为前进的动能，是此类鱼游动的主要动力。当然，这类鱼的尾部摆动也能产生部分前进的动力。由于产生推动力的大小不同，摆动身体游动速度要比摆尾游动速度慢。

四、鱼类游动的推动力

鱼类游动的推动力有三种：尾鳍摆动产生的尾涡作用推动力、摆动身体产生的惯性推动力和纺锤体型前缘的吸力。

1. 尾鳍摆动产生的尾涡作用推动力

该作用力是前述摆尾产生的反卡门涡街的喷射力。

2. 惯性推动力

当单位长度的一段鱼体左右摆动时，也带动了鱼体周围的一部分流体一起改变动量。因此，流体对鱼体的反作用力，除了由鱼体本身的动量变化引起的反作用力以外，还要考虑被带动的流体的这部分附加质量的动量变化引起的与鱼体表面正交的侧向力 F，如图 9-7 所示。这就是非定常流动中特有的附加质量效应。F 是一种惯性力，计算方法如下：

$$F=\frac{d(mv)}{dt}$$

式中，m 为被带动流体的附加质量；v 为横向摆动速度。

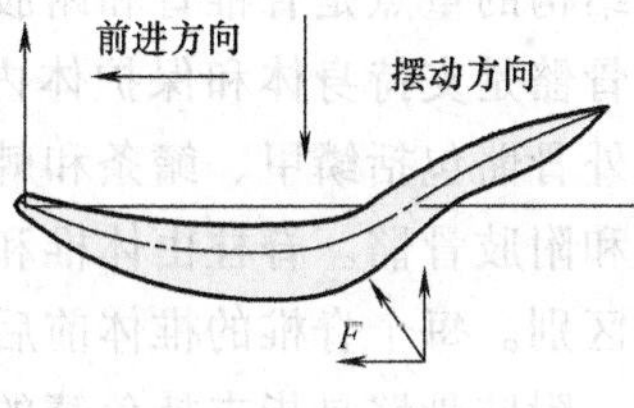

图 9-7 摆动鱼体产生的附加惯性力

3. 前缘吸力

当水流过鱼体上曲率很大的钝前缘和尾鳍前缘时，局部流速增大，形成低压区，产生前缘吸力，也构成一部分推力，占总推力的 10%左右。

鱼在游动时，真正的推动力是这三部分作用力之和。

第三节 仿生机械鱼的设计与分析

一、机构简图的设计

1. 鱼类的体型

鱼类在演化发展的过程中，由于生活方式和生活环境的差异，形成了多种多样的适应各种不同环境的体型，大致有如下四种。

（1）纺锤形 这种体型的鱼类头、尾稍尖，身体中段较粗大，其横断面呈椭圆形，侧视呈纺锤状，如草鱼、鲤鱼、鲫鱼等。这种体型的鱼类适于在静水或流水中快速游泳活动。图 9-8a 所示的锦鲤即为纺锤形体型。

（2）侧扁形 鱼体较短，两侧很扁而背腹轴高，侧视略呈菱形。这种体形的鱼类，通常适于在较平静或缓流的水体中活动，如鳊鱼、团头鲂等属此类型。图 9-8b 所示的鳊鱼为侧扁形体型。

（3）平扁形 这类鱼的形体特点是鱼体背腹平扁，左右轴明显地比背腹轴长。这种体型刚好和侧扁形相反，从前方看去鱼体像一条横线。图 9-8c 所示的鳐鱼为平扁形体型。这种鱼比较喜欢生活于水的底层。

（4）圆筒形 鱼体较长，其横断面呈圆形，侧视呈棍棒状，如鳗鲡、黄鳝等属此种类型。这种体型的鱼类多底栖，善穿洞或穴居生活。图 9-8d 所示的黄鳝即为圆筒形体型。

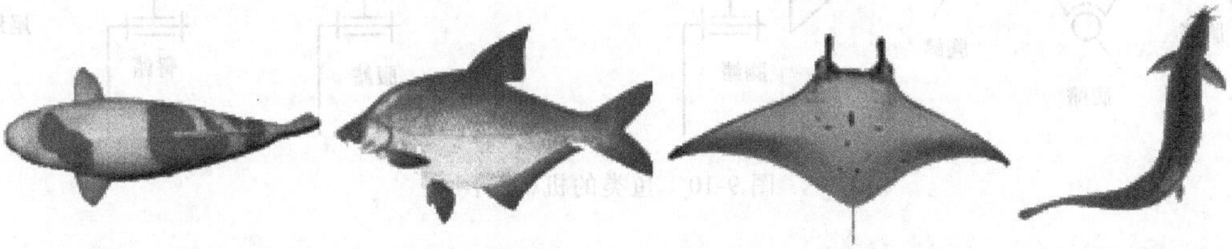
a) b) c) d)

图 9-8 鱼类的体形

a）纺锤形 b）侧扁形 c）平扁形 d）圆筒形

2. 鱼类骨骼结构与机构简图

尽管鱼类体型相差很大，但是它们的骨骼结构基本相似。从仿生学的观点看问题，鱼类骨骼结构的重点是脊椎骨和跗肢骨。

骨骼是支持身体和保护体内器官的组织，它和身体的运动有密切关系。骨骼有内外之分，外骨骼包括鳞甲、鳍条和棘刺等；内骨骼通常是指埋在肌肉里的骨骼部分，包括头骨、脊柱和附肢骨骼。脊柱由体椎和尾椎两种脊椎骨组成。体椎附有肋骨，尾椎无肋骨，两者很容易区别。每个脊椎的椎体前后两面都是凹形的，故称为双凹椎体，这是鱼类所特有的骨骼结构。附肢骨骼是指支持鱼鳍的骨骼。支持背鳍、臀鳍和尾鳍的骨骼是不成对的奇鳍骨骼；支持胸鳍和腹鳍的骨骼为成对的偶鳍骨骼。鱼类的偶鳍骨没有和脊柱连接，与其他陆生脊椎动物相比，显然又是一个特点。图 9-9 所示为鱼类的骨骼结构。不同种类的鱼，脊柱关节数相差很大，以硬质骨鱼为例，用 X 光透视照相法，对我国约 1023 种硬骨鱼类的脊椎骨数目进行了比较分析，结果表明我国硬骨鱼类脊椎骨数目为 21～188，共有 82 个不同的脊椎骨类型，中位数为 26。如鲤科，脊椎关节数为 30～52，均值约为 39。因此在进行机构简图设计时，考虑到结构简单和控制方便，骨关节数不要过多，一般要小于关节的中位数。

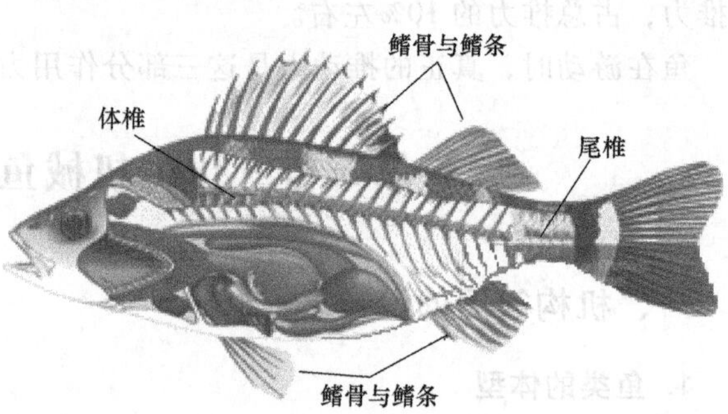

图 9-9　鱼类的骨骼结构

根据鱼类骨骼结构，可以很容易设计出其机构简图。

根据鱼类的结构特点，其机构简图的通用表达方式如图 9-10 所示；图中背鳍、臀鳍和尾鳍都是一个，而且是单自由度的转动构件，两个胸鳍和腹鳍都是 2 个自由度的运动副组合的构件，满足胸鳍和腹鳍向外和前后方向的划水动作。脊椎骨关节也用转动副代替，具体数量不能超过同类鱼脊椎骨的平均数。工程设计中，一般小于 10 个。采用 3~6 个骨关节的居多。

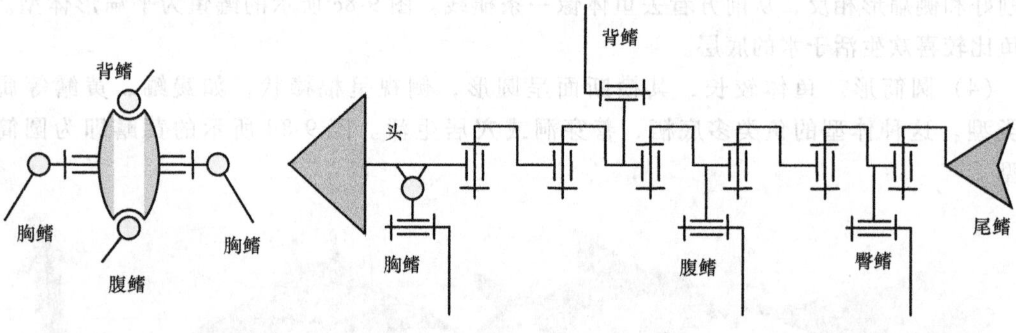

图 9-10　鱼类的机构简图

该机构简图具有通用性，可以根据鱼的种类增减脊椎骨关节数量，也可以自行设置背鳍、腹鳍和臀鳍的位置与数量。但胸鳍一般均在鱼鳃之后的附近位置。机器鱼的动力一般采用舵机驱动，每个关节安装一个舵机；通过对舵机的控制，实现仿生机器鱼的游动。根据该机构简图设计的仿生机器鱼可以实现依靠尾鳍摆动快速推进，也可以通过摆动身体快速推进，还可以通过摆动胸鳍慢速游动。身体的平衡可通过对背鳍、腹鳍和臀鳍舵机进行控制来实现。

鲸类、海豚类动物的脊椎骨与鱼类有些差别，但基本组成很相近。如图 9-11 所示为海豚的骨骼结构。

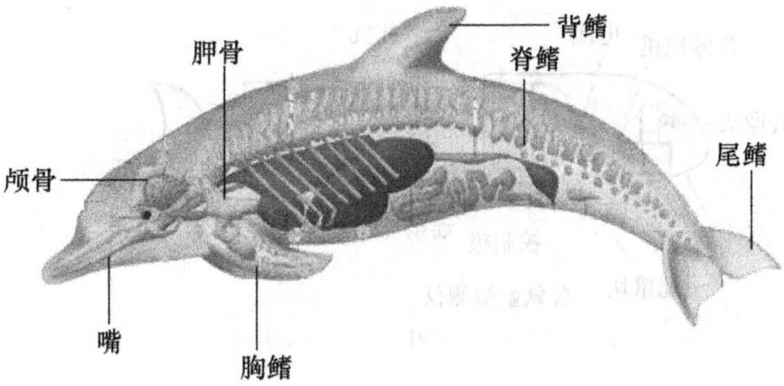

图 9-11 海豚的骨骼结构

对应的通用机构简图如图 9-12 所示。鲸类、海豚类的动物游动姿势与鱼类不同，主要差别是身体和尾鳍上下摆动，而鱼类尾鳍则是左右摆动。人类游泳姿势之一的蝶泳就是模仿海豚的游泳动作。

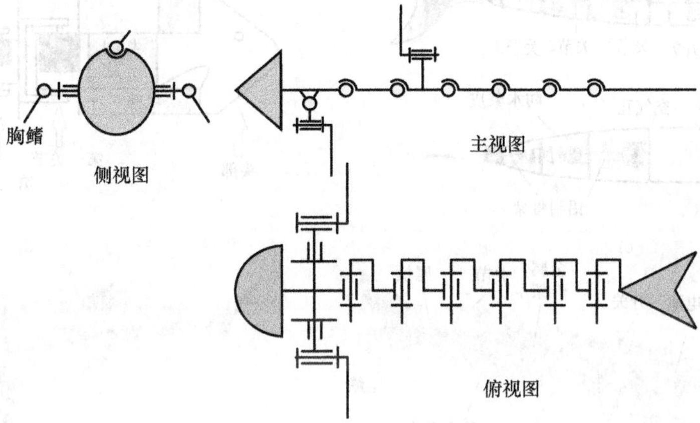

图 9-12 鲸类、海豚类通用机构简图

在进行机构简图的设计时，脊椎骨关节的选择也不要过多。

比较鱼类和海豚类动物骨骼结构的机构简图，只是脊椎骨关节转动副的布置相差 90°，因此它们的设计原理基本相同，但其运动方式却不相同。

二、总体设计

经过大量实验证明，鱼类游动时，身体摆动部分主要依靠身体的后三分之一的摆动，所以仿生机器鱼的骨关节一般少于六个关节，常少于四个关节。每个关节处安置一个舵机，头部安装电池、视觉传感器、控制电路，无线接收与发射装置等，外部包装减摩材料。总体设计原理图如图 9-13 所示。

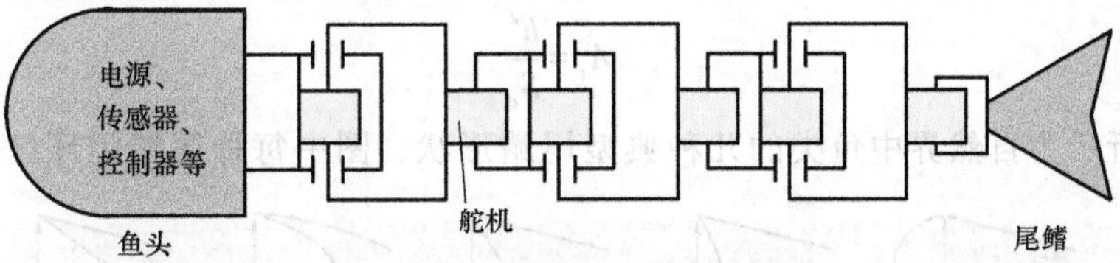

图 9-13 仿生鱼类的总体设计原理图

典型鱼类的结构大都大同小异，图 9-14 给出各类鱼的设计图，供设计时参考。通过图 9-14 所示各种仿生机器鱼的结构分析，发现其游动机构基本相同，但鳍的数量却相差很大。原因是大都省略了起平衡作用的背鳍、腹鳍和臀鳍，这是为了节省空间和减轻重量，仅保留

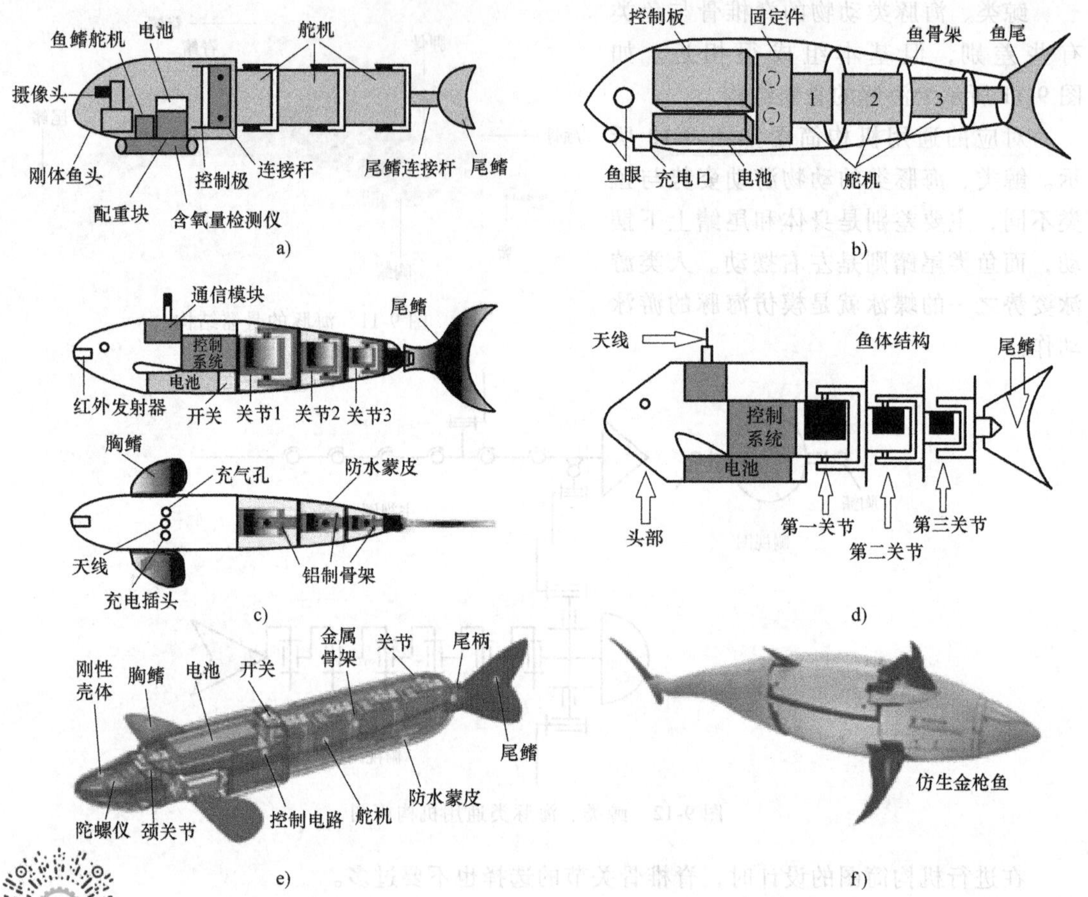

图 9-14 各种仿生机器鱼的结构

非常必要的胸鳍和尾鳍。但是形象逼真、性能良好的仿生机器鱼还是具有全部鱼鳍的。

三、鱼的摆尾游动方程

鱼的游动主要依靠身体和尾鳍的摆动，这里仅介绍摆动尾鳍游动的相关方程。

1. 尾鳍的展弦比 A_r

如图 9-15 所示，尾鳍的展弦比定义为尾鳍展长 b 的平方与尾鳍投影面积 S_c 的比值，即

$$A_r=\frac{b^2}{S_c}$$

图 9-15 所示为自然界中鱼类的几种典型尾鳍形状，图中每种尾鳍闭环区域的面积即为

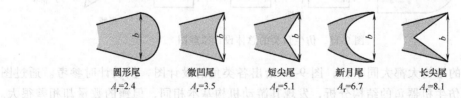

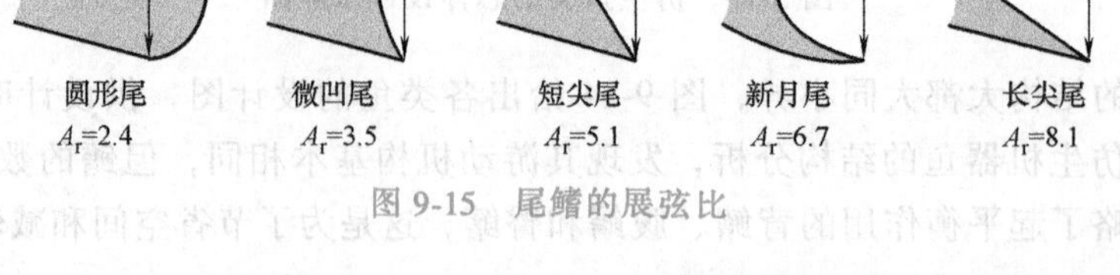

图 9-15 尾鳍的展弦比

投影面积 S_c，尾鳍竖直方向最大的高度即为展长 b。为了充分考察展弦比的不同对速度大小的影响，在尾鳍的展长 b 相等的前提下，列举了五种展弦比大小不同的尾鳍，展弦比大小的变动范围为 2.4~8.1。尾鳍展弦比越大，推进速度越快。

2. 尾鳍摆动推进力方程

1997 年，B. Ahlbom 通过一个由计算机控制的人工尾鳍推进装置实验研究得出鳍部的推力方程为

$$F=\frac{2}{\pi}k\rho hA^3f^2$$

式中，k 为液体的固有常数，对于水，$k=40$；ρ 为水密度；h 为尾鳍浸入水中的高度；A 为鱼鳍摆动幅度；f 为鱼鳍摆动频率。

增加尾鳍摆动的幅度和频率，可以增大鱼的游动推进力，从而增加鱼的推进速度。然而，尾鳍在高频率的大幅度摆动过程中，易造成尾翼材料的疲劳断裂，大大缩短了使用寿命。因此，单纯通过增加尾鳍摆动的幅度和频率来增加推进力是不可取的。

3. 鱼体的水中阻力方程

鱼在游动过程中受到的阻力主要有鱼体表面和水的摩擦力、鱼的形体阻力以及鱼鳍产生的涡流阻力。鱼体阻力很难计算，一般通过实验获取阻力数据。把一个与鱼体等价的长形物体在水中拖动，使长形物体与鱼体的雷诺数相同，这样鱼体在前进中受到的阻力等价于被拖动的物体在流体中受到的阻力。根据流体力学理论，流体中的细长体受到的阻力与流体密度成正比，与流体流动的速度的平方成正比，与过水面积成正比，即

$$F_r=\frac{1}{2}C_d\rho v^2S$$

式中，C_d 为流体阻力系数；ρ 为流体密度；v 为流体流动的速度；S 为过水面积。

4. 尾鳍摆动角速度

尾鳍摆动如图 9-16 所示。尾鳍近似按照正弦规律摆动，最大摆动幅角为 θ_{max}，摆动频率为 f。

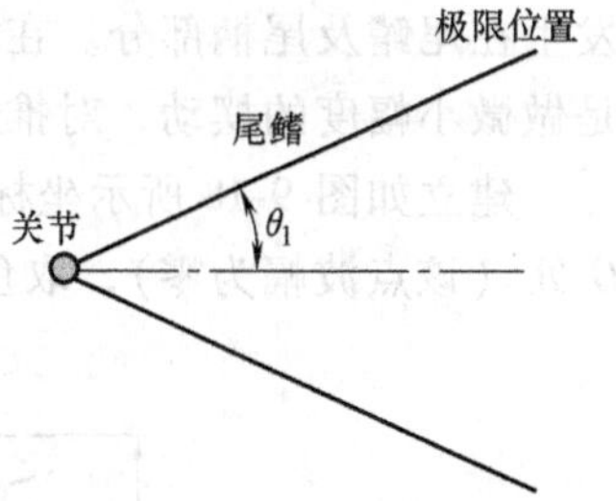

图 9-16 尾鳍摆动示意图

摆动角度为

$$\theta_1(t)=\theta_{max}\sin(2\pi ft)$$

摆动角速度为

$$\omega_1(t)=2\pi f\theta_{max}\cos(2\pi ft)$$

摆动角加速度为

$$\alpha_1(t)=-4\pi^2f^2\theta_{max}\sin(2\pi ft)$$

尾鳍在极限位置时，速度为零，加速度达到最大值；在中间位置时，速度最大，加速度为零。

5. 摆尾关节电动机转矩的设计

图 9-17 所示为鱼的两个视图，上面为主视图，下面为俯视图。在不考虑鱼的后三分之一体长摆动的情况下，仅考虑尾部摆动。设尾部摆动关节在 P 点，尾部质心为 G，质

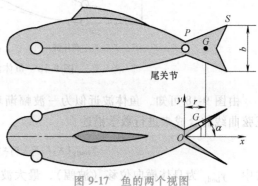

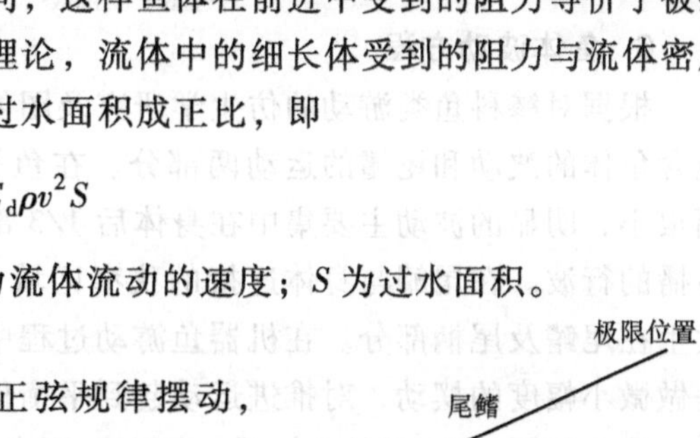

图 9-17 鱼的两个视图

心与关节中心距离为 r，尾部面积为 S，尾高为 b，摆角为 α，坐标系 Oxy 的原点位于尾部关节中心处。

质心的位移为

$$x_G = r\sin\alpha\sin(2\pi ft)$$

对时间求导数，可得质心速度

$$v_G = \frac{dx_G}{dt} = 2\pi fr\sin\alpha\cos(2\pi ft)$$

当 $\cos(2\pi ft) = 1$ 时，速度达到最大值，此时的最大速度为

$$v_{G\max} = 2\pi fr\sin\alpha$$

由水阻力公式，可求出对应速度最大时的最大水阻力

$$F_r = \frac{1}{2}C_d\rho v^2 S$$

当 $v = v_{\max}$、$F_r = F_{r\max}$ 时，最大阻力为

$$F_{r\max} = \frac{1}{2}C_d\rho v_{\max}^2 S = 2\pi^2 f^2 r^2 C_d\rho S\sin^2\alpha$$

关节电动机转矩为

$$M_{\max} = F_{r\max} r = 2\pi^2 f^2 r^3 C_d\rho S\sin^2\alpha$$

6. 鱼体波动方程

根据对鲹科鱼类游动的仿生学研究及图像分析，在一个完整推进运动周期内，推进运动包含鱼体的波动和尾鳍的运动两部分。在鱼类运动时鱼体主干部分（身体前 2/3 部分）波幅很小，明显的波动主要集中在身体后 1/3 部分。鱼体波为一波幅逐渐加大、由头部至尾鳍传播的行波。在尾鳍与身体连接的狭窄区域（尾柄）达到最大值，特别明显的侧向位移仅发生在尾鳍及尾柄部分。在机器鱼游动过程中鱼体的头部不产生波动，但不是静止不动，而是做微小幅度的摆动，对推进运动起到平衡作用。

建立如图 9-18 所示坐标系，将坐标原点取在鱼体两侧胸鳍中心线与鱼体中心线的交点 O 处（该点波幅为零），取鱼的游动方向为 x 轴正方向，鱼体位于 x 轴负方向。

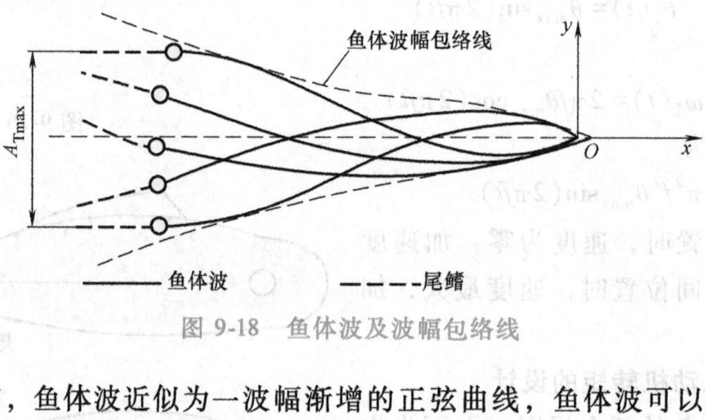

图 9-18 鱼体波及波幅包络线

由图 9-18 可知，鱼体波近似为一波幅渐增的正弦曲线，鱼体波可以通过波幅包络线与正弦曲线的合成来进行数学描述：

$$y_{body}(x,t) = (c_1x + c_2x^2)\sin(kx + \omega t)$$

式中，y_{body} 为身体横向位移（波幅），最大波幅为 $A_{T\max}$；x 为 x 轴坐标值；c_1 为线性波幅包

络线系数；c_2 为二次波幅包络线系数；k 为鱼体波波数，$k=\frac{2\pi}{\lambda}$（λ 为鱼体波波长）；ω 为鱼体波频率，$\omega=2\pi f$。

通过调整 c_1、c_2 的取值，可达到控制尾鳍摆动轴的摆幅、调整鱼体波波幅分布的目的。鱼类在推进游动过程中，身体长度上的鱼体波波数 $k\leqslant 1$，即鱼体波波长 $\lambda>B_L$（B_L 为鱼体长），鱼体的前部刚度很大，几乎保持刚性，身体波幅限制在身体的后 1/3 部分，并且在末端达到最大值。所以，在设计中不需要复杂机构以产生足够的柔韧性来模拟鱼体的多个鱼体波。

7. 尾鳍摆动的攻角选择

大量的研究表明，鱼类主要通过尾部脱卸出来的涡环或涡圈产生推进力，鲔科类的尾部运动轨迹如图 9-19 所示，图中有两个重要的角度参数：攻角 α 和角度 ψ 。攻角 α 是指尾鳍朝向与尾鳍运动轨迹之间的夹角，角度 ψ 是指尾鳍运动轨迹与鲸豚类整体游动轨迹之间的夹角。其中攻角 α 的大小和变动与尾部涡流的形成密切相关，并认为最大攻角变动范围在 15°~25°时，可以获得最佳的推进力。因此，攻角 α 是影响鲸豚类游动性能的重要参数，可以作为机器鱼游速优化的参数。

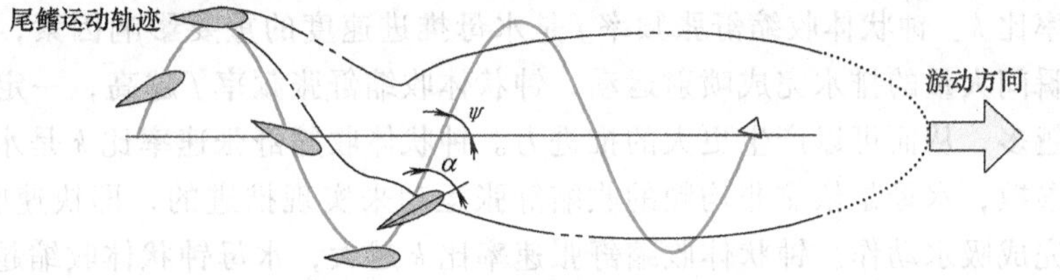

图 9-19 尾鳍运动轨迹及攻角

第四节 仿生机械水母的设计与分析

水母是海洋中的一种无脊椎动物，大多数的水母具有几乎是轴对称的均匀钟状体结构，这种钟状体结构是一种非常柔软的类似胶状材料的表皮，用以包裹住其他器官。同时，这层钟状外皮也是水母推进运动的主要器官，通过这层柔性外皮的收缩和舒张，使水母沿着身体轴向推进。

一、水母的基本结构

水母主要可以分为三大部分：圆伞形或钟状的身体、触器、口和腕。图 9-20a 所示为水母整体的剖视图，图 9-20b 所示为横切面图。钟状体结构即外伞，包覆和保护着水母内部的其他结构；而内伞腔体在水母的运动过程中充满水，其排水产生的动量变化是水母的主要推进方式。水母的伞状体结构直径范围很大，在伞体里面有很多肌肉纤维，通过其收缩带动整个内伞腔体产生收缩运动，由垂管（口）排出腔体内的水，从而向后喷射出水流来使水母向前推进。水母在舒张过程中利用其外伞肌肉的弹性可以使外伞缓慢地恢复到舒张时的状态，并由口中吸水，经由辅管、环管到达内伞腔，从而完成吸水动作，准备进行下一次的喷水推进。通过这种喷水推进的方法，水母便能向相反的方向游动。通过改变喷水时其钟状体

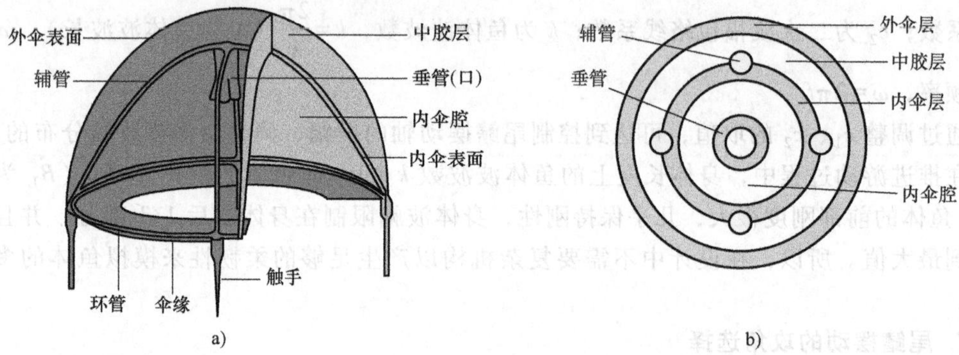

图 9-20　水母的基本结构

a）水母整体的剖视图　b）横切面图

结构的方向，可以实现任意方向的转向游动。水母的触手可以捕食、改变运动方向，而且能预知海浪、气候的变化。

水母在水中运动时主要靠其钟状体的收缩和舒张来完成推进，水母推进速度、加速度等都与钟状体的参数有关。所以水母在水中运动的主要参数有钟状体收缩舒张频率 f、钟状体收缩舒张速率比 k。钟状体收缩舒张频率 f 是水母推进速度的重要影响因素，由于水母靠钟状体收缩时瞬间大量的排水完成喷射运动，钟状体收缩舒张频率 f 越高，一定时间内水母喷水的次数就越多，从而可以产生更大的推进力。钟状体收缩舒张速率比 k 是水母不同于鱼类推进的影响参数，水母是依靠非均频的收缩舒张运动来实现推进的，即快速收缩向后喷水，再缓慢舒张完成吸水动作。钟状体收缩舒张速率比 k 越大，水母钟状体收缩越快，向后喷水速率越快，获得的推进力就越大。整个水母的钟状体沿中心轴线对称分布，在运动过程中水母的内表面包围的腔体发生体积变化，这样循环收缩和舒张运动，使钟状体内腔体体积发生变化，从而排水完成推进动作。

二、水母机构设计

水母机构设计一般分为两部分：水母主体机构设计、水母触手机构设计。

1. 水母主体机构设计

水母主体机构主要是指其运动推进系统，在仿生机械水母中，曲柄滑块机构广泛用于水母的运动主体机构，这是受到雨伞机构的启发。图 9-21a 所示为常见的雨伞机构，是典型的曲柄滑块机构；图 9-21b 所示是由雨伞机构

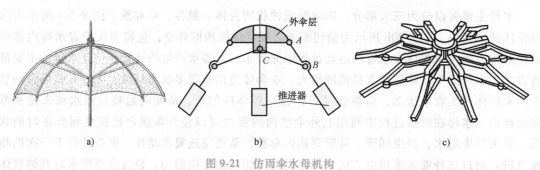

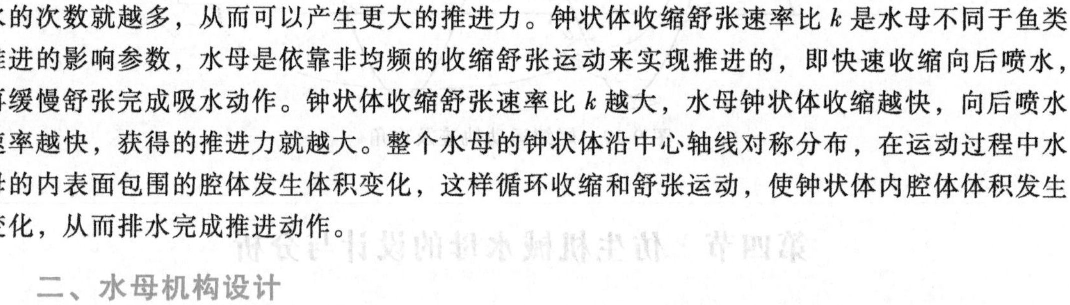

图 9-21　仿雨伞水母机构

演化而来的仿生机械水母机构，沿圆周方向设置的摆杆 *AB* 尾端制成宽体形状，向心运动相当于挤压水流，水母上升，离心运动相当于吸水，反复运动可实现上升运动。图 9-21c 所示为略去水母的外伞层，仅留其骨架结构，通过下方驱动器的运动，带动整体运动，实现水母的收缩与伸张运动，进而实现水母在水中的喷射式推进。

仿雨伞水母机构中，考虑到了移动构件的驱动问题。此类机构的驱动机构可以采用一套曲柄滑块机构驱动，也可以采用内槽凸轮机构驱动。图 9-22a 所示水母采用的就是曲柄滑块机构 *ABC* 驱动杆件 *CD* 往复移动，实现摆杆 *EF* 的向心和离心运动。该仿生水母由三个舱段组成，分别是位于头部的压载水舱、中部的摄像头舱以及后舱段的动力推进系统。首部的压载水舱用于控制仿生水母的浮态。中部的摄像头是仿生水母的重要部件，它就是仿生水母在水下的眼睛。后部的动力推进系统内安装有控制器、舵机、蓄电池和大转矩低转速电动机。控制器是仿生水母的大脑，全部系统都由控制器控制。蓄电池为全套系统提供电力，电动机通过传动装置连接仿生水母的四只触角提供动力（图中未画出触角）。

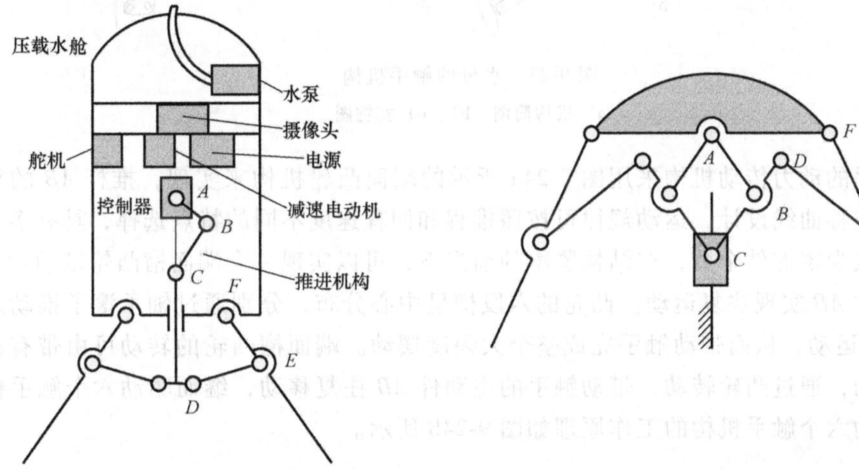

a)　　　　b)

图 9-22　水母主体机构

图 9-22b 所示仿生水母主体机构在曲柄机构 *ABC* 的基础上，连接一个Ⅱ级杆组 *DEF*，该系统采用类似平行四边形缩放机构，可以增大摆杆 *EF* 的行程并节约驱动力。滑块的移动机构采用凸轮机构实现，总体结构比较简单。

仿生水母的主体机构还有许多种类，但类似雨伞机构的机械水母居多。

2. 水母触手机构的设计

水母的触手是水母的重要组成部分，可以捕食，帮助水母改变游动方向，分布在触手上的传感系统可以感知水流、波浪，甚至能预知天气变化。触手的机构类型很多，结构各异。图 9-23a 所示为一种典型的水母触手机构，其中 *J* 点不是组成机构的转动副，而是与传感器的连接部分。该机构的驱动件为移动构件 *AB*，其自由度计算如下：

$$F = 3n - 2P_L - P_H$$

$$= 3\times7 - 2\times10$$

$$= 1$$

自由度为 1，说明该触手机构仅需要一个原动件。

图 9-23b、c 所示为触手机构实物图，构件上的圆孔是固定外皮的预留孔，不是运动副。其中，图 9-23b 所示为水母肌肉处于舒张状态的触手机构位置；图 9-23c 所示为水母肌肉处于收缩状态的触手机构位置，外部包覆的是硅橡胶膜，用触手机构上的圆孔固定。

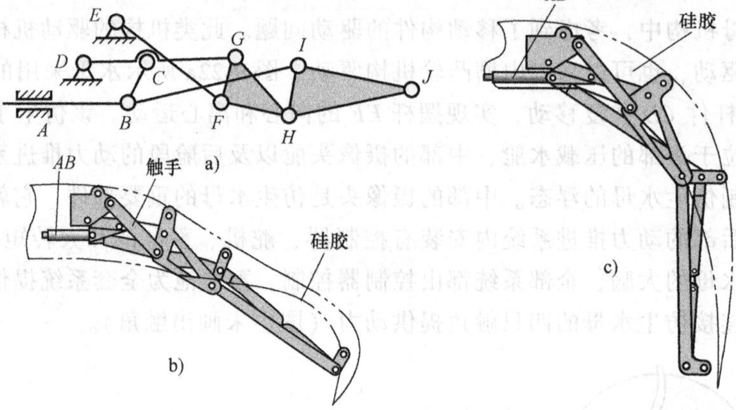

图 9-23　水母的触手机构

a）机构简图　b）、c）实物图

多个触手的动力传动机构采用图 9-24a 所示的端面凸轮机构来实现，推杆 *AB* 的行程可按照凸轮的位移曲线设计，运动规律可按照推程和回程速度不同的特点选择，具有多样性。

为有效减少零部件个数，在结构紧凑的前提下，可以实现一个端面槽凸轮带动六个辅助触手的主动件 *AB* 实现往复运动。凸轮的六段槽呈中心分布，分别通过轴承滚子推动六个驱动杆 *AB* 往复运动，从而带动触手完成整个大幅度摆动。端面槽凸轮的转动可由带有减速器的电动机驱动，通过凸轮转动，带动触手的主动件 *AB* 往复移动，继而驱动六个触手机构运动。凸轮驱动六个触手机构的工作原理如图 9-24b 所示。

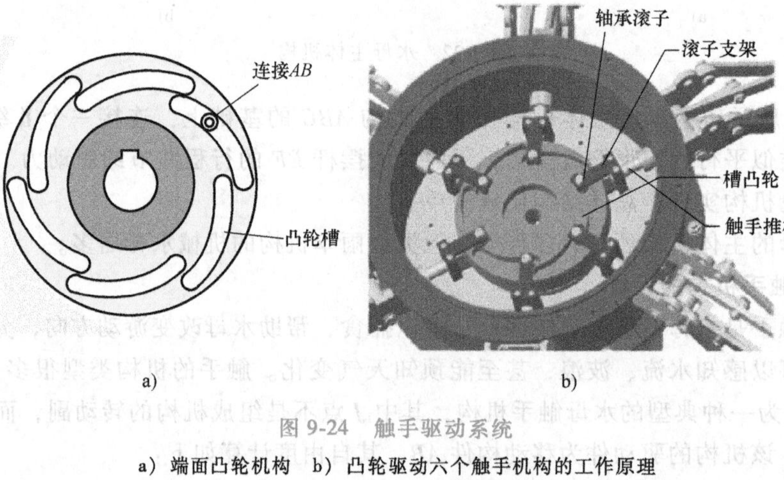

图 9-24　触手驱动系统

a）端面凸轮机构　b）凸轮驱动六个触手机构的工作原理

虽然水母种类众多、外形各异，但其工作原理基本相同，进行仿生设计时，一定要在弄清楚水母的工作原理的基础上，进行再设计，不能原样照搬地生硬模仿。例如：水母的升降运动，可以靠水母内伞的充水、排水来实现，也可以依靠带有桨板的触手运动来实现。使用端面槽凸轮驱动水母触手，是仿生水母设计中的常用技术，结构简单、紧凑，制造容易，安装方便。通过一台电动机驱动凸轮，再由凸轮带动多个触手，一般采用 3~12 个触手。如图 9-25 所示为凸轮驱动 6 个触手机构。该项技术也说明了为什么水母触手的主动件经常采用移动件的原因。

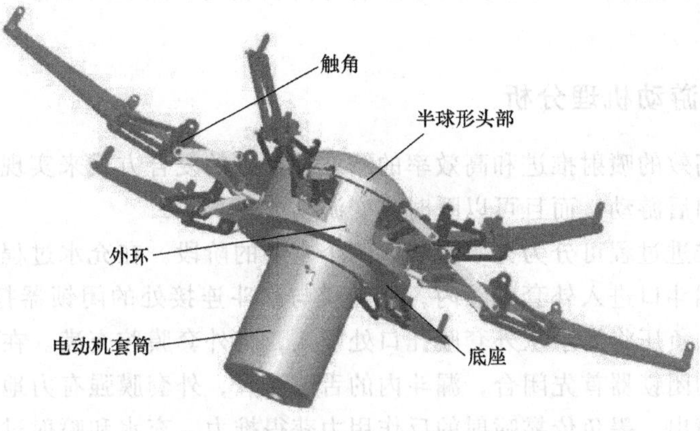

图 9-25 凸轮驱动 6 个触手机构

第五节 仿生机械墨鱼的设计与分析

一、墨鱼的结构

墨鱼俗称乌贼，是海洋中广泛分布的软体动物。由于其身体的特殊结构，可以喷射倒退运动，也可以利用鳍缓慢移动，墨鱼的运动具有独特性，所以具有研究价值。其游动情况如图 9-26a 所示。

如图 9-26b 所示，墨鱼的身体可分为 3 个部分：头、足和躯干。头呈球形，位于身体前端，口位于头部顶端。足已经进化为腕和漏斗；一般有 5 对腕，各腕内侧带有 4 行柄状吸盘，其中一对腕特别长，称为触腕，用于捕食。

躯干呈袋状，背腹略扁，位于头的后面，包括外套膜、位于外套膜之内的石灰质内壳和内脏。石灰质内壳又称乌贼骨。通过改变石灰质内壳中的空气体积，可以实现上浮和下潜。

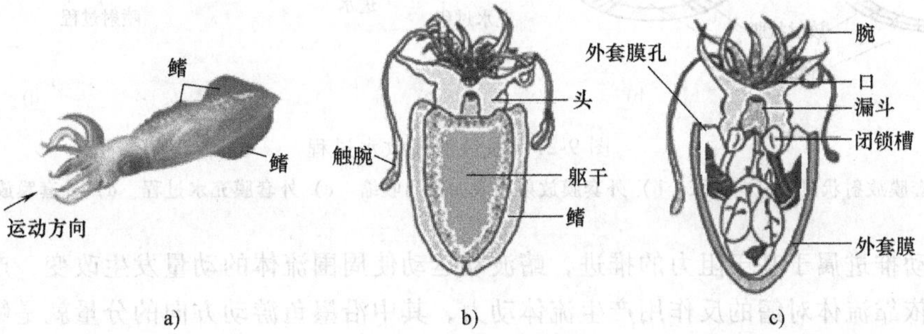

图 9-26 墨鱼

a）游动情况 b）、c）结构

躯干两侧长有可游泳的鳍，并在躯干末端分离。墨鱼的生态学方位以向前游动的姿态确定，即有口的一方为前方，躯干为后方，有漏斗的一方为腹面，无漏斗的一方为背面。

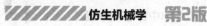

漏斗位于头的腹侧，用于喷射海水之用。其基部宽大，隐于外套膜内，其腹面两侧各有一椭圆形的软骨凹陷，称闭锁槽，与外套膜腹侧左右的闭锁突相吻合，称为闭锁器，可控制外套膜孔的开闭，如图 9-26c 所示。漏斗前端为筒状喷嘴，露在外套膜外，喷嘴内有舌瓣，可防止海水逆流。

二、墨鱼的游动机理分析

墨鱼是依靠高效的喷射推进和高效率的鳍波动推进的复合方式来实现游动的。可以实现快速地向前或者向后游动，而且可以瞬时改变游动方向。

墨鱼的喷射推进过程可分为充水和喷射两个主要的阶段。在充水过程中，漏斗内的舌瓣闭合，防止水从漏斗口进入外套膜腔内，外套膜与漏斗连接处的闭锁器打开，外套膜扩张，利用外套膜腔内的负压将海水从外套膜孔口处吸入，将外套膜腔充满。在喷射过程中，外套膜和漏斗连接处的闭锁器首先闭合，漏斗内的舌瓣张开，外套膜强有力地收缩，将外套膜腔内的水沿着漏斗喷出，墨鱼依靠喷射的反作用力获得推力。充水和喷射过程周期性地交替进行，使墨鱼实现脉冲式的喷射推进游动。漏斗前部的喷嘴可以在腹面的半球内向任意方向转动，从而控制喷射推力的方向，实现灵活、迅速地改变游动方向。据说，美国飞机发动机可旋转的矢量喷口的设计就是受到墨鱼漏斗前部旋转喷嘴的启发。

墨鱼仅在捕食和逃避敌害时才采用爆发式的快速游动，一般情况下都采用耗氧量适中的低速游动方式巡游，游动速度约 0.05m/s。鳍波动推进是墨鱼向前游动、低速游动和低速转弯时的主要推进方式。喷射推进是高速游动和高速转弯的主要推进方式。腕在游动过程中并拢在一起，可以通过摆动运动辅助游动姿态的调整来控制运动方向，作用类似于鱼鳍。

如图 9-27a 所示为外套膜放射状肌肉横向伸张，外套膜腔体积增大，从外套腔孔口吸入海水；如图 9-27b 所示为外套膜放射状肌肉横向收缩，纵向伸张，外套膜腔体积变小，将海水从漏斗喷嘴喷射出来。图 9-27c 所示为外套膜充水过程；图 9-27d 所示为外套膜放水过程，实现推进运动。

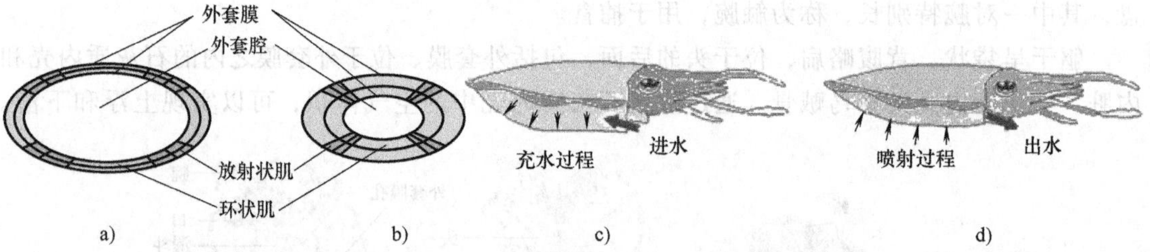

图 9-27 墨鱼的充放水过程

a）外套膜放射状肌肉横向伸张 b）外套膜放射状肌肉横向收缩 c）外套膜充水过程 d）外套膜放水过程

鳍波动推进属于基于阻力的推进，鳍波动运动使周围流体的动量发生改变，产生附加质量效应，依靠流体对鳍的反作用产生流体动力，其中沿墨鱼游动方向的分量就是鳍波动的推力。低速游动时鳍波动推进方式的游动效率较高。研究表明，在 50%～59%的游动速度段内使用到鳍，并且鳍提供了 83.8%的垂直升力和 55.1%的水平推力。

墨鱼通过喷射水流和鳍的摆动，实现推进、上浮、下潜、偏航、翻滚以及俯仰等多项运动。图 9-28 所示为墨鱼的各项运动示意图。

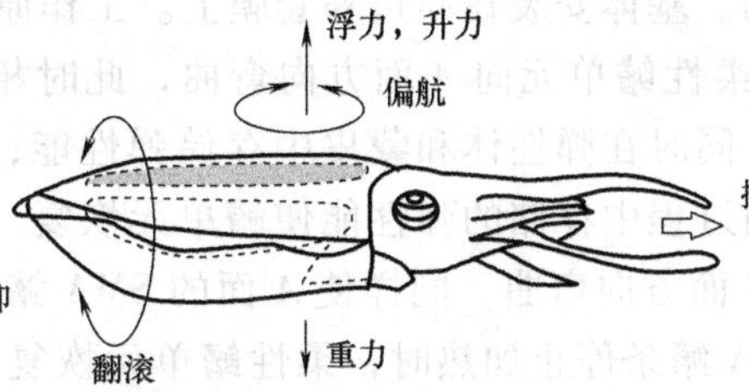

图 9-28 墨鱼的各项运动示意图

三、仿生机械墨鱼的设计

仿生机械墨鱼的游动主要依靠喷射和鳍的运动，因此仿生机械墨鱼的设计重点是鳍和推进系统的设计。

1. 鳍的设计

墨鱼鳍分布于外套膜外侧周边，鳍能够实现高柔性、大变形的波动运动，呈曲面状态运动，这得益于其特殊的肌肉结构。用机械手段模仿墨鱼鳍单元的结构和动作原理，可采用图 9-29 所示的两种方法。

（1）采用连杆机构型鳍 如图 9-29a 所示，在墨鱼外套膜周边设置多个单自由度的摆动副，可摆动的构件称为鳍条，也称致动器。鳍条之间用高强度的聚合物膜覆盖，形成墨鱼的柔性鳍。每个鳍条用微舵机驱动，控制各鳍条的摆动角度和摆动时序，可实现墨鱼鳍的复杂曲面运动，进而实现墨鱼的各种游动姿态；控制摆动频率，可控制游动速度。此类设计过程简单，方法成熟，但仿生墨鱼的重量过重。

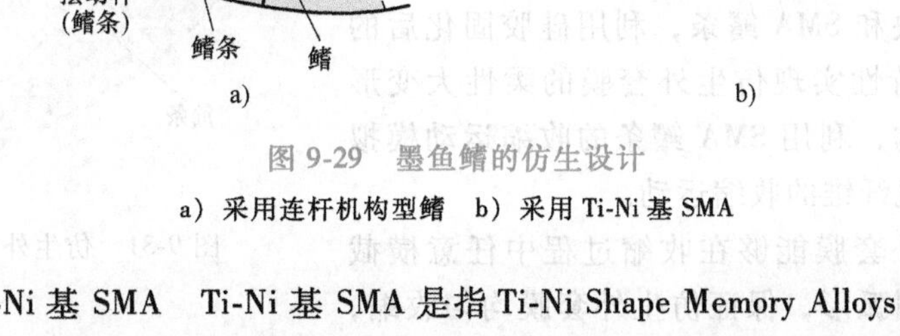

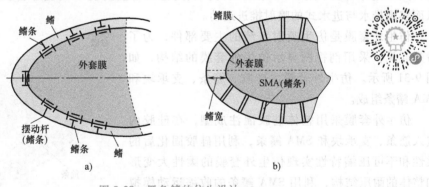

图 9-29 墨鱼鳍的仿生设计

a）采用连杆机构型鳍 b）采用 Ti-Ni 基 SMA

（2）采用 Ti-Ni 基 SMA Ti-Ni 基 SMA 是指 Ti-Ni Shape Memory Alloys，是一种新型钛镍记忆合金材料，应用广泛。为了很好地模仿墨鱼水平鳍单元的柔性弯曲摆动动作，要求致动器能够产生与肌肉收缩相当的输出力，并且要有足够的变形量，能够从功能上模仿横肌纤维的运动。SMA 因形变恢复量和恢复应力大、能量密度高等优点，较其他记忆材料更适合作为模拟墨鱼水平鳍横肌纤维的致动器。在墨鱼外套膜边缘安置多个 SMA 构成的鳍条，以皮蒙之，则形成柔性墨鱼鳍。

柔性鳍单元的安装如图 9-30a 所示，SMA 构成的鳍条安装在基体上，并设有接线端子，采用直接通电加热方式驱动。基体安装在墨鱼外套膜上。工作原理如图 9-30b 所示，当 *A* 面的 SMA 鳍条加热收缩时，柔性鳍单元向 *A* 面方向弯曲，此时相反侧 *B* 面的 SMA 鳍条被拉伸，并产生弹、塑性变形，同时在弹性体和蒙皮中存储弹性能；当 *A* 面的 SMA 鳍条停止加热时，柔性鳍单元利用弯曲过程中存储的弹性能使鳍单元恢复，然后 *B* 面的 SMA 鳍条开始加热，带动柔性鳍单元向 *B* 面方向弯曲，同样使 *A* 面的 SMA 鳍条被拉伸，弹性体和蒙皮中存储弹性能，当 *B* 面的 SMA 鳍条停止加热时，柔性鳍单元恢复到初始的伸直状态。这样的动作过程往复进行，鳍单元实现周期性的弯曲动作，实现鳍的复杂曲面运动，满足各种游动位姿。

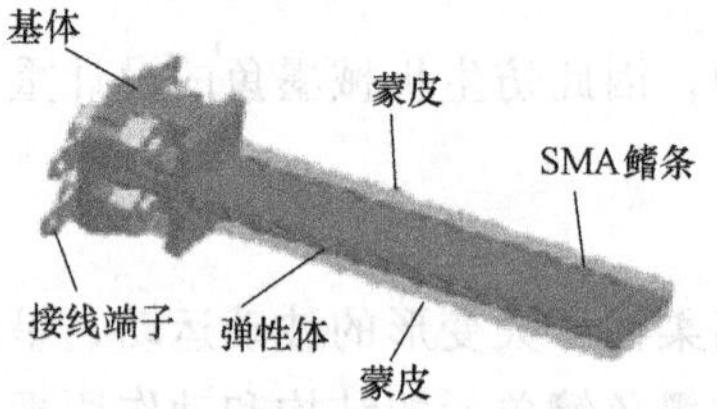

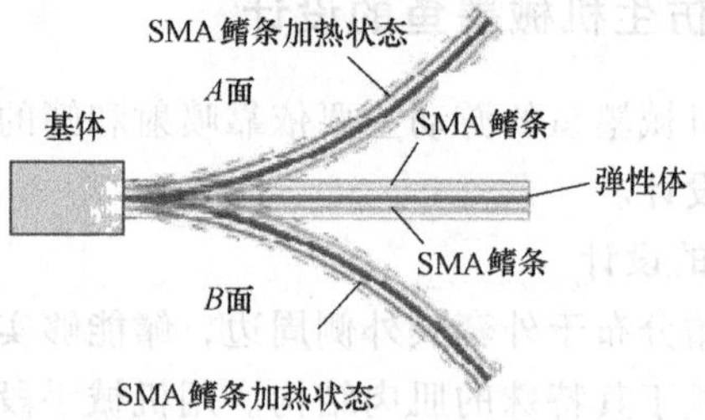

图 9-30 柔性鳍单元的安装与工作原理

a）安装 b）工作原理

2. 喷射推进系统的设计

墨鱼喷射推进系统的设计也有两种方式：其一是采用泵的吸水与排水方式实现喷射推进；其二是外套膜采用 SMA 鳍条结构，利用记忆合金的变形实现外套膜腔的扩大与缩小，从而实现排水与进水式的喷射推进运动。

仿生外套膜是仿生喷射系统的主要部件，为了清楚起见，采用剖视图显示仿生外套膜的结构，如图 9-31 所示。仿生外套膜由硅胶、筋条、支承块和 SMA 鳍条组成。

仿生外套膜采用整体硅胶灌注成型，在硅胶内嵌入筋条、支承块和 SMA 鳍条，利用硅胶固化后的柔性和不可压缩特性实现仿生外套膜的柔性大变形和整体的耐压结构，利用 SMA 鳍条的收缩运动模拟墨鱼外套膜环状肌纤维的收缩运动。

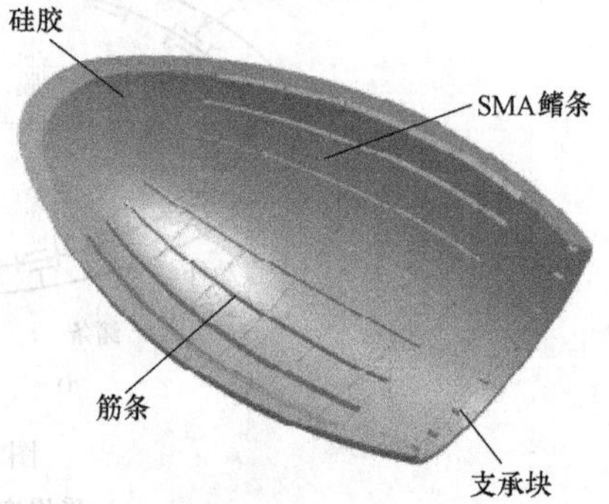

图 9-31 仿生外套膜的设计

为确保仿生外套膜能够在收缩过程中任意横截面都保持光滑的圆弧形，保证仿生外套膜均匀收缩，在 SMA 鳍条外部包裹聚四氟乙烯软管以减少 SMA 鳍条收缩时对硅胶的影响，且 SMA 鳍条仅穿过筋条，而不固定在筋条上，每根 SMA 鳍条的两端穿过仿生外套膜的上端面和基体底面，固定在基体上，通过改变固定位置可以调节 SMA 鳍条的长度，从而控制 SMA 鳍条的应变量，使仿生外套膜实现不同的收缩量。

硅胶是仿生外套膜的主体结构，可选用人体硅胶，其固化后具有优良的弹性，在 SMA 鳍条收缩运动时能存储弹性能，在 SMA 鳍条冷却时能释放存储的弹性能使仿生外套膜恢复到初始状态。

筋条嵌入在硅胶内，可采用有机玻璃材料制作，SMA 鳍条与筋条之间成 90°夹角布置。

仿生水平鳍柔性鳍面材料也可选用相同的人工硅胶。

推进系统设计的难点是外套膜腔体的伸张与收缩运动引起的腔体体积变化，其他诸如喷嘴、阀门管道之类的设计比较简单，这里不再叙述。另外，仿生机械的设计难点在于运动系统方案设计，关于强度与制造类的叙述也予以省略。

墨鱼触腕主要用于捕食，可参考水母触手的设计方法。

仿生墨鱼一般通过外套膜腔体的体积变化完成吸水与排水。也可以在外套膜腔体内安装脉冲水泵，通过脉冲水泵的工作实现充水与放水。

第六节 水中游动机器人的仿生设计示例

水中游动的鱼虽然种类繁多，但它们的骨骼结构大同小异，所以根据生物原型建立生物模型的过程并不复杂，只是脊椎骨关节数目不同。

一、机器鱼的仿生设计

下面以常见的鲫鱼为例说明仿生机器鱼的设计过程。

1. 建立鲫鱼的生物原型

鲫鱼的生物原型如图 9-32a 所示，图 9-32b 所示为去掉非主要因素的简化生物原型。

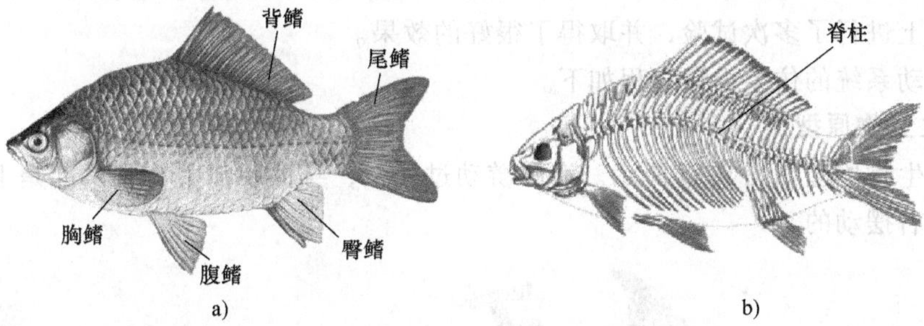

图 9-32 鲫鱼的生物原型

a）鲫鱼生物原型 b）简化的生物原型

2. 建立鲫鱼的生物模型

鲫鱼的通用生物模型如图 9-33 所示，根据鲫鱼在游动过程中只摆动身体的后三分之一的情况，只取 3 个脊柱关节构建生物模型，并略去鱼鳍的作用。

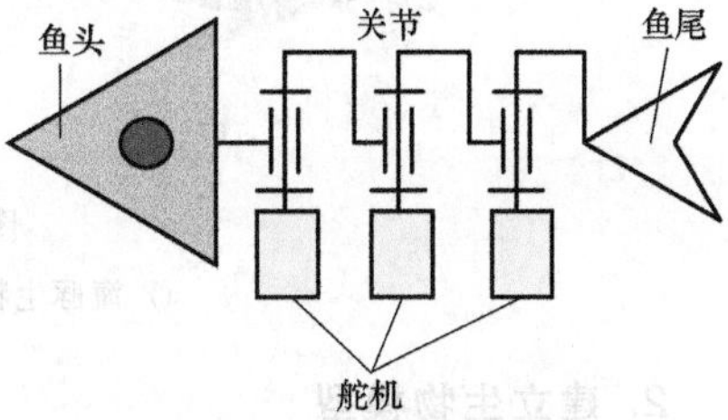

图 9-33 鲫鱼的生物模型

3. 建立实物模型

鲫鱼的实物模型可根据鲫鱼的种类而定，图 9-34 所示为几种鲫鱼的实物样机。

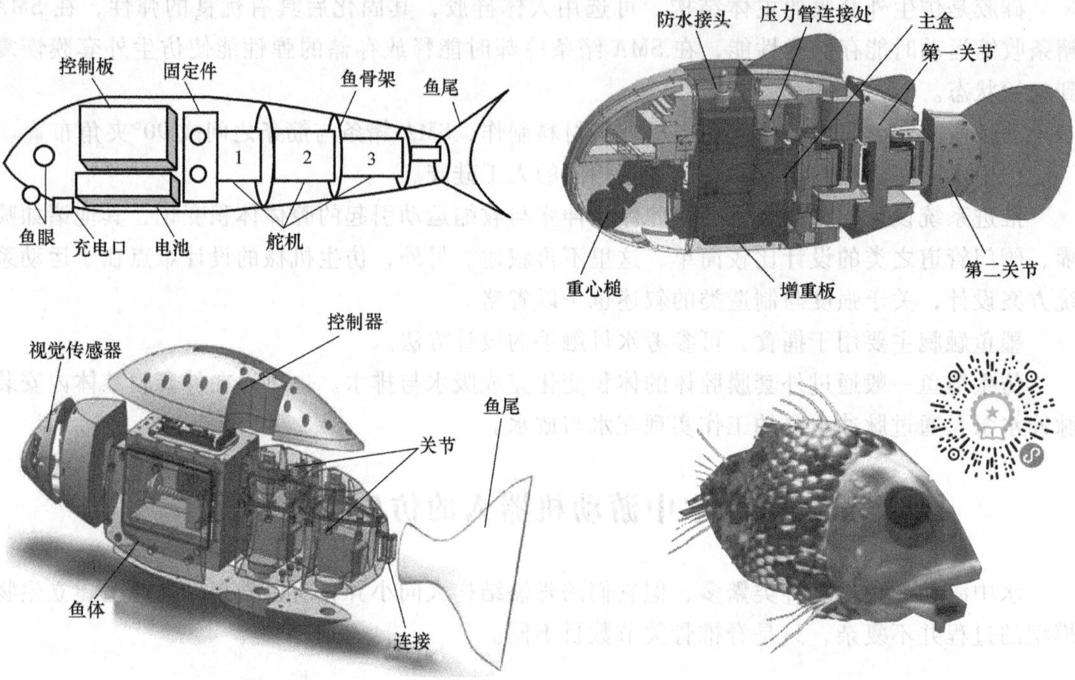

图 9-34 机器鲫鱼的实物样机

二、海豚类机器鱼的仿生设计

海豚一直是人类的仿生对象，蝶泳就是模仿海豚的游泳动作；海豚皮的减摩原理也已经在舰船外壳上进行了多次试验，并取得了很好的效果。

海豚运动系统的仿生设计过程如下。

1. 建立生物原型

海豚的生物原型如图 9-35 所示。海豚游动过程中，身体后部关节及尾部是上下摆动的，而鱼类是左右摆动的。

图 9-35 海豚的生物原型

a）海豚生物原型 b）海豚生物原型的骨骼结构

2. 建立生物模型

根据对海豚游泳动作的观察与分析，海豚游泳主要是依靠尾部的强力摆动产生反作用力。为简化设计，可取消胸鳍作用，采用尾部扭转实现转向动作。其生物模型如图 9-36a 所示。

3. 建立实物样机

海豚的实物样机也具有多样性，图 9-36b 所示为仅具有摆尾和扭尾动作的机器海豚。驱动系统、传感系统、控制系统、通信系统等均在体内，该海豚可实现多种运动形式。

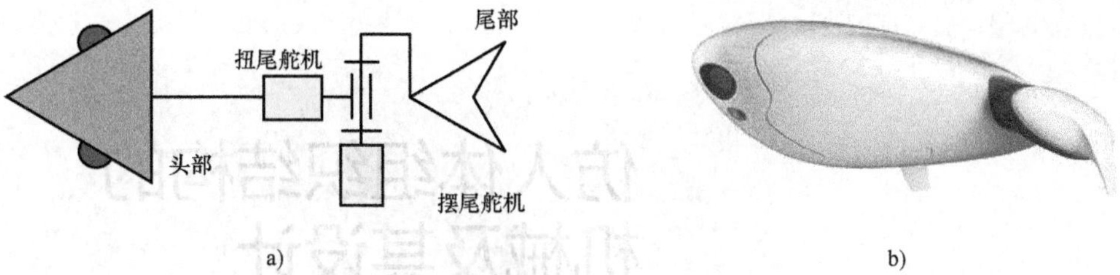

图 9-36　海豚的生物模型及实物样机
a）海豚的生物模型　b）海豚的实物样机

科学家精神

“两弹一星”功勋科学家：
彭恒武

第十章

仿人体组织结构的机械及其设计

第一节 概　述

随着医学、仿生学、机械学、电子学、材料学、计算机控制科学的互相交叉、渗透、融合，以及制造工艺的快速发展，模仿人体组织结构的新装置也随着人类的需求诞生了，它能够取代人类已经损坏的器官，为提高人类的生活质量和寿命做出了巨大的贡献。

从仿生机械学的观点出发，本课程所涉及的人体组织器官主要是指人体的肢体关节、骨骼、上肢与下肢等可以用机械手段实现的功能器官。之所以研究这些仿生机械装置，是因为人的器官受到损伤后，不能实现原来的既定功能，影响了人的工作和生活，甚至危害到人的寿命。

人体本身可以等效为一个高级智能的机械装置或机器人。如大脑相当于机器人的 CPU；肌肉相当于机械的动力源；消化系统和呼吸系统相当于为动力源提供燃料的能量供给系统；眼睛、耳朵、鼻子、皮肤等相当于传感系统，神经网络是各个器官与大脑的信息通道，使各器官接受大脑的统一指挥；双腿相当于智能机器人的移动系统，上肢相当于机器人的工作执行系统；任何一个环节发生故障，都会影响到人的工作、生活或生存。目前，各国都在致力于研究代替人体器官的各种装置，如仿生眼、仿生耳、仿生鼻、仿生心脏、仿生肺、仿生胰脏、仿生皮肤、仿生肌肉、仿生关节、仿生假肢，甚至研究仿生电子人等，这些仿生器官的研究促进了仿生医学的诞生与发展。

仿生医学虽然处于发展初期，也有人称为处于婴儿期，但已经显示出巨大的应用前景。

一、人体仿生医学领域的最新成就

下面简要介绍一下近年来正在研究的和新开发出的人体仿生学装置，这些装置代表仿生医学领域的最新成就。

1. 仿生义肢

仿生义肢的研制已经有数百年历史。把替代身体某一部分的肢体称为义肢，如人工关节、人工上肢与下肢、仿生手、仿生脚等。当代仿生义肢的特点在于：它们结合了多个科技领域的知识，诸如电子学、生物技术、材料学、机械学、医学和纳米技术等。利用仿生学的专门技术，可代替人体部分结构。例如：如图 10-1a 所示的仿生手，有四根独立的手指和一根大拇指，每根手指都有一个小型马达，使用这种仿生手的人可以抓握和捡起东西，使用剪刀甚至用键盘打字。该装置安装在手臂上，从肌肉中获得电信号，从而控制手指活动。

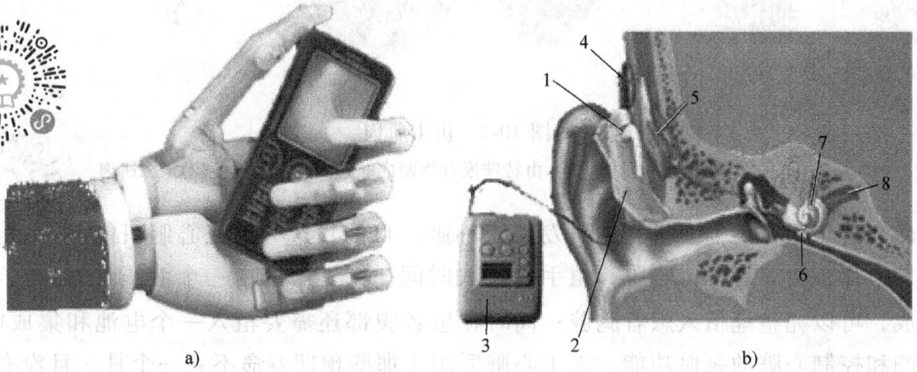

图 10-1 仿生手与仿生耳

2. 仿生耳

仿生耳是仿生医学中最成功的领域之一。仿生耳技术最初由墨尔本大学 Graeme Clark 教授及其团队于 20 世纪 60 年开发。耳朵失去听觉通常是由于耳朵中的纤毛受损导致的。这些纤毛通常能将声音转化成微小的电流信号，这些电流信号被耳蜗输送到大脑。而仿生耳是用一个外部传声器将声音经过处理器后传到大脑。如图 10-1b 所示的仿生耳中，1 为传声器、2 为细导线、3 为语音处理器、4 为传输线圈、5 为接收器、6 为电极阵列、7 为耳蜗、8 为听觉神经。

3. 仿生肌肉

肌肉是生物体中可收缩的纤维组织，具有信息传递、能量传递、废物排除、能量供给等功能，是肢体运动的致动器，是仿生研究人员重点研究的内容之一。

早期的仿生肌肉由绳索缠绕滑轮驱动，从而实现绳索的长短变化，如图 10-2a 所示的手腕与手指驱动肌肉；把日常可见的钓鱼线或缝线盘绕成束，制成强韧且成本低廉的仿生肌肉，其力量是一般肌肉的 100 倍，可以用于制作机器人、义肢。近期科学家又发明了以聚乙烯和尼龙制成的高强度聚合物纤维肌肉，这种材料可随环境温度的变化而伸缩，肌肉力是同样尺寸自然肌肉的 100 倍。如图 10-2b 所示为一种由特殊聚合物制成的人工肌肉，如图 10-2c 所示为气动人工肌肉。

气动驱动器、记忆合金、电活性陶瓷等都曾作为仿生肌肉的核心，直到一种新型的聚合材料的出现，才促进了仿生肌肉的研究与发展，这就是电子型仿生肌肉。电子型仿生肌肉基于分子尺寸的静电力作用，使聚合物分子链重新排列，实现体积上各个维度的收缩或膨胀。这种电能向机械能的转换是物理过程，包括电致伸缩效应和 Maxwell 效应。

4. 仿生心脏

心脏起搏器是利用电脉冲调节人的心跳，投入使用已有 50 多年，挽救了很多心脏病患

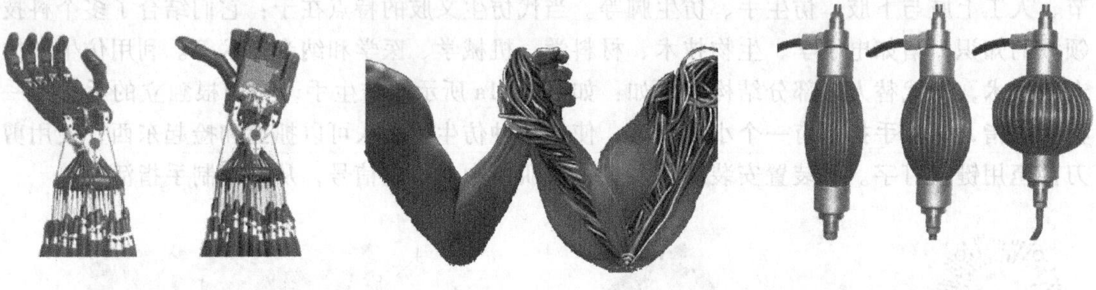

a)　　b)　　c)

图 10-2　仿生肌肉

a）手腕与手指驱动肌肉　b）由特殊聚合物制成的人工肌肉　c）气动人工肌肉

者的生命。近年来，研究人员开始研发人工心脏。目前，这些人工心脏只能用于短期治疗，为患者等待心脏移植手术争取时间。人工心脏由一个液压泵系统组成，可以完整地植入患者胸腔；同时在患者腹部还需要植入一个电池和集成电子包，用于监测和控制心脏的泵血功能。人工心脏适用于那些预期寿命不到一个月，且没有可移植的心脏，正在等待其他治疗选择的患者。首例使用人工心脏的患者生活了 150 天，还有一个患者依靠人工心脏生活了 500 多天。人工心脏的发展迅速，在不久的将来即可正式用于临床，以满足患者的需求。

5. 仿生眼睛

研发仿生眼睛是一项具有挑战性的任务。目前全世界正在研发的仿生眼睛主要有三种：

1）电刺激视网膜，外部照相机的图像被传输到视网膜壁或眼球的微芯片上，微芯片上的电极刺激视神经传输信号到大脑。

2）将微小的望远镜植入眼睛中，望远镜将图像放大到视网膜上，这种植入装置主要适用于那些患有黄斑退变性眼病的患者。

3）绕过眼睛将一个很小的外部相机收集到的图像信息输送到处理器，进而输送到被植入大脑的电极上，使大脑做出反应。

尽管有些早期试验取得了一定的结果，但是目前相关的进展非常有限，这类技术还处于萌芽期，正在快速发展。

二、仿生肢体

简单地说，仿生肢体就是指仿生人的四肢，即手臂、腿脚以及关节部分。

人体的腿脚是为了身体的移动，手臂是人体进行操作的执行器。四肢是典型的可机械化的系统，更容易进行机械仿生。人体上下肢相当于开式运动链，关节相当于运动副。因此，关节的修复相当于机构学中运动副的修复，肢体的修复相当于机构学中构件的修复。如图 10-3 所示为人体模型，其中，重点突出人体骨骼系统。

骨骼是脊椎动物的重要器官，功能是支撑、保护身体以及完成身体各部分的运动；同时制造红细胞和白血球；储藏矿物质。人体共有 206 块骨骼，分为颅骨、躯干骨和四肢三个大部分。骨骼有复杂的内在和外在结构，从而在减轻重量的同时还能够保持足够的强度和刚度。骨骼的成分之一是矿物质化的骨骼组织，其外部是坚硬的骨质，内部是蜂巢状立体结构；其他组织还包括了骨髓、骨膜、神经、血管和软骨。骨与骨之间一般用关节和韧带连接起来。除耳部6块听小骨属于感觉器官外，按部位可分为颅骨23块、躯干骨51块、四肢骨126块。

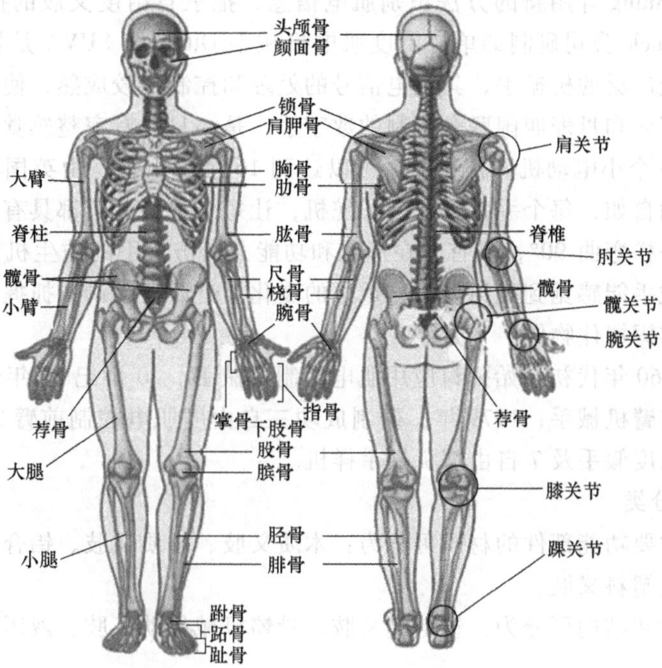

图10-3 人体模型

据抽样调查分析，全国现有肢体不健全人2472万人，其中约38%的人有配置义肢等辅助器具的需求，所以研制仿生肢体非常必要。

1. 上义肢的分类

上义肢按结构分：

（1）壳式义肢 壳式义肢又称为外骨骼式义肢，其由壳体承担义肢的外力，且义肢壳体外形制成人的肢体形状。传统义肢都是壳式义肢，多用木材、皮革、铝板或塑料制作。

（2）骨骼式义肢 骨骼式义肢又称内骨骼式义肢，其结构与人体肢体相似，由位于义肢内部的连接管或支条等承担外力，外部包裹着用聚合物、硅橡胶等软材料制成的整形装饰套。

上义肢按使用目的可分为：

（1）装饰性义肢 装饰性义肢又称装饰手或美容手，是以装饰为主要目的、注重外观形状的义肢，忽略功能要求。

（2）功能型肌电义肢 功能型肌电义肢内装有微型计算机，由患者大脑神经发出肌电信号，通过义肢的传感器接收信号来控制义肢的动作。

（3）专用义肢 专用义肢分为工具手和钩状手，主要便于劳动。

2. 上义肢的研制与发展

1919年，Borchard等最早发明了用电能作为动力驱动的机械手，但是这种电子手从未得到实际应用；1945年，德国的Reihold Reiter对肌电控制理论进行了基础研究，并发表了肌电控制义肢的实验研究结果；1948 年，Reihold Reiter 研制成功世界上第一只肌电控制机械手；1960 年，Kobrinsk 等设计的肌电控制机械手在苏联第一次应用于临床。1965 年，Hsehmidl 在法兰克福的联邦骨科技术职业学校研制出第一只真正实用的肌电控制机械手；20 世纪 80 年代，Denning 等用新的方法识别肌电信息，把三自由度义肢的控制准确率提高到 72%；德国 Otto Bock 公司研制的单自由度肌电机械手 Ottobock SUVA 是目前世界上运作最成功、实际运用最广泛的机械手，其肌电信号的处理和控制比较成熟，使用性能稳定；由意大利、德国、西班牙和丹麦四国联合研制的数字手，是一只具有完整感觉功能的手，该手具有 5 个手指，在 6 个小电动机的作用下，可以达到 16 个自由度；由英国研制生产的 i-Limb 机械手，手腕活动自如，每个手指都配制了舵机，让每个手指关节都具有独立性，它的拇指能像人们的拇指一样弯曲 90°，是首个在形状和功能上模仿人手的仿生机械手，当抓取的物体要滑落时，机械手能感觉到被抓握物体重心的变化，进而自动调节抓握动作，稳定抓握系统的握力，直至牢固握住物体。

我国从 20 世 60 年代初开始探讨应用肌电控制机械手。20 世纪 60 年代中期，研制出单自由度肌电控制前臂机械手；1979 年，研制成功三自由度肌电控制前臂义肢；2000 年以后陆续试制出 5 自由度假手及 7 自由度机械手样机。

3. 下义肢的分类

下义肢按其主要功能部件的材质可分为：木质义肢、皮质义肢、铝合金义肢、钛合金义肢、碳纤维义肢及塑料义肢。

下义肢按传动和结构可分为：铰链式义肢、骨骼机械传动义肢、液压传动义肢、气压传动义肢。

下义肢按截肢部位可分为：髋部义肢、大腿义肢、膝离断义肢、小腿义肢、踝关节义肢及足义肢。

4. 下义肢的研制与发展

20 世纪 60 年代，以德国 Otto Bock 公司为代表，推出了具有革命性变革的组件式下义肢，从而揭开了义肢技术的新篇章。20 世纪 70 年代，各工业发达国家都相继推出了各自的组件式义肢，在不断改进义肢机械结构的同时，还把电子、气动、液压等技术引入义肢领域，实现了对支撑相和摆动相的控制。日本学者中川昭夫在 1986 年首先构想了一种基于微处理器的膝关节。这种膝关节可通过微处理器控制电动机，调节气缸回路针阀开度来调节气缸阻尼，从而控制摆动相步态。进入 20 世纪 90 年代以后，下义肢技术日益进步，日本的 Nabco 公司、英国的 Blatchford 公司和德国的 Otto Bock 公司先后研制出了可以自动识别有限路况的智能仿生义肢。1990 年，英国 Blatchford 公司的工程师 Saced Zahedi 设计了世界上第一个人工智能腿，于 1995 年又进行了改进设计。美国发明的智能义腿，利用人工智能，可以很自然地迈步，并恢复肌肉力量。由于起步较晚，我国义肢产品与国外相比还有一些差距。我国各地的义肢厂主要是以装配为主，真正研制义肢的厂家很少。例如：北京假肢科学研究中心现在可以生产钛合金、四杆机构的义肢产品；山东、哈尔滨等地生产的义肢，还是传统的机械式义肢，材料仍以合金钢为主。碳纤维材料、气动、液动、智能控制的产品还没有投入生产，主要以机械控制为主，材料大多数采用合金钢，只有少量义肢是以钛合金为材料。随着我国经济实力的增长、科学技术的快速发展以及人民生活水平的提高，我国仿生义肢的研制很快就能达到国际先进水平。

第二节 仿生关节的设计与分析

一、关节组成及工作机理

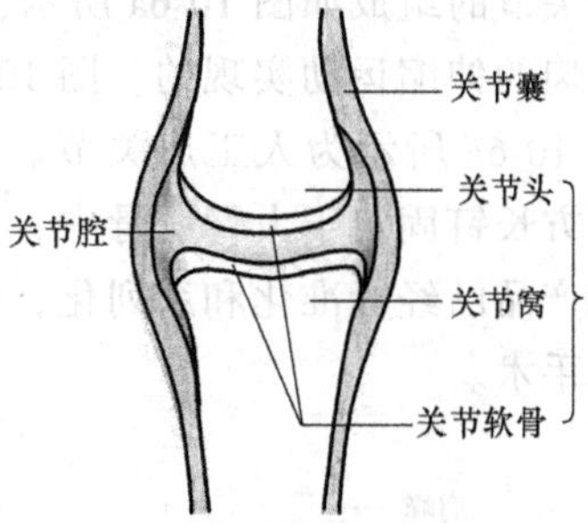

图 10-4 关节的组成

骨与骨之间的连接部位称为关节。被连接的骨骼之间能做相对运动的关节称为活动关节，不能做相对运动的关节称为不动关节。本书所说的关节是指活动关节，如四肢的肩、肘、指、髋、膝等关节都是活动关节。关节的主要结构包括关节面、关节腔和关节囊三个部分，如图 10-4 所示。关节囊包围在关节外面，关节内的光滑骨称为关节面，关节内的空腔部分为关节腔。正常时，关节腔内有少量液体，起到润滑作用，以减小关节运动时的摩擦。关节周围附着有许多肌肉，控制关节的转动角度。

1. 关节面

各骨构成关节的邻接面，关节面上覆盖有一层很薄的关节软骨。软骨的形状与关节面的形状一致，摩擦系数小，可以减小运动时的摩擦；同时软骨富有弹性，可减缓运动时的振动和冲击作用。关节软骨属透明软骨，其表面无软骨膜。通常一骨形成凸面，称为关节头；另一骨形成凹面，称为关节窝。

2. 关节囊

关节囊包在关节的周围，分为内、外两层，外层为厚而坚韧的纤维层，由致密结缔组织构成。纤维层增厚部分称为韧带，可增强骨与骨之间的连接，并防止关节的过度活动。关节囊的内层为滑膜层，薄而柔软，由血管丰富的疏松结缔组织构成，还有平行和交叉的致密的纤维组织相贴，滑膜层产生滑膜液，可提供营养，并起润滑作用。

3. 关节腔

关节囊与关节软骨所围成的潜在性密封腔称为关节腔，腔内含有少量滑膜液，使关节保持湿润和滑润；腔内平时呈负压状态，以增强关节的稳定性。

二、关节的种类及简图

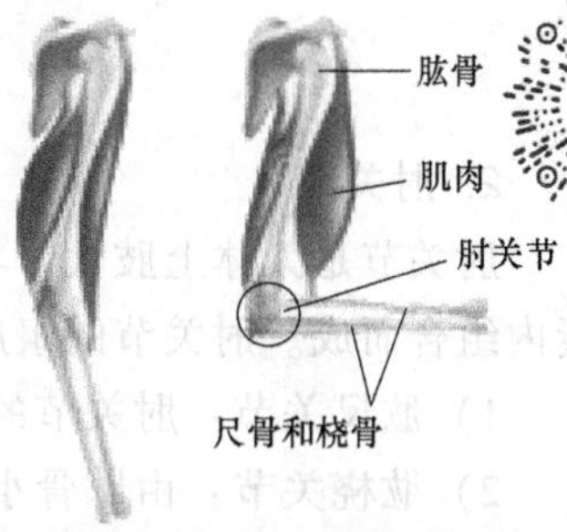

图 10-5 肌肉驱动的肘关节

关节相当于机构学中的运动副。运动副是两个构件之间的可动连接，关节则是两个骨骼之间的可动连接。把骨骼看作构件，则运动副和关节的含义是相同的。但是，前面所讲述的仿生机器人的关节大都是主动型关节，即每个关节需要关节电动机驱动；而仿生人体关节是被动型关节，关节的运动是通过两个被连接骨骼之间的肌肉伸缩驱动的。图 10-5 所示肘关节中，连接肱骨、尺骨与桡骨的肌肉的伸缩驱动肘关节转动。所以，仿生关节的设计可以参照关节原型，不一定需要简化，如肩关节和髋关节的球面副可不用转动副代替。

根据图 10-3 所示人体模型可知，人体四肢的活动关节可分为如下几类。

1. 肩关节

肩关节是指人体大臂肱骨与身体的肩胛骨连接部分，因肱骨头的关节面大，呈半球形，肩胛骨关节面小而且浅，加上关节囊松而薄，所以肩关节活动灵活，是全身易脱位的关节之一。肩关节的组成如图 10-6a 所示，它是典型的球面运动副，其驱动是通过肱二头肌和长头腱等肌肉的伸缩运动实现的。图 10-6b 所示为肩关节机构简图，该运动副具有 3 个转动自由度。图 10-6c 所示为人工肩关节。图 10-7 所示为按球面副设计的几种典型的仿生人工肩关节，下方长钉固定于大臂肱骨中，上方球窝固定在锁骨中，保证两者之间的空间转动。人工肩关节产品已经标准化和系列化，是比较成熟的人工关节。很多医院都可以进行人工肩关节的置换手术。

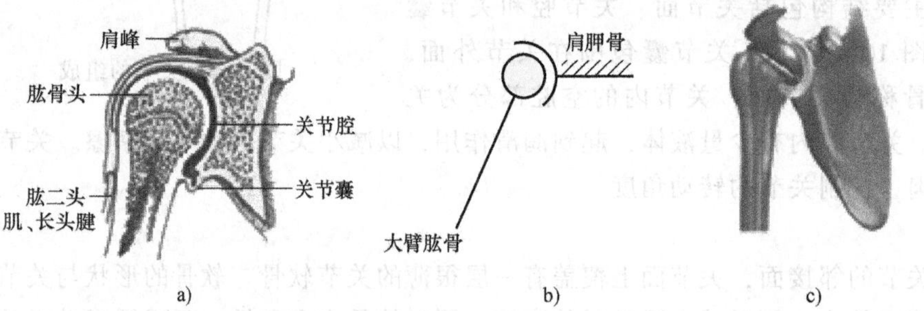

图 10-6 肩关节

a）组成 b）机构简图 c）人工肩关节

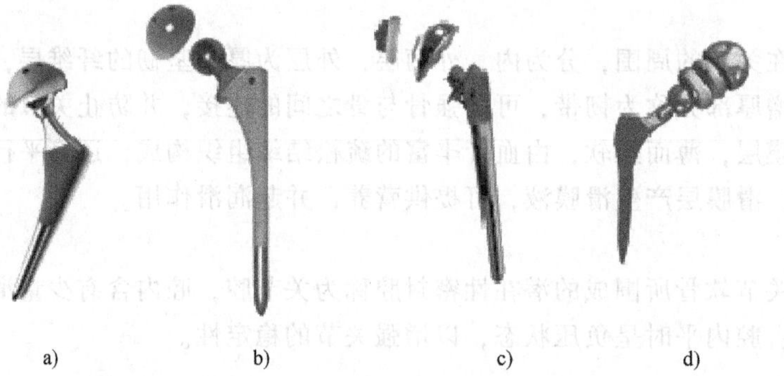

图 10-7 人工肩关节

2. 肘关节

肘关节是人体上肢大臂与小臂之间的连接关节，是一个复关节，由三个关节在同一关节囊内组合而成。肘关节的组成如图 10-8a 所示。

1）肱尺关节：肘关节的主关节，由肱骨滑车与尺骨滑车构成。

2）肱桡关节：由肱骨小头和桡骨的关节凹构成。只能做曲伸和回旋运动。

3）桡尺近侧关节：由桡骨环状关节面与尺寸桡切迹构成。进行仿生设计时，往往将其简化为一个转动副，如图 10-8b 所示；人工肘关节如图 10-8c 所示，上方长钉固定于大臂肱骨中，下方长钉固定于小臂尺骨中。

3. 腕关节

腕关节又称桡腕关节，这是因为尺骨不参与此关节的组成。腕关节由手的舟骨、月骨和

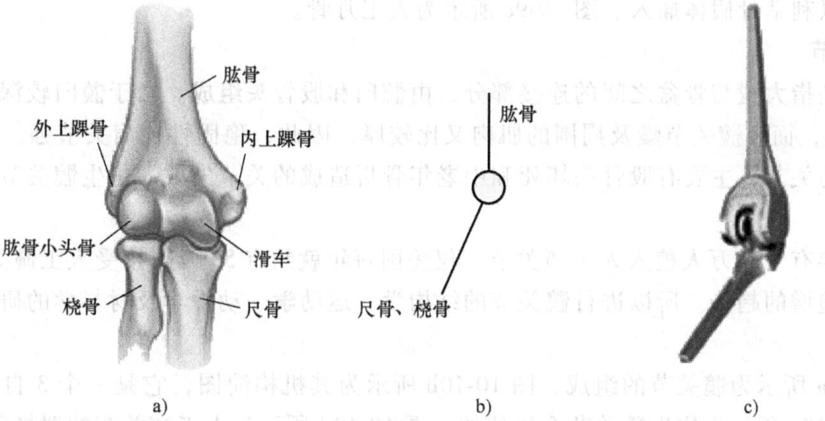

图 10-8　肘关节

a）组成　b）机构简图　c）人工肘关节

三角骨的关节面作为关节头，桡骨的腕关节面和尺骨头下方的关节盘作为关节窝，是典型的椭圆形关节。关节的前、后和两侧均有韧带加强，其中掌侧韧带最为坚韧，所以腕的后伸运动受限制。桡腕关节可做屈曲、伸展及外展运动，腕关节的组成如图 10-9a 所示，其机构简图如图 10-9b 所示。

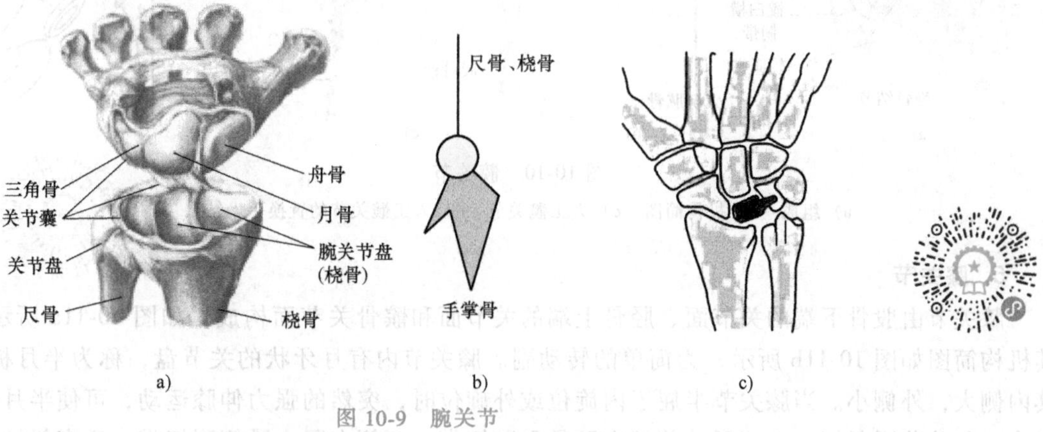

图 10-9　腕关节

a）组成　b）机构简图　c）人工月骨

屈曲：向手心方向运动称为屈腕，也称掌的屈曲。参与完成动作的主要肌群为前臂屈肌群。

伸展：仰向手背方向运动称为伸腕，也称掌的背伸。参与完成动作的主要肌群为前臂伸肌群。

外展：外展手腕，也称桡偏。参与完成动作的主要肌肉有桡侧腕屈肌、桡侧腕长伸肌、桡侧腕短伸肌等。腕掌由 15 块骨骼组成。各组骨与骨之间依靠骨间韧带和软骨盘相连。腕关节解剖结构的复杂性决定了腕关节仿生设计的难度。

由于腕关节结构复杂、骨骼很多，目前市场上尚无标准化的腕关节，只能根据具体患者进行人工假体骨骼置换。人工腕关节假体结构主要由两部分组成，即桡骨假体和掌骨假体，桡骨假体远端复合聚乙烯球头，与掌骨假体金属臼对应。金属部分用钛、铝、铌合金制成，可适当折弯以利掌骨假体插入。图 10-9c 所示为人工月骨。

4. 髋关节

髋关节是指大腿与骨盆之间的连接部分，由髋臼和股骨头组成。由于髋臼较深，能容纳股骨头的 2/3，而且髋关节囊及周围的肌肉又比较厚，因此，稳固性比肩关节强。髋关节是最容易受损的关节，主要有股骨头坏死和中老年骨折造成的关节失效。仿生髋关节的研究比较成熟。

全球每年有 110 万人植入人工髋关节，仅美国每年就约有 55 万人接受人工髋关节置换，并呈现逐年递增的趋势。所以进行髋关节的结构学、运动学、动力学及材料学的研究是非常必要的。

图 10-10a 所示为髋关节的组成，图 10-10b 所示为其机构简图，它是一个 3 自由度的球面副；图 10-10c 所示为仿生髋关节金属假体，图 10-10d 所示为人工髋关节的置换手术结果。髋关节是一个单一球面副，由关节两边的肌肉驱动关节的转动。仿生人工髋关节已经标准化、系列化，为病人的治疗提供了方便。

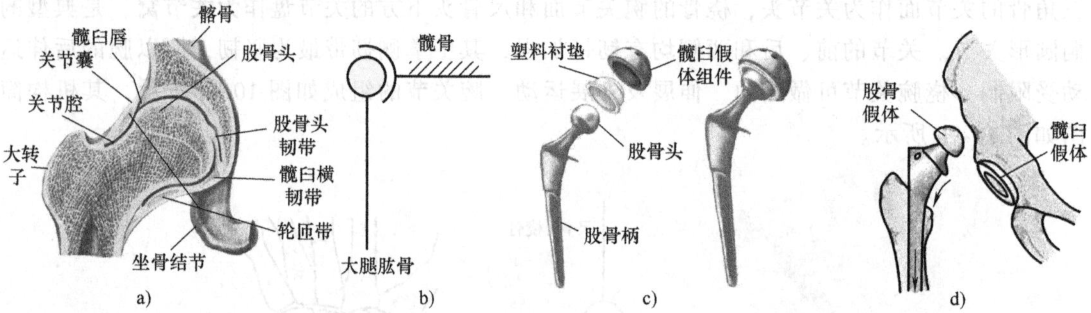

图 10-10 髋关节

a）组成 b）机构简图 c）人工髋关节 d）人工髋关节的置换手术结果

5. 膝关节

膝关节由股骨下端的关节面、胫骨上端的关节面和髌骨关节面构成，如图 10-11a 所示。其机构简图如图 10-11b 所示，为简单的转动副。膝关节内有月牙状的关节盘，称为半月板，其内侧大，外侧小。当膝关节半屈于内旋位或外旋位时，突然的强力伸膝运动，可使半月板损伤。膝关节囊坚韧，关节囊的前壁有髌骨和髌韧带；两侧有胫、腓侧副韧带，后有斜韧带加强。

常见的膝关节损伤有以下几种。

（1）膝关节骨折 膝关节骨折包括股骨髁骨折、胫骨平台骨折、胫骨髁间棘骨折、髌骨骨折，均属于关节内骨折。

（2）髌腱断裂或韧带损伤 运动员或从事体力劳动者为高发人群。

（3）膝关节半月板损伤 膝关节有内外两个半月形的纤维软骨，位于膝关节股骨髁和胫骨平台之间。膝关节半月板损伤是膝关节运动损伤中最常见的。损伤是间接暴力引起的，膝关节的伸出运动中合并膝关节的扭转内外翻运动，使半月板出现不规则的矛盾运动，造成内侧或外侧半月板损伤。长期大运动量的登山运动也容易造成半月板的磨损，甚至破碎。

（4）关节疾病造成的损伤 不同的损伤部位，置换方式不同。图 10-11c 所示关节损伤中，胫骨与股骨没有发生破坏，只更换运动副的表面即可。图 10-11d 所示关节损伤中，只更换运动副的局部接触面即可。图 10-11e 所示的关节损伤中，股骨踝骨折，需要更换整个膝关节，如图 10-11f、g 所示。

膝关节故障是人类的常见疾病，对膝关节的治疗与置换技术发展很快，特别是材料科学的发展，促进了人工关节技术水平的提高。当膝关节以上的大腿需要截肢时，一般膝关节难以承受人的身体重量，这时可以考虑采用连杆机构型的膝关节。连杆机构型的膝关节已经系列化，种类很多，但大都采用比较简单的四连杆机构，驱动方式有气压驱动、液压驱动和电动机驱动。

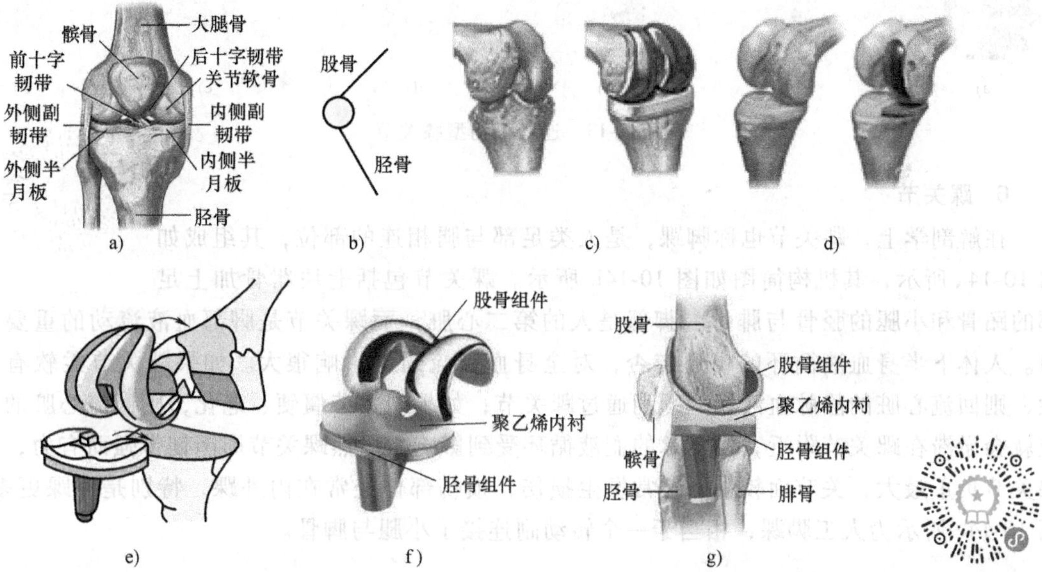

图 10-11 膝关节

a）组成 b）机构简图 c）关节损伤 1 d）关节损伤 2 e）、f）、g）更换膝关节

图 10-12a 所示为六杆机构型膝关节，该关节采用六杆机构。*ABCD* 为一个四杆机构，它连接一个Ⅱ级杆组 *EFG*，组成六杆机构 *ABCDEFG*。构件 6 为构件 *FG* 连接大腿的股骨，构件 1 为构件 *AD* 连接小腿的胫骨。构件 6 和构件 1 做相对运动，即互为机架均可。现假定大腿相对小腿运动，此时可假定构件 1（*AD*）为机架，画出如图 10-12b 所示的机构简图，机构自由度为

$$F=3n-2P_L-P_H=3\times5-2\times7-0=1$$

大腿相对小腿转动 90°以后的机构位置为图 10-12b 中的细双点画线位置，即机构 $AB_1C_1DE_1F_1G_1$。

四连杆机构型膝关节的种类很多，图 10-13 所示为几种常见的连杆机构型膝关节。连杆机构型膝关节的材料大都采用铝镁合金或镍合金。

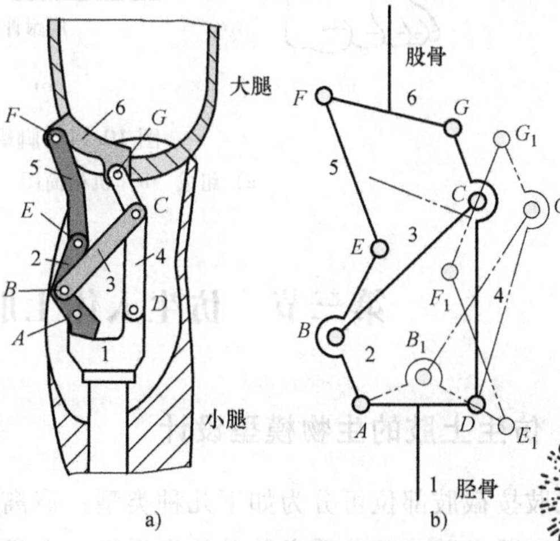

图 10-12 六杆机构型膝关节

a）结构 b）机构简图

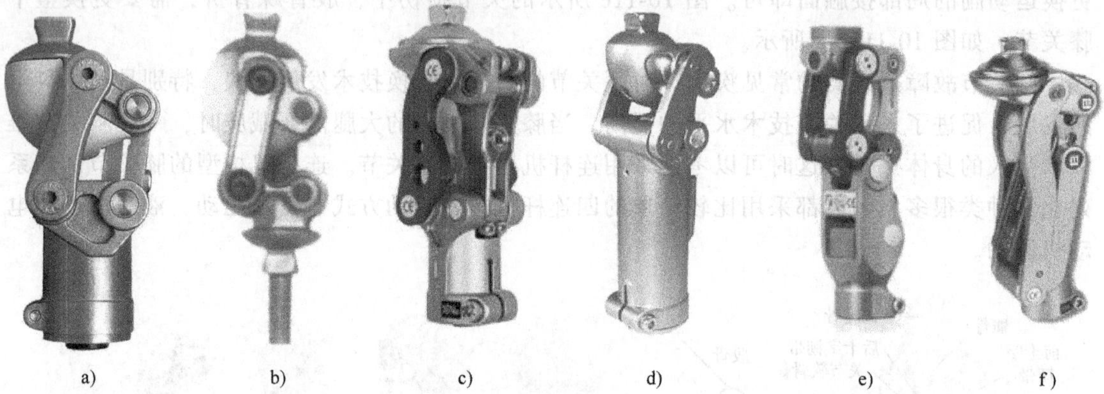

图 10-13　连杆机构型膝关节

6. 踝关节

在解剖学上，踝关节也称脚踝，是人类足部与腿相连的部位，其组成如图 10-14a 所示，其机构简图如图 10-14b 所示。踝关节包括七块跗骨加上足部的跖骨和小腿的胫骨与腓骨。脚部是人的第二心脏，而踝关节是脚部血液流动的重要关口。人体下半身血液循环的畅通与否，对全身血液流通的影响很大。如果踝关节柔软有弹性，则回流心脏的静脉血液就能顺利通过踝关节；如果踝关节僵硬、老化，则回流心脏的血液就会淤滞在踝关节附近，使正常的血液循环受到影响。虽然踝关节周围韧带强而有力，但踝关节负重最大，关节面较小，经常发生损伤，损伤部位经常在内外踝，特别是外踝更多。图 10-14c 所示为人工脚踝，相当于一个转动副连接了小腿与脚骨。

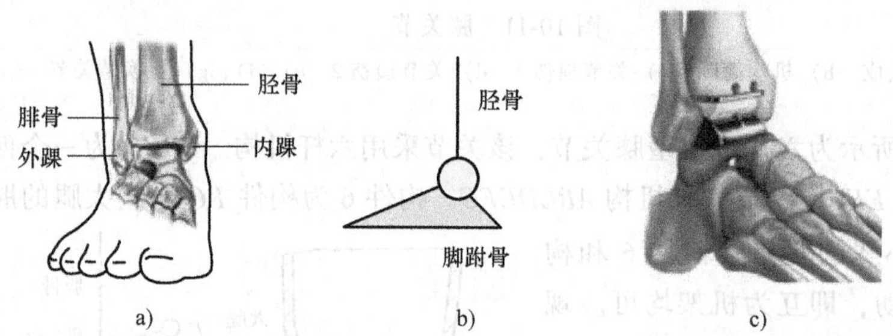

图 10-14　脚踝骨

a）组成　b）机构简图　c）人工脚踝

第三节　仿生人体上肢的设计与分析

一、仿生上肢的生物模型设计

上义肢按截肢部位可分为如下几种类型：肩离断义肢、大臂义肢、肘离断义肢、小臂义肢、腕部离断义肢、部分手义肢及仿生手指。上义肢的设计关键是关节的机构设计与驱动方式的设计。

1. 肩离断义肢

指肩关节以下的全部上肢，含肩关节、大臂、肘关节、小臂、腕关节与手指。

如图 10-15 所示为全上肢机构简图，其中图 10-15a 所示为关节型义肢，但其肩关节为球面副，作为主动关节比较困难；图 10-15b 所示为液压驱动型义肢，容易实现义肢的各项功能；图 10-15c 所示的肩关节采用 3 自由度的并联机构，通过控制 3 个活塞的移动实现大臂的 3 个转动，控制容易，制造简单，但并联机构关节活动范围较小，且尺寸过大。

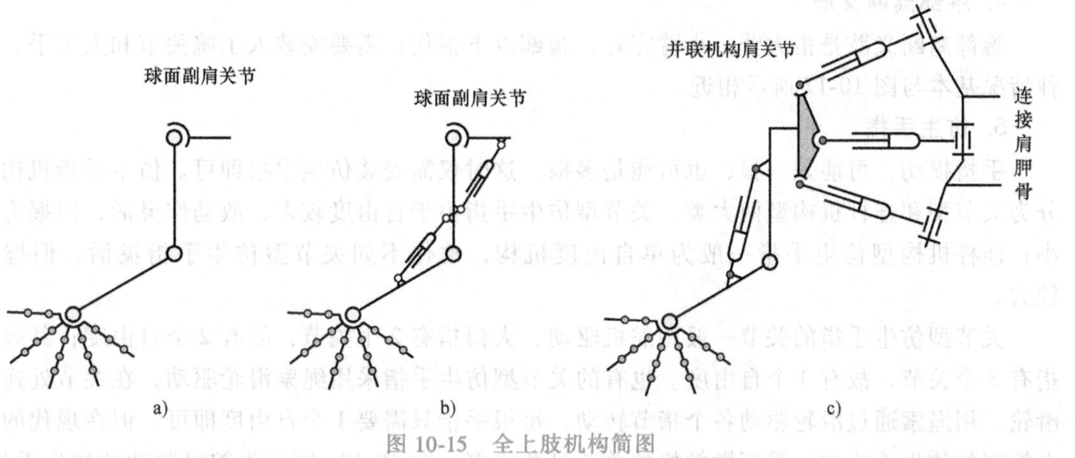

图 10-15　全上肢机构简图

2. 大臂义肢

在肩关节完好的情况下，大臂折断，可使用大臂义肢。此时仅考虑肘关节以下的肢体部分。去掉图 10-15 所示肩关节即可得到图 10-16 所示大臂义肢。图 10-16a 所示为关节型义肢，图 10-16b 所示为液压驱动型义肢。将构件 1 插入大臂的股骨之中即可固定该义肢。

3. 小臂义肢

在肘关节以上完好、从小臂断开的情况下，可使用小臂义肢。设计重点是小臂、腕关节及手部。

如图 10-17a 所示，从小臂断开的部位看，该部位含有一段小臂、腕关节和手部，其机构简图如图 10-17b 所示。仿真手的设计难度最大，其特点是骨骼结构复杂、手指自由度多。

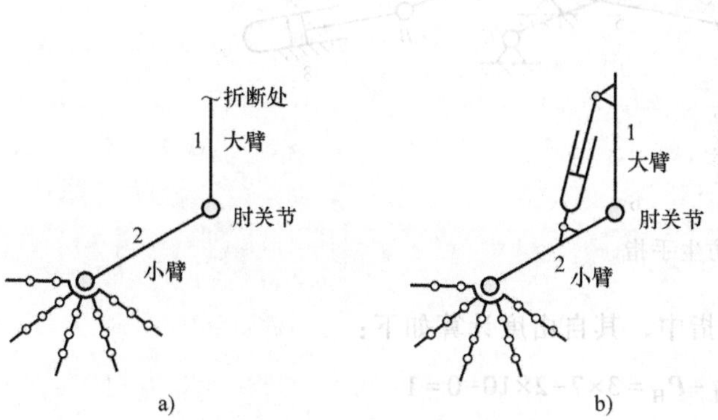

图 10-16　大臂义肢机构简图

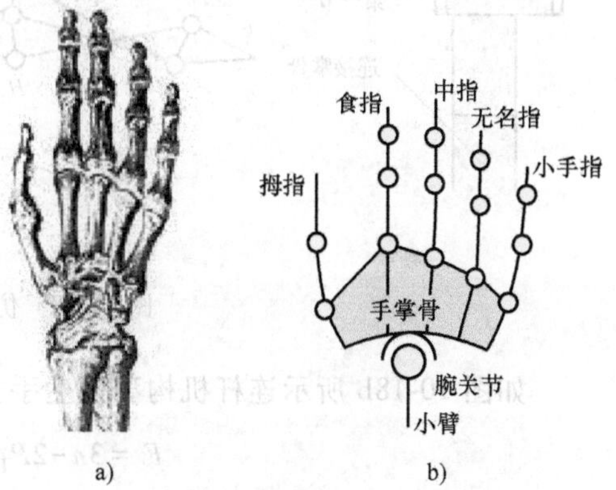

图 10-17　小臂义肢机构简图

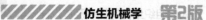

设计时，把手掌简化为一个刚体，把手指关节简化为转动副。手指自由度计算如下：

$$F=3n-2P_{L}-P_{H}=3\times14-2\times14-0=14$$

如果再考虑腕关节1个转动自由度，则有15个自由度，假定每个关节有一个驱动电动机，每根手指则有多个电动机，给手指的制造安装带来很大困难，而且手指的尺寸也过大，很不实用。因此在仿真手的设计中，一般对其自由度进行简化；也有仿真手指采用欠驱动方式以减少驱动电动机数量。

4. 腕部离断义肢

腕部离断义肢是指大臂、小臂完好，腕部以下损伤；需要安装人工腕关节和人工手，这种情况基本与图10-17所示相近。

5. 仿生手指

手指损伤，可能是一根，也可能是多根，这时仅需安装仿生手指即可。仿生手指机构可分为关节型和连杆机构型两大类。关节型仿生手指由于自由度较多，故动作灵活，但握力较小；连杆机构型仿生手指一般为单自由度机构，动作不如关节型仿生手指灵活，但握力较大。

关节型仿生手指的关节一般用舵机驱动，大拇指有2个关节，故有2个自由度；其余手指有3个关节，故有3个自由度。也有的关节型仿生手指采用绳索滑轮驱动，在关节处连接滑轮，用绳索通过滑轮驱动各个指节转动，每根手指只需要1个自由度即可。但在现代的肌电控制的仿生手指中，采用微舵机的关节日益增多。图10-18a所示为舵机驱动的仿生手指，图10-18b所示为连杆机构型仿生手指。

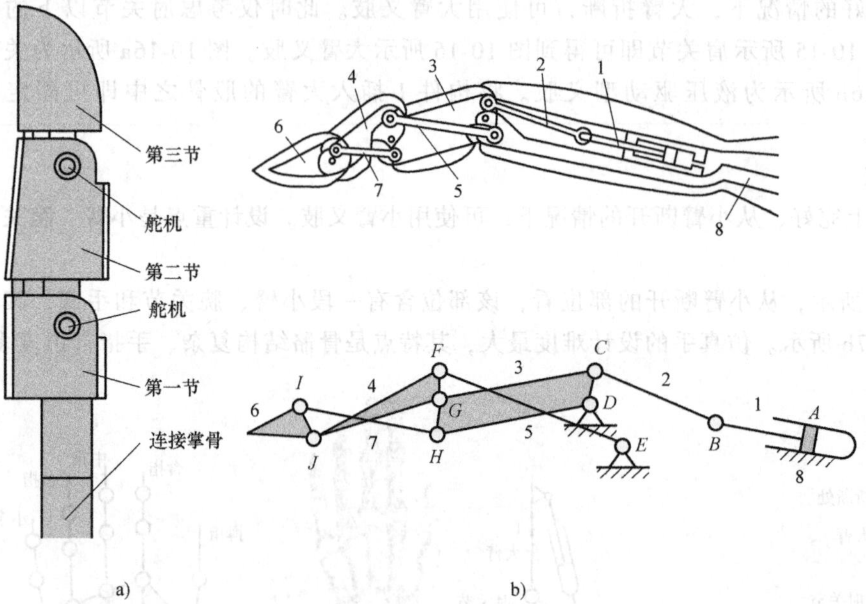

图10-18 仿生手指

如图10-18b所示连杆机构型仿生手指中，其自由度计算如下：

$$F=3n-2P_{L}-P_{H}=3\times7-2\times10-0=1$$

该机构可通过气压或液压驱动主动件1。

图 10-19a 所示为连杆机构型的仿生食指机构简图，其自由度为 1，计算如下：

$$F = 3n - 2P_L - P_H = 3\times5 - 2\times7 - 0 = 1$$

图 10-19b 所示为仿生拇指机构运动简图，其中的构件 1 采用了自适应构件，即构件 1 可根据受力大小自动调整轴向尺寸，进而适应被夹持物体的尺寸、形状与受力大小。该自适应原理也适用于其他仿生手指的设计。自适应构件在计算机构自由度时可视为刚体。该拇指机构的自由度为 1，计算如下：

$$F = 3n - 2P_L - P_H = 3\times3 - 2\times4 - 0 = 1$$

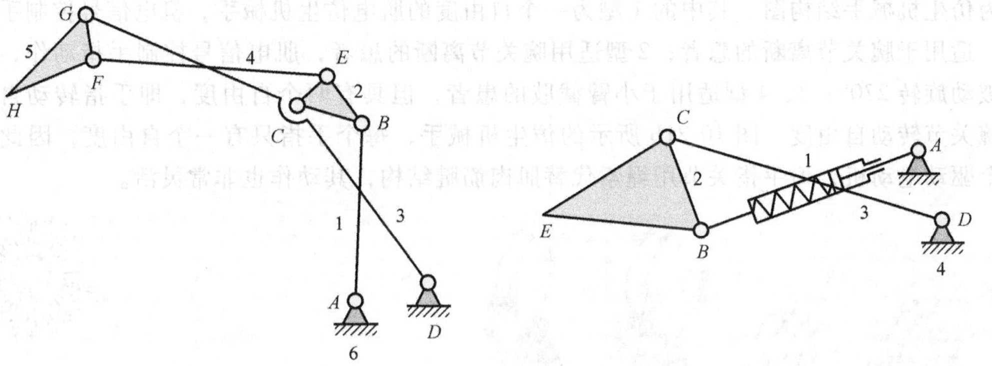

a)　　b)

图 10-19　食指与拇指的设计

a）食指机构简图　b）拇指机构简图

二、仿生人体上肢

上义肢、仿生手统称为仿生上肢。仿生上肢的研制进展很快，20 世纪 60 年代，肌电控制的肌电仿生手开始应用于临床；由意大利、德国、西班牙和丹麦四国联合研制的数字仿生手是最成功的应用范例，有 5 根手指，在小舵机的作用下，可以实现 16 个自由度的运动，而且具有完整的感觉功能。

我国在义肢研究领域虽然起步较晚，但发展速度很快。上海交通大学设计的仿生机械手具有与人手相似的外形和功能。该仿生机械手有 9 个主动自由度，其中手部 6 个，腕部 3 个。手部由 5 个结构相同的手指模块和拟人手掌构成。仿生机械手指采用欠驱动机构，即一个主动驱动可实现手指各关节的柔顺运动。其中大拇指可像人手那样运动到不同位置，加强抓握能力。内置的失速检测装置能感知每根手指是否抓握到物体，手指接触到物体并施加设定的抓握力后就锁定位置，从而能抓取不同形状和尺寸的物体。3 自由度仿生手腕，结构紧凑、重量轻、运动灵活，可实现上下切、内外翻和内外旋三类动作，腕部的动作提升了仿生机械手的操作空间。

图 10-20a 所示为一种典型的仿生机械手，图 10-20b 所示为另一类肌电控制仿生机械手，图 10-20c 所示为戴上硅胶手套的仿生机械手，仿生效果更好。

仿生机械手的种类非常多，而且国内外有许多生产厂家，常用的有三指和五指仿生机械手。从功能应用角度出发，三指手就够用了，但从美观出发，五指手用得最多。图 10-21a 所

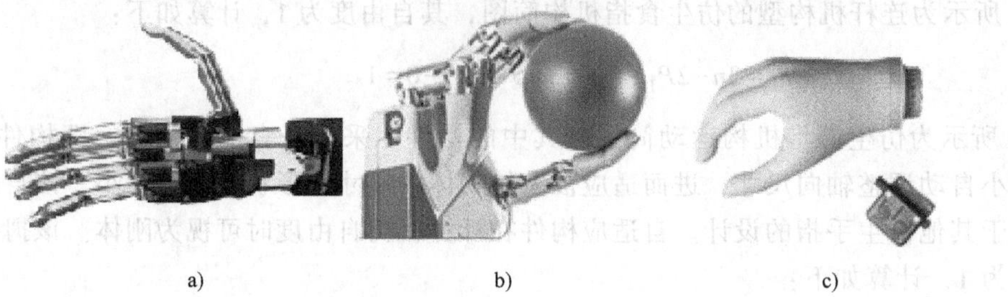

图 10-20 仿生机械手一

示为仿生机械手结构图。其中的 1 型为一个自由度的肌电仿生机械手，机电信号控制手指动作，适用于腕关节离断的患者；2 型适用腕关节离断的患者，肌电信号控制手指动作，腕关节被动旋转 270°；3、4 型适用于小臂截肢的患者，但具有两个自由度，即手指转动自由度和腕关节转动自由度。图 10-21b 所示的仿生机械手，每个手指只有一个自由度，因此只有一个驱动电动机，但手指关节用绳索代替肌肉筋腱结构，其动作也非常灵活。

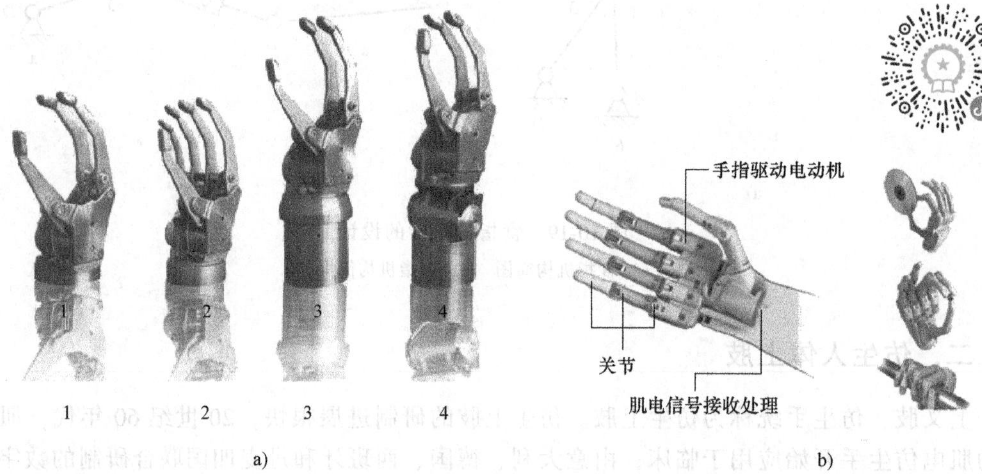

图 10-21 仿生机械手二

肌电仿生机械手是由患者的大脑神经支配残肢肌肉运动并产生肌电信号的，放大后的肌电信号用来控制微型电动机，再通过传动系统，驱动仿生机械手按人的意志运动。由于肌电仿生机械手的运动接受大脑指挥，它除了具有电动仿生机械手的长处外，还具有直感性强、控制灵活和使用方便等优点，是现代上义肢的发展方向。

目前国内已实用化的肌电义肢大都为单自由度、二自由度的小臂肌电义肢和二自由度、三自由度的大臂肌电义肢。

在肌电仿生机械手的控制中，经常提及欠驱动系统。欠驱动系统是指系统的独立控制变量个数小于系统自由度个数的一类非线性系统。在节约能量、降低造价、减轻重量、增强系统灵活度等方面都比完全驱动的系统优越。简单地说，欠驱动就是输入量比要控制的量少的系统。欠驱动系统结构简单，便于进行整体的动力学分析和试验。同时由于系统的高度非线性及控制量受限等原因，欠驱动系统又足够复杂，从控制理论的角度看，欠驱动系统控制输入的限制是具有挑战性的控制问题，研究欠驱动机械系统的控制问题有助于非完整约束系统控制理论的发展。

仿生机械手设计的常规方法是，用类似铰链、联动装置等零件来实现生物部件的机械化，从而将看似复杂的人体参照物进行简化。这种方法对于理解并模仿人手的运动原理有一定帮助，但不可避免地制造了一些人手与机械手之间的不良差异，因为人手上大多数显著的生物力学特征都在机械化的过程中被放弃或简化了。这些机械手和人手的生物力学特征在本质上的不匹配阻碍了使用自然的手部运动来直接控制机械手。因此，还没有任何一只仿生机器人手可以达到人手的灵巧程度。

研究人员通过激光扫描，可以得到人手的骨骼，然后通过 3D 技术打印出匹配的人工骨骼，从而复制出人手所拥有的灵活的连接关节。例如：拇指的运动依靠于腕掌关节中梯形骨的复杂形状，但由于梯形骨的不规则形状，腕关节轴没有固定的精准位置。所以说，目前所有的仿生机械手都是采用传统的机械连接，即采用固定的旋转轴。因此，这些传统的机械手都无法还原自然的拇指运动。但是，通过扫描手骨架，3D 打印出人工骨骼，可使仿生手指关节的运动范围、刚度和动态行为都非常接近人手，使仿生机械手设计保留重要的人手生物力学信息，可达到解剖级别的机械结构。

目前，仿生机械手有两种设计流派。第一种是以完成某项工作为导向，设计简单明了的高效机械手，依靠两三根手指轻而易举地完成许多工作；第二种是完全按照人类双手进行精确模拟，拥有一根拇指和其他四根手指，模拟人类数百万年进化而成的双手去设计仿生机械手。如果希望机械手能够尽可能做更多事情，最好是拥有一双像真人一样的手。鉴于真实的人手内在的复杂性，设计拟人仿生手时不可避免地采取了许多折中方案，在让它们正常工作的同时，保持了人手的外形，其终极目标是完全取代人类双手。

图 10-22a 所示为 3D 打印仿生机械手，生物相容性材料现在已经可以被打印成骨架，可生物降解的人造韧带也可以用来取代撕裂的前交叉韧带，人工肌肉已经成功地在培养皿内被培育出来，而且外周神经在合适的条件下也可以再生。该机械手在计算机的控制下，可以完成许多复杂的动作，如拿取硬币、鸡蛋、水杯、开关电器，甚至在黑板上写字等。

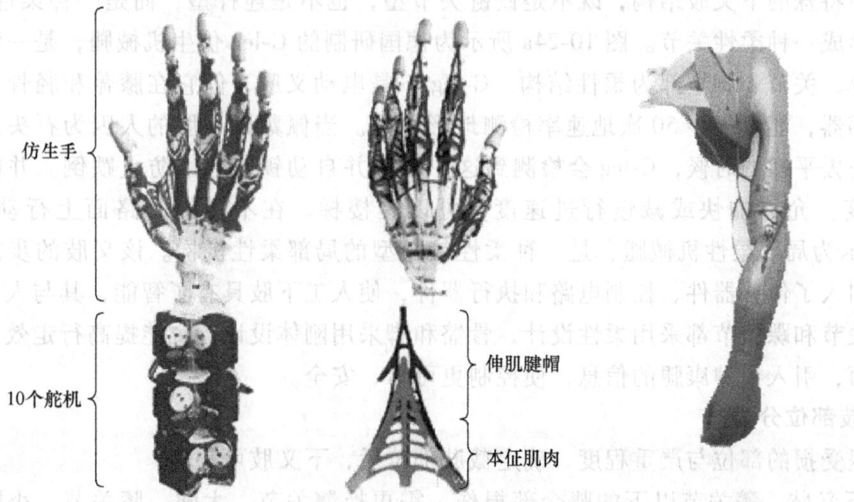

图 10-22　3D 打印仿生机械手

图 10-22b 所示的肩离断义肢，是由人体自身提供动力的义肢。义肢配戴者用自己身体

的力量，即残肢或肩带的力量，来操纵所谓的能动型抓握臂，通过系在身上的线索来将动作传递给义肢，也称为索控义肢。它是一种具有手的外形和基本功能的常用仿生手。这种仿生手都是通过患者自身关节运动，如小臂截肢者通过双侧肩部的前屈运动拉动一条牵引索，通过牵引索再控制仿生手的开闭，故这类仿生手也称为自身动力假手。

索控义肢大体可分为两类：第一类在常态时拇指、食指、中指处于抓紧物体的功能位，通过拉动牵引索使手指张开，不用力牵拉时依靠弹簧的扭力使手指闭合。这种仿生手结构简单、持物省力、价格较便宜，目前国内普遍采用，缺点是患者不能随意控制仿生手握力的大小；第二类在常态时手指处于自然张开位，通过牵拉牵引索使手指闭合、取物。这种仿生手的优点是患者可控制握力大小，缺点是结构较复杂、价格较贵，张开手指的间距也较小，不能抓取较大的物体。

第四节 仿生人体下肢的设计与分析

一、仿生人体下肢的生物模型设计

1. 按结构分类

图 10-23a 所示人的下肢体示意图中，肢体相当于机构的构件，设计比较简单，相当于运动副的关节是设计的难点。铰链关节设计最简单，但实现却比较难。图 10-23b 所示为铰链关节型下义肢，各关节采用关节电动机驱动。显然，3 自由度的球面髋关节很难用电动机驱动。图 10-23c 所示为连杆型下义肢，采用液压或气压驱动，该髋关节只有 1 个自由度。图 10-23d 所示的髋关节采用 3 自由度的空间并联机构，控制容易，但机构尺寸偏大。图 10-23e 所示为脚部结构，其中大脚趾和小脚趾有 2 个转动副，其余每个脚趾有 3 个转动副，共计 13 个自由度。

还有一种特殊的下义肢结构，既不是铰链关节型，也不是连杆型，而是一种柔性机构，其特殊结构形成一种柔性关节。图 10-24a 所示为德国研制的 C-leg 仿生机械腿，是一种全柔性机构，腿骨、关节和脚全部为柔性结构。C-leg 不是电动义肢，但它在膝盖和胫骨上装有一种微型传感器，能以每秒 50 次地速率检测地形变化。当佩戴该义肢的人因为石头或地面突然变化而失去平衡的时候，C-leg 会检测到这一趋势并自动锁定，以防止跌倒。并能自动检测步行速度，允许加快或减慢行进速度，可以爬楼梯，在不平坦的路面上行动自如。图 10-24b 所示为局部柔性机械腿，是一种柔性铰链型的局部柔性机构。该义肢的步态也很自然，由于加入了传感器件、控制电路和执行器件，使人工下肢具有了智能，其与人的步态更协调。膝关节和踝关节都采用柔性设计，骨骼和脚采用刚体设计，也能提高行走效率。在智能控制方面，引入了健康腿的信息，使控制更可靠、安全。

2. 按截肢部位分类

按照大腿受损的部位与严重程度，确定截肢部位后，下义肢可分为：

（1）全下义肢　髋关节以下的腿全部损伤，需更换髋关节、大腿、膝关节、小腿及以下的全部结构。

（2）大腿义肢　髋关节完好，需更换部分大腿、膝关节、小腿及以下的全部结构。

（3）小腿义肢　膝关节完好，部分小腿以下损坏。

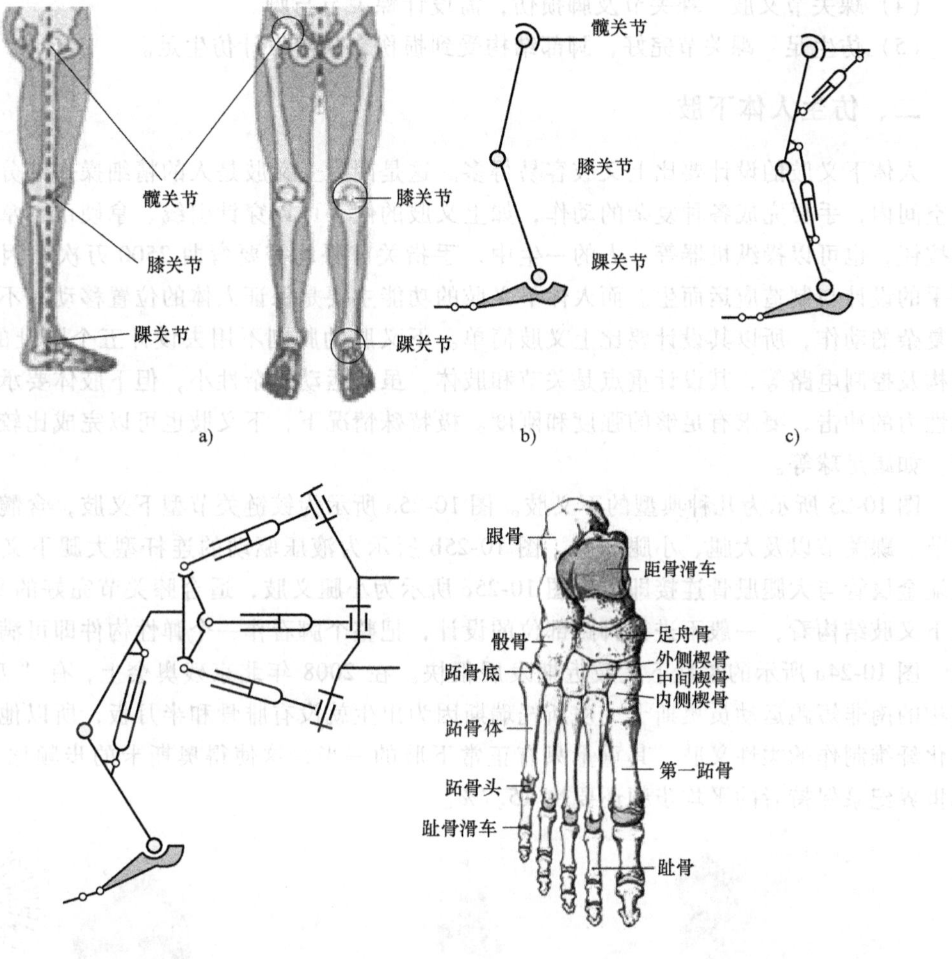

图 10-23　人体下肢结构

a）人的下肢体示意图　b）铰链关节型下义肢　c）连杆型下义肢
d）3 自由度并联机构型髋关节　e）脚部结构

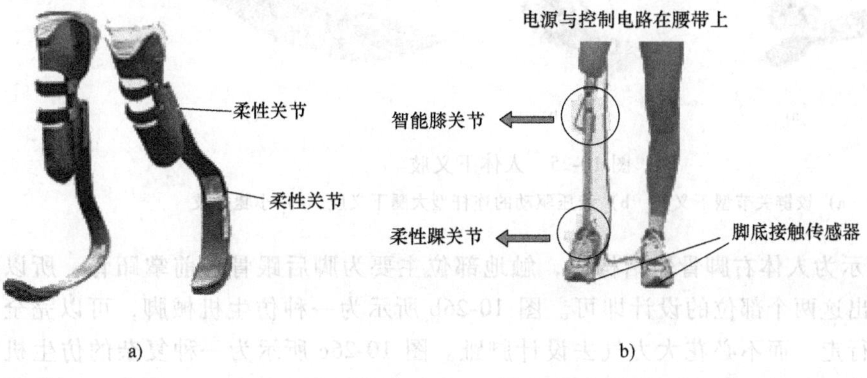

图 10-24　柔性下义肢

a）C-leg 仿生机械腿　b）局部柔性机械腿

（4）踝关节义肢　踝关节及脚损伤，需设计踝关节与脚。

（5）仿生足　踝关节完好，脚部结构受到损伤，只需设计仿生足。

二、仿生人体下肢

人体下义肢的设计要比上义肢容易得多。这是因为上义肢是人的精细操作部分，在其工作空间内，手要完成各种复杂的动作，如上义肢的假手可以穿针引线、拿硬币、拿鸡蛋、操作按钮，也可以操纵机器等。人的一生中，手指关节平均需要弯曲 2500 万次，因此各种灵巧手的设计与制造应运而生。而人体下义肢的功能主要是保证人体的位置移动，不需要完成很复杂的动作，所以其设计要比上义肢简单。下义肢的脚则不用去设计五个脚趾的自由度、结构及控制电路等，其设计重点是关节和肢体。虽然运动复杂性小，但下肢体要承受体重和惯性力的冲击，要求有足够的强度和刚度。极特殊情况下，下义肢也可以完成比较复杂的动作，如踢足球等。

图 10-25 所示为几种典型的下义肢。图 10-25a 所示为铰链关节型下义肢，含髋关节、膝关节、踝关节以及大腿、小腿和脚。图 10-25b 所示为液压驱动的连杆型大腿下义肢，义肢上端金属管与大腿股骨连接即可。图 10-25c 所示为小腿义肢，适合膝关节完好的义肢移植。从下义肢结构看，一般不进行脚趾部位的设计，把整个脚看作一个弹性构件即可满足走行要求。图 10-24a 所示的柔性下义肢近期发展很快。在 2008 年北京残奥会上，有“刀锋行者”之称的南非短跑运动员奥斯卡 · 皮斯托瑞斯因为出生就没有腓骨和半月板，所以他安装了用碳化纤维制作的柔性义肢，其重量只有正常下肢的一半，这使得奥斯卡的步频比 5 位前百米世界纪录保持者的平均步频还要快 15.7%。

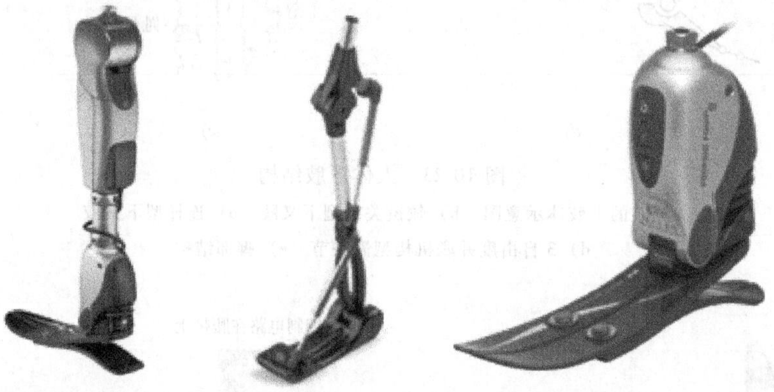

a)　　b)　　c)

图 10-25　人体下义肢

a）铰链关节型下义肢　b）液压驱动的连杆型大腿下义肢　c）小腿义肢

图 10-26a 所示为人体右脚骨骼结构图，触地部位主要为脚后跟骨与前掌跖骨，所以仿生机械脚只要突出这两个部位的设计即可。图 10-26b 所示为一种仿生机械脚，可以完全适应在复杂地面的行走，而不必花大力气去设计脚趾。图 10-26c 所示为一种复杂的仿生机械脚，带有多个脚趾，脚趾与脚掌之间用弹簧连接，代表生物原形的肌腱，小腿骨、脚踝关节与脚掌也用代表肌腱的弹簧连接，通过牵引小腿骨旁的绳索，即可控制脚部运动。

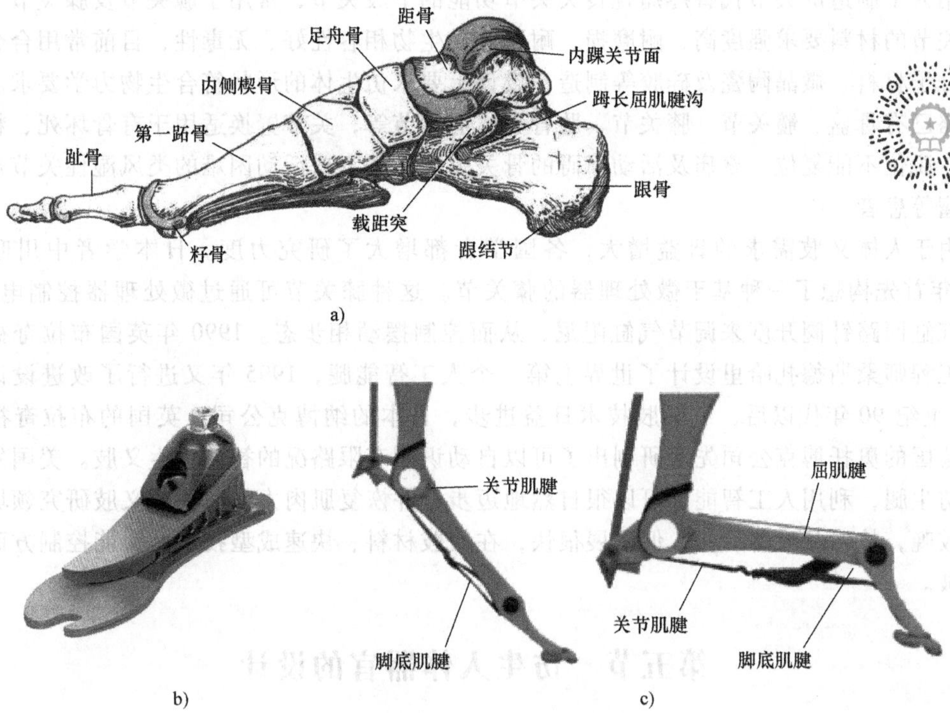

图 10-26　脚及仿生机械脚

a）人体右脚骨骼结构图　b）、c）仿生机械脚

三、义肢的材料与制造技术

应用人工关节置换手术来重建关节功能已经有 100 多年的发展历史。随着材料科学和仿生医学的迅速发展以及人们生活水平、康复水平的提高，人们对人体骨折缺损的修复和置换等方面的要求日益提高。据统计资料表明，关节炎等疾病患者逐年增加，美国每年大约有 50 万人动手术将髋部、肩部、肘和膝盖等部位置换成人工关节。人工关节种类繁多，外观形状复杂，每个病人的关节尺寸都不同，所以，目前人工关节已经成系列地生产，以满足各类人群的需要。

多数情况下，植入骨骼的人工关节柄与骨髓腔不能形成紧密的解剖匹配，从而使负荷传递、应力分布高于或低于正常水平，容易导致手术后的并发症，并降低人工关节的使用寿命，这些缺点限制了人工关节在临床上的广泛应用。为了改变这种现象，人们提出了按照骨腔解剖特点来设计人工关节的 CAD/CAM 系统研究。20 世纪 70 年代以来，随着计算机断层扫描、核磁共振成像等医学成像技术的产生和发展，可以得到人体及其内部器官的断层二维数字图像序列，这些断层二维数字图像包含了某一截面组织的解剖信息。根据断层二维数字图像序列重构出具有立体效果的三维图像，利用这种技术不仅可以展现人体器官的三维结构与形态，而且可以根据此三维模型进行计算机辅助设计和制造，制造出与病人组织解剖结构相匹配的关节，从而实现个性化人工关节的设计与制造。20 世纪 80 年代后期发展起来的快速成型制造技术，特别是 3D 打印技术的日益成熟，为骨骼、关节的再造提供了极大的方便。

用人工制造的关节代替疼痛且丧失关节功能的下肢关节，常用于髋关节及膝关节。制作人工关节的材料要求强度高、耐磨损、耐腐蚀、生物相容性好、无毒性，目前常用合金、医用高分子材料、微晶陶瓷及硅胶等制造。设计上要求仿生体的形状符合生物力学要求。置换的骨骼已有骨盆、髋关节、膝关节、肱骨头、肘关节等，关节置换适用于有骨坏死、粉碎性骨折、脱位不能复位、疼痛及活动障碍的骨关节病、僵直或活动困难的类风湿性关节炎以及骨肿瘤等患者。

由于人体义肢需求的日益增大，各国学者都增大了研究力度。日本学者中川昭夫在1986年首先构想了一种基于微处理器的膝关节。这种膝关节可通过微处理器控制电动机，调节气缸回路针阀开度来调节气缸阻尼，从而控制摆动相步态。1990年英国布拉奇福德公司的工程师桑斯德扎哈里设计了世界上第一个人工智能腿，1995年又进行了改进设计。进入20世纪90年代以后，下义肢技术日益进步，日本的纳博克公司、英国的布拉奇福德公司和德国的奥托博克公司先后研制出了可以自动识别有限路况的智能仿生义肢。美国发明的智能仿生腿，利用人工智能，可以很自然地迈步，并恢复肌肉力量。我国义肢研究领域由于起步较晚，技术相对落后些，但发展很快，在假肢材料、快速成型技术及智能控制方面都有所突破。

第五节　仿生人体器官的设计

人体器官主要是指人的心脏、肝脏、脾脏、胃、肺等脏器。脏器疾病是人类致死的主要因素。彻底解决这些脏器疾病的路径有两条，其一是移植脏器到人体内代替患病的脏器，但是由于人体的排异反应问题没有很好解决，这一治疗方案仍在积极探索之中；其二是研制仿生人工脏器代替原有患病脏器，这一治疗方案已经初现曙光。如植入仿生人工心脏的病人存活时间已经从几个月上升到3~5年。所以研制仿生脏器对提高病人生存率和改善生存质量有重大意义。由于人工心脏已经基本研制成功，故本节主要介绍人工心脏的研制机理，对研制其他人工脏器也有指导意义。

一、仿生创新设计方法的回顾

根据仿生研究的经验总结，利用仿生学的基本原理进行创新设计可分为以下三个步骤，也称为仿生创新设计三部曲。

1. 建立生物原型

根据具体的设计任务，确定相应的生物原型。在建生物原型时，要去除与设计目标无关的非主要特征因素。

2. 建立生物模型

在仿生学领域中，生物模型也称为物理模型或数学模型。物理模型就是根据相似原理，把真实事物按比例大小放大或缩小制成的模型，其状态变量和原事物基本相同，可以模拟客观事物的某些功能和性质。数学模型则是人们抽象出生物原型某方面的本质属性而构思出来的模型，例如，呼吸过程的图解或符号、光合作用过程图解或符号等过程均可抽象为数学模型。

需要说明的是所谓模型，就是模拟所要研究的生物原型的结构形态或运动形态，是生物原型的一些重要表征和体现，同时又是生物原型的抽象和概括。它不再包括原型的全部特征，但能描述原型的本质特征。

在满足设计要求的前提下，对生物模型需要进行简化、改造，得到实用的生物模型。这一部分设计是最富有创造性的工作，也是仿生创新设计成败的关键步骤。既模仿生物，又不机械照搬生物，是仿生创新设计的灵魂与精髓。

3. 建立实物模型

对经过改造后的生物模型进行分析、计算、设计、制造，将生物模型转换为工程技术领域的实物模型，然后进行各种性能测试，不断改进和提高，最后得到所需的产品，服务于人类社会。

实物模型就是设计、制造样机的过程。

以上就是仿生创新设计的三个步骤，利用仿生原理进行仿生机械的创新设计必须遵循着这三个步骤。

二、仿生人工心脏的设计

1. 选择成年健康男性的心脏为生物原型

图 10-27a 所示为成人心脏原型图，为更好了解心脏构造，其解剖图如图 10-27b 所示。其工作过程说明如下。

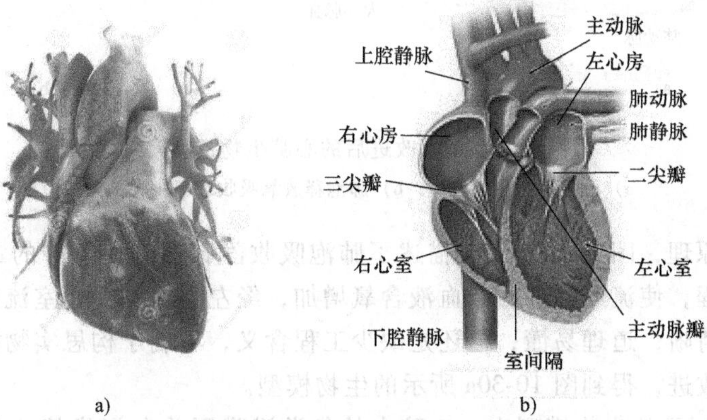

图 10-27　心脏的生物原型

a）心脏原型　b）心脏解剖图原型

从身体各部分回流到心脏的低氧静脉血由上腔静脉和下腔静脉回流到图 10-27b 所示的右心房，经三尖瓣到右心室，然后再进入肺动脉到达肺中；血液由肺部获得氧气后经过肺静脉进入左心房，经二尖瓣进入左心室，再流经主动脉送往全身的器官和组织。心脏以固定的频率收缩和舒张，引起血液的往复循环流动，完成心脏的泵血。

2. 建立物理模型

了解心脏的构造和功能后，即可构造心脏的生物模型。生物模型可以是机构简图，也可以是框图、流程图或数学表达式。根据心脏工作原理建立的工作框图如图 10-28 所示，该图清晰地表述了心脏的工作过程。但心脏工作框图还是有些抽象，非医务人员读图有些困难。

改进后的生物模型如图 10-29a 所示，框图变为拟人化的构造原理图，更容易弄清楚心

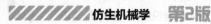

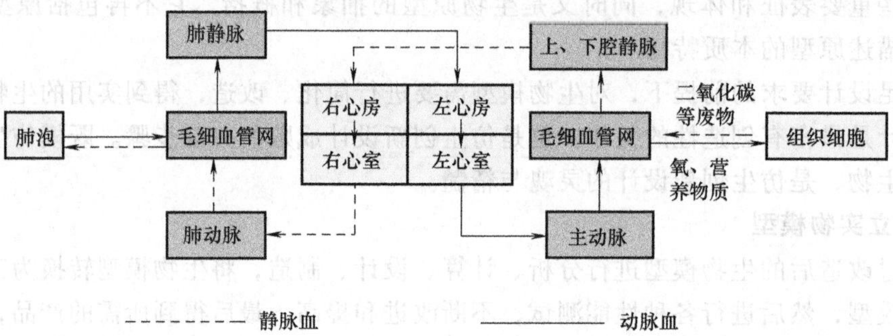

图 10-28 心脏初始生物模型（框图）

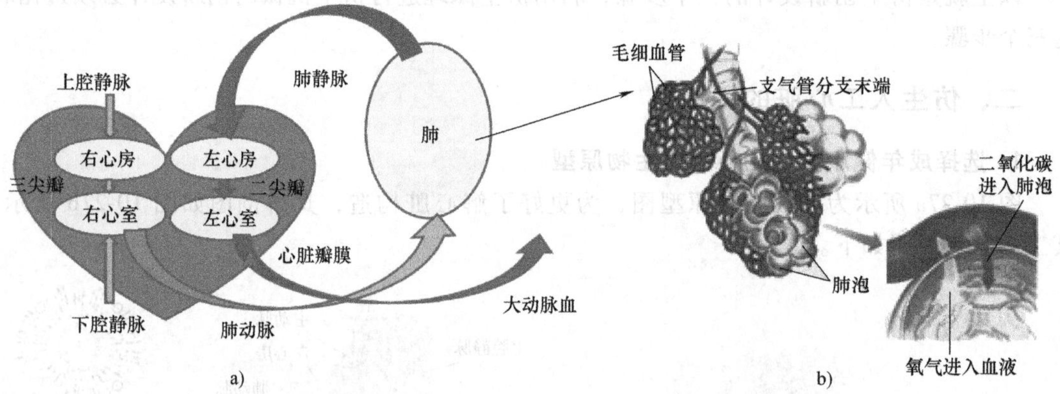

图 10-29 改进后的心脏生物模型

a）改进后的生物模型 b）肺泡释放氧吸收二氧化碳示意图

脏的构造与工作原理，图 10-29b 同时描述了肺泡吸收静脉毛细血管中的二氧化碳和向其注入新鲜氧气的过程，使流经肺部后的血液含氧增加，经左心房和左心室流经到动脉，再到身体各部。该概念清晰，道理易懂，但还是缺少工程含义，不利于构思实物样机。对该图再进行工程化的模型改进，得到图 10-30a 所示的生物模型。

如图 10-30a 所示的生物模型中，心脏中的各类瓣膜用单向阀代替，人体心脏的收缩压血功能用液压泵代替，泵与电动机制成一体化，形成一个完整的液压传动系统，为实物样机的设计奠定了技术基础。图 10-30b 所示为人体流出心脏的动脉毛细血管与流入心脏的静脉毛细血管的体内连接交汇情况。

3. 建立实物模型

制造实物样机时，泵的放置位置可以在右心室和肺之间，但是为了制造和放置方便，一般直接放在左心室出口处。实物样机模型如图 10-31a 所示。图 10-31b 所示为美国 Abiomed 公司研制的人工心脏在人体内安装后的示意图。

随着人工心脏的力学性能、血流动力学性能、能源、抗血栓性能以及测控方法等问题的改进与完善，人工心脏的仿生技术也将得到进一步发展。

按照上述人工心脏的设计过程，科学家们正在研制仿生人工肺。其生物原型和生物模型都不是很困难。难点是吸入肺泡中的氧如何释放到毛细血管中、如何把毛细血管中的二氧化

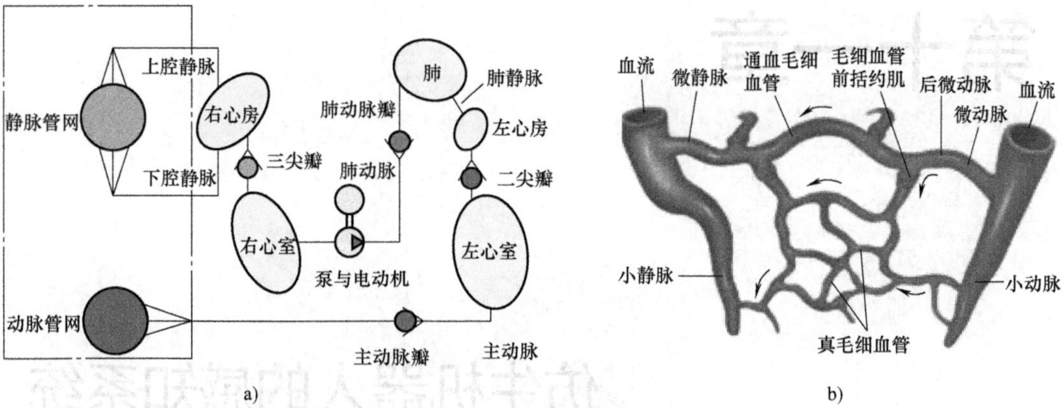

图 10-30 心脏生物模型

a）心脏的生物模型 b）人体静脉微细管网与动脉微细管网的连接

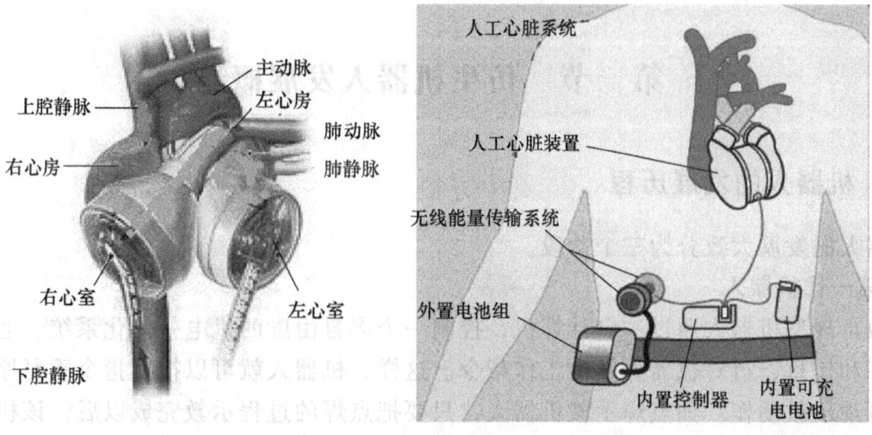

图 10-31 人工心脏

a）人工心脏实物模型 b）人工心脏安装示意图

碳吸入到肺泡中并伴随呼吸排出体外。

相反，植物叶子的光合作用是吸收二氧化碳、放出氧气的过程，但其释放氧气、吸收二氧化碳的化学反应过程已被破解，这为人工仿生肺的研制提供了理论支撑。

科学家精神

“两弹一星”功勋科学家：王淦昌

第十一章 Chapter 仿生机器人的感知系统

第一节 仿生机器人发展概述

一、机器人的发展历程

机器人的发展大致分为三个阶段。

1. 第一代机器人

示教再现型机器人通过一台计算机，控制一个多自由度的机电一体化系统，通过示教来存储程序和信息，再对机器人发出工作指令。这样，机器人就可以按照指令重复原来的示教结果，再现示教动作。如点焊示教机器人，只要把点焊的过程示教完成以后，该机器人就会重复与示教相同的动作，对于外界的环境没有感知。至于操作力的大小，工件是否存在，焊接质量的好坏，该机器人并不知道，更不能自行调整，只会按照存储的示教程序工作，这是第一代机器人的特点。但通过改变示教程序，可改变对应的工作要求。所以，很多批量生产的自动化生产线上使用有大量示教机器人。

2. 第二代机器人

第一代机器人只能按照已存储的既定程序被动地从事重复性工作，急需改进和提高。因此，在 20 世纪 70 年代后期，人们开始研究第二代机器人，称之为具有感知的机器人。这种具有感知系统的机器人可以模仿人的某种感知功能，比如说视觉、触觉、力觉、听觉等。由于有了各种各样的类人感觉，第二代机器人更加接近仿生机器人。当机器人想要抓住一个物体的时候，能够通过视觉感知识别物体的位置、形状、大小、颜色等。当抓住物体时，抓取力的大小能感觉出来，如抓一个鸡蛋，可通过触觉系统，感知到力的大小和滑动情况。第二代具有感知系统的机器人的研究发展很快，也是目前的重点研究课题。

3. 第三代机器人

第三代机器人是在第二代机器人基础上发展起来的更高级的机器人，是当前机器人发展的最高阶段，称之为智能机器人。只要告诉它做什么，不用告诉它怎么去做，它就能完成各种各样的任务。智能机器人不仅具有思维感知系统和人机通信系统，有时还具有人的外表和情感。但真正完整的智能机器人实际上只是处于起步阶段。随着科学技术不断发展和多学科知识交叉与融合，“智能”的概念越来越丰富，内涵越来越宽广，智能机器人会有更加广阔的前景。

类人机器人是智能机器人的重要分支，具有人的外表特征和运动特性。不仅具有力觉、视觉、触觉等物理特性，还有喜怒哀乐等情感特性，更加重要的是具有思维特性和信息交流特性。有些类人机器人还具有人的生理特性。随着仿生医学的发展，类人机器人可能具有与人类相近的器官，如皮肤、五官、骨骼、肌肉、神经以及内脏等各种器官。类人机器人的发展甚至会冲击传统的人类伦理道德底线，目前，对于如何发展这种具有人类属性的类人机器人还存在很大争议。

二、仿生机器人的发展历程

仿生机器人的出现体现了仿生应用的理念，其发展过程经历了一个漫长的时期，大部分学者认为仿生机器人的发展经历了 4 个阶段。

1. 第一阶段

第一阶段是原始探索阶段，该阶段主要是对生物原型的原始模仿，如原始的飞行器，模拟鸟类的翅膀扑动，该阶段的仿生机器人主要靠人力驱动。图 11-1 所示为我国春秋时期鲁班（公元前 507—公元前 444 年）发明的仿生机械鸟，使用竹片制成，据传说可在空中飞翔三天。

2. 第二阶段

20 世纪中后期，由于计算机技术的出现以及驱动装置的革新，仿生机器人进入到第二个阶段，即宏观仿形与运动仿生阶段。该阶段主要是利用机电系统实现诸如行走、跳跃、飞行等生物功能，并实现了一定程度的人为控制。

图 11-2 所示为美国莱特兄弟在 1903 年发明的世界第一架飞机。这架飞机叫“飞行者”。它采用了一副前翼和一副主翼，并且都是双翼结构，用麻布蒙皮和木支柱连接而成。一台汽油活塞发动机被固定在主翼下面的一个翼面之上，机翼前面左右各安装着一副双叶螺旋桨，机尾是一个双后翼结构的方向舵，用来操纵飞机的方向，而飞机上下运动则由前翼来操纵。飞机没有起落架和机轮，只有滑橇。起飞时飞机装在滑轨上，用带轮子的小车拉动辅助弹射起飞。驾驶员俯伏在主机翼的下机翼中间拉动绳索操纵飞机。

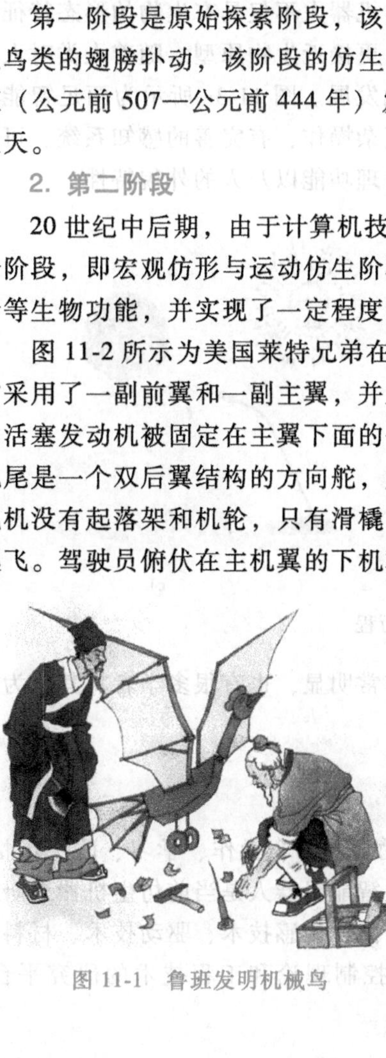

图 11-1 鲁班发明机械鸟

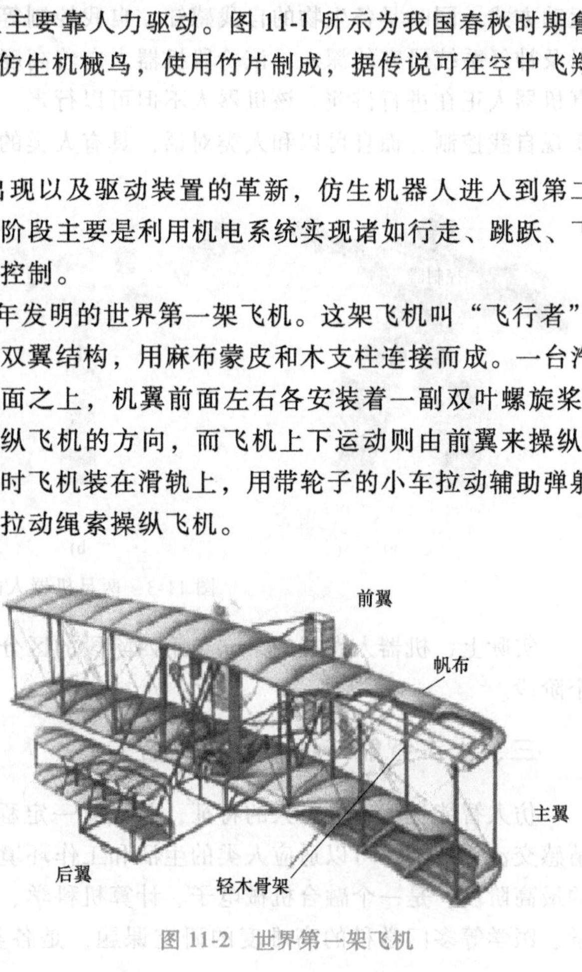

图 11-2 世界第一架飞机

这架飞机飞行的滞空时间只有短短的12s，飞行距离也只有微不足道的36m，但它却是人类历史上第一次有动力、载人、持续、稳定、可操纵、且重于空气的飞行器首次成功升空并飞行，标志着人类征服天空的梦想开始变为现实。

第二阶段的机器人吸取第一阶段仿生机器人的失败教训和研究经验，脱离了生搬硬套式的仿生，而是以动物运动原理为借鉴，激发创新思维，为仿生机器人的发展提供了良好的支撑。仿生步行机器人、爬行机器人、飞行机器人、游动机器人等层出不穷，在军事与国民经济建设中发挥了重要作用。图 11-3a 所示为两足步行机器人，可以行走，可以进行简单操作，但感知系统很不完善。

3. 第三阶段

进入 21 世纪以后，随着人类对生物系统功能特征、形成机理认识不断深入，以及计算机技术的发展，仿生机器人进入了第三阶段，其特征是机电系统开始与生物性能部分融合，如传统结构与仿生材料的融合以及仿生驱动的运用等。图 11-3b 所示为踢足球的两足智能机器人，可以行走、跑动、跳跃，可以进行复杂操作，有完善的感知系统，能实现自我控制。

4. 第四阶段

当前，随着对生物机理认识的深入、智能控制技术的发展，仿生机器人正向第四个阶段发展，即结构与生物特性一体化的类生命系统，强调仿生机器人不仅具有生物的形态特征和运动方式，同时具备生物的自我感知、自我控制等性能，更接近生物原型。随着人类对人脑以及神经系统研究的深入，该阶段机器人向着高度智能化发展。图 11-3c 所示为两足智能仿真机器人正在进行讲演。该机器人不但可以行走，进行复杂操作，有完善的感知系统，可以实现自我控制，而且可以和人类对话，具有人类的部分生理功能以及人的外貌特性。

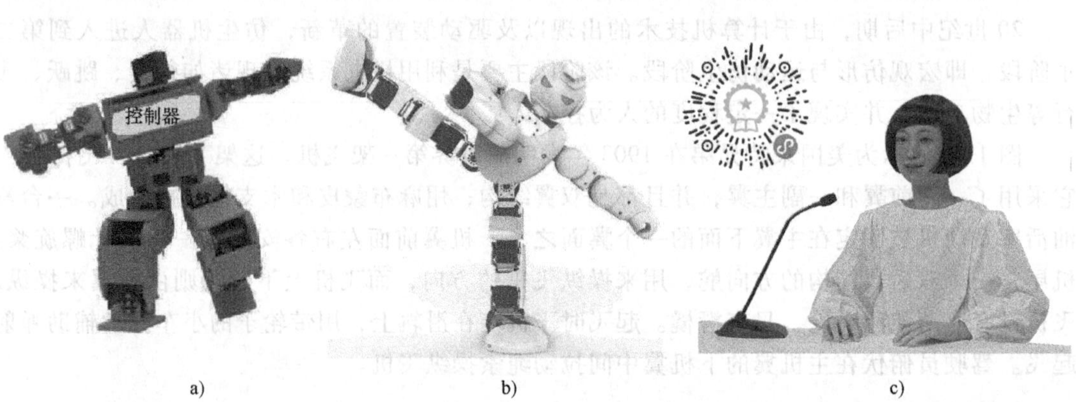

a)　　b)　　c)

图 11-3　两足机器人的发展历程

实际上，机器人发展的第三与第四阶段的区分不是非常明显，也有很多学者将其合为一个阶段。

三、人工智能与仿人智能机器人

仿人智能机器人具有人的特征，并具有一定程度移动、感知、操作、学习、联想记忆、情感交流等功能，可以适应人类的生活和工作环境。仿人智能机器人是当前仿生机器人研究的最高阶段，是一个融合机械电子、计算机科学、人工智能、传感技术、驱动技术、材料科学、医学等多门学科的高难度的研究课题，是各类新型控制理论和工程技术的研究平台，也是目前仿生机器人技术研究中具有挑战性的难题之一。仿人智能机器人的研究可以推动仿生学、机器人学、微机械学、人工智能学、计算机科学、控制科学、医学、材料科学等相关学科的发展，因此具有重要的研究价值和意义。

仿人机器人经过了几十年的发展，从最初的单元功能实现，模仿人进行简单行走和操作，发展到能初步感知外界环境的低智能化，再到现在的集成视觉、触觉、听觉等多项技术于一身，并能根据外界环境变化做出自身调整，完成多项复杂任务的拟人化、高度智能化的系统，促进了科学研究过程中多学科领域的互相交叉、渗透与融合发展。

在仿人机器人的研究过程中，根据对人工智能的理解，可把人工智能分为三个学派：逻辑符号派、行为主义派和神经网络派。

1. 逻辑符号派

根据人类对自己和世界的认识，抽象出智能算法，再将其数字化，在计算机中模拟出一个世界。也就是说，用人类的逻辑教机器做事。比如 1997 年战胜国际象棋世界冠军卡斯帕罗夫的计算机“深蓝”，搜集了成千上万的棋路，储存了许多棋谱，下棋时通过分析棋局，做出决定后，再下出正确的棋路。逻辑符号派希望通过模拟和编程创造出智能机器人，许多科学家绞尽脑汁开发专家系统，但随着研究的深入，发现人类的思维非常复杂，并且大多数人都不相信机器人可以达到人类的智力水平，于是行为主义派就应运而生了。

2. 行为主义派

行为主义派要研究出能做事的机器人，而不是具有高度智慧的机器人。现实生活中，机器人大都从事劳动密集型的工作，不需要太高的智能。人类的思维是内在的，真正发生的只有行为。所以一切从实践出发，把行为作为分析的基础，在劳动中获得智能。在行为主义派的努力下，许多优秀的仿生机器人诞生了。iRobot 公司研制的真空保洁机器人 Roomba，仅依靠红外识别系统和简单的程序就承担了打扫房间卫生的重任。而这种只具有低智商、只会埋头苦干的机器人却受到了消费者的欢迎。

3. 神经网络派

神经网络派兴起的较晚，其理论基础源于生命科学。该派对人类的神经系统有很深入的研究，如模仿人类神经元的运动方式发明出神经网络算法，又研究出遗传算法，蚁群算法等。另外，该派还致力于建立人类和机器之间的联系渠道，比如机器义肢和脑电波头盔。神经网络的兴起将人工智能带入到一个新的领域，波士顿的机器大狗正是这样的发明，它不但解决了美军的运输问题，还将自动驾驶系统的研究推向一个新的高度。该大狗可以在冰雪、泥泞、悬崖等极端地形中行走，如果因意外侧翻，能通过自动控制系统自己站立起来，并携带好货物，其智商比真狗还要高。

神经网络的研究前景巨大，但相关技术仍不成熟，有待进一步的发展。

我国仿生智能机器人的研究起步很晚，经历了跟踪国外研究、模仿国外成果到局部领域齐头并进三个阶段。近年来在陆地运动的仿生机器人、空中飞行的仿生机器人、水下游动的仿生机器人以及仿生智能机器人等领域的研究工作都取得了长足进步。

仿生智能机器人在各种不同环境中运动并完成既定操作任务，必须具有各种感知系统。如视觉系统，能感知周围环境，辨别物体形状、大小与色彩，能判别周围物体的方位与距离。在操作时，能感知力的大小，有良好的触觉。运动时有良好的自平衡能力，以适应复杂环境。有些仿生机器人还能感知周围环境温度的变化，还有些仿生机器人具有嗅觉或味觉。

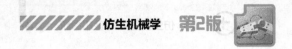

一些拟人机器人还有听觉，能根据听到的声音进行反馈，与人类进行对话。这些感知系统的功能完全由各种不同的传感器来实现。所以，仿生机器人感知系统的设计实质是各类传感器的选择以及信息处理。

从拟人功能出发，仿生智能机器人的感知系统主要包括视觉、听觉、力觉、触觉、温觉、嗅觉、味觉等各类传感系统，就是说，各种不同的感知系统对应各类不同的传感器。传感技术与控制技术的结合与发展促进了仿生机器人智能化水平的极大提高，传感器的小型化也促进了微型机器人的快速发展。

第二节　仿生智能机器人感知系统概述

一、仿生智能机器人的组成

仿生智能机器人由机械结构系统、控制系统、驱动系统和感知系统组成，以下分别说明。

1. 机械结构系统

仿生智能机器人的机械结构系统是机器人的躯体。主要有机器人的运动系统（含操作系统和走行系统）、传动系统、动力系统等。机械结构系统也称为机器人的本体。本书前面的内容都属于机器人本体设计。

2. 驱动系统

驱动系统是机器人实现各种运动的驱动力来源。一般情况下，常见的驱动系统可分为电动机驱动系统、液压驱动系统、气压驱动系统、电磁驱动系统等，也有利用风能或水能驱动的特殊机器人。有些微型机器人也可以利用材料的变形特性作为驱动装置。

3. 控制系统

控制系统的任务是根据机器人的作业指令程序以及从传感器反馈回来的信息控制机器人的执行机构，使其完成规定的运动和功能。

如果机器人不具备信息反馈特征，则该控制系统称为开环控制系统。如果机器人具备信息反馈特征，则该控制系统称为闭环控制系统。根据智能机器人不同程度的智能，可分为传感型机器人、交互型机器人和自立型机器人。

传感型机器人：具有利用传感信息（包括视觉、听觉、触觉、接近觉、力觉和红外、超声及激光传感器等）进行信息处理，实现控制与操作的能力。

交互型机器人：机器人通过计算机系统与操作员或程序员进行人机对话，实现对机器人的控制与操作。

自立型机器人：无需人的干预，机器人能够在各种环境下自动完成各项拟人任务。

仿生智能机器人需要复杂的闭环控制系统和感知系统。

4. 感知系统

感知系统又称为感觉系统，由内部传感器和外部传感器组成，其作用是获取机器人内部信息和外部环境信息，并把这些信息反馈给控制系统。

现代仿生智能机器人向高度智能化方向发展，在机器人本体上设置了各种感知系统，是仿生智能机器人智能化的主要标志。

图 11-4a 所示为典型仿生智能机器人的控制系统框图，图 11-4b 所示为典型智能机器人感知系统示意图。

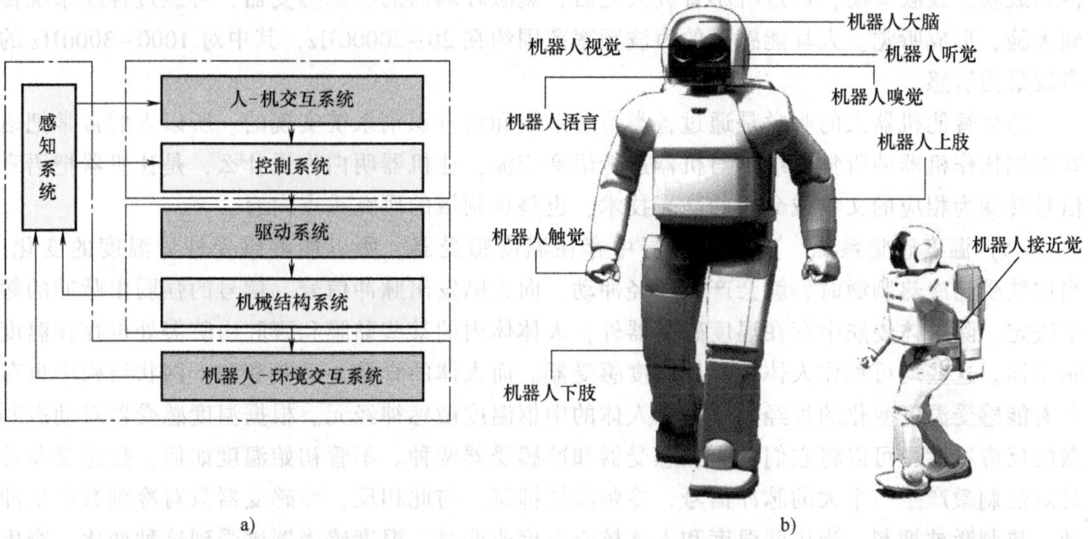

图 11-4 仿生智能机器人组成框图

（1）视觉感知系统 视觉感知系统的功能是判定物体的形状、色彩、大小、远近、高低、运动状态以及与周边环境的关系等。人类的视觉是通过眼睛、神经和大脑联合作用来实现的，仿生智能机器人的视觉是通过照相机或各类传感器、信息处理系统以及计算机联合作用来实现的。机器视觉是仿生智能机器人最重要的智能化指标之一。

视觉传感器是整个机器视觉系统信息的直接来源，主要由一个或者多个图形传感器组成，有时还要配以光投射器及其他辅助设备。视觉传感器的主要功能是获取足够的机器视觉系统要处理的最原始图像。由于视觉传感器是利用光学元件和成像装置获取外部环境图像信息的仪器，通常用图像分辨率来描述视觉传感器的性能。视觉传感器的精度不仅与分辨率有关，而且同被测物体的检测距离有关。被测物体距离越远，其绝对的位置精度越差。

图像传感器可以使用激光扫描仪、线阵或面阵 CCD 摄像机或者 TV 摄像机，也可以是数字摄像机等。

（2）触觉感知系统 生物的触觉是指分布于全身皮肤上的神经细胞接受来自外界的信息，如温度、湿度、压力、振动等方面的感觉。多数生物的触觉是遍布全身的，像人的皮肤位于人的体表，依靠表皮的游离神经末梢能感受温度、痛觉、触觉等多种感觉。狭义的触觉是指轻轻接触皮肤，触觉感受器所引起的肤觉。广义的触觉还包括增加压力使皮肤部分变形所引起的肤觉，即压觉，一般统称为触压觉。生物感受本身，特别是体表的机械接触（接触刺激）的触觉一般是动物重要的定位手段。仿生智能机器人的触觉是通过各类触觉传感器、信息处理系统以及计算机联合作用来实现的。

触觉传感器是用以判断机器人（主要指四肢）是否接触到外界物体或测量被接触物体的特征的传感器。触觉传感器有微动开关、导电橡胶、含碳海绵、碳素纤维、气动复位式装置等类型。

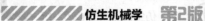

(3) 听觉感知系统　人类的听觉是通过耳朵（指外耳和内耳）、神经以及大脑的联合作用来实现的，空气的振动声波作用于人的耳朵就会产生听觉。声波通过介质传到外耳道，再传到鼓膜。鼓膜振动，通过听小骨放大之后，刺激耳蜗内的听觉感受器，再经过神经系统传到大脑，形成听觉。人耳能感受的声波频率范围约在 20～20000Hz，其中对 1000～3000Hz 的声波最为敏感。

仿生智能机器人的听觉是通过各类传感系统和语音识别系统实现的。所以人们常常把语音识别比作机器的听觉系统，与机器进行语音交流，让机器明白你说什么，是让机器把语音信号转变为相应的文本或命令的高端技术，也是该领域的研究重点内容。

(4) 温度感觉系统　人体皮肤层中存在温度感受器，所以能够感受外界温度的变化。当皮肤受到冷热刺激时，就会产生神经冲动，向大脑发出脉冲信号，信号的强弱由脉冲的频率决定。除人体皮肤中存在温度感受器外，人体体内的某些黏膜和腹腔内脏等处也存在温度感受器。这些均可称作人体的外周温度感受器。而人体的脊髓、延髓和脑干网状结构中也存在着能感受温度变化的神经元，称作人体的中枢温度敏感神经元。根据温度感受器对动态刺激的反应特性，可以将它们分为热感受器和冷感受器两种。不管初始温度如何，热感受器总是对热刺激产生一个大的脉冲信号，冷刺激被抑制。与此相反，冷感受器只对冷刺激产生冲动，热刺激被抑制。当皮肤温度和人体核心温度改变时，温度感受器感受到这种变化，产生瞬态的冷热感觉，同时发出脉冲信号，通过脊髓传递到大脑。热感受器与冷感受器的信号在传输过程中是分开传送的，在中枢神经系统的不同层次进行整合，产生对应的冷感觉和热感觉，同时对发热和散热的过程进行抑制或促进。

仿生智能机器人对温度变化的感受是依靠温度传感器来实现的。温度传感器把感受的温度变化转换成可用于输出的电信号，经过信号处理后，再传输到计算机进行信息处理，最后根据温度高低的变化采取升温还是降温的措施。温度传感器按测量方式可分为接触式和非接触式两大类，但仿生智能机器人常采用非接触式温度传感器。

(5) 压力感知系统　压力感知系统也称压觉，主要指皮肤与物体接触并承受某种作用力后，体表和体内对压力大小的感知程度。而接触觉则主要是对体表力的感受程度。二者有区别，但不是本质区别，所以有时也将二者合在一起，称为触压觉。

压力传感器通常由压力敏感元件和信号处理单元组成，并能按照一定的规律将压力信号转换成可用的输出电信号。

二、仿生智能机器人的感知系统与对应传感器

仿生智能机器人的各种不同的感知系统对应各类不同的传感器。传感技术与控制技术的结合与发展促进了仿生智能机器人智能化水平的极大提高。

GB/T 7665—2005《传感器通用术语》对传感器下的定义是：“能感受被测量并按照一定的规律转换成可用输出信号的器件或装置，通常由敏感元件和转换元件组成”。传感器是一种检测装置，它是实现自动检测和自动控制的首要环节。传感器能感受到被测量的信息，并能将检测到的信息按一定规律变换成为电信号或其他所需形式的信息输出，以满足信息的传输、处理、存储、显示、记录和控制等要求。

在仿生学机器人的研究中，常把各类传感器的功能与人类的感觉器官相对照。这样，仿生智能机器人就可以更加拟人化。

1. 模仿视觉的传感器

模仿视觉的传感器，常用光敏元件和成像装置获取外部环境图像信息，图像的清晰和细腻程度通常用分辨率来衡量，以像素数量表示。图像传感器通常可分为 CCD（Charge-Coupled Device，电荷耦合器件）和 CMOS（Complementary Metal-Oxide Semiconductor，金属氧化物半导体元件）两大类，如照相机、摄像机，红外夜视仪等都是常用的视觉传感器。

2. 模仿听觉的传感器

模仿听觉的传感器，常用声敏传感器获取声波信号并转换为电信号，通过语音识别系统和处理系统后，机器人能对外部声音指令做出相应反应。声音信号的获取可通过振动传感器获取，但语音识别与处理系统难度较大。

3. 模仿嗅觉的传感器

模仿嗅觉的传感器，常用气敏传感器。气味分子被机器嗅觉系统中的传感器阵列吸附，各阵列由一些具有不同敏感对象的传感器阵列构成，与人的鼻子一样，可以将测得的气味信息转换为对应的电信号，再经过加工处理，将处理后的信号由计算机模式识别系统做出判断，可以分辨各种气味。常用传感器按材料可分为金属氧化物型半导体传感器、导电聚合物传感器以及光纤气体传感器等。

传感器阵列中的气体传感器各自对特定气体具有相对较高的敏感性，被检测的是样品的总体气味。

4. 模仿味觉的传感器

模仿味觉的传感器，常用化学传感器，味觉传感器由分子识别元件和换能器组成的敏感元件以及信息处理系统构成，分子识别元件主要由生物活性材料组成，如酶、微生物及 DNA 等。最后通过主要成分的数据分析和模式识别判定酸、甜、苦、辣等味道。

5. 模仿压觉的传感器

模仿压觉的传感器，常用压觉传感器。压觉传感器主要安装在仿生机器人的手指上，用于感知被接触物体压力值的大小。压觉传感器又称为压力觉传感器，可分为单一输出值压觉传感器和多输出值的分布式压觉传感器。目前普遍关注的是利用材料物理性能原理去开发传感器，常见的碳素纤维便是其中一种。当受到某一压力作用时，纤维片阻抗发生变化，从而达到测量压力的目的。这种纤维片具有重量轻、丝细、机械强度高等特点。利用某些材料的内阻随压力变化而变化的压阻效应，制成压阻器件，即可检测压力分布。如加压敏感导电橡胶等。

利用某些材料的内部电位随压力的变化而变化的压电效应制成的器件，也能感知外部压力的变化，如压电晶体、压电陶瓷等。

压磁式传感器也称磁弹性传感器，是利用铁磁材料的压磁效应制成的传感器。压磁效应是指某些铁磁材料在受到外力作用后，其内部产生应力，因而导致铁磁材料磁导率变化的物理现象。利用这种传感器将作用力的变化转化成传感器磁导体的磁导率变化，最后输出电信号。

6. 模仿温觉的传感器

模仿温觉的传感器，常用温度传感器，主要有热敏电阻与热电偶等元件。热敏电阻随温度的增加而减小，如果将其串联在电路里，随着温度的变化电路里的电流就发生变化。热电偶能直接将温度变化转换为电压变化。这微小的电压变化经过放大电路放大，并经过转换，就能知道温度的变化。

7. 模仿触觉的传感器

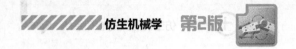

模仿触觉的传感器，常用压敏、温敏、流体传感器等。触觉传感器可判断机器人四肢是否接触到外界物体或测量与被接触物体间的力学特征。触觉传感器有微动开关、导电橡胶、含碳海绵、碳素纤维、气动复位式装置等。

1）微动开关。由弹簧和触头组成。触头接触外界物体后离开基板，造成信号通路断开，从而测到与外界物体的接触。常闭式（未接触时一直接通）微动开关的优点是使用方便、结构简单，缺点是易产生机械振荡和触头易氧化。

2）导电橡胶式传感器。它以导电橡胶为敏感元件。当触头接触外界物体并受压后，压迫导电橡胶，使它的电阻发生改变，从而使流经导电橡胶的电流发生变化。这种传感器的缺点是由于导电橡胶的材料配方存在差异，出现的漂移和滞后特性不一致，优点是具有柔性。

3）含碳海绵式传感器。它是在基板上装有海绵构成的弹性体，在海绵中按阵列布以含碳海绵。接触物体受压后，含碳海绵的电阻减小，测量流经含碳海绵电流的大小，可确定受压程度。这种传感器也可用作压力觉传感器，优点是结构简单、弹性好、使用方便。缺点是碳素分布均匀性直接影响测量结果以及受压后恢复能力较差等。

4）碳素纤维式传感器。以碳素纤维为上表层，下表层为基板，中间装以氨基甲酸酯和金属电极。接触外界物体时碳素纤维受压与电极接触导电。优点是柔性好，可装于机械手臂曲面处，但滞后较大。

5）气动复位式传感器。它有柔性绝缘表面，受压时变形，脱离接触时则由压缩空气作为复位的动力。与外界物体接触时其内部的弹性圆泡（铍铜箔）与下部触点接触导电。优点是柔性好、可靠性高，但需要压缩空气源。

与现代的传感器相比，人类的感觉能力要好得多，但也有一些传感器比人的感觉功能优异，例如人类没有能力感知紫外线或红外线辐射，感觉不到电磁场、无色无味的气体等。

传感器的微型化、数字化、智能化、多功能化、系统化、网络化，不仅促进了传统产业的改造和更新换代，而且还可能建立新型工业，从而成为21世纪新的经济增长点。

第三节　传感器概述

传感器是智能机器人中不可缺少的重要器件，是仿生机器人智能化程度的主要标志。其分类方法很多，这里仅作简单介绍。

一、传感器的分类

1. 按被测物理量分类

可分为力学量、光学量、磁学量、几何量、运动量、流速与流量、热学量、化学量、生物量传感器等。这种分类有利于传感器的选择和应用。

2. 按照工作原理分类

可分为电阻式、电容式、电感式、光电式、光栅式、热电式、压电式、红外、光纤、超声波、激光传感器等。这种分类有利于传感器的研究和设计，也有利于阐明传感器的工作原理。

3. 按敏感材料的不同分类

可分为半导体传感器、陶瓷传感器、石英传感器、光导纤维传感器、金属传感器、有机材料传感器、高分子材料传感器等。

4. 按照传感器输出量的性质分类

可分为模拟传感器（该类传感器将被测量的物理量转换成模拟电信号输出）和数字传感器（该类传感器将被测量的物理量转换成数字信号输出）。模拟传感器电路简单，数字传感器抗干扰能力较强，目前应用越来越广泛。

5. 按传感器作用分类

可分为压力传感器、扭矩传感器、距离传感器、角度传感器、速度传感器、加速度传感器、温度传感器、湿度传感器、光传感器、声音传感器 、色彩传感器、气味传感器、流量与流速传感器 、磁传感器、光传感器、仿生传感器等。

6. 按传感器中敏感元件的类型分类

（1）物理类敏感元件　基于力、热、光、电、磁和声等物理效应设计的敏感元件。物理传感器应用的是物理效应，诸如压电效应，磁致伸缩现象，离化、极化、热电、光电、磁电等效应，被测信号量的微小变化都将被转换成电信号。

（2）化学类敏感元件　基于化学反应的原理设计的敏感元件。化学传感器包括那些以化学吸附、电化学反应等现象为因果关系的传感器，被测信号量的微小变化都将转换成电信号。

（3）生物类敏感元件　基于酶、抗体和激素等分子识别功能设计的敏感元件。

7. 按敏感元件的感知功能分类

根据敏感元件的感知功能可分为热敏元件、光敏元件、气敏元件、力敏元件、磁敏元件、湿敏元件、声敏元件、放射线敏感元件、色敏元件和味敏元件等。

了解传感器的分类方法，对正确选择和使用传感器有很大帮助。

传感器可以直接接触被测量对象，也可以不接触。根据传感器的安装情况，还可以分为内置传感器和外置传感器。内置传感器经常和电动机、关节等机械部件安装在一起，完成位置、速度、力度的测量，以便实现伺服控制。

二、仿生智能机器人内部与外部传感器

仿生智能机器人中的传感器分为内部传感器和外部传感器。

内部传感器用于检测机器人内部各关节的位置、速度、加速度、受力等变化情况，为闭环伺服控制系统提供反馈信息。或者说，内部传感系统用于检测机器人的自身状态，如检测机器人执行机构的速度、姿态和空间位置等。

外部传感器用于检测机器人与周围环境之间的一些状态变量，如物体大小、形状、距离、颜色、运动状况、接近程度和接触情况等，用于引导机器人识别物体并做出相应处理。外部传感器可使机器人以灵活的方式对它所处的环境做出反应，赋予机器人一定的智能。该部分的作用相当于人的五感。或者说，外部传感系统用于检测操作对象和作业环境，如机器人抓取物体的形状、物理性质，检测周围环境中是否存在障碍物等。根据工作需要，有时还需要检测周边气味并进行分析，检测周边声音并进行识别。总之，外部传感器是根据机器人的具体工作要求设置的，或者说，不同工作任务的机器人具有不同的外部传感器。

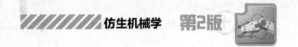

第四节 仿生智能机器人的内部传感器

机器人内部传感器用于检测机器人的自身状态，主要有保持自身平衡的传感器、实现自身位姿的位置传感器、测速传感器、测力传感器等。

一般情况下，内部传感器不属于机器人感知系统类别。

一、陀螺仪

陀螺仪是保持机器人本体在静止和运动过程中自身平衡的重要传感器。

1. 机械陀螺仪

陀螺是一个刚体，其上有一个方向支点，而陀螺可以绕着这个支点做三个自由度的转动。陀螺在高速旋转时，角动量很大，旋转轴会一直稳定地指向一个方向，这就是陀螺仪可以控制物体平衡的基本原理。

机械式陀螺仪的基本部件有：

1）陀螺转子。常采用同步电动机、磁滞电动机、三相交流电动机等驱动，使陀螺转子绕自身轴线高速旋转。

2）内、外框架。也称内、外环，是使陀螺转子自转轴获得所需角转动自由度的结构。

3）附件。指力矩马达、信号传感器等。

图 11-5 所示为机械式陀螺仪，图 11-5a 所示为原理图，陀螺转子在电动机驱动下，高速旋转时会稳定在一个方向。图 11-5b 所示为其结构图，图 11-5c 所示为其产品图。

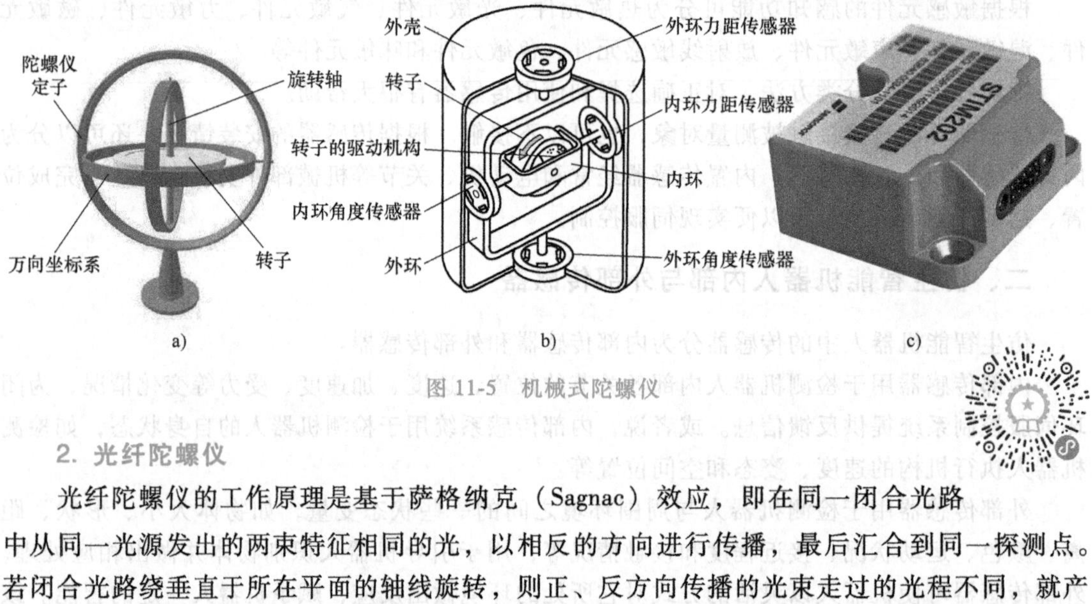

图 11-5 机械式陀螺仪

2. 光纤陀螺仪

光纤陀螺仪的工作原理是基于萨格纳克（Sagnac）效应，即在同一闭合光路中从同一光源发出的两束特征相同的光，以相反的方向进行传播，最后汇合到同一探测点。若闭合光路绕垂直于所在平面的轴线旋转，则正、反方向传播的光束走过的光程不同，就产生光程差，其光程差与旋转的角速度成正比。因而只要知道了光程差及与之相应的相位差的信息，就可以测出光路旋转角速度及角位置，这便是光纤陀螺仪的工作原理。

光纤陀螺仪中没有高速转子，因而称为固态陀螺仪。这种新型全固态的陀螺仪已成为主导产品，具有极好的发展前途和广泛的应用前景。

光纤陀螺仪是以光导纤维线圈为基础的敏感元件，由发光二极管发射出的光线朝两个方向沿光导纤维传播。光传播路径的不同，决定了敏感元件的角位移。

图 11-6a 所示为光纤陀螺仪的原理图，光束经分速器 2 聚合到 F_2，再经分速器 1 分两路进入转动的光导纤维环，由于两路光束与纤维环转动方向的不同，导致光程不同，通过对 F_1 与 F_2 的分析计算，可以得到光路的旋转角度及角位置。图 11-6b 所示为光纤陀螺仪的产品图。

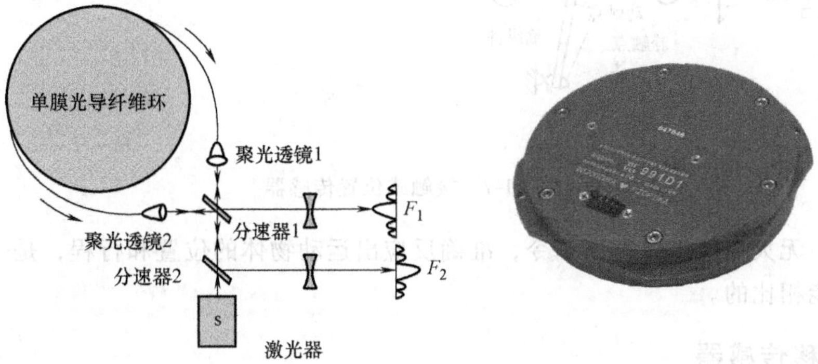

图 11-6　光纤陀螺仪

光纤陀螺仪与传统的机械陀螺仪相比，优点是全固态，没有旋转部件和摩擦部件，寿命长、动态范围大、瞬时启动、结构简单、尺寸小、重量轻。所以光纤陀螺仪的应用日益广泛。

二、位置传感器

位置传感器是用来测量机器人自身位置的传感器。按运动方式，位置传感器可分为直线位置传感器和角位置传感器两种。按接触方式可分为接触式和非接触式两种。常见位置传感器可以分为电感式、电容式、超声波式和霍尔式。

位置传感器也叫接近开关，它不是测量一段距离的变化量，而是通过检测，确定机器人是否达到某一确定位置，因此不需要测量连续变化的模拟量，仅需测量产生某种状态的开关量即可。而位移传感器是测量机器人相对某个参考点的位置变化，需要测量位置变化的连续模拟量。

1. 接触式位置传感器

常见的接触式位置传感器有如图 11-7a 所示的行程开关和图 11-7b 所示的二维矩阵式位置传感器等。行程开关结构简单、动作可靠、价格低廉。当某个物体在运动过程中，碰到行程开关时，其内部触头会动作，从而完成控制任务。二维矩阵式位置传感器安装于机械手掌内侧，在其内安装多个二值触觉传感器，用于检测自身与某个物体的接触位置。

2. 非接触式位置传感器

非接触式位置传感器也叫接近开关，是指当物体与其接近到设定距离时就可以发出动作信号的开关，它无须和物体直接接触。接近开关有很多种类，主要有电磁式、光电式、差动变压器式、电涡流式、电容式、干簧管式、霍尔式等。

接近开关是理想的电子开关量传感器，当检测体接近开关的感应区域，开关就能无接

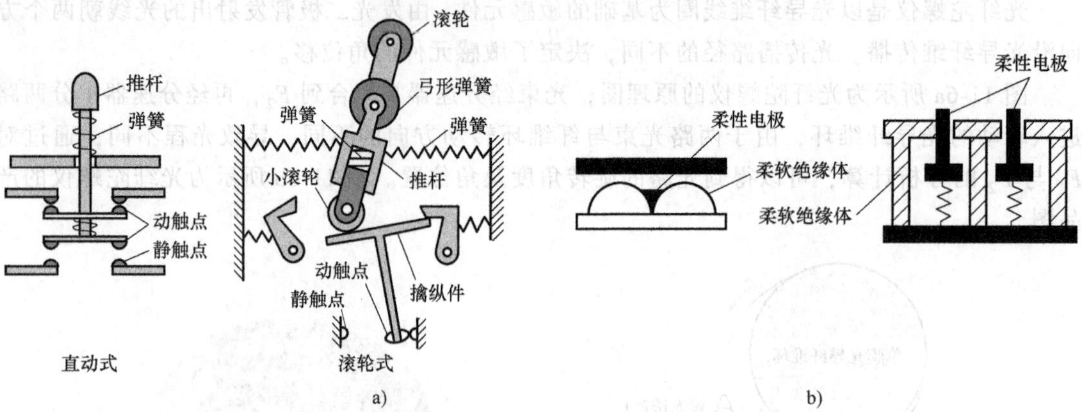

图 11-7 接触式位置传感器

触、无压力、无火花地迅速发出指令，准确反应出运动物体的位置和行程，是一般机械式行程开关所不能相比的。

三、位移传感器

位移传感器测量物体运动的连续变化量，有直线位移传感器和角度位移传感器。直线位移传感器有电位计传感器和可调变压器两种。

1. 直线位移传感器

电位计传感器的工作原理是物体的位移 x 引起电位计移动端电阻 R 的变化，阻值的变化量反映了位移的量值，阻值增加还是减小则表明了位移的方向。电位计把电阻变化转换为电压 U 输出。图 11-8a 所示为电位计位移传感器原理示意图。

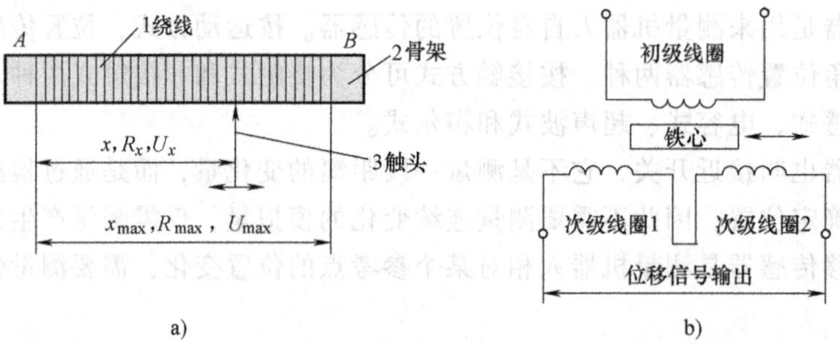

图 11-8 位移传感器原理示意图

图 11-8b 所示为差动变压器位移传感器的原理图，其结构由铁心、衔铁、初级线圈、次级线圈组成。初级线圈、次级线圈分布在线圈骨架上，线圈内部有一个可自由移动的杆状衔铁。衔铁处于中间位置时，两个次级线圈产生的感应电动势相等，输出电压为 0。当衔铁在线圈内部移动并偏离中心位置时，两个次级线圈产生的感应电动势不再相等，则有电压输出，电压大小取决于位移量的大小。为了提高传感器的灵敏度，改善传感器的线性度、增大传感器的线性范围，设计时将两个次级线圈反串相接，两个次级线圈的电压极性相反，输出的电压是两个次级线圈的电压之差，此时的输出电压值与铁心的位移量成线性关系。

2. 角位移传感器

角位移传感器有电位计、可调变压器（旋转变压器）及光电编码器三种，其中光电编码器有增量式编码器和绝对式编码器。增量式编码器一般用于零位不确定的位置伺服控制。绝对式编码器能够得到对应于编码器初始位置的驱动轴瞬时角度值。

图 11-9a 所示为安装在伺服电动机轴上的光电编码器。圆盘周向分布有能遮光的黑色条纹，一侧有光源。另一侧有受光元件，中间有分度尺。当圆盘转动时，光线被黑色条纹遮住，通过透明处的光线经感光元件转换为电脉冲信号。控制黑色条纹的数量，就可以控制电动机轴的位置精度。光电编码器经常与伺服电动机轴安装在一起。单独编码器实物如图 11-9b 所示。

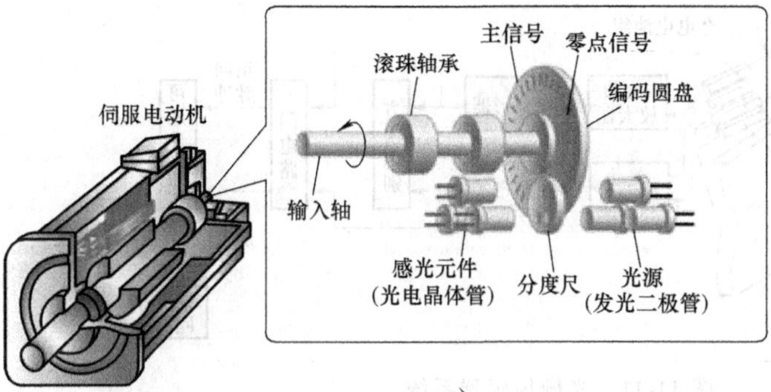

a)

b)

图 11-9 光电脉冲编码器

光栅是一种新型的位移检测元件，有圆光栅和直线光栅两种。它的特点是测量精确度高（±1μm）、响应速度快和量程范围大。

光栅由标尺光栅和指示光栅组成，两者的光刻密度相同，但体长相差很多，其结构如图 11-10a 所示。光栅条纹密度一般为每毫米 25、50、100、250 条等。当把指示光栅平行地放在标尺光栅上面，并且使它们的刻线相互倾斜一个很小的角度 θ 时，在指示光栅上就出现几条较粗的明暗条纹，称为莫尔条纹。它们沿着与光栅条纹几乎成垂直的方向排列，如图 11-10b 所示。

光栅莫尔条纹的特点是起放大作用，用 W 表示条纹宽度，P 表示栅距，θ 表示光栅条纹间的夹角，则有：

$$W=\frac{P}{2\sin\frac{\theta}{2}}\approx\frac{P}{\theta}$$

若 $P=0.01$mm，把莫尔条纹的宽度调成 10mm，则放大倍数相当于 1000 倍，即利用光的干涉现象把光栅间距放大 1000 倍，因而大大降低了测量难度。

光栅可分透射和反射光栅两种。透射光栅的线条刻制在透明的光学玻璃上，反射光栅的线条刻制在具有强反射能力的金属板上，一般用不锈钢。

光栅测量系统的基本构成如图 11-11 所示。光栅移动时产生的莫尔条纹明暗信号可以被光电元件接收，图中的 a、b、c、d 是四块光电池，产生的信号相位彼此相差 90°，对这些信号进行适当的处理后，即可变成光栅位移量的测量脉冲。

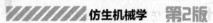

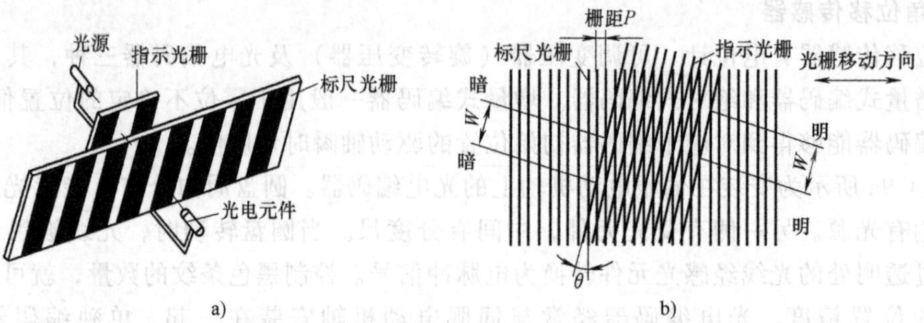

图 11-10 光栅结构

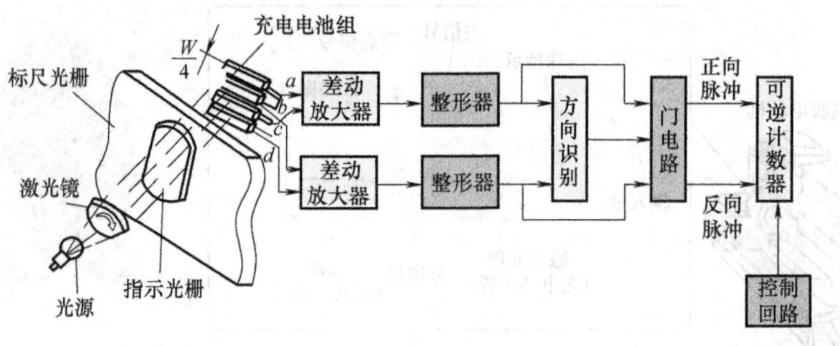

图 11-11 光栅传感器系统

增量式圆光栅测角原理与上述方法基本相同。如图 11-12 所示，指示光栅、接收管以及发光管的位置固定在照准部上。当光栅度盘随照准部转动时，莫尔条纹落在接收管上。光栅度盘每转动一条光栅，莫尔条纹在接收管上移动一周，流过接收管的电流变化一周。由于光栅之间的夹角已知，计数器所计的电流周期数经过处理后就显示成转过的角度值。

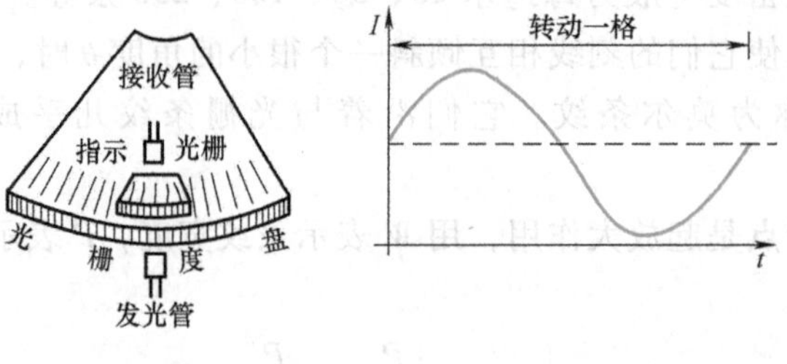

图 11-12 圆光栅示意图

四、速度传感器

速度传感器分为线速度传感器和角速度传感器两种，也都分为接触式和非接触式两种类型，是一种将非电量的变化转变为电量变化的元件。

在仿生机器人领域中，对旋转运动速度测量较多，直线运动速度也经常可以通过旋转速度间接测量。例如测速发电机可以将旋转速度转变成电信号，就是一种角速度传感器。测速发电机要求输出电压与转速间保持线性关系，并要求输出电压陡度大，时间及温度稳定性好。

1. 磁电式速度传感器

磁电式速度传感器是利用电磁感应原理，将输入的运动速度转换成线圈中的感应电动势输出。它直接将被测物体的机械能量转换成电信号输出，工作不需要外加电源。由于这种传感器输出功率较大，因而大大简化了配用的二次仪表电路。

图 11-13 所示为磁电式速度传感器示意图，当被测齿轮转动时，传感器线圈产生磁力线，转动齿轮会切割磁力线，使传感器磁路中产生不断变化的磁阻，在线圈中产生感应电动势，并与被测齿轮的转速成正比，经过换算可得到被测齿轮的转速。

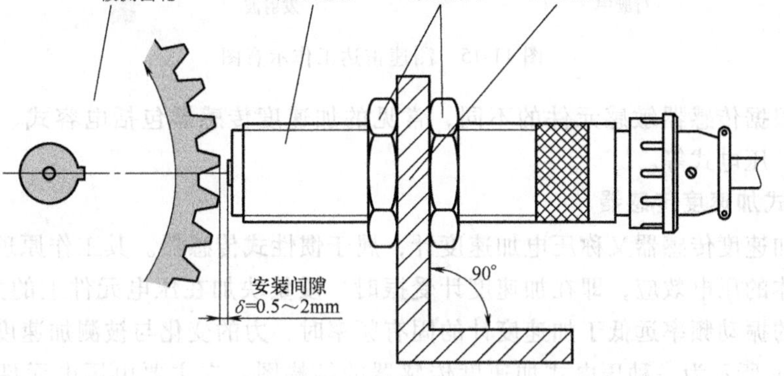

图 11-13 磁电式速度传感器

2. 激光测速传感器

非接触测速传感器正在取代接触式测速传感器。现在市场上精度较高、最常用的是非接触差速激光测速传感器。该传感器有两个端口：一个是发射端口，发出 LED 光源；一个是高速拍照端口，实现 CCD 高速成像对比，通过在极短时间内的两个图像对比，分辨被测物体移动的距离信号后，再传给信号处理器，利用算法计算出它的速度。

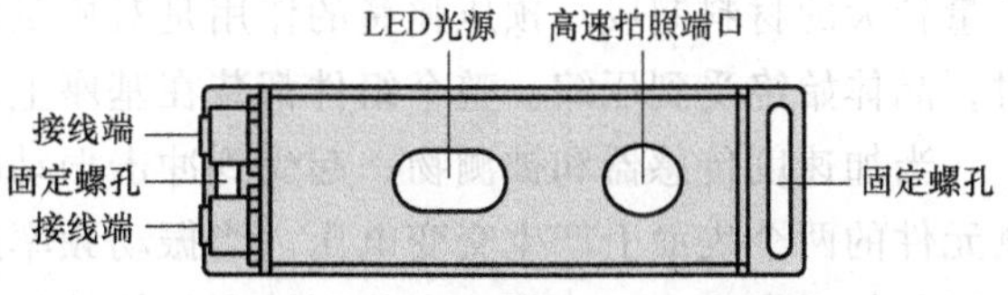

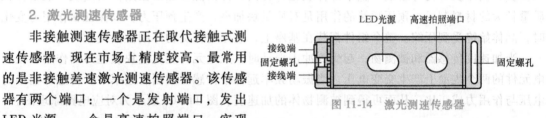

图 11-14 激光测速传感器

如图 11-14 所示，LED 光源对着被测物发射出激光，通过反射到高速拍照端口，经过信息处理与计算后，可测出被测物体的转动速度。

3. 雷达测速传感器

雷达测速传感器的原理是测速系统发射雷达波，并接收被测物体反射回来的反射波。根据发射波和反射波的频率差来计算物体的运动速度。常用的脉冲多普勒雷达的工作原理可表述如下：当雷达发射一固定频率的脉冲波对空扫描时，如遇到活动目标，回波的频率与发射波的频率出现频率差，称为多普勒频率，根据多普勒频率的大小，可测出目标对雷达的径向相对运动速度。图 11-15 所示为测速雷达工作示意图。

五、加速度传感器

加速度传感器是能感受物体的加速度变化、并能转换成可用输出电信号的传感器，一般分为线加速度传感器和角加速度传感器。加速度传感器通常由质量块、阻尼器、弹性元件、敏感元件和调整电路等部分组成。通过对质量块所受惯性力的测量，利用牛顿第二定律获得

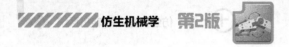

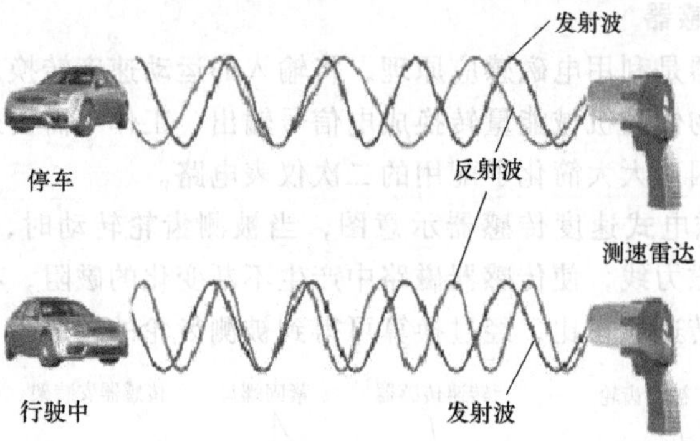

图 11-15　测速雷达工作示意图

加速度值。根据传感器敏感元件的不同，常见的加速度传感器包括电容式、电感式、应变式、压阻式、压电式等。

1. 压电式加速度传感器

压电式加速度传感器又称压电加速度计，属于惯性式传感器。其工作原理是利用压电陶瓷或石英晶体的压电效应，即在加速度计受振时，质量块加在压电元件上的力也随之变化。当被测物体的振动频率远低于加速度计的固有频率时，力的变化与被测加速度成正比。

图 11-16a 所示为一种压电式加速度传感器的结构图。它主要由压电元件、质量块、预压弹簧、基座及外壳等组成。整个部件装在外壳内，并由螺栓加以固定。质量块一般由体积质量较大的材料制成。预压弹簧的作用是对质量块加载，产生预压力，以保证在作用力变化时，晶体始终受到压缩。整个组件都装在基座上，基座与被测物体刚性固接在一起。

当加速度传感器和被测物一起受到冲击振动时，压电元件受质量块惯性力的作用，在压电元件的两个表面上产生交变电压。当振动频率远低于传感器的固有频率时，传感器输出的电压与作用力成正比，从而可得到被测物体的加速度。图 11-16b 所示为对应电路原理图。

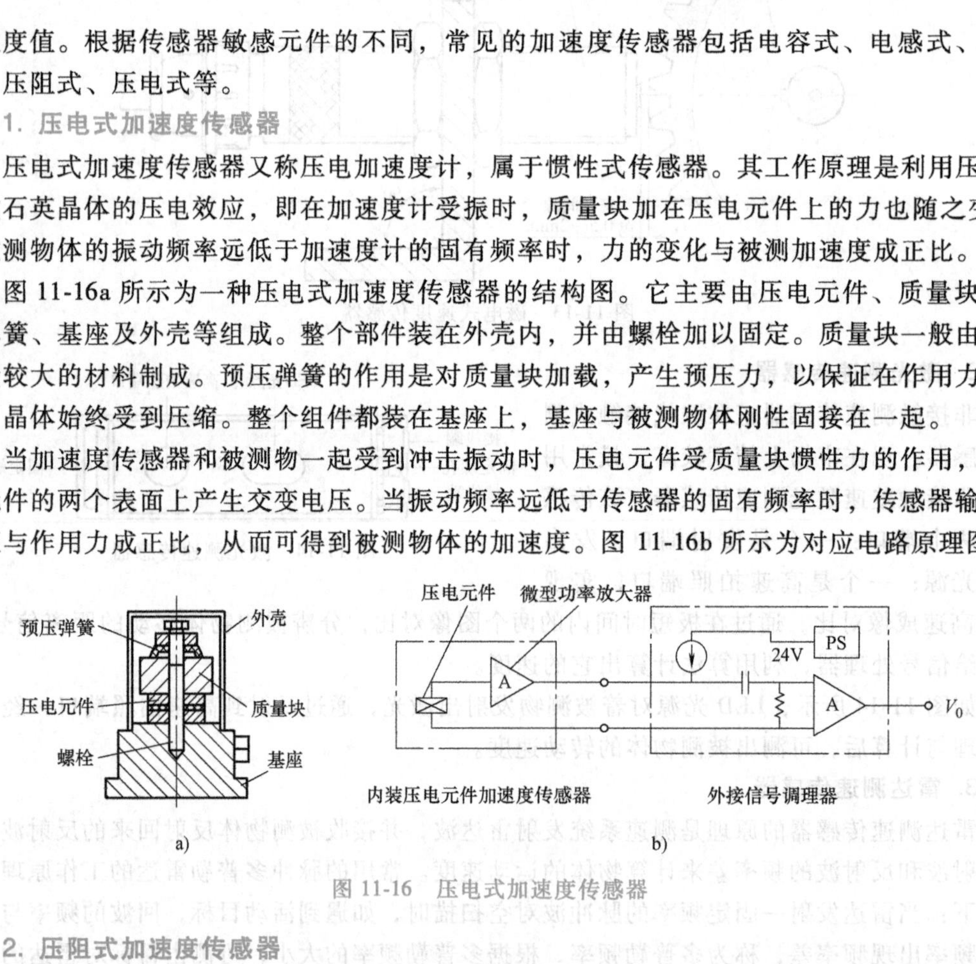

图 11-16　压电式加速度传感器

2. 压阻式加速度传感器

压阻式传感器是指利用单晶硅材料的压阻效应和集成电路技术制成的传感器。单晶硅材料在受到力的作用后，电阻率会发生变化，通过测量电路就可得到正比于力变化的电信号输出。

压阻式加速度传感器与压电式加速度传感器的性能有较大差别。压电式加速度传感器是电容性的，高阻抗的。压阻式加速度传感器是电阻性的，低阻抗的。压电式加速度传感器的误差较小，通常约为压阻式加速度传感器的一半。

压阻式加速度传感器的结构原理如图 11-17a 所示，一个质量块固定在悬臂梁的一端，而悬臂梁的另一端固定在传感器基座上。悬臂梁的上下两个面都贴有应变片并组成惠斯通电桥。质量块和悬臂梁的周围填充硅油（二甲基二氯硅烷加水后制得的初缩聚环体）等阻尼液，用以产生必要的阻尼力。质量块的两边是限位块，其作用是保护传感器在过载时不致损坏。被测物的运动导致与其固连的传感器基座的运动，基座又通过悬臂梁将此运动传递给质量块，所以质量块也产生同样的加速度运动，因而产生惯性力，其惯性力正比于加速度。惯性力作用在悬臂梁的端部使之发生变形，从而引起悬臂梁上的应变片电阻值变化。在恒定电源的激励下，由应变片组成的电桥就会产生与加速度成比例的电压输出信号。

基于 MEMS（微机电系统）技术的压阻式加速度传感器具有体积小、灵敏度高的优点。这主要是因为两者电阻变化的原理不同。应变片中的金属丝或金属箔在受力时形状发生了变化，所以引起了电阻值小幅的改变。而硅材料在受力时，除了形状发生变化外，更重要的是材料特性发生了大的变化，所以引起了电阻值的大幅改变。一个典型的金属丝或箔式应变计的应变系数大约是 2.5，而硅材料的应变系数可达 100。

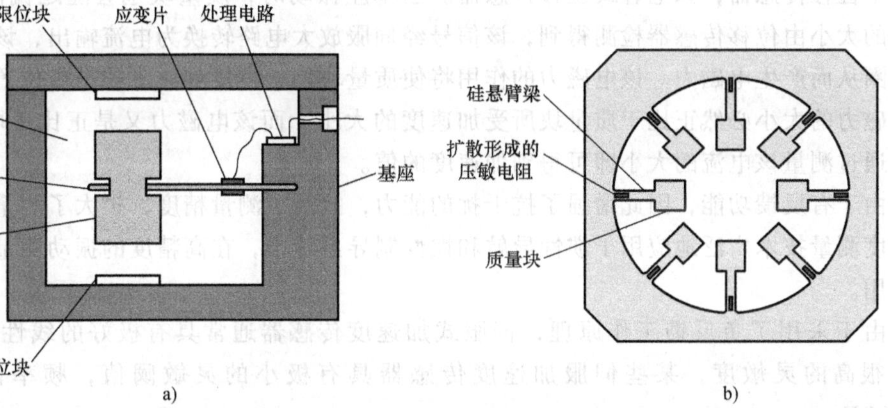

图 11-17 压阻式加速度传感器

a）压阻式加速度传感器 b）多个悬臂列阵式加速度传感器

另外，采用 MEMS 的加工技术，可以在同一硅片上制造出悬臂梁阵列，如图 11-17b 所示，这就进一步提高了传感器的灵敏度和可靠性。

3. 电容式加速度传感器

电容式加速度传感器是基于极距变化会导致电容改变的原理制造的传感器。电容式加速度传感器其中一个电极是固定的，另一个电极是可变距离的，弹性膜片在外力作用下发生位移，使电容量发生变化。这种传感器不但可以测量加速度，还可以进一步测出压力。电容式加速度传感器采用了微机电系统工艺，在大量生产时很经济，从而保证了较低的成本。

电容式加速度传感器系统的原理结构如图 11-18 所示。质量块由两根弹簧片支撑置于壳体内，壳体安装在机器人体内。当机器人发生振动时，与壳体用弹簧片连接的质量块与两固定极板相对运动，致使下固定极板 1 与质量

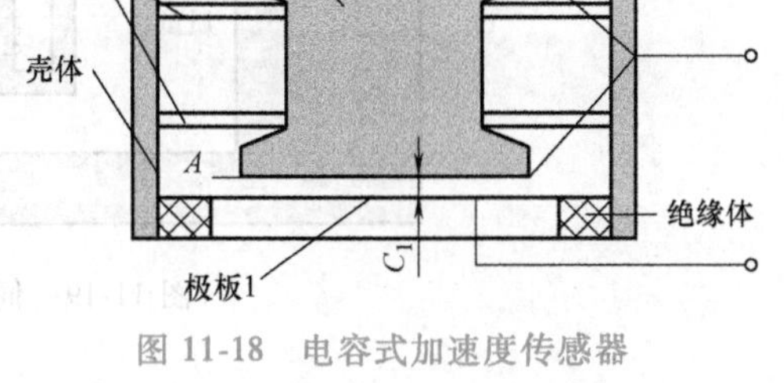

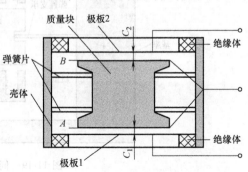

图 11-18 电容式加速度传感器

块 A 面组成的电容 C_1，以及上固定极板 2 与质量块 B 面组成的电容 C_2 随之改变，一个增大，一个减小，它们的差值正比于被测加速度。

电容式加速度传感器具有电路结构简单，频率范围宽（0~450Hz），线性度好（小于1%），灵敏度高，输出稳定，温度漂移小，测量误差小，稳态响应，输出阻抗低，输出电量与振动加速度的关系易于计算等优点，实际应用价值较高。但不足之处表现在信号的输入与输出为非线性，量程有限，易受电缆的电容影响，以及电容传感器本身是高阻抗信号源，因此电容传感器的输出信号往往需通过后续电路加以改善。在实际应用中电容式加速度传感器较多地用于低频测量，其通用性不如压电式加速度传感器，且成本也比压电式加速度传感器高得多。

4. 伺服式加速度传感器

与一般加速度传感器相似，伺服式加速度传感器也包含质量-弹簧振动系统。图 11-19 所示的伺服式加速度传感器中，与基座固接的弹性支承的一端连接一个质量块，质量块上附着一个位移传感器，如电容式位移传感器。当基座振动时，质量块也会随之偏离平衡位置，偏移的大小由位移传感器检测得到，该信号经伺服放大电路转换为电流输出，该电流流过电磁线圈从而产生电磁力。该电磁力的作用将使质量块趋于恢复到原来的平衡位置上。由此可见电磁力的大小必然正比于质量块所受加速度的大小，而该电磁力又是正比于电流大小的，所以通过测量该电流的大小即可得到加速度的值。

由于有反馈功能，因此增强了抗干扰的能力，提高了测量精度，扩大了测量范围。伺服加速度测量技术广泛地应用于惯性导航和惯性制导系统中，在高精度的振动测量和标定中也有应用。

由于采用了负反馈工作原理，伺服式加速度传感器通常具有极好的线性度，而且还具有很高的灵敏度，某些伺服加速度传感器具有极小的灵敏阈值，频率范围通常为0~500Hz。

伺服式加速度传感器常用于测量较低的加速度值以及频率极低的加速度，其尺寸是相应的压电式加速度传感器的数倍，价格通常也高于其他类型的加速度传感器。由于其高精度和高灵敏度的特性，伺服式加速度传感器广泛地应用于导弹、无人机、船舶等高端设备的惯性导航和惯性制导系统中，在高精度的振动测量和标定中也有应用。

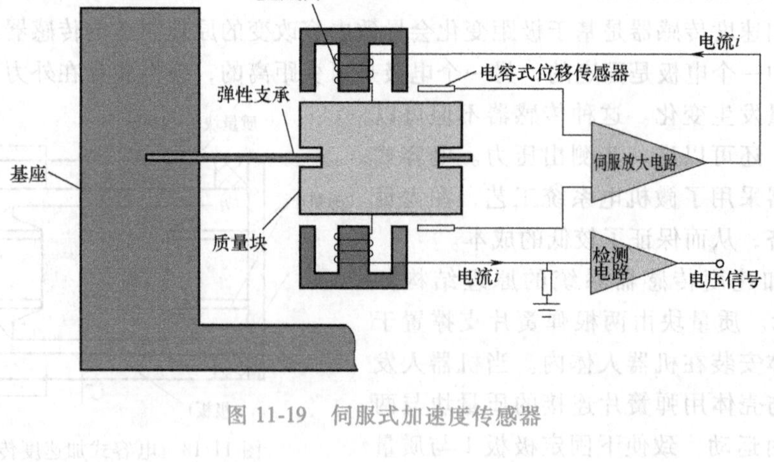

图 11-19　伺服式加速度传感器

六、力传感器

力传感器是一种将力信号转变为电信号输出的电子元件，产品具有性能稳定、使用灵活、可靠性高等优点。机器人中常用转矩传感器、腕力传感器，腕力传感器能测量作用于腕部 X、Y、Z 三个方向的力及绕各坐标轴的转矩。

1. 扭转角转矩传感器

转矩是在旋转动力系统中最频繁涉及的参数，为了检测转矩，使用较多的是扭转角相位差式传感器。该种传感器是在弹性轴的两端安装两组齿数、形状及安装角度完全相同的齿轮，在齿轮的外侧各安装一个接近（磁或光）传感器。当弹性轴旋转时，这两组传感器就可以测量出两组脉冲波，比较这两组脉冲波的前后沿的相位差就可以计算出弹性轴所承受的转矩量。该方法实现了转矩信号的非接触传递，检测信号为数字信号。其缺点是体积较大，不易安装，低转速时由于脉冲波的前后沿较缓不易比较，因此低速性能不理想。

图 11-20 所示为扭转角转矩传感器示意图。在一根弹性轴的两端安装有两个信号齿轮，在两齿轮的上方各装有一组信号线圈，在信号线圈内均装有磁钢，与信号齿轮组成磁电信号发生器。当信号齿轮随弹性轴转动时，由于信号齿轮的齿顶部及齿槽底部周期性的扫过磁钢，使气隙磁导产生周期性的变化，线圈内部的磁通量亦产生周期性变化，线圈中感应出近似正弦波的交流电信号。这两组交流电信号的频率相同且与轴的转速成正比，因此可以用来测量转速。当弹性轴不受转矩时，两组交流电信号之间的相位差只与信号线圈及齿轮的安装相对位置精度有关，这一相位差一般称为初始相位差。当弹性轴受扭转时，将产生扭转变形，使两组交流电信号之间的相位差发生变化，在弹性变形范围内，相位差变化的绝对值与转矩的大小成正比，因此通过检测电路转换后，可以测出转矩大小与方向。

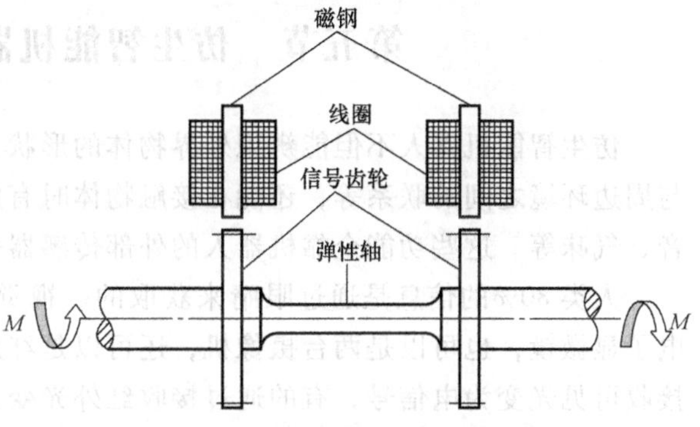

图 11-20 扭转角转矩传感器

2. 电阻应变式转矩传感器

应变电测技术在传感器中有广泛应用，也是比较成熟的转矩检测手段。它具有精度高、频响快、可靠性好、寿命长等优点。将专用的测扭应变片用应变胶粘贴在被测弹性轴上，并组成应变桥，若向应变桥提供工作电源，即可测试该弹性轴受扭转的电信号，这就是基本的电阻应变式转矩传感器工作模式。

图 11-21a 所示的电阻应变式转矩传感器由弹性敏感元件、电阻应变片、补偿电阻和外壳组成。弹性敏感元件受到所测量力作用产生变形，并使附着其上的电阻应变片一起变形。电阻应变片再将变形转换为电阻值的变化，输出电信号，从而可以测量力、压力、转矩、位移、加速度和温度等多种物理量。

光电式转矩传感器结构如图 11-21b 所示，它是在转轴上固定两个圆盘光栅，通过两光栅之间相对扭转角来测量转矩。在不承受转矩时，两光栅的明暗区正好互相遮挡，光源的光线不能透过光栅照射到光敏元件，无输出信号。当转轴受转矩后，转轴变形将使两光栅出现相对转角，部分光线透过光栅照射到光敏元件上产生输出信号。转矩越大，扭转角越大，穿过光栅的光通量越大，输出信号越强，从而可实现转矩测量。

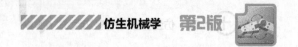

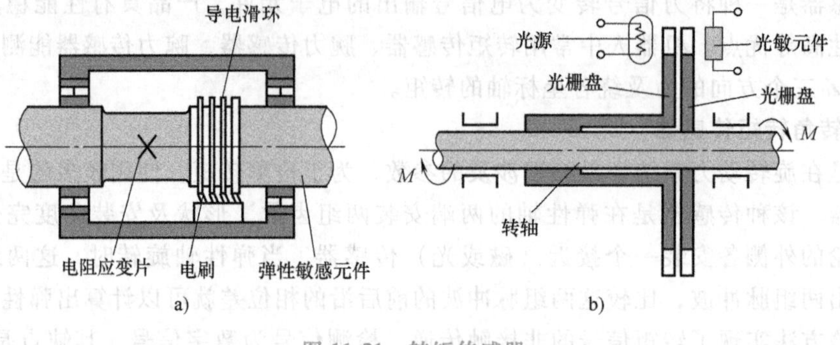

图 11-21 转矩传感器

第五节 仿生智能机器人的外部传感器

仿生智能机器人不但能辨识外界物体的形状、大小、色彩、位置、远近、运动状态以及与周边环境之间的联系等，还能在接触物体时有触、摸、压的力度感觉，有时还需要辨识声音、气味等。这些功能全靠机器人的外部传感器来实现。

人类 80%的信息是通过眼睛来获取的。视觉传感系统是机器人的眼睛，它可以是两架电子显微镜，也可以是两台摄像机，还可以是红外夜视仪或袖珍雷达。视觉传感器有的通过接收可见光变为电信号，有的通过接收红外光变为电信号，有的是通过接收的电磁波形成图像。通过视觉传感器不但可以看到人类能看到的物体，也可以看到人类不能看到的物体。如观察微观粒子或细菌世界，观看几千度高温的炉火或钢水，在黑暗中清晰视物等。机器人的视觉传感系统要求可靠性高、分辨力强、维护安装简便。

听觉传感系统是一些高灵敏度的电声变换器，如各种麦克风，它们将各种声音信号变成电信号，然后进行处理，送入控制系统后，可对声音进行反馈。

触觉传感系统主要安装在机器人手上，由各类压敏、热敏或光敏元器件组成。不同用途的机器人，手的大小不同，要求的灵活程度也不相同。如用于外科缝合手术的机械手、用于大规模集成电路焊接和封装的机械手、仿生假手、抓取提拿重物的大型机械手，能长期在海底作业的采集矿石的地质手等，它们是有不同的触觉要求的。在机器人触觉传感系统中还有各种各样的机器人的足，如类人行走的两足、仿生四足、轮胎足、履带足、蛙式足、节肢动物足、爬行足等，这些足上都需要安装有压敏、光敏、热敏等传感元器件。

此外，有些仿生智能机器人还需要有嗅觉传感系统、味觉系统等。

仿生智能机器人的准确操作决定于对其自身状态、操作对象以及作业环境的正确认识，这完全依赖于各种传感系统的互相配合以及精准的控制手段。

一、视觉传感器系统

人的眼睛通过凸镜成像原理将图像反射在视网膜上，再经视觉神经传递到大脑的视觉皮层进行视觉信息处理后，传递到大脑视觉联合区。视觉联合区不直接和视觉感觉过程相联系，其主要功能是整合来自各感觉通道的信息，对输入的信息进行分析、加工和储存。它支配、组织人的言语和思维，规划人的目的行为，调整意志活动，确保人的主动而有条理的行动。因此，它是整合、支配人的高级心理活动，进行复杂信息加工的神经结构。如图 11-22 所示是人的眼睛视物以及传递到大脑的过程。

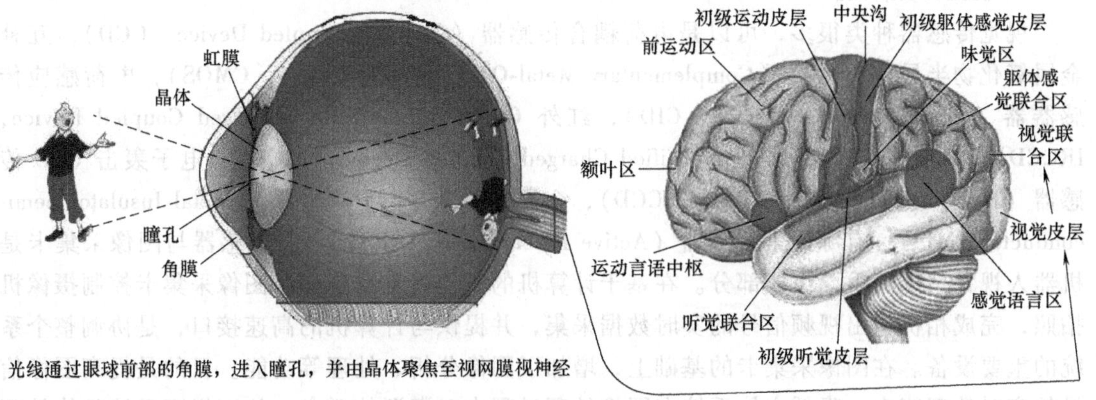

图 11-22　眼睛视物以及传递到大脑的过程

机器人的视觉系统是利用各种传感系统代替眼睛，对周边环境进行各种测量和判断。视觉系统综合了光学、机械、电子、计算机软硬件等方面的技术，涉及计算机、图像处理、模式识别、人工智能、信号处理、光机电一体化等多个学科领域。图像处理和模式识别技术是机器人视觉系统的核心研究内容。

一般情况下，机器人的视觉可通过光学成像以及信息处理来完成，也有一些特殊的视觉系统，如利用超声波发射与反射原理判别周边环境及物体，利用磁学原理判别周边环境及物体等。利用光学成像原理的视觉系统对周边可见环境及物体的判别很实用，利用声学以及磁学原理的视觉系统对周边不可见物体的判别也很实用。本章所指的视觉指代替眼睛进行测量与判断的光学成像机器人视觉系统。

1. 视觉系统的组成

视觉系统通过图像摄取装置（CMOS 或 CCD），将被摄取目标转换成图像信号，传送给专用的图像处理系统，根据像素分布、亮度、颜色等信息，再转变成数字化信号。图像系统对这些信号进行各种运算来抽取目标的特征，进而根据判别的结果来控制机器人的动作。

单纯的视觉传感器主要是由各类照相机或摄像机以及图像处理系统组成，但机器人的视觉不但要获取这些图像信息，更加主要的是根据这些采集的图像信息，判断出这些图像信息所形成的物体大小、形状、尺寸、颜色、位置、运动情况以及与周边环境的关系等。这就需要对图像识别信息进行大量的计算工作。机器人的视觉系统框图如图 11-23 所示。

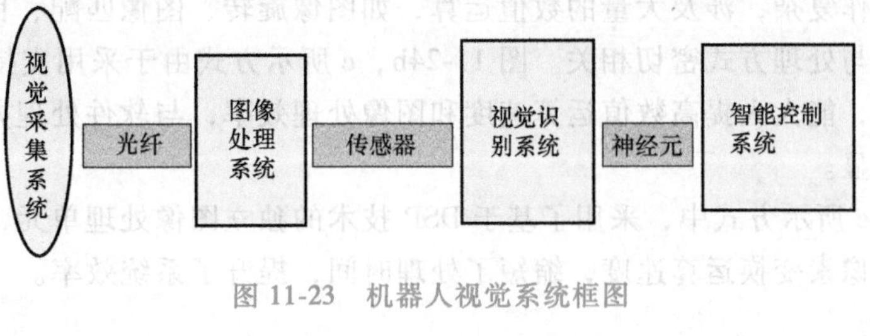

图 11-23　机器人视觉系统框图

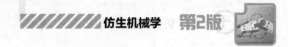

由图 11-23 可知，机器人视觉系统包括视觉采集系统、图像处理系统、视觉识别系统和智能控制系统。机器人视觉系统中，也可以把视觉采集系统、图像处理系统合并为视觉采集处理系统。视觉传感器主要完成视觉采集和图像处理系统的任务，大量艰巨烦琐的任务由视觉识别系统完成。目前，机器人视觉的研究工作主要集中在该领域内。

2. 视觉采集系统

视觉传感器种类很多，可以是电荷耦合传感器（Charged Coupled Device，CCD），互补金属氧化物半导体传感器（Complementary Metal-Oxide Semiconductor，CMOS），电荷感应传感器（Charge Induced Device，CID），红外 CCD（Infrared Ray Charged Coupled Device，IRCCD），增强 CCD 传感器（Intensified Charged Coupled Device，ICCD），电子轰击 CCD 传感器（Electron Bombarded CCD，EBCCD），金属绝缘体半导体传感器（Metal Insulator Semiconductor，MIS），有源像素传感器（Active Pixel Sensor，APS）等。传感器与图像采集卡是机器人视觉系统的重要组成部分。在基于计算机的机器视觉系统中，图像采集卡控制摄像机拍照，完成相机输出视频信号的实时数据采集，并提供与计算机的高速接口，是协调整个系统的重要设备。在图像采集卡的基础上，增加了图像分析、处理等功能。目的是提高图像信号的实时处理能力、降低主控系统在图像处理过程中对资源的要求，从而提高系统整体处理能力。

视觉采集与处理系统也称为图像采集处理系统，实现对摄像头的图像高速采集与存储。单片机图像压缩与计算机串行通信，实现图像数据的传输以及图像处理和显示等。图像经过采样、量化以后转换为数字图像并输入、存储到帧存储器，然后进行图像处理。

3. 图像处理系统

图像处理是指用计算机对图像进行分析，以达到所需结果的处理，又称影像处理，一般是指数字图像处理。在图像采集处理系统中，系统设计通常遵循三种设计模式：硬件采集软件处理模式、分离式硬件采集和处理模式以及一体化硬件采集和处理模式。

所谓硬件采集软件处理是指由专用硬件采集的图像信息首先保存到内存中，在需要的时候通过软件对图像进行处理，处理过程既可以在所有图像采集结束后进行，也可以与采集过程同步选择性进行，系统工作原理如图 11-24a 所示。

分离式硬件采集和处理是指图像采集和处理任务均由专用硬件完成，但采集和处理模块相对独立，采集任务由通用图像采集卡完成，处理任务通过专用图像处理板（DSP）实现，采集和处理硬件之间通过总线进行数据交换，系统工作原理如图 11-24b 所示。

一体化硬件采集和处理是指图像采集和处理任务通过同一块硬件板卡实现，两者间的数据交换通过板内总线实现，图像采集由专用的数字转换模块完成，图像处理通过专用 DSP（或 DSP 阵列）模块实现，模块间采用高度资源共享的紧耦合一体化设计，系统工作原理如图 11-24c 所示。

图像处理工作复杂，涉及大量的数值运算，如图像旋转、图像匹配、目标识别等，此时消耗的处理时间与处理方式密切相关。图 11-24b、c 所示方式由于采用支持数字运算的专用处理器结构设计，能大大提高数值运算速度和图像处理效率，与软件处理方式相比，速度和效率优势非常明显。

图 11-24b、c 所示方式中，采用了基于 DSP 技术的独立图像处理单元，提高了图像旋转过程中的坐标及像素变换运算速度，缩短了处理时间，提升了系统效率。

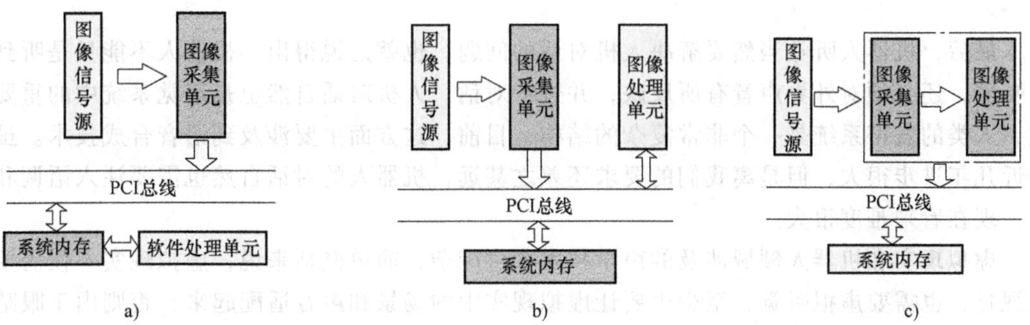

图 11-24 图像采集处理系统

二、听觉传感器

人的听觉系统由外耳、中耳、内耳和听觉神经系统组成。外耳由耳廓、外耳道、鼓膜三部分构成，其功能是收集外界声音并放大，然后将声音传送至中耳并且能够辨别声音的来源方向。中耳实际上是一块含气腔，由三块听小骨构成，其功能是放大声音并将声音信号传送至内耳，同时中耳能够平衡中耳腔和外界之间的气压，减轻外界的巨大声音或突然发生的声音对内耳的影响。相对于外耳和中耳来说，内耳的构成比较复杂且精密，内耳的功能是放大微小的声音并调节全音域的声音大小。对传送过来的声音进行精细的分析并将之转化为神经冲动，然后传入听觉系统。听觉神经系统的功能是放大及分析声音中的特殊信号，并将声音传送到大脑做最后的分析和理解。图 11-25 所示为声音经外耳、中耳、内耳、耳蜗神经到大脑初级听觉皮层再到听觉联合区的过程。

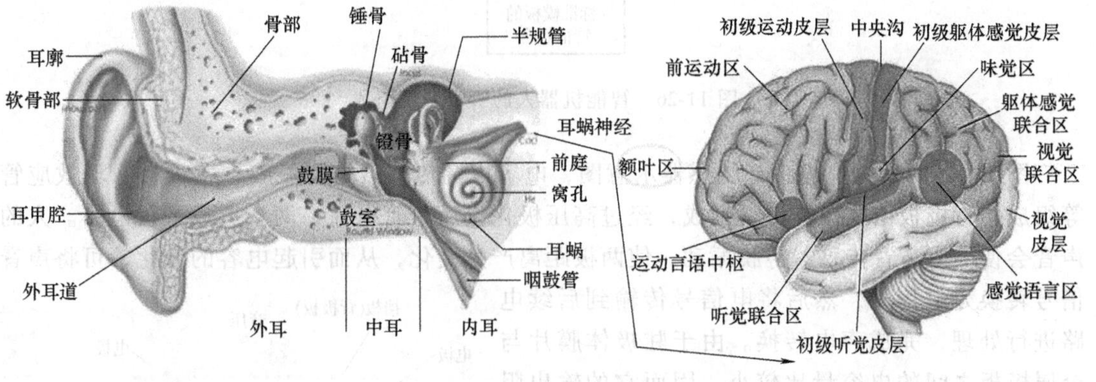

图 11-25 耳朵听觉的传递过程

仿生智能机器人的听觉系统完全模拟人的听觉处理过程。仿真智能机器人一般拥有一副仿真的人类耳朵，解决机器人自动适应环境以及与人类的自然交流问题。通俗来说，就是要让机器人听得到。这就要求必须解决远程拾音、声音定位、语音增强、噪声处理、语音识别、声纹识别等众多技术问题。

其次机器人听觉还要解决听觉智能的问题，也就是听得懂。我们人类的听觉系统是和神经紧密相连的，而且现在也知道大脑中有个部位专门处理声音信号，医学上常称为语言中枢。当然机器人也就需要这种中枢，建立这种听觉中枢系统是目前研究工作的重点内容之一。

最后，机器人听觉当然要解决人机对话的问题，也就是说得出。机器人不能只是听到或者听懂，还必须对外界声音有所反映，并进行对话。人机对话自然也是声觉系统中的重要领域，人类的发声系统是一个非常复杂的结构，目前，这方面主要涉及到语音合成技术。虽然最近几年进步很大，但是离我们的要求还差之甚远，机器人的对话自然也需要注入语调和情感，现在看来难度很大。

虚拟现实和机器人领域涉及的声学技术太过庞杂，简单概括来说，虚拟现实不仅需要虚拟视觉，也需要虚拟听觉，至少也要让虚拟现实中的场景和声音适配起来，否则由于眼睛和耳朵的失调更容易引起观看虚拟现实的疲劳感。真正的智能机器人也必须能够完全从环境中提取丰富的声音信息，以及像人类一样使用语言进行自然信息通信。

智能机器人的听觉系统组成如图 11-26 所示。机器人采集的音频信号有两种作用：一种是提供机器人听觉；另一种是借助于音频信号与外界进行沟通，音频信号的传输提供了语言交流的途径。

声音传感器是一种可以检测、测量并显示声音波形的传感器，其作用相当于一个麦克风。它用来接收声波，显示声音的振动波形图像，但不能对噪声的强度进行测量。传感器通常内置一个对声音敏感的电容式驻极体话筒。声波使话筒内的驻极体薄膜振动，导致电容的变化，而产生与之对应变化的微小电压。这一电压随后被转化成 0~5V 的电压，经过 A-D 转换后被数据采集器接受，并传送给智能机器人的计算机进行处理。

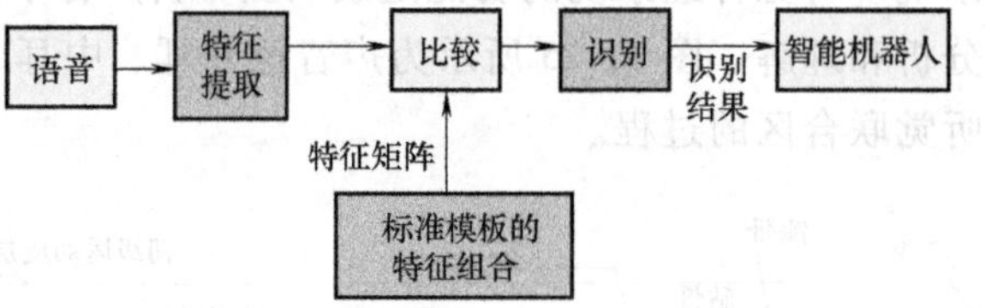

图 11-26 智能机器人的听觉系统组成

图 11-27 所示为电容声音传感器示意图，电容声音传感器是由振膜、背极板、场效应管等组成，背极板由驻极体材料做成，经过高压极化以后带有电荷，两者形成平板电容。人的声音会使电容声音传感器薄膜振动，使两极距离产生变化，从而引起电容的变化，可将声音信号转换为电信号，然后将电信号传输到后续电路进行处理，完成声电转换。由于驻极体膜片与金属极板之间的电容量比较小，因而它的输出阻抗值很高，约几十兆欧以上。这样高的阻抗是不能直接与音频放大器相匹配的，所以在话筒内接入一个结型场效应晶体管来进行阻抗变换。

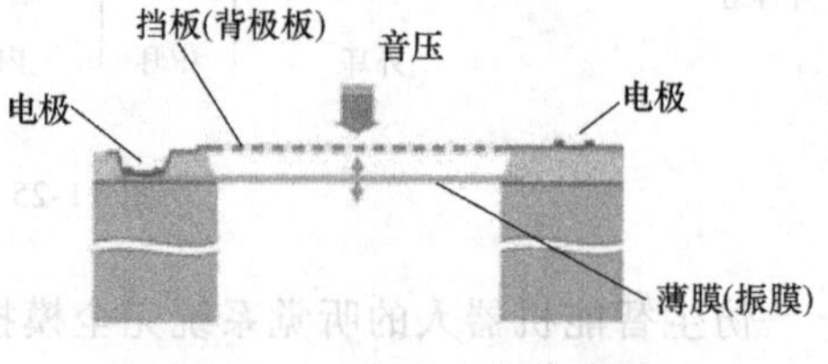

图 11-27 电容声音传感器

动圈式声音传感器是一种最常用的声音传感器。它的结构主要由振动膜片、音圈、永久磁铁和升压变压器等组成。当外界发出声波后，膜片就随着声音振动，从而带动音圈在磁场中进行切割磁力线的运动。根据电磁感应原理，在线圈两端就会产生感应音频电动势，从而完成了声电转换。

压电式声音传感器包含一个因会机械变形而产生电压的传感器元件，在低于元件共振频率的范围内，电压与位移成正比。一般有直接驱动和振膜驱动两种振动方式。在仿生智能机器人领域，动圈式和压电式声音传感器正在被电容声音传感器取代。

三、触觉传感器

触觉是人类与外界环境直接接触时的重要感觉功能。触觉传感器不仅可以判断机器人（主要指四肢）是否接触物体，而且还可以大致判断物体的形状。触觉传感器一般安装在机器人末端执行器上，即机器人的手掌或手指上。研制机器人模仿人类触觉功能的传感器是机器人发展中的关键技术之一。随着微电子技术的发展和各种新型材料的出现，已经出现了多种多样的触觉传感器，但大都属于实验阶段。如微动开关式触觉传感器，导电橡胶式触觉传感器，含碳海绵、碳素纤维、气动复位式触觉传感器等。

1. 微动开关式触觉传感器

微动开关式触觉传感器是最常用的触觉传感器，一般由触点、弹簧和外壳组成。图 11-28a 所示为常闭式微动开关触觉传感器。在外界微小压力作用下，压下触点，常闭触头断开，常开触头闭合（图 11-28b），造成信号通路断开，从而检测到与外界物体的接触。这种常闭式微动开关的优点是使用方便、结构简单，缺点是易产生机械振荡和触头氧化。

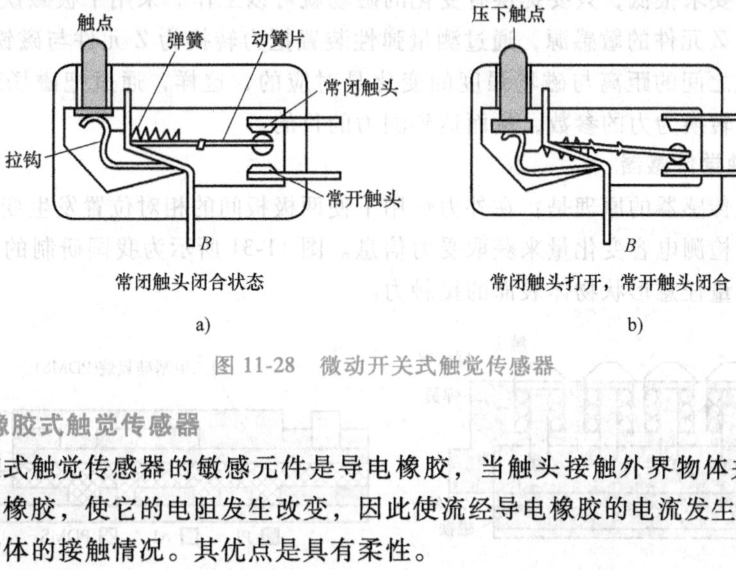

图 11-28 微动开关式触觉传感器

2. 导电橡胶式触觉传感器

导电橡胶式触觉传感器的敏感元件是导电橡胶，当触头接触外界物体并承受微小压力时，压迫导电橡胶，使它的电阻发生改变，因此使流经导电橡胶的电流发生变化，从而能感知到与外界物体的接触情况。其优点是具有柔性。

图 11-29a 所示为导电橡胶式触觉传感器，其用普通橡胶制成有指纹状小凸点的表皮，并放在聚偏二氟乙烯（PVDF）薄膜上形成。

当外界物体接触到该传感器表面，接触阶跃性应力使 PVDF 产生电荷，经电荷放大器引出后，输出单方向脉冲信号。这种单方向脉冲信号就是触觉信号。

当物体与传感器产生微小的相对滑移时，指纹或凸点变形，引起诱导振动，发生应力变化，也会使 PVDF 膜产生电荷。如在图 11-29a 中添加一层硅导电橡胶，就构成如图 11-29b 所示的触觉、温觉传感器，类似人类皮肤感觉的功能。传感器表层是用橡胶包封的保护层，上层为两面镀银的整块 PVDF，两面引出电极，下层 PVDF 有特种镀膜形成的条状电极，在上下两层 PVDF 之间，有电加热层和柔性隔热层（软塑料泡沫），形成两个不同的物理测量空间。上层 PVDF 获取温觉、触觉信号，下层条状 PVDF 获取压觉信号。

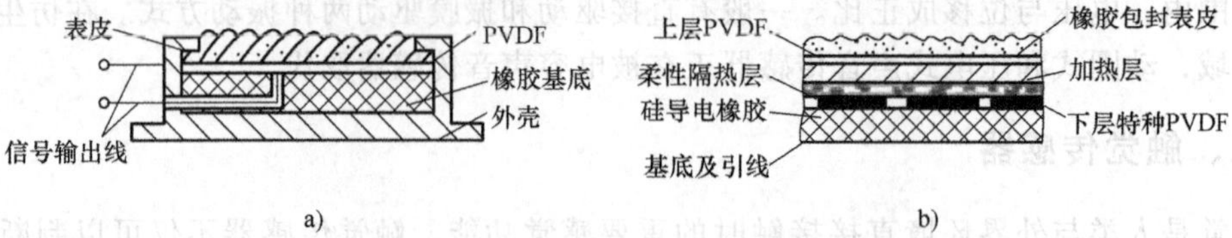

图 11-29 导电橡胶式触觉传感器

a）触觉传感器 b）触觉、温觉传感器

为了使 PVDF 具有温觉功能，用加热层将上层 PVDF 的温度保持在 55℃左右，当待测物体接触传感器时，由于被测物体与传感器表面温差的存在，产生热能的传递，使 PVDF 的极化面产生相应数量的电荷，从而有电压信号输出。

3. 磁导式触觉传感器

磁导式触觉传感器在外力作用下磁场发生变化，并把磁场的变化通过磁路系统转换为电信号，从而测量感知接触面上的压力信息。

图 11-30 所示为基于磁敏 Z 元件的触觉传感器（Z 元件是指电阻率较高的掺磷 N 型半导体的磁敏元件），其中磁敏 Z 元件能够输出与磁场强度成比例变化的模拟电压信号，灵敏度很高，工作条件要求很低，只要提供有变化的磁场就可以工作。采用平板磁铁在空气中的磁场强度衰减作为 Z 元件的敏感源，通过测量弹性装置把力转换为 Z 元件与磁铁之间的距离，而 Z 元件与磁铁之间的距离与磁场强度的变化是对应的，这样，通过把磁场强度参数转换为位移参数，再转换为力的参数，从而达到测力的目的。

4. 电容式触觉传感器

电容式触觉传感器的原理是：在外力作用下使两极板间的相对位置发生变化，从而导致电容变化，通过检测电容变化量来获取受力信息。图 11-31 所示为我国研制的柔性电容式触觉传感器，可测量任意形状物体表面的接触力。

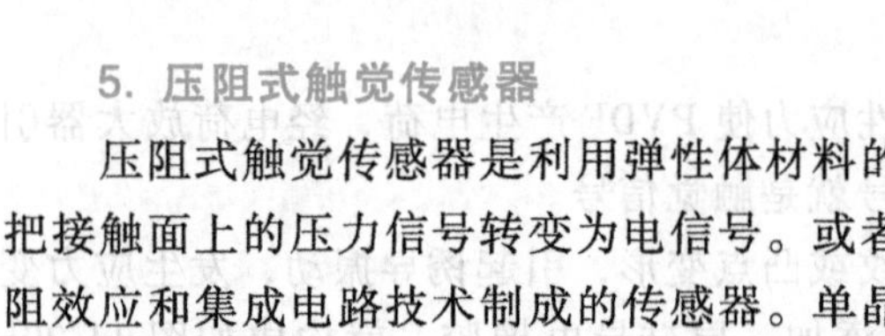

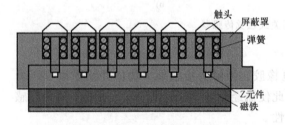

图 11-30 磁导式触觉传感器

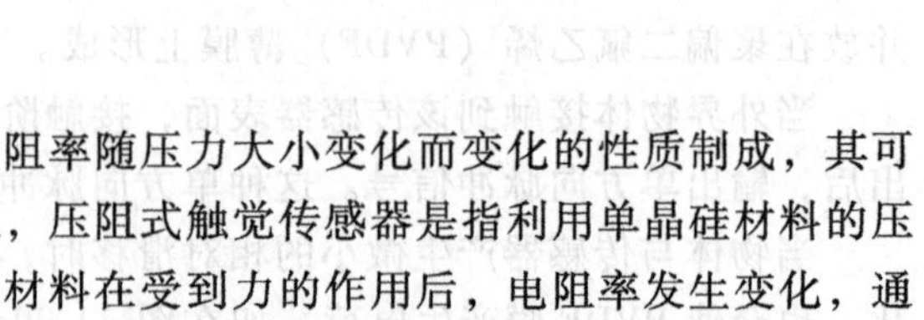

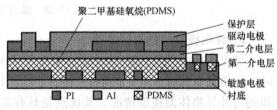

图 11-31 电容式触觉传感器

5. 压阻式触觉传感器

压阻式触觉传感器是利用弹性体材料的电阻率随压力大小变化而变化的性质制成，其可把接触面上的压力信号转变为电信号。或者说，压阻式触觉传感器是指利用单晶硅材料的压阻效应和集成电路技术制成的传感器。单晶硅材料在受到力的作用后，电阻率发生变化，通过测量电路就可得到正比于力变化的电信号输出。这种传感器采用集成工艺将电阻条集成在单晶硅膜片上，制成硅压阻芯片，并将此芯片的周边固定封装于外壳之内。压阻式触觉传感器不同于粘贴式应变计需通过弹性敏感元件间接感受外力，而是直接通过硅膜片感受被测压力的。图 11-32 所示为压阻式触觉传感器示意图。

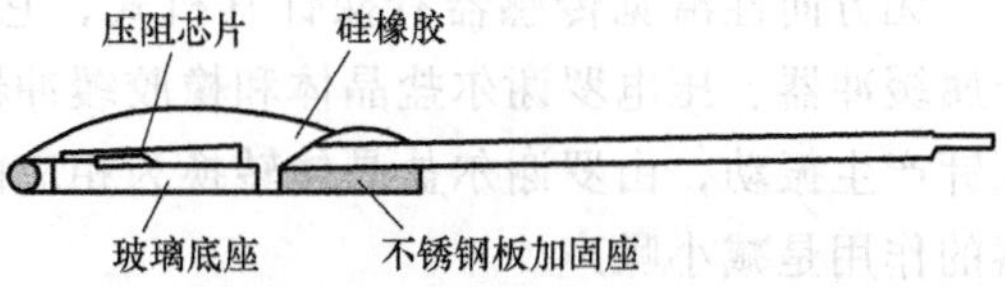

图 11-32 压阻式触觉传感器

6. 光-机械阵列式触觉传感器

光-机械阵列式触觉传感器具有蘑菇状突出阵列的橡胶薄层，形成传感器表面。蘑菇状的头部承受正向力，其茎充当光阀的作用，从而调制发光二极管和随正向力而变的光电探测器之间的光传输。

图 11-33 所示为光-机械阵列式触觉传感器的工作原理。跟机器人手指接触的是阵列式力传感器，在 1.8mm 的水平和垂直间隔上含有 10×16 个阵列。每个传感器含有光电发射器和光电探测器，并各自跟电阻器匹配和调谐，从而补偿它们的响应。这种传感器常安装在机器人的指尖位置。

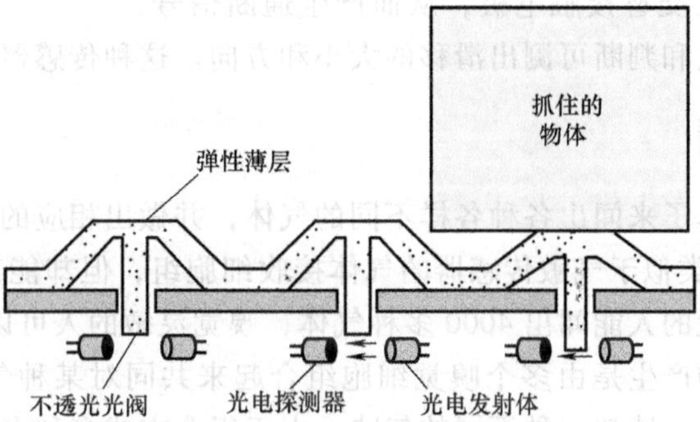

图 11-33 光-机械阵列式触觉传感器

7. 多功能触觉传感器

智能机器人手指上经常安装多功能触觉传感器，如图 11-34 所示的 BioTac 多功能触觉传感器分为三个部分：固核部分、导电流体、弹性皮肤。皮肤表面不需要安装传感装置，固核部分集成了热敏电阻、电极阵列、压力传感器。在传感器接触物体时，通过固核内部各传感器可探测三维力、热度、微振等数据，使该传感器具有优秀的鲁棒性与经济性。

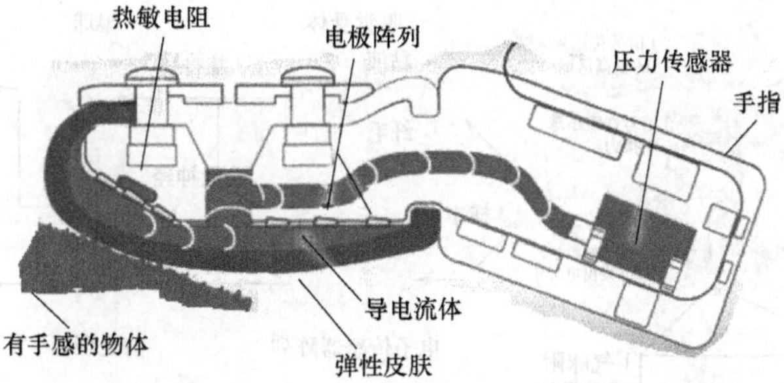

图 11-34 多功能触觉传感器

四、滑觉传感器

滑觉传感器用于判断和测量智能机器人抓握或搬运物体时，物体与手是否产生滑移。滑觉传感器实际上是一种微位移传感器。按滑动方向检测，可分为无方向性、单方向性和全方向性三类。

无方向性滑觉传感器有探针耳机式，它由蓝宝石探针、金属缓冲器、压电罗谢尔盐晶体和橡胶缓冲器组成。滑动时探针产生振动，由罗谢尔盐晶体转换为相应的电信号，缓冲器的作用是减小噪声。

单方向性滑觉传感器有滚筒光电式，被抓物体的滑移使滚筒转动，导致光敏二极管接收到透过装在滚筒圆面上的码盘的光信号，由此得到物体的滑动信息。

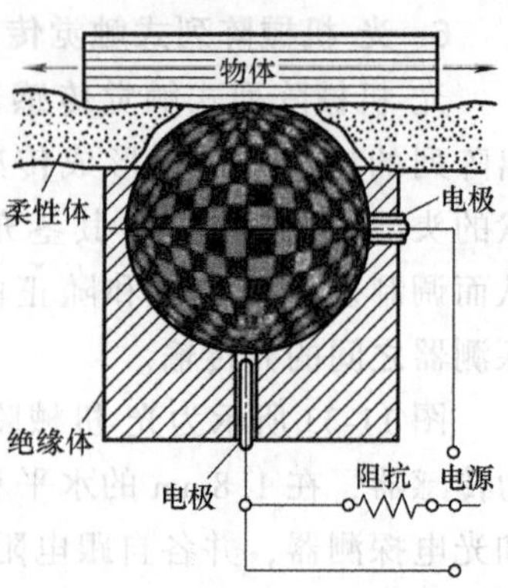

图 11-35　全方向滑觉传感器

全方向性滑觉传感器采用了表面包有绝缘材料的金属球，在其表面按经纬布局设置导电与不导电区，如图 11-35 所示。当传感器接触物体并产生滑动时，球发生转动，使球面上的导电与不导电区交替接触电极，从而产生通断信号，通过对通断信号的计数和判断可测出滑移的大小和方向。这种传感器的制作工艺要求较高。

五、嗅觉传感器

动物凭借灵敏的鼻子来闻出各种各样不同的气体，并做出相应的生理反应。人类的鼻腔内壁上大约有 1000 个类似于气敏传感器的气体接收细胞组，但却能辨别出种类达数以千计的不同气味。嗅觉一般的人能闻出 4000 多种气体，嗅觉灵敏的人可以闻出 10000 多种气体。最新的研究表明嗅觉的产生是由多个嗅觉细胞组合起来共同对某种气味进行“探测”的结果。每一种不同的组合，感知一种不同的气味，由于组合方式多种多样，因此能辨别大量不同的气味。图 11-36a 所示为人类嗅觉感知与传送、处理过程，图 11-36b 所示为人类嗅觉信息的获取、传递与处理过程与嗅觉传感器的对比流程图。

目前仿生嗅觉的研究趋势是利用具有交叉式反应的气敏元件组成一定规模的气敏传感器阵列来对不同的气体进行信息提取，然后将这些大量的、复杂的数据交由计算机进行模式识别处理。

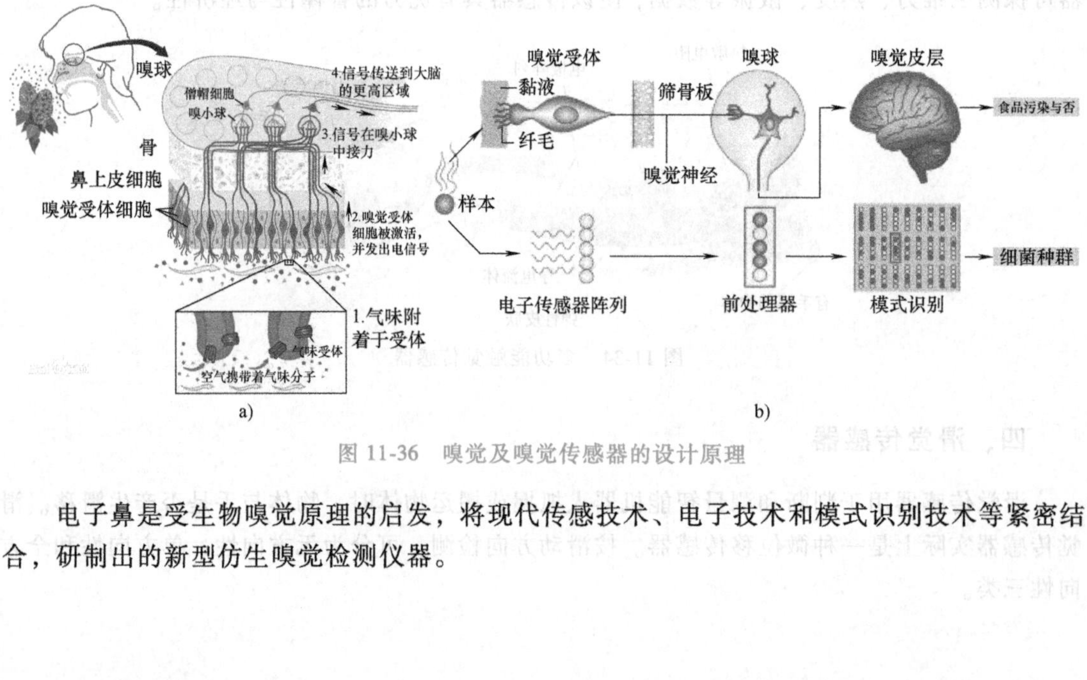

图 11-36　嗅觉及嗅觉传感器的设计原理

电子鼻是受生物嗅觉原理的启发，将现代传感技术、电子技术和模式识别技术等紧密结合，研制出的新型仿生嗅觉检测仪器。

某种气味呈现在一种活性材料的传感器面前，传感器将化学输入信息转换为电信号，由多个传感器对一种气味的响应便构成了传感器阵列对该气味的响应谱。显然，气味中的各种化学成分均会与敏感材料发生作用，所以这种响应谱为该气味的广谱响应谱。为实现对气味的定性或定量分析，必须将传感器的信号进行适当的预处理（噪声消除、特征提取、信号放大等）后采用合适的模式识别分析方法对其进行处理。理论上，每种气味都会有它的特征响应谱，根据其特征响应谱可区分不同的气味。同时还可利用气敏传感器构成阵列对多种气体的交叉敏感性进行测量，通过适当的分析方法，实现混合气体分析。

气敏传感器阵列实现了气味信息从样品空间到测量空间的转换，是电子鼻信息处理的关键环节。不同传感原理和制作工艺的气敏传感器丰富了电子鼻对气味信息的获取途径，常用的有金属氧化物半导体（MOS），石英晶体微天平（QCM）、导电聚合物（CP）、声表面波（SAW）等。构建阵列的传感器除了应该满足响应快且可逆、重复性好、灵敏度高等条件，还必须对各种气味广谱敏感（弱选择性），并且阵列中各传感器对同种气味要交叉敏感，以保证从有限数量的传感器中获取更多的气味信息。通常，从传感器阵列中获取的原始信号数据量很大，需要先对其进行特征提取，将模式从较高维的测量空间变换到较低维的特征空间，而模式识别过程则是将特征空间划分为分类空间的过程，它是电子鼻智能化的核心单元。图 11-37 所示为电子鼻信息处理过程的流程图。

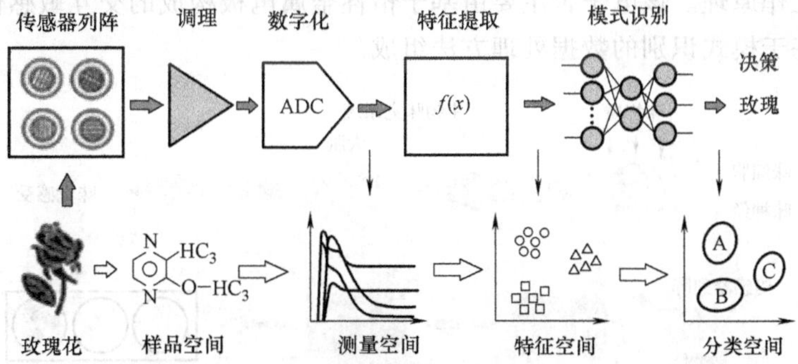

图 11-37 电子鼻信息处理过程

六、味觉传感器

舌头上的味蕾可以感觉到各种味道，只是不同的区域有不同的敏感度。舌头不同区域所含味蕾数目不一致。其中，舌尖、舌侧及舌体后部等这些部位所含的味蕾数目较多，而舌体中部味蕾数目较少，味觉感受较为迟钝，因此，舌头各部分的味觉是有区别的。舌头各部位味觉感觉区如图 11-38 所示。

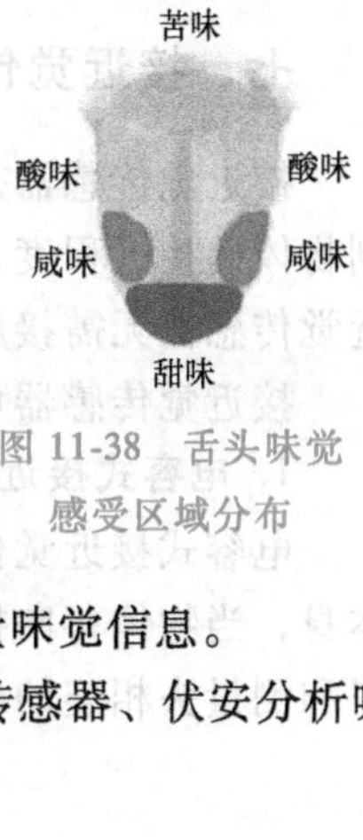

图 11-38 舌头味觉感受区域分布

舌尖主要品尝甜味，舌尖两侧对咸味敏感，酸味则通过舌两侧，而我们最不喜欢的苦味感受区则分布在舌根部。

模仿人类的味觉功能的电子舌味觉传感器是由具有非专一性、弱选择性、高度交叉敏感特性的传感器阵列组成的，结合适当的模式识别算法和多变量分析方法对阵列信息进行处理，从而获得样本的定性定量味觉信息。

根据不同的原理，电子舌味觉传感器的类型主要有膜电位分析味觉传感器、伏安分析味觉传感器、光电分析味觉传感器、多通道电极味觉传感器、生物味觉传感器、基于表面等离子共振（SPR）原理制成的味觉传感器、凝胶高聚物与单壁碳纳米管复合体薄膜的化学味觉传感器、硅芯片味觉传感器以及双通道表面波味觉传感器等。

膜电位分析味觉传感器的基本原理是在无电流通过的情况下测量膜两端电极的电动势，通过分析此电动势差来研究样品的特性。这种传感器操作简便、快速，能在有色或混浊试液中进行分析，适用于酒类检测系统。因为膜电极直接给出的是电位信号，较易实现连续测定与自动检测。其最大的优点是选择性高，缺点是检测的范围受到限制，如某些膜电极只能对特定的离子和成分有响应，另外，这种感应器对电子元件的噪声很敏感，因此，对电子设备和检测仪器有较高的要求。

多通道味觉传感器由类脂膜构成多通道电极而制成，多通道电极通过多通道放大器与多通道扫描器连接，从传感器得到的电子信号通过数字电压表转化为数字信号，然后送入计算机进行处理。凝胶高聚物与单壁碳纳米管复合体薄膜的化学味觉传感器，采用阻抗法测量传感器在不同液体中的频率响应，最后进行模式识别，能较好地区别酸、甜、苦、咸等味道。

使用类似于生物系统的材料制做传感器的敏感脂膜，当类脂薄膜的一侧与味觉物质接触时，膜电势发生变化，从而产生响应，检测出各类味觉物质量化关系，分析出酸、甜、苦、咸、鲜等味觉指标。这类仪器具有很高的灵敏度、可靠性和重复性。图 11-39 所示为电子舌味觉传感器的工作原理。该电子舌主要由基于惰性金属电极构成的交互敏感传感器阵列、信号采集电路，基于模式识别的数据处理方法组成。

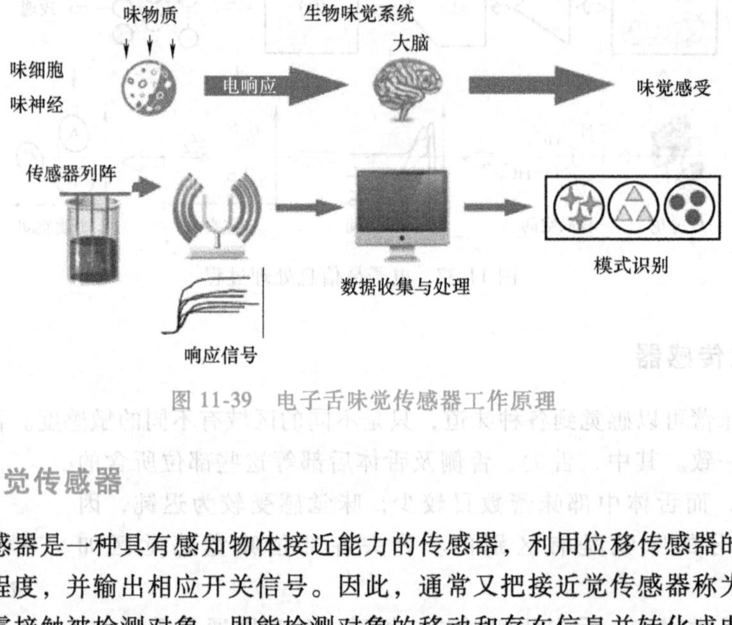

图 11-39　电子舌味觉传感器工作原理

七、接近觉传感器

接近觉传感器是一种具有感知物体接近能力的传感器，利用位移传感器的敏感特性来识别物体的接近程度，并输出相应开关信号。因此，通常又把接近觉传感器称为接近开关。接近觉传感器无需接触被检测对象，即能检测对象的移动和存在信息并转化成电信号。

接近觉传感器可分为感应型、静电容型、超声波型、光电型、磁力型等。

1. 电容式接近觉传感器

电容式接近觉传感器的测量头是构成电容器的一个极板，而另一个极板是被检测物体的本身，当物体移向接近觉传感器时，物体和接近觉传感器测头之间的介电常数发生变化，使得和测量头相连的电路状态也随之发生变化，由此便可测量测头与物体之间的位置变化。这种接近觉传感器检测的物体，并不限于金属导体，也可以是绝缘的液体或粉状物体。

电容式接近觉传感器由高频振荡电路、检波电路、放大电路、整形电路及输出电路组成，原理框图如图 11-40 所示。平时检测电极与大地之间存在一定的电容量，成为振荡电路的一个组成部分。当被检测物体接近检测电极时，由于检测电极加有电压，检测电极就会受到静电感应而产生极化现象，被测物体越靠近检测电极，检测电极上的感应电荷就越多。检测电极上的静电电容的计算公式为

$$C=\frac{Q}{V}$$

式中 C——电容（F）；

Q——感应电荷（C）；

V——电压（V）。

随着电荷的增多，检测电极上的电容 C 随之增大。

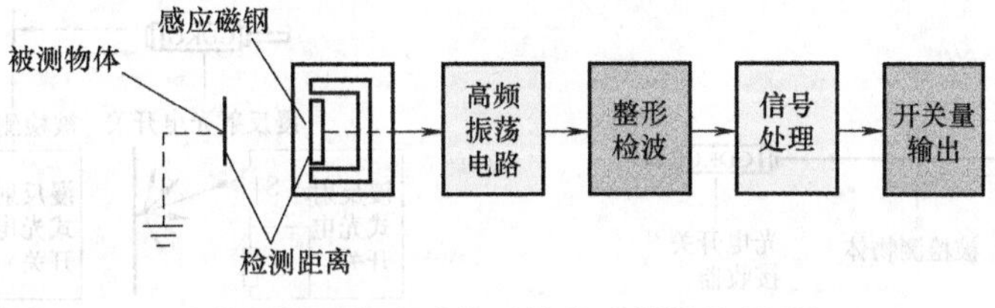

图 11-40 电容式接近觉传感器结构原理

由于振荡电路的振荡频率 f 与电容 C 成反比，所以当电容 C 增大时振荡电路的振荡减弱，甚至停止振荡。振荡电路的振荡与停振这两种状态被检测电路转换为开关信号后向外输出。

2. 电感式接近觉传感器

电感式接近觉传感器主要包括高频振荡电路、检波电路、放大电路、整形电路及输出电路，检测用敏感元件为检测线圈，是振荡电路的组成部分，振荡电路振荡频率的计算公式为

$$f=\frac{1}{2\pi\sqrt{LC}}$$

式中 L——电感（H）；

C——电容（F）。

当检测线圈通以交流电时，在检测线圈的周围就产生一个交变的磁场，当金属物体接近检测线圈时，金属物体就会产生电涡流而吸收磁场能量，使检测线圈的电感 L 发生变化，从而使振荡电路的振荡频率减小，以至停振。振荡与停振这两种状态经检测电路转换为开关信号输出。图 11-41 所示为电感式接近觉传感器工作原理图。

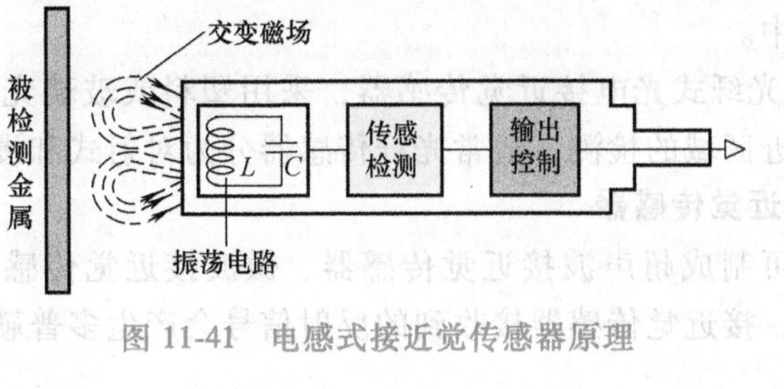

图 11-41 电感式接近觉传感器原理

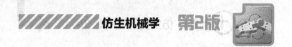

3. 光电式接近觉传感器

光电式接近觉传感器中，发光二极管的光束轴线和光电晶体管的轴线在一个平面上，并成一定的夹角，两轴线在传感器前方交于一点。当被检测物体表面接近交点时，发光二极管的反射光被光电晶体管接收，产生电信号。当物体远离交点时，反射区不在光电晶体管的视角内，检测电路没有输出。一般情况下，发光二极管的驱动电流不是直流电，而是一定频率的交流电，这样，接收电路得到的也是同频率的交变信号。如果对接收来的信号进行滤波，只允许同频率的信号通过，可以有效地防止其他信号的干扰。

光电接近觉传感器按其检测方式可分为对射式、漫射式、镜面反射式、槽式和光纤式。

图 11-42a 所示为对射式光电接近觉传感器，由发射器和接收器组成，结构上是两者相互分离的，在光束被中断的情况下会产生一个开关信号变化，位于同一轴线上的光电开关可以相互分开达 50m。其优点是能辨别不透明的反光物体，有效距离大，不易受干扰，可以在野外或者有灰尘的环境中使用。缺点是装置的消耗高，两个单元都必须敷设电缆。

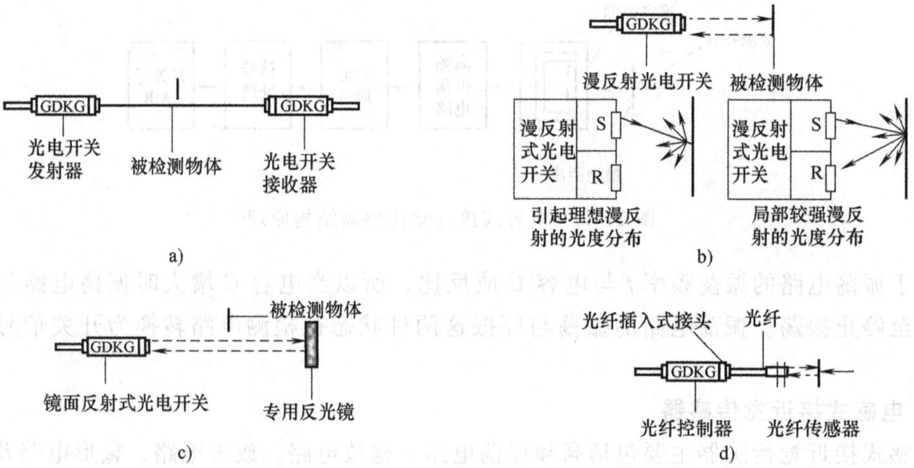

图 11-42 光电式接近觉传感器

图 11-42b 所示为漫反射式光电接近觉传感器，当发光二极管发射光束时，目标产生漫反射，发射器和接收器构成单个的标准部件，当有足够的组合光返回接收器时，开关状态发生变化，作用距离的典型值一般为 3m。其特点是有效作用距离由目标的反射能力决定，与目标表面性质和颜色有关。

图 11-42c 所示为镜面反射式接近觉传感器，由发射器和接收器构成一种标准配置，从发射器发出的光束被对面的反射镜反射后，即返回接收器，当光束被中断时会产生一个开关信号的变化。光的通过时间是两倍信号持续时间，有效作用距离从 0.1～20m。其特征是能辨别不透明的物体。借助反射镜部件，有效距离范围大，不易受干扰，可以可靠地使用在野外或者有灰尘的环境中。

图 11-42d 所示为光纤式光电接近觉传感器，采用塑料或玻璃光纤来引导光线，可以实现被检测物体不在相近区域的检测。通常光纤传感器分为对射式和漫反射式。

4. 其他型式的接近觉传感器

利用多普勒效应可制成超声波接近觉传感器、微波接近觉传感器、红外接近觉传感器等。当有物体移近时，接近觉传感器接收到的反射信号会产生多普勒频移，由此可以识别出有无物体接近。

超声波接近觉传感器借助于空气介质进行工作，可以检测能反射超声波的任何物体。传感器循环发射超声波脉冲，这些脉冲被物体反射后，所形成的反射波被接收并转换成一个电信号。超声波接近觉传感器按照反射波传播原理进行工作，即评估发射的脉冲和反射波脉冲之间的时间差。传感器的结构可使超声波波束以锥形的形式发射。只有位于此声锥中的反射物体才能被检测到。

超声波接近觉传感器可检测到 0.025~10m 内的不同材料、不同外形的任何物体，具有很高的精确性、灵活性和可靠性，其应用范围非常广泛。

八、仿生智能机器人传感器的选择

由于仿生智能机器人的感知系统是通过各种传感器实现的，所以传感器的选择与设计就成为仿生智能机器人感知系统设计的重要内容。传感器分类方法众多，实现相同功能的传感器种类也很多，同一个传感器也可实现多种测试功能，因此给感知系统设计过程中的传感器选择造成了一定的困难。

在仿生智能机器人的设计过程中，有时并不需要满足全部感知功能，所以必须根据机器人的具体应用要求来选择适当的传感器。

一般情况下，机器人的内部传感器是必须有的，但这部分传感器比较成熟，已经产品化和系列化，在传感器手册中进行选择即可。例如，力或力矩传感器、位置传感器、速度传感器以及保持平衡的陀螺仪等在手册中都有明确的型号与参数，供设计人员参考。表 11-1 给出了仿生机器人内部传感器按检测内容分类的情况。

以机器人位移传感器为例，位移传感器可分为电位器式位移传感器（其中又分四种类型）、光栅式位移传感器、磁致伸缩位移传感器、LVDT 位移传感器、电容式位移传感器、霍尔式位移传感器、电涡流式位移传感器、超声波位移传感器等。到底选用哪种传感器好。这要看机器人的具体工作要求而定。

表 11-1 仿生机器人内部传感器按检测内容分类的情况

检测内容	传感器及其种类
接触或滑动	机械式传感器、导电橡胶式传感器、滚子式传感器、探针式传感器
特定位置或角度	限位开关、微动开关、接触式开关、光电开关
任意位置或角度	弹簧式传感器、电位计、直线编码器、旋转编码器
速度	陀螺仪、磁电式速度传感器、光电式速度传感器、霍尔式速度传感器
角速度	内置微分电路式编码器
加速度	应变仪式加速度传感器、伺服式加速度传感器、压电式加速度传感器、压阻式加速度传感器、电容式加速度传感器
角加速度	压电式角加速度传感器、振动式角加速度传感器、光相位差式角加速度传感器
倾斜	静电容式传感器、导电式传感器、铅锤振子式传感器、浮动磁铁式传感器、滚动球式传感器
方位	陀螺仪式传感器、浮动磁铁式传感器
温度	热敏电阻式温度传感器、热电偶式温度传感器、光纤式温度传感器、辐射式温度传感器、双金属式温度传感器
自平衡	压电陀螺仪、微机械陀螺仪、光纤陀螺仪、激光陀螺仪
力矩	应变片式扭矩传感器、相位差式扭矩（速度）传感器
力	应变式力传感器、压阻式力传感器、压电式力传感器、压磁式力传感器、弹性敏感元件式力传感器
位移	光电式位移传感器、磁敏式位移传感器、磁致伸缩式位移传感器、激光式位移传感器、霍尔式位移传感器

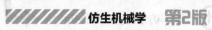

机器人外部传感器是具有特定用途的仿生功能传感器，它的作用是使机器人像人一样具有理解环境，掌握外界情况，并做出决策以适应外界环境的变化的能力。表 11-2 给出了仿生机器人常用外部传感器按检测内容分类的情况。

表 11-2 仿生机器人常用外部传感器按检测内容分类的情况

传感器类型	检测内容	传感器类型	检测内容
机械式传感器	触觉、软硬、凹凸	电化学传感器	触觉、接近觉、角度觉
光电式传感器	视觉、接近觉、分布视觉、角度觉、色觉、光泽、疏密等	磁传感器	接近觉、触觉、方向觉、方位觉
		流体传感器	角度觉
超声波式传感器	接近觉、视觉、距离	气体传感器	嗅觉
电阻式传感器	压觉、分布式触觉、力觉、温度觉	化学传感器	味觉
半导体式传感器	压觉、分布式触觉、力觉	伏安分析味觉传感器	味觉
电容式传感器	接近觉、分布压觉、角度觉	光电式味觉传感器	味觉
气压式传感器	接近觉	生物味觉传感器	味觉
高分子传感器	触觉、压觉	硅芯片味觉传感器	味觉
生物传感器	触觉、压觉		

传感器的工作原理不同，种类也有很多，在进行仿生机器人的设计过程中，应该从传感器的灵敏度、精确度、响应特性、工作稳定性、线性范围、可靠性、经济性等方面综合考虑。

现代传感器在原理与结构上千差万别，如何根据具体的测量目的、测量对象以及测量环境合理地选用传感器，是进行仿生机器人总体设计过程中首先要解决的问题。当传感器确定之后，与之相配套的测量方法和测量设备也就可以确定了。测量结果的准确与否，在很大程度上取决于传感器的选用是否合理。

九、脑机接口与传感器

1. 脑机接口概述

人类大脑的思维活动会产生可检测的电信号，也就是我们常说的“脑电波”。这些电信号可以通过放置在头部的传感器传递给计算机，对脑电波的电信号进行数字化和解码，推断出大脑的活动模式和意图，从而实现利用人的意念控制其他设备的目的，因此诞生了脑机接口技术。

1973 年，美国加州大学洛杉矶分校的雅克·维达尔教授首次提出脑机接口的概念，2019 年，美国特斯拉公司创始人埃隆·马斯克旗下子公司 Neuralink 研制出第一款脑机接口系统。随着科学技术的不断发展，脑机接口已经成为了当今科学研究的前沿与热点之一，也是仿生学的最新发展。

脑机接口（Brain Computer Interface，BCI）是一种直接连接人脑和外部设备的通信系统。其核心作用是实现人脑与外部设备之间的直接通信。具体而言，它可以将大脑产生的神经信号转换成可以被计算机或其他设备识别的电信号，从而实现控制外部设备或实现高级的人机互动。

脑机接口是一种将人脑活动与计算机或其他外部设备进行交互的技术。它通过记录和解读大脑的电信号，实现人与计算机或设备之间的直接沟通。脑机接口的工作原理是基于对大脑电信号的采集和解析，应用前景广泛，在康复治疗、运动控制、虚拟现实等领域具有潜力。尽管脑机接口技术面临巨大的挑战，但随着技术的发展和研究的深入，它有望取得更大的突破，并为人类带来更多的可能性。如图 11-43 所示为脑机接口系统示意图。

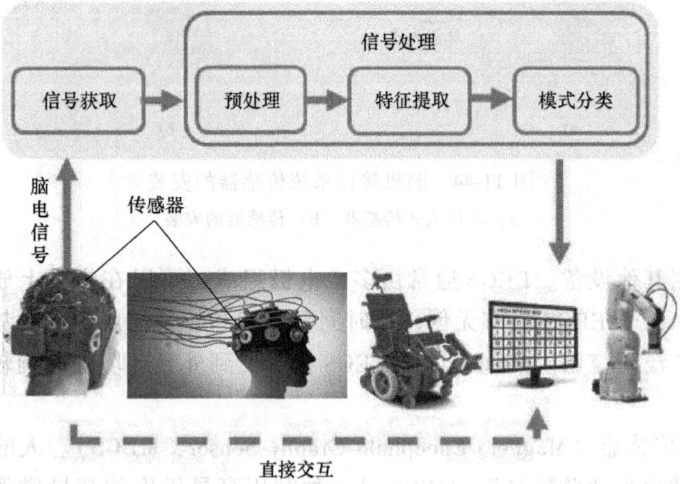

图 11-43　脑机接口系统示意图

2. 脑机接口传感器简介

脑机接口传感器也被称为脑机接口设备或脑-电脑接口设备，能够感知人类大脑中的神经信号，并将这些信号转化为计算机可以理解的数字信号。这种设备旨在建立人类大脑和计算机之间的桥梁，以便实现人机直接交互。通过植入嵌入式或非嵌入式传感器，脑机接口可以记录大脑的神经活动，如脑电图、脑磁图等。随后，这些电信号会通过计算机进行分析和解读，从而实现对不同意识活动的识别和转化。

（1）脑机接口传感器的安装形式　脑机接口系统的传感器安装分为嵌入式和非嵌入式两种，嵌入式安装又分为半嵌入式和嵌入式安装，如图 11-44 所示。嵌入式和非嵌入式脑机接口传感器都有自己的特点和应用场景，但嵌入式安装存在较大风险，目前还有很大争议。

1）非嵌入式传感器。非嵌入式脑机接口使用的传感器是一种安装在大脑外部的非嵌入式传感器，如图 11-44a 所示。这种传感器不需要直接植入大脑组织，安装容易、使用便捷，但信号质量和分辨率有限，目前正在改进和提高过程中。

2）嵌入式传感器。嵌入式脑机接口将传感器或电极植入到大脑组织或神经系统中，直接获取大脑信号，如图 11-44b 所示。这种形式通常能够提供更高的信号质量和分辨率，但需要手术植入传感器，因此具有一定的风险和复杂性。

（2）常用的脑机接口传感器简介

1）脑电传感器（Electro Encephalo Graphy Sensor，EEGS）。EEGS 是脑机接口技术中最常见的传感器。其工作原理如下：脑电波传感器通过电极与头皮表面接触，它可以检测人类大脑外围区域的电波活动，包括脑波、脑电图和电磁场等，捕捉脑部神经元的脑电波信号。这些信号是由大脑神经元之间的电化学反应产生的，可以反映人的认知、情绪和运动等脑内活动。传感器将这些电信号转化为数字信号，并通过连接到计算机或移动设备上的软件分析

a)

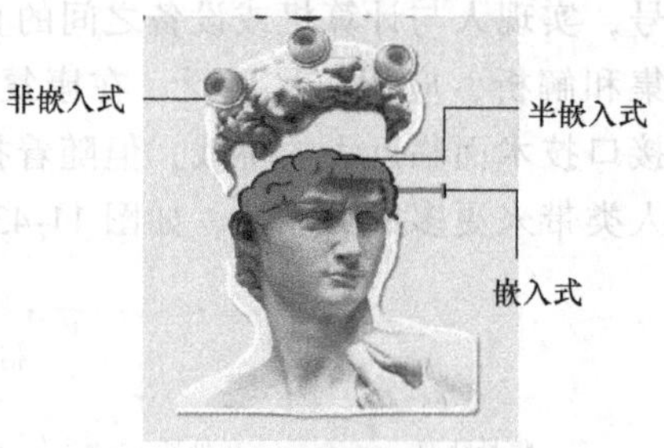

b)

图 11-44 脑机接口系统传感器的安装

a）非嵌入式传感器 b）传感器的安装

和解释，实现控制其他设备。EEGS 通常由多个电极组成，可以在头皮上放置，以非侵入式的方式获取信号。由于 EEGS 具有无创、高时间分辨率和较低的成本等优势，因此它在脑机接口技术中得到广泛的应用。然而，由于 EEGS 信号受到外界环境的影响较大，其信号质量相对不稳定。

2）脑磁图像传感器（Magneto Encephalo Graphy Sensor，MEGS）。人的大脑周围存在着磁场，这种磁场被称为“脑磁场”。MEGS 是一种利用高灵敏度的超导磁强计来测定人脑的磁场变化，MEGS 也是通过放置多个传感器在头皮上获取信号。与 EEGS 不同，MEGS 可以测量大脑皮层内的神经元活动，具有较高的空间分辨率和较好的信号质量。

MEGS 是一种对人体完全无创性、无放射性的脑功能图像探测技术，为研究大脑的工作原理提供了更丰富的信息。由于 MEGS 的信号质量相对于 EEGS 更为稳定，因此在某些需要精细空间分辨力的脑机接口应用中具有优势。然而，MEGS 的价格较为昂贵，需要较高的技术要求。

3）近红外光传感器（Near Infra-Red Spectroscopy Sensor，NIRSS）。近红外光传感器利用红外线穿透头皮和颅骨，测量人脑局部的血氧合量和脑血流量等信息，是一种非嵌入性的脑成像技术。它的优点是对被测试者脑部无影响，适用于动态实时监测；缺点是空间分辨率较低，需要对被测部位放置多个光纤才能得到较为准确的数据。

脑机接口通过传感器电极与头皮表面接触，捕捉脑部神经元的电活动信号，传感器再将这些电信号转化为数字信号，并通过连接到的计算机或移动设备上的软件分析和解释，就可以反映人的认知、情绪和运动等脑内活动。总的来说，EEGS、MEGS 和 NIRSS 是三种最为常见的脑机接口非侵入式传感器。它们分别检测人类大脑电活动、磁场和血氧水平，为脑机接口技术提供了基础。虽然每种传感器都有其优缺点，但在不同的应用场景中，可以选择合适的传感器来满足需求。

参考文献

[1] 马炜梁. 植物学 [M]. 北京：高等教育出版社，2009.

[2] 贺学礼. 植物学 [M]. 北京：科学出版社，2008.

[3] 刘凌云，等. 普通动物学 [M]. 北京：高等教育出版社，2009.

[4] 宋憬愚. 简明动物学 [M]. 北京：科学出版社，2013.

[5] 戴君惕. 奇异的仿生学 [M]. 长沙：湖南教育出版社，1997.

[6] 李荣秀，等. 分子仿生学及应用 [M]. 北京：化学工业出版社，2003.

[7] 施力特. 有趣的仿生学 [M]. 周莹，译. 北京：电子工业出版社，2014.

[8] 龚振邦. 机器人机械设计 [M]. 北京：电子工业出版社，1995.

[9] 郭巧. 现代机器人学 [M]. 北京：北京理工大学出版社，1999.

[10] 张春林，赵自强. 机械原理 [M]. 北京：高等教育出版社，2013.

[11] 张春林，赵自强. 机械原理 [M]. 3 版. 北京：机械工业出版社，2022.

[12] 张春林，赵自强. 高等机构学 [M]. 北京：机械工业出版社，2015.

[13] 张春林，等. 机械创新设计 [M]. 4 版. 北京：机械工业出版社，2021.

[14] 祝小梅，等. 多足仿生步行机器人的机构设计与功能分析 [J]. 机械设计与制造，2013 (9)：35-38.

[15] 陈甫，等. 六足步行机器人仿生机制研究 [J]. 机械与电子，2009 (9)：53-56.

[16] 崔旭明，等. 壁面爬行机器人研究与发展 [J]. 科学技术与工程，2010，10 (11)：2672-2675.

[17] 陆卫丽，等. 四足爬行机器人步态分析与运动控制 [J]. 机电工程，2012，29 (8)：886-889.

[18] 宋岩，等. 新型尺蠖式爬行机器人的设计及样机研制 [J]. 机械设计与制造，2008 (1)：179-181.

[19] 葛文杰. 仿袋鼠跳跃机器人运动学及动力学研究 [D]. 西安：西北工业大学，2006.

[20] 崔春. 仿生蛇的设计及其仿真分析 [D]. 哈尔滨：哈尔滨工业大学，2009.

[21] 谭建，等. 旋翼飞行机器人研究进展 [J]. 控制理论与应用，2015，32 (10)：1278-1286.

[22] 刘岚，等. 微型扑翼飞行器的气动建模分析与实验 [J]. 航空动力学报，2005，20 (1)：22-28.

[23] 周骥平，等. 仿生扑翼飞行器的研究现状及关键技术 [J]. 机器人技术与应用，2004 (6)：12-16.

[24] 郭仁松，等. 昆虫机器人的军事应用 [J]. 机器人技术与应用，1995 (4)：17-21.

[25] 童秉纲，等. 描述鱼类波状游动的流体力学模型及其应用 [J]. 自然杂志，1998，20 (1)：1-7.

[26] 孙维维. 仿生机器鱼尾鳍推进系统的研究与设计 [D]. 秦皇岛：燕山大学，2009.

[27] 吕江. 一种机器鱼的新型驱动机构设计及游速优化 [D]. 兰州：兰州大学，2014.

[28] 赵延明. 新型仿生机器鱼的初步设计 [D]. 北京：北京邮电大学，2004.

[29] 王鹏. 仿生机器水母推进理论与实验研究 [D]. 哈尔滨：哈尔滨工业大学，2014.

[30] 王扬威. 仿生墨鱼机器人及其关键技术研究 [D]. 哈尔滨：哈尔滨工业大学，2011.

[31] 茅一春. 肌电控制仿人假肢手的设计 [D]. 上海：上海交通大学，2007.

[32] 王人成，等. 仿生智能假肢的研究与进展 [J]. 中国医疗器械信息，2009，15 (1)：101-105.

[33] 沈凌，等. 国内外假肢的发展历程 [J]. 中国组织工程研究，2012，16 (13)：22-25.

[34] 王利波，等. 气动类人仿生机械手设计 [J]. 大连交通大学学报，2013，34 (2)：63-66.

[35] 张更林，等. 人体下肢假肢发展概况 [J]. 佳木斯大学学报，2002，20 (3)：336-339.

[36] 王斌锐，等. 双足机器人四连杆仿生膝关节的研究 [J]. 机械设计，2006，23 (7)：13-15.

[37] 唐文彦. 传感器 [M]. 5 版. 北京：机械工业出版社，2015.

[38] 日本机器人学会. 机器人技术手册 [M]. 宗光华，程君实，等译. 北京：科学出版社，2008.